Zu diesem Buch

Nichts scheint unumstößlicher als das gerichtete Verfließen der Zeit. Und doch gilt, daß die fundamentalen Naturgesetze keine Richtung der Zeit auszeichnen, auf die man unseren Eindruck zurückführen könnte. Was also ist die Zeit, wenn man die Einsichten der Physik zum Leitfaden nimmt? Welche Bedeutung hat sie als Parameter in den Naturgesetzen? – Um diese Fragen beantworten zu können, entwirft Henning Genz ein eindrucksvolles Panorama der modernen Physik, in dem er die Zusammenhänge von Zeit, Ordnung, Entropie und Kosmologie erläutert. Albert Einstein hatte recht: Für den Physiker »hat die Scheidung zwischen Vergangenheit, Gegenwart und Zukunft nur die Bedeutung einer wenn auch hartnäckigen Illusion«.

»Wer ins Philosophieren über Sein und Zeit kommt und sich dazu Rat in der modernen Physik holen möchte, dem sei dieses Buch von Henning Genz ans Herz gelegt. Sorgfältig und klar entfaltet er das Problem der Zeit in der Mechanik Newtons und den Relativitätstheorien Einsteins, in Thermodynamik, Quantenmechanik und Kosmologie. Ohne Mathematik gelingt dem Autor, was er selbst von einem Sachbuch fordert: ›die Verbreitung der Einsicht, daß die Welt verstanden werden kann‹.«
Die Zeit

Henning Genz, geboren 1938 in Braunschweig, arbeitete nach dem Studium der Physik und Mathematik an den Universitäten Hamburg und Berkeley. Seit 1978 lehrt er als Professor am Institut für Theoretische Teilchenphysik an der Universität Karlsruhe. Weitere Buchveröffentlichungen: »Symmetrie – Bauplan der Natur« (1992), »Die Entdeckung des Nichts: Leere und Fülle im Universum« (1994; science 60729).

Henning Genz

Wie die Zeit in die Welt kam

Die Entstehung einer Illusion aus Ordnung und Chaos

Rowohlt Taschenbuch Verlag

rororo science
Lektorat Jens Petersen

Veröffentlicht im Rowohlt Taschenbuch Verlag GmbH,
Reinbek bei Hamburg, Mai 1999
Die Originalausgabe erschien 1996 unter dem Titel »Wie die Zeit in die Welt kam«
im Carl Hanser Verlag, München/Wien

Umschlaggestaltung Barbara Hanke
Gesamtherstellung Clausen & Bosse, Leck
Printed in Germany
ISBN 3 499 60731 X

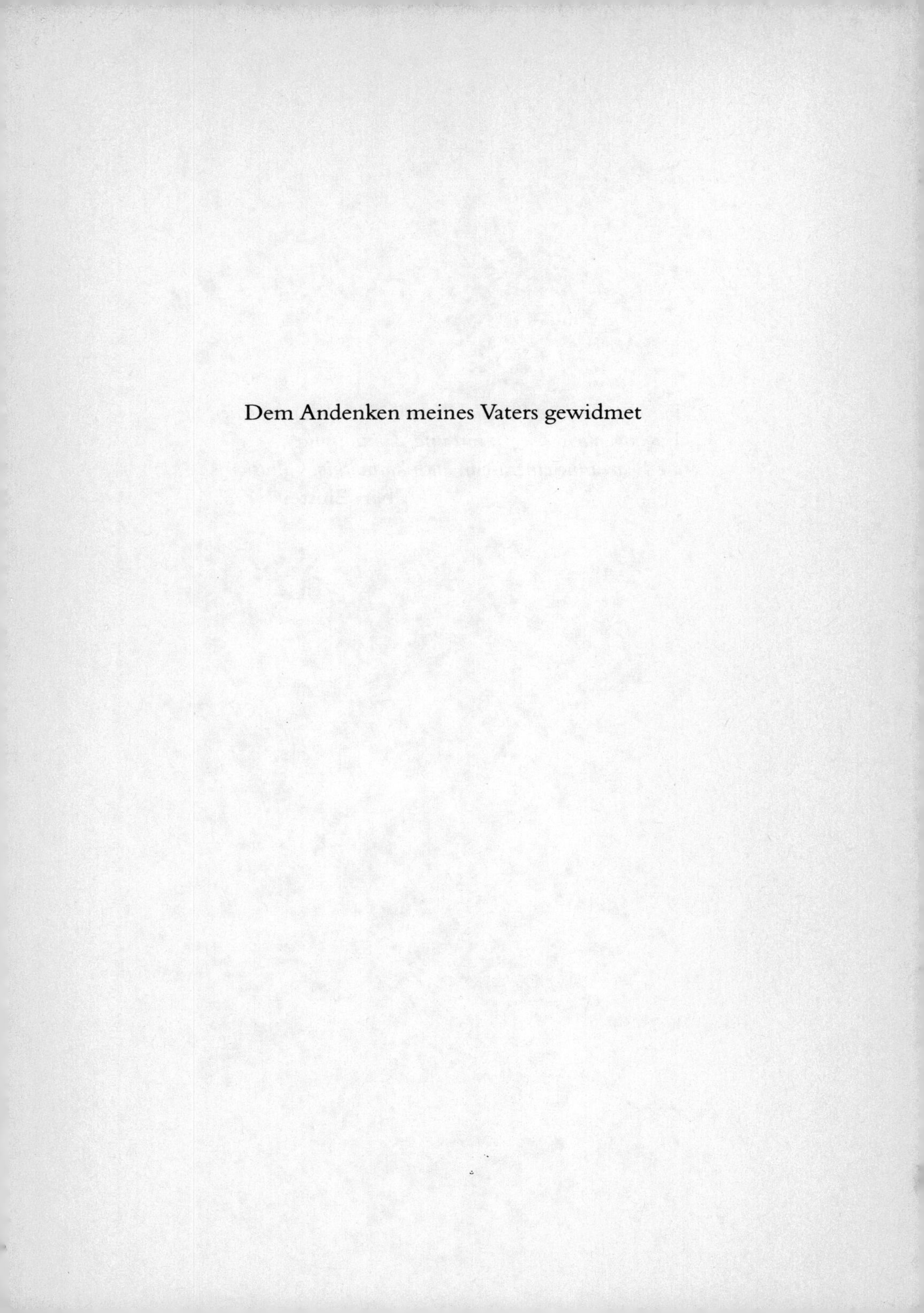

Dem Andenken meines Vaters gewidmet

Für uns gläubige Physiker hat die Scheidung zwischen
Vergangenheit, Gegenwart und Zukunft nur
die Bedeutung einer wenn auch hartnäckigen Illusion.

Albert Einstein, 1955

Inhalt

2. Naturwissenschaftliches zu Zeit und Gesetz 73

3. Zeit als Parameter 91

6. Zeit in der Quantenmechanik 232

7. Reduktionistisches zu Zeit und Gesetz 274

Vorwort

Dies Buch hat eine lange Geschichte. Sie beginnt im Herbst 1991 am Anfang eines halbjährigen Aufenthalts am Forschungsinstitut TRIUMF in Vancouver, Kanada. Dort habe ich begonnen, ein Buch über Raum *und* Zeit zu schreiben. Am Ende waren gut siebenhundert Seiten beisammen – viel zuviel für ein Buch. Deshalb sind zwei Bücher daraus geworden. Das erste über den Raum ist im Frühjahr 1994 im Carl Hanser Verlag erschienen (*Die Entdeckung des Nichts – Leere und Fülle im Universum*), dem zweiten über die Zeit gilt dieses Vorwort.

Zeit und die Naturgesetze war der Arbeitstitel des Buches. Es soll das schwierige Verhältnis schildern, in dem die beiden Begriffe zueinander stehen. Zuerst aber ist Ballast abzuwerfen: Unserer persönlichen Zeiterfahrung gilt das Buch ausdrücklich nicht. Ihr Verständnis ist eine naturwissenschaftliche Spezialaufgabe, eine Herausforderung für Neurologen, Computerwissenschaftler und andere Berufene, die ich nicht aufzählen mag. Ich denke, daß das mehr als zweitausendfünfhundertjährige Denken über die Zeit nur geringen naturwissenschaftlichen Fortschritt gebracht hat. Durch Introspektion können wir die Fragen, mit denen uns unsere Erfahrung der Zeit konfrontiert, nicht lösen.

Bis Newton und Leibniz im 17. Jahrhundert wurde zudem das Denken über die Zeit durch das Fehlen einer wichtigen Einsicht behindert: Die Einsicht in den Begriff des Grenzwerts. Ohne diese Einsicht kann das Verhältnis, in dem Punkte und Intervalle zueinander stehen, nicht verstanden werden. Frühe Diskussionen des nicht nur aus psychologischen Gründen schwer zu verstehenden Problems des *Jetzt* leiden unter diesem Mangel. Auch Geschwindigkeit und Beschleunigung, die ja Grenzwerte sind, müssen ohne diesen Begriff mysteriös bleiben. Tatsächlich verraten zahlreiche Paradoxien, von denen die des Zenon die bekanntesten sind, den Mangel an Einsicht in den Begriff des Grenzwerts.

Lange Passagen des Buches IV der *Physik* des Aristoteles, das der Zeit gewidmet ist, erörtern im Grunde nicht sie, sondern ringen mit diesem Begriff.

In den Naturgesetzen tritt die Zeit als Parameter auf. Die erste große Überraschung ist, daß die Gesetze für Alltagsabläufe dieselben bleiben, wenn die Reihenfolge aller Ereignisse und mit ihr die »Richtung der Zeit« umgekehrt wird. Wie kann das sein? Wenn die Richtung der Zeit nicht in den Naturgesetzen verankert ist, woher kommt sie dann? Sie kommt in die Welt als Konsequenz des molekularen Chaos: Obwohl die mikroskopischen Bewegungen der ungeheuer vielen Moleküle eines makroskopischen Stücks Materie Naturgesetzen genügen, verhalten sie sich von außen gesehen in vielerlei Hinsicht so, als ob ihre Bewegungen ausgewürfelt würden. Würfeln aber erzeugt unabwendbar Unordnung aus Ordnung – und genau das beobachten wir bei Prozessen, die ganz offenbar nicht umgekehrt werden können.

Zum Beispiel wird ein Schornstein gesprengt und stürzt zusammen. Daß die Entwicklung im Laufe der Zeit *immer* von Ordnung zu Unordnung führt, verdecken Prozesse, bei denen in gewissen Bereichen geordnete Gebilde entstehen. Das ist ein wichtiges Thema, aber nur am Rande ein Thema des Buches. Erstens aus dem pragmatischen Grund, daß hierzu bereits viel Kompetentes, auch Populärwissenschaftliches, veröffentlicht worden ist. Zweitens aber bin ich davon überzeugt, daß auch diese Entwicklungen fundamentalen Naturgesetzen genügen, die keine zeitliche Richtung von Abläufen auszeichnen. Gewiß, die Bildung von Strukturen ist ein besonders faszinierender Aspekt des allgemeinen Zerfalls von Ordnung – mehr aber nicht.

Daß aus Ordnung Chaos entsteht, ist der für unsere Erfahrung wichtigste Aspekt der Zeit. Natürlich müssen wir fragen, wie die große Ordnung im Weltall entstanden ist, die es ursprünglich besaß, noch besitzt und die zerfällt. Spekulationen hierzu stehen im Innern des Buches. Sieht man von den statistischen Aspekten der Zeit ab, die ihre Richtung vom Standpunkt der fundamentalen Naturgesetze aus gesehen zur Illusion machen, bleibt die Frage nach ihrem Status innerhalb dieser Gesetze. Die wohl größte Überraschung, die der Parameter Zeit für uns bereithält, ist, daß er in der quantenmechanischen Beschreibung des Universums insgesamt, der *Wellenfunktion des Universums*, nicht auftritt – die Wellenfunktion, und mit ihr das Universum, ist »zeitlich« konstant. Ich habe *zeitlich* in Anführungszeichen gesetzt, weil das Universum insgesamt nach Auskunft dieser Theorie keine Zeit kennt. Es ändert sich nicht, liegt einfach da.

Ausführliches hierzu steht im Kapitel über *Zeit und Quantenmechanik*. Die Zeit kommt in die Welt nicht als Eigenschaft des Universums, sondern als Konsequenz der Teilung des Universums in Beobachter und Beobachtetes, ist insofern also eine Illusion. Ich will nicht so weit gehen wie der bedeutende amerikanische theoretische Physiker John Archibald Wheeler, der sogar die Existenz des Universums auf Beobachter zurückführt, die zugleich Teilnehmer sind. Die Gleichung für die Wellenfunktion des Universums, die Wheeler-DeWitt-Gleichung, impliziert ebendas für die Zeit.

Ursprünglich sollten in dem Buch die Naturgesetze nur insofern auftreten, als sie in Beziehung zu dem Hauptthema Zeit stehen. So ist es nicht geblieben, das Thema Naturgesetz hat sich verselbständigt. Denn um sagen zu können, in welchem Verhältnis die Zeit nach meiner Meinung zu den Naturgesetzen steht, habe ich wieder und wieder meine Auffassung von ihnen erläutern müssen. Letztlich habe ich den Widerstand aufgegeben und den Naturgesetzen eigene Abschnitte gewidmet.

Nach meiner Auffassung ist die wichtigste Aufgabe eines naturwissenschaftlichen Sachbuchs die Verbreitung der Einsicht, daß die Welt verstanden werden kann. Sachbücher sollen esoterischer Spökenkiekerei entgegenwirken, indem sie auf reale Mechanismen verweisen, die in der Welt wirken. Darauf also, daß es nicht der Geist ist, der der Welt ihre Gesetze vorschreibt, sondern daß die Naturgesetze objektive Realität besitzen. Das merken wir insbesondere dann, wenn die Natur zu einem angenommenen Gesetz bei dessen experimenteller Überprüfung *nein* sagt. Man mag es merkwürdig finden – aber die Naturgesetze besitzen eine härtere und klarere Realität als die Dinge, von denen sie sprechen. Albert Einstein in seinem Satz, den ich als Motto gewählt habe, spricht von *diesem* Glauben der Naturwissenschaftler an die Realität der Naturgesetze – nicht von einem Glauben an einen persönlichen Gott.

Der Kosmologe und Autor zahlreicher brillanter naturwissenschaftlicher Sachbücher Paul C. W. Davies hat in einem Vortrag bei einer Konferenz 1989 in Santa Fe den Grundkonsens naturwissenschaftlichen Bemühens in zwei Punkten zusammengefaßt: *Es gibt erstens eine reale Außenwelt, die gewisse Regelmäßigkeiten aufweist. Diese Regelmäßigkeiten können zumindest teilweise durch die wissenschaftliche Methode rationaler Untersuchung verstanden werden. Zweitens ist die Wissenschaft nicht nur ein Spiel oder eine Scharade. Ihre Resultate geben, wenn auch nur unvollkommen, Aspekte der Realität wieder. Folglich sind die Regelmäßigkeiten* wirkliche *Eigenschaften des physikalischen Universums und nicht nur menschliche Erfindungen oder Illusionen. Indem wir diese Annahmen machen, müssen wir extremen idealistischen Philosophien aus dem Weg gehen wie der, daß der Geist der Welt die Gesetzmäßigkeiten irgendwie auferlegt, um ihr Sinn zu geben.*

Diese Sätze sollen mir Mut machen, wenn ich auf den folgenden Seiten anerkannten Geisteshaltungen gelegentlich nicht zustimmen kann. Wir haben keinen Grund zu der Annahme, daß die Naturgesetze menschliche Erfindungen seien. Was sie aber genau sind, wissen wir nicht.

Karlsruhe, im Mai 1996 Henning Genz

Prolog
Vorwärts und rückwärts

Einmal angenommen, Sie könnten den Lauf der Welt anhalten und mit in allen Stücken umgekehrter Bewegungsrichtung neu starten – was würde geschehen? Würde alles, was einmal war, wie in einem rückwärts laufenden Film in umgekehrter Reihenfolge wieder auftreten? Würden Schachspiele mit einer Remis- oder Mattposition beginnen und sich zur Grundstellung hin entwickeln? Oder wäre, was der rückwärts laufende Film zeigt, nicht nur mit den Schach-, sondern auch mit den Naturgesetzen unvereinbar – so daß die Dinge auch bei dem neuen Anfang mit umgekehrten Bewegungen ihren mehr oder weniger vertrauten Gang nehmen würden?

Wahrscheinliche und unwahrscheinliche Abläufe

Wenn uns ein Naturgesetz ehern erscheint, dann das von der Richtung der Zeit. Die Tasse fällt zur Erde und zerbricht. Das umgekehrte – Scherben versammeln sich und bilden eine Tasse, die auf den Tisch hüpft – ist niemals beobachtet worden und wird das nicht werden. Wie zahllose andere Alltagsabläufe erlaubt also auch dieser eine Unterscheidung von Wirklichkeit und rückwärts laufendem Film: Was der Film zeigt, kann in der Wirklichkeit nicht auftreten.

Nun kann, daß etwas nicht auftritt, verschiedene Gründe haben. Es kann durch ein Naturgesetz verboten sein. Wenn das beim rückwärts laufenden Film so ist, kann die Richtung der Zeit bereits von den Naturgesetzen abgelesen werden. Doch auch ein durch die Naturgesetze zwar erlaubter, aber sehr, sehr unwahrscheinlicher Ablauf wird nicht auftreten. So verbietet kein Naturgesetz, daß ein auf eine Schreibmaschine losgelassener Affe Goethes *Faust* produziert. Trotzdem wird das nicht geschehen – es ist zwar nicht verboten, aber unendlich unwahrscheinlich.

Angewendet auf die Richtung der Zeit würde das bedeuten, daß die Abläufe des rückwärts laufenden Films nur deshalb nicht in der Wirklichkeit auftreten, weil es praktisch unmöglich ist, die Anfangsbedingungen, aus denen sie folgen, einzustellen. Oder, wäre das gelungen, weil die kleinste äußere Störung, die im Laufe der Zeit einträte, den Erfolg zunichte machen würde. Der Frage ungeachtet, ob außerdem und obendrein die Naturgesetze das Auftreten der zeitlich umgekehrten Abläufe verbieten, reicht diese Einsicht aus, die Vorwärts-rückwärts-Asymmetrie der Alltagsabläufe zu erklären.

Zeit in fundamentalen und effektiven Naturgesetzen

Der große antike Philosoph und Naturforscher Aristoteles hat das abendländische Denken über die Natur bis zum 17. Jahrhundert beherrscht. In seiner *Physik* hat er eine Zeitrichtung per Gesetz ausgezeichnet. Für ein Naturgesetz hat er nämlich gehalten, daß alle nicht angetriebenen Bewegungen zur Ruhe kommen. Obwohl durch nahezu beliebige Alltagsbeobachtungen bestätigt, ist das für sich allein aber kein Naturgesetz, sondern die Konsequenz eines Naturgesetzes *zusammen* mit unserer speziellen Stellung im Universum. Daß ein Gefährt zur Ruhe kommt, wenn es nicht gezogen wird, beruht auf der Reibung der Räder an der Erde und des Gefährtes an der Luft. Beides verhüllt für uns ein ganz anderes, wahrhaft fundamentales Naturgesetz, welches besagt, daß jeder Körper, auf den keine Kräfte – also auch keine Reibungskräfte – wirken, seinen Bewegungszustand beibehält. Sieht man von den Wirkungen der Schwerkraft ab, fliegen Geschosse im luftleeren Raum mit konstanter Geschwindigkeit geradeaus. Ihre Bewegung hält, einmal begonnen, immer an. Die für die Bewegung unter dem Einfluß von Reibung geltenden »effektiven« Naturgesetze können auf fundamentale nur durch spezielle, den Einzelfällen angepaßte Klimmzüge zurückgeführt werden.

Von allen auf der Erde beobachtbaren Phänomenen folgen die Bewegungen der Himmelskörper am direktesten aus fundamentalen Naturgesetzen. Sehr eindrucksvoll sind Kamerafahrten in Planetarien, die mit den Bewegungen der Planeten und der Sonne, wie wir sie sehen, beginnen und mit einer Sicht auf das Planetensystem insgesamt enden: Die anfangs komplizierten Bewegungen der Planeten ordnen sich langsam zu Bewegungen auf einfachen elliptischen Bahnen um die als ruhend angenommene Sonne.

Selbstverständlich erlauben die Naturgesetze alle tatsächlichen Abläufe. Aber erlauben sie auch jene, bei denen die Planeten ihre Bahnen rückwärts durchlaufen? Die Antwort der Physik ist ein enthusiastisches Ja: Daß die Bahnen der Planeten so durchlaufen werden, wie sie es werden, ist keine Konsequenz allein eines Naturgesetzes, sondern zudem der bei der Bildung des Sonnensystems herrschenden Bedingungen. Wären diese anders gewesen, wären auch die Planetenbahnen andere. Geeignete Anfangsbedingungen hätten bewirkt, daß die Planeten ihre Bahnen rückwärts durchlaufen.

Mehrere gleichberechtigte Zeiten

Daß dies alles so ist, hat Newton als erster gewußt. Über die Rolle der Zeit in seinem Universum hat er sich kraftvoll geäußert: *Die absolute, wahre und mathematische Zeit verfließt an sich und vermöge ihrer Natur gleichförmig und ohne Beziehung auf irgendeinen äußeren Gegenstand.* Wir wissen heute, daß das nicht stimmt. Es gibt kein Naturgesetz, das eine wahrhaftige Zeit vor anderen, gleichberechtigten auszeichnete. Das ist wohl die wichtigste naturphilosophische Konsequenz von Albert Einsteins Spezieller Relativitätstheorie. Nur durch Ernennung können wir von einer »wahren« Zeit sprechen. Newton hatte ebenso an einen einzigen wahren, absolut ruhenden Raum geglaubt – der allerdings bereits auf Grund seiner Mechanik nicht von anderen, ebenfalls ruhenden Räumen unterschieden werden kann.

Wenn nun die fundamentalen Naturgesetze alle von Newtonscher Art wären und keine Unterscheidung zwischen vorwärts und rückwärts erlaubten – wie könnte es dann die offensichtlichen Unterschiede zwischen den Wirkungen der beiden Zeitrichtungen geben? Ebendeshalb, weil die zeitliche Umkehrung wirklicher Abläufe oftmals nur schwer oder gar nicht in Gang gesetzt werden kann. Und weil, anders als bei wirklichen Abläufen, bereits sehr kleine Störungen bei den Umkehrungen zu qualitativ anderen Resultaten führen würden.

Zeit der Gesetze und Zeit der Systeme

Hierzu ein einfaches Beispiel – harte Kugeln, die, wenn sie sich berühren, wie Billardkugeln elastisch aneinanderstoßen. Die Kugeln sind, so nehmen wir an, in einen Kasten eingesperrt, dessen Wände sie ebenfalls elastisch reflektieren. Leichter darstellbar ist das in zwei statt drei Dimensionen, in der Ebene statt im Raum. Die Abb. 1a zeigt einen einfach herzustellenden Anfangszustand: Alle

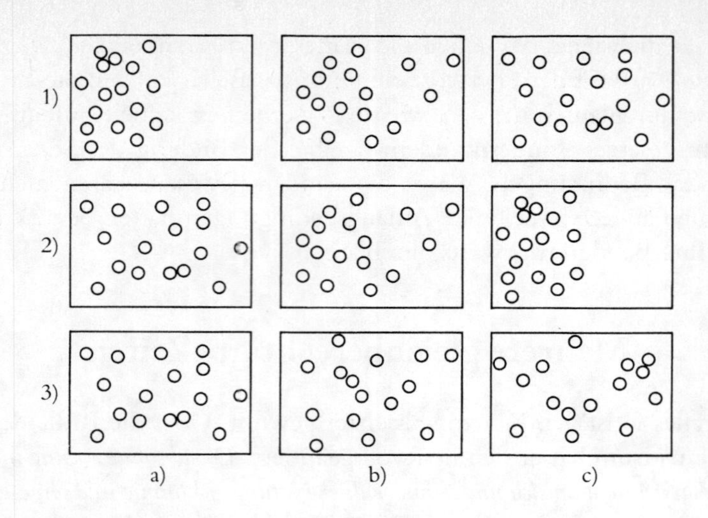

Abb. 1 Die Kreise der Abbildung stoßen elastisch aneinander und an an den Wänden des Kastens, in den sie eingeschlossen sind. Gezeigt werden Szenenbilder a, b und c von drei Abläufen 1, 2 und 3. Die Zeit wächst von links nach rechts.

Kugeln – in der Ebene Scheiben – sind in der linken Kastenhälfte versammelt und besitzen irgendwelche Anfangsgeschwindigkeiten. Nun berechnet ein Computerprogramm, was weiter geschieht: Die Scheiben bewegen sich, stoßen elastisch aneinander und an den Wänden des Kastens und haben alsbald begonnen (Abb. 1b), die linke Kastenhälfte zu verlassen. Wenige Rechenschritte weiter haben sich die Scheiben über den ganzen Kasten verteilt (Abb. 1c).

Nun halten wir den Vorgang an und tun zweierlei. Erstens sehen wir ihn uns wie einen rückwärts laufenden Film von hinten nach vorn an; die Szenenfotos, die der Abb. 1.1 entsprechen, zeigt die Abb. 1.2 in umgekehrter Reihenfolge. Dabei bewegen sich die Scheiben selbstverständlich in die Gegenrichtung. Zweitens aber starten wir in der Situation der Abb. 1.1c das Computerprogramm neu mit umgekehrten Geschwindigkeiten aller Scheiben. Da die Gesetze des elastischen Stoßes, welche die Bewegungen der Scheiben bei vorgegebenen Anfangsbedingungen bestimmen, nicht zwischen vorwärts und rückwärts unterscheiden, sollte der so berechnete neue Film der Abb. 1.3 mit dem der Abb. 1.2 identisch sein.

Er ist es aber nicht; die Kugeln versammeln sich nicht in der linken Kastenhälfte. Der Grund ist einfach: Die zehn Stellen Genauigkeit, mit der die umgekehrten Geschwindigkeiten und dieselben Orte auf dem Rechner eingestellt wurden, reichen nicht aus, so genau zu zielen, daß alle Scheiben auf dem Bildschirm denselben Weg rückwärts nehmen. Deshalb tun sie nicht, was bei fehlerloser Bewegungsumkehr zu erwarten wäre: sich in der linken Kastenhälfte versammeln. Die Rundungsfehler während der Rechnung simulieren zudem den Einfluß der Außenwelt, der es unmöglich macht, einen Ablauf mit über den ganzen Kasten verteilten Scheiben so zu beginnen, daß sie sich nach einiger Zeit in nur einer Kastenhälfte versammeln. Denn in unserem Modell sind die Einflüsse der Rundungsfehler so unvorhersehbar wie die der Außenwelt in der Wirklichkeit.

Wahrscheinliche und unwahrscheinliche Zustände

Wir können das auch so formulieren: Tatsächliche Abläufe führen niemals von wahrscheinlichen zu viel weniger wahrscheinlichen Zuständen. Die Wahrscheinlichkeit eines Zustands sei vorerst durch die Schwierigkeit definiert, ihn einzustellen. Die Schwierigkeit, harte Scheiben in einen Zustand zu versetzen, aus dem heraus sie alle innerhalb einer gewissen Zeit in derselben Kastenhälfte zusammenkommen werden, hat zwei Gründe. Erstens gibt es viel mehr Zustände, die dazu führen, daß die Scheiben die ganze Zeit über den Kasten verteilt sein werden. Denn es gibt viel mehr Zustände, in denen sie über den ganzen Kasten verteilt statt nur in der linken Hälfte eingeschlossen sind. Zweitens aber, und noch wichtiger, liegen *in unmittelbarer Nähe* aller Zustände, die bewirken, daß sich auf Grund der Stoßbewegungen alle Teilchen innerhalb einer gewissen Zeit in der linken Kastenhälfte versammeln, viel mehr Zustände, aus denen heraus eben das nicht geschehen wird. Wird die Anfangsgeschwindigkeit oder der Anfangsort nur ein kleines bißchen, in einer Ziffer weit hinter dem Komma, falsch gewählt, kommen die harten Scheiben in keiner absehbaren Zeit wieder in der linken Kastenhälfte zusammen – von den unvorhersehbaren Einflüssen der Außenwelt sogar abgesehen.

Wir wollen künftig annehmen, daß es keine Störungen von außen gibt. Angewendet auf ein Gas aus – sagen wir – 10^{23} Atomen zeigen unsere Überlegungen, daß und warum ein der Abb. 1.2 entsprechender Ablauf *niemals* auftreten wird. *Niemals* steht hier für *in Weltaltern nicht*, ist also das *Niemals* der Physik, nicht der Mathematik. Dieser Unterschied von *niemals* und *niemals* hat bei der Entwicklung der Vorstellungen, die wir mit der Abb. 1 verbinden, eine wichtige Rolle gespielt. Der große österreichische Physiker Ludwig Boltzmann (1844-1906) war früh von der Existenz der Atome überzeugt. Er hat auch gesehen, daß deren Gewimmel zur Erklärung aller Phänomene ausreicht, für die eine geheimnisvolle, aber niemals offenbare Richtung der Zeit verantwortlich gemacht wurde – und von manchen bis heute verantwortlich gemacht wird. Einer der Mathematiker-Einwände, denen er begegnen mußte, war der *Wiederkehreinwand* des großen französischen Mathematikers Henri Poincaré.

Poincaré hat nämlich gezeigt, daß jedes System von der Art der harten Scheiben oder Kugeln der Abb. 1 nach einer gewissen *endlichen* Zeit seinem Anfangszustand wieder beliebig nahe kommen muß – die Moleküle des Gases sich also wieder in der linken Kastenhälfte versammeln müssen. Darüber aber, wie lang diese gewisse *endliche* Zeit sein werde, wußte Poincaré nichts zu sagen. Trotzdem hat er Boltzmann mit allerlei unhöflich formulierten Invektiven eingedeckt.

Boltzmann beging 1906 Selbstmord. Nach dem Grund haben zahlreiche Publikationen gefragt. An erster Stelle wird seine schlechte Gesundheit und die daraus resultierende Unfähigkeit genannt, Angriffen gegen seine Standpunkte so entgegenzutreten, wie er es zuvor gekonnt hatte. Feinde hatte er in mehreren Lagern. In der Physik war es vor allem die Atomhypothese, die ihm nicht abgenommen und gegen die polemisiert wurde.

Ordnung und Unordnung

Großen Widerspruch hat Boltzmann aber auch durch seine Zustimmung zur Abstammungs- und Evolutionslehre Darwins auf sich gezogen. Umstritten war diese Lehre vor allem wegen ihrer religiösen und weltanschaulichen, die Stellung des Menschen betreffenden Aspekte. Sie schien – und scheint manchen – aber auch mit dem *Zweiten Hauptsatz* der Wärmelehre unvereinbar zu sein. Der *Erste Hauptsatz* ist einfach der Energiesatz – Energie kann zwar in andere Formen, darunter Wärmeenergie, umgewandelt werden, bleibt insgesamt aber immer erhalten. Den Zweiten Hauptsatz hat der deutsche Physiker Rudolf Clausius zwischen 1854 und 1865 formuliert. Er kann in vielen verschiedenen Formen ausgesprochen werden, zum Beispiel so, daß Wärmeenergie niemals von selbst von einem kalten auf einen warmen Körper übergeht – wodurch der kalte noch kälter, der warme noch wärmer würde. Gäbe es zwei solche Körper, könnte aus ihnen ein Gerät konstruiert werden, das Herd, Eisschrank und Wärmekraftmaschine zugleich wäre. Als Satz über makroskopische Systeme verbietet der Zweite Hauptsatz unter anderem, daß sich im Zimmer verteiltes Parfüm im Flakon versammelt – was, wie wir uns am Beispiel der Abb. 1 überlegt haben, zwar durch kein Naturgesetz verboten, aber bis zur Unmöglichkeit unwahrscheinlich ist.

Also ist der Zweite Hauptsatz kein Naturgesetz? Mit dem englischen Astrophysiker A. S. Eddington, in seinem Buch von 1931 *Das Weltbild der Physik*, unterscheiden wir Naturgesetze erster und zweiter Art – wobei die Namengebung der Numerierung der Hauptsätze entspricht. Hierauf werde ich alsbald eingehen. Mit der Evolutionslehre Darwins scheint der Zweite Hauptsatz deshalb unvereinbar zu sein, weil er verbietet, daß in abgeschlossenen Systemen die Ordnung im Laufe der Zeit wächst. Zum Beispiel verbietet er den Ablauf der Abb. 1.2. Denn bei diesem Prozeß nimmt makroskopisch gesehen die Ordnung zu. Mikroskopisch gesehen ist der Prozeß zwar nicht verboten. Trotzdem wird er nicht auftreten. Denn die Anfangsbedingungen, unter denen er das würde, können praktisch nicht eingestellt werden.

Für andere makroskopische Prozesse, bei denen die Ordnung wachsen würde, gilt dasselbe: Sie treten nicht auf, weil die zugehörigen mikroskopischen Abläufe, obwohl durch kein Naturgesetz verboten, *niemals* eintreten werden. Das war der Grundgedanke Boltzmanns zur Begründung des Zweiten Hauptsatzes. Obwohl Darwins Evolutionslehre besagt, daß sich auf der Erde Strukturen bilden, die Ordnung also wächst, widerspricht sie diesem Satz nicht, weil er voraussetzt, daß das betrachtete System abgeschlossen ist, insbesondere also keine Energie durch es hindurchfließt. Das aber gilt für die Erde nicht – sie empfängt von der heißen Sonne genausoviel Energie in der Form von Strahlung, wie sie an den kalten Nachthimmel wieder abgibt.

Insgesamt kann die makroskopische Ordnung bei keinem Prozeß wachsen. Wenn wir von makroskopischer Ordnung sprechen, haben wir verborgene mikroskopische Korrelationen, die sich makroskopisch nicht auswirken können, fortgeworfen. Näheres zu diesem Prozeß der Grobkörnung oder, wie wir zumeist sagen werden, Vergröberung folgt weiter unten und im übernächsten Kapitel. Korrelationen dieser Art bestehen zwischen den Orten und Geschwindigkeiten der harten Kreise von Abb. 1.1c auf Grund der Tatsache, daß sich der Zustand 1.1c aus dem Zustand 1.1a entwickelt hat. Makroskopisch könnten sich die Korrelationen auswirken, wenn die theoretische Möglichkeit, alle Orte gleich zu lassen und die Richtungen aller Geschwindigkeiten umzukehren, auch praktisch bestünde: Dann würde die Entwicklung der Abb. 1.2 eintreten. Tatsächlich können die Geschwindigkeiten nicht umgekehrt werden, und die verborgenen Korrelationen der Abb. 1.1c wirken sich makroskopisch nicht aus.

Naturgesetze und die »Richtung der Zeit«

Überlegungen und Rechnungen, die auf denen Boltzmanns fußen, haben gezeigt, daß sowohl der Abbau von Struktur insgesamt, als auch deren Ausbildung in Teilsystemen auf Abläufe zurückgeführt werden kann, deren jeweilige zeitliche Umkehr denselben Naturgesetzen genügt wie sie selbst. Wir können auch sagen, daß die fundamentalen Naturgesetze – die erster Art – keine *Richtung der Zeit* vor der anderen auszeichnen. Hier muß ein kleiner Vorbehalt angemeldet werden: Experimente mit Elementarteilchen, auf deren Konsequenzen ich in Kapitel 4 eingehen werde, haben 1964 eine winzige Verletzung dieser *Zeitumkehrsymmetrie* der Naturgesetze bewiesen. Aber die Voraussetzungen, unter denen diese Verletzung auftritt, sind so speziell, daß die Phänomene, von denen wir jetzt sprechen, von ihr unabhängig sind.

Daß die Gesetze des elastischen Stoßes, auf denen die Effekte der Abb. 1 beruhen, keine Richtung der Zeit vor der anderen auszeichnen, ist leicht zu sehen. Beginnen wir nämlich mit einem Film, der einen einzelnen Kreis im Kasten der Abbildung zeigt. Diesem Film kann offenbar nicht angesehen werden, ob er vorwärts oder rückwärts abläuft. Genauso ist es bei zwei Kreisen und bei drei. Bei den sechzehn Kreisen der Abb. 1 sind wir hingegen schon recht sicher, daß die Abb. 1.2 einen rückwärts laufenden Film zeigt. Aber niemals, auch nicht bei 10^{23} Atomen, kann die subjektive Sicherheit auf ein bei irgendeiner Anzahl neu hinzugekommenes Naturgesetz zurückgeführt werden. Sie beruht auf nichts als der zunehmenden Unmöglichkeit, einen Ablauf in Gang zu setzen, bei dem sich die Kreise/Atome in einer Kastenhälfte versammeln.

Die wachsende Unmöglichkeit kann leicht durch eine abnehmende Wahrscheinlichkeit quantifiziert werden. Wir wollen uns nämlich vorstellen, wir würfelten die Orte und Geschwindigkeiten der Kreise/Atome am Anfang eines Ablaufs im Einklang mit den makroskopischen Einschränkungen aus. Je mehr Kreise/Atome wir betrachten, desto seltener erwürfeln wir eine Anfangsbedingung, die den zur Abb. 1.2 analogen Ablauf so in Gang setzen würde, daß innerhalb eines Weltalters von – sagen wir – 10^{10} Jahren die Abb. 1.2c erreicht wäre. Abschätzungen, die ein *Niemals* im physikalisch-praktischen Sinn präzisieren würden, setzten genaue Spezifikationen voraus und sollen uns hier nicht interessieren.

Wenn also einmal ein Zustand erreicht ist, der Abb. 1.2c entspricht, bleibt er makroskopisch gesehen bestehen – das System befindet sich im *thermischen Gleichgewicht*. Dann ist es so ungeordnet oder chaotisch, wie es bei den bestehenden makroskopischen Einschränkungen – Temperatur zum Beispiel, Teil-

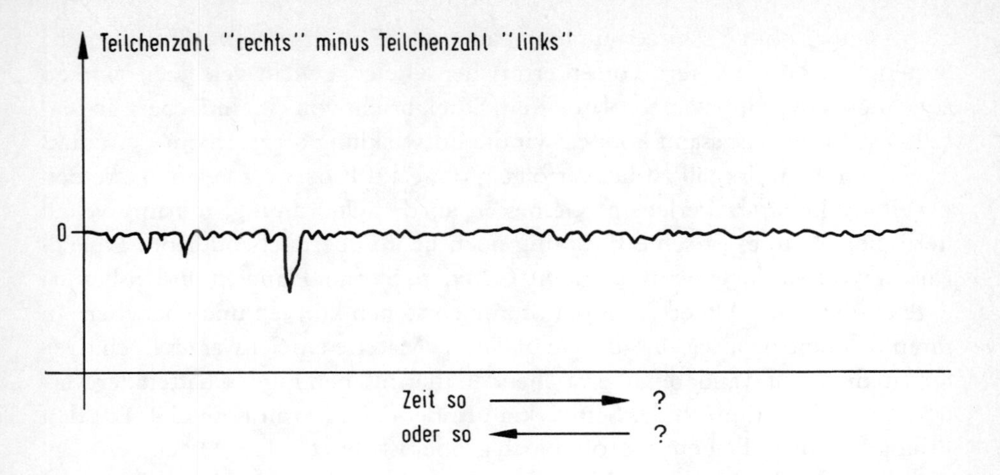

Abb. 2 Von der Schwankung der Differenz der Teilchenzahlen in zwei Kastenhälften kann im Thermischen Gleichgewicht nicht abgelesen werden, ob die positive – wachsende – Zeit nach rechts oder nach links aufgetragen wurde. Bei makroskopischen Systemen überwiegen die größtmöglichen Abweichungen von Null, bei denen alle Teilchen in derselben Kastenhälfte versammelt wären, die hier dargestellten um viele, viele Größenordnungen.

chenzahl und Volumen – überhaupt sein kann. Seine weitere Entwicklung ist dann auch makroskopisch zeitumkehrsymmetrisch. Nehmen wir zum Beispiel eine makroskopische Variable wie die Differenz der Teilchenzahlen in der rechten und linken Kastenhälfte. Diese wird zwar um den Mittelwert Null schwanken, an der Gesamtzahl der Teilchen gemessen aber nur wenig. *Niemals* (im physikalischen Sinn) wird sie aber den Wert erreichen, der Abb. 1.1a oder 1.2c entspricht. Die kleinen Schwankungen kommen und gehen zeitumkehrsymmetrisch – wie gewonnen, so zerronnen. Einer graphischen Darstellung dieser Differenz (Abb. 2) ist nicht anzusehen, ob die Zeit von links nach rechts oder von rechts nach links wächst.

Wenn sich ein System aus vielen Teilchen also in einem Zustand befindet, der vom thermischen Gleichgewicht weit entfernt ist, kann es diesen Zustand nicht dadurch angenommen haben, daß es sich durch eine Schwankung von einem zuvor bestehenden thermischen Gleichgewicht entfernt hat. Denn große Schwankungen treten bei großen Systemen nahezu niemals auf. Wodurch aber dann? Durch Einflüsse, die außerhalb seiner selbst liegen, es als System erst definieren oder in einen Zustand des Nichtgleichgewichts versetzen. Diese Einflüsse können *wir* als geordnete Systeme ausüben, indem wir zum Beispiel einen

Stab an einem Ende erhitzen und ihn dann sich selbst überlassen. Einflüsse, die Systeme in Zustände fern vom thermischen Gleichgewicht versetzen, wirken aber auch in der unbelebten Natur – ein Stück bricht von einem Eisberg ab und fällt ins Wasser. Insgesamt können wir die Entwicklung bis zu einem Zeitpunkt kurz nach dem Urknall zurückverfolgen, ohne auf Prozesse zu stoßen, die den Zweiten Hauptsatz verletzen. Gemessen an der Unordnung, die im Weltall herrschen könnte, ist seine Ordnung noch heute überraschend groß. Überall finden wir geordnete Strukturen wie Galaxien, Sterne, Planeten und insbesondere fein verteilte Materie, aus der Sterne entstehen können und entstehen. In ihrem Zustand größter Unordnung bildet die Materie ein Schwarzes Loch. Details zu diesen und anderen überraschenden thermischen Eigenschaften der Materie unter dem Einfluß der Schwerkraft findet der Leser in Kapitel 4. Für den Prolog sind diese Fragen zu groß. Noch größer ist aber die Frage nach dem Ursprung der Ordnung, die das Universum kurz nach dem Urknall besaß.

Woher die Ordnung?

Das Universum könnte in einem Zustand großer Ordnung entstanden sein. Damit wäre die Frage nach dem Ursprung der beobachteten Ordnung beantwortet. Aber nicht befriedigend. Denn Details müßten noch ausgemalt werden. Jede realisierte Ordnung ermöglicht nämlich andere, nicht realisierte Ordnungen. Warum und wodurch sollte das Universum im Augenblick seiner Entstehung eine bestimmte Ordnung herausgreifen und entstehen lassen, nicht aber eine der anderen, genauso möglichen Ordnungen?

Fragen dieser Art hat vor allem der deutsche Philosoph Gottfried Wilhelm Freiherr von Leibniz (1646–1716) gestellt. Er hat räsoniert, daß der Schöpfer der Welt keine Wahl zwischen gleich guten Möglichkeiten hätte treffen können. Vor eine solche Wahl gestellt, hätte Gott überhaupt keine Welt erschaffen. Aber auch abgesehen von einem Schöpfer – je weniger Detailinformation eine Schöpfungsgeschichte voraussetzt, desto überzeugender ist sie.

Die Schöpfungsgeschichte der heutigen Physik beginnt mit dem Satz, daß am Anfang die Temperatur unendlich groß war. Dann aber war auch die Unordnung am Anfang so groß wie überhaupt möglich. Denn je höher die Temperatur, desto größer die Unordnung. Woher dann die Ordnung, die das Universum heute besitzt?

Exkurs: Zeit vor der Zeit des Urknalls?

Der Kirchenvater Augustin, der um 400 wirkte, beginnt seine Diskussion des Zeitpunkts der Erschaffung der Welt mit der Frage *Was tat denn Gott, ehvor er Himmel und Erde erschuf? Denn war er müßig ... und wirkte kein Werk, warum blieb er so nicht immer und alle Zeiten fort, wie er vor der Schöpfung immer des Wirkens müßig gewesen?* Die Antwort, die Augustin gibt, hat wohl auch theologische, nicht nur logische Gründe, eröffnet aber eine wichtige Denkmöglichkeit: Die Zeit wurde zusammen mit der Welt erschaffen; zuvor gab es keine Zeit.

Heute ist diese Denkmöglichkeit im Zusammenhang mit der Urknallhypothese wichtig. Sie bildet das Standardmodell der Physik von der Entstehung der Welt. Die Galaxien sind im Weltall nicht statisch verteilt wie die Städte auf der Erdoberfläche, sondern fliegen so voneinander fort, als seien sie vor – sagen wir – fünfzehn Milliarden Jahren in einer gewaltigen Explosion aus demselben Raumgebiet herausgeschleudert worden.

Die Urknallhypothese folgert aus diesem Befund, daß alle Materie vor fünfzehn Milliarden Jahren, im Augenblick des Urknalls, in einem Punkt versammelt war. Über Materie in diesem Zustand sagen die Gesetze der Physik nichts aus. Wir können ihm aber über eine *Folge von Zuständen*, in denen die Gesetze der Physik gelten, beliebig nahe kommen. Nehmen wir also an, die Materie des von uns beobachtbaren Teils des Universums sei erstens in unserer Galaxie, der Milchstraße, versammelt, zweitens in dem Sonnensystem, drittens in der Erde, viertens dem Kölner Dom, fünftens in einer Nußschale und so weiter: Wir konstruieren eine Folge von Zuständen, für welche die Gesetze der Physik gelten und die dem Zustand, in dem sich die Materie im Augenblick des Urknalls befunden hat, beliebig nahe kommen.

Ich behaupte nicht, daß wir die Gesetze der Physik für Materie in diesen Zuständen kennen; das ist nicht so. Wir denken aber, daß es solche, noch unbekannte Gesetze gibt. Klar ist, daß sich die in einem immer kleineren Volumen konzentrierte Materie immer schneller bewegt haben muß. Denn die Galaxien, die heute voneinander fort fliegen, tun dies unter dem Einfluß der Schwerkraft, die ihre Bewegung abbremst. Je weniger Raum der Materie also zur Verfügung stand, um so schneller hat sie sich bewegt. Klar ist auch, daß diese Bewegung eine ungeordnete Relativbewegung gewesen sein muß. Denn die Geschwindigkeiten der Galaxien sind verschieden, und deshalb müssen sich deren Bausteine anfangs verschieden schnell bewegt haben.

Unmittelbar nach dem Urknall, als alle Materie auf engem Raum zusammen war, flog also alles, was es gab, mit großen Geschwindigkeiten ungeordnet durcheinander. Daraus, aus der ungeordneten Bewegung ohne Grenzen, folgt die Expansion des Universums, die wir bei unserer Betrachtung rückwärts verfolgt haben. Die Teile der Materie in diesen frühen Zuständen des Universums kennen wir nicht; wir wissen nicht einmal, ob in ihnen überhaupt von Teilen gesprochen werden kann. Mir kommt es darauf an, daß sich die Materie im sehr frühen Universum in einem Zustand schneller, ungeordneter Bewegung befunden haben muß – gleichgültig ob diese Bewegung besser als die Bewegung voneinander getrennter Teile oder als das schwankende Hin und Her einer Flüssigkeit beschrieben werden kann.

Ich bleibe bei dem Bild der voneinander getrennten Teile der Materie. Je schneller deren ungeordnete Bewegungen sind, desto heißer ist sie. Temperatur *ist* geradezu die ungeordnete Bewegung von Teilen. Heißes Wasser löst Zucker besser auf als kaltes, da die schnelleren Wassermoleküle bei höherer Temperatur die Zuckermoleküle besser aus ihrem Verband herausschlagen können. Je näher wir also dem Urknall kommen, desto heißer ist die Materie. Im Augenblick des Urknalls war das Weltall unendlich heiß und unendlich dicht. Das ist der Zustand höchstmöglicher Formlosigkeit, des vollkommenen Chaos. Wenn es ein »Vorher« gab, beeinflußt es das »Nachher« nicht: Die unendlich hohe Temperatur und Dichte im Augenblick des Urknalls löschen jede Information darüber, wie die Welt »vorher« beschaffen war, aus. Ob »vor« dem Urknall sinnvoll von einer »Zeit« gesprochen werden kann, ist für die Entwicklung der Welt nach ihm gleichgültig. Aussagen darüber sind, da unüberprüfbar, keine wissenschaftlichen Aussagen.

War die Welt einmal unendlich heiß, können wir den Zeitpunkt, zu dem sie das war, auch in Gedanken nur aus unserem Zeitbereich, rückwärts also in der Zeit, erreichen. Sich tatsächlich und physisch »rückwärts in der Zeit« zu bewegen, ist selbstverständlich unmöglich. Wir können aber eine Tabelle der Zustände, die die Welt im Laufe der Zeit angenommen hat, rückwärts lesen. Diese Tabelle muß bei der Eintragung »Temperatur unendlich« abbrechen.

Wenn wir verschiedene Substanzen mit gleicher atomarer Zusammensetzung durch Erhitzen in ihre Atome zerlegen, verlieren wir genauso die Information darüber, mit welchem Prozentsatz von welcher Substanz wir begonnen haben. Graphit und Diamant bestehen aus demselben Kohlenstoff. Wird eine Mischung von beiden für einige Stunden auf mindestens 1500 Grad erhitzt, ist das Ergebnis reines Graphit: Die Information, mit welcher Mischung wir begonnen haben, ist zusammen mit den Diamanten verlorengegangen.

Wiederaufnahme: Woher die Ordnung?

Wenn die Hypothese vom unendlich heißen Urknall richtig ist, können wir ohne Furcht vor Widerspruch zu möglichen Erfahrungen sowohl annehmen, daß es »Zeit zuvor« gegeben hat, als auch, daß das nicht so war. Denn dann war das Universum im Augenblick des Urknalls so chaotisch wie überhaupt möglich. Aber woher dann die Ordnung im heutigen Weltall?

Kurze Zeit – Sekunden oder Minuten – *nach* dem Urknall war die Ordnung im Universum größer als heute. Das mag überraschen. Denn heute weist das Universum Strukturen auf, die sich seither gebildet haben. Aber Struktur bedeutet doch Ordnung – mehr Ordnung jedenfalls, als sie die nahezu gleichmäßig verteilte Materie kurz nach dem Urknall besessen haben kann?

Das ist nicht so. Schon Newton wußte, daß die Materie die Tendenz besitzt, unter dem Einfluß der Schwerkraft, die ihre Teile aufeinander ausüben, zusammenzustürzen. Insbesondere ist fein verteilte Materie instabil. Wenn sich in einem Raumbereich durch eine zufällige Schwankung besonders viel Materie angesammelt hat, wird sich in diesem Bereich auf Grund der vergrößerten Schwerkraft, die von ihm ausgeht, noch mehr Materie ansammeln. Schließlich stürzt die Materie in einer Umgebung des Bereichs zusammen und bildet einen Stern, ein Planetensystem oder eine Galaxie. Kapitel 4 beschreibt im Detail, daß und warum hierbei die Ordnung abnimmt – Materie, die unter dem Einfluß ihrer eigenen Schwerkraft zusammenstürzt, wird heißer und heißer, und das bedeutet verminderte Ordnung.

Es bleibt die Frage, wie es zu dem Zustand hoher Ordnung kurze Zeit nach dem Urknall kommen konnte. Um eine endgültige Antwort geben zu können, müßten wir den Einfluß großer Temperaturen auf höchst verdichtete Materie und Energie besser kennen, als wir es tun. Aber bereits die Anwendung des Zweiten Hauptsatzes auf das Universum insgesamt steht auf wackligen Füßen. Denn das Universum expandiert, so daß es nicht als abgeschlossenes System angesehen werden kann – obwohl es, andererseits, alles enthält, was es gibt.

Ordnung wird aus der Expansion des Universums insbesondere dann erwachsen, wenn diese so schnell erfolgt, daß andere Prozesse, die in ihm ablaufen, nicht Schritt halten können. Genau so aber hat sich das Universum unmittelbar – kürzer als kurz, wie wir sagen können – nach dem Urknall entwickelt. In seiner frühesten Phase ist das Universum besonders schnell größer geworden. Wir wollen vereinfachend annehmen, das sehr frühe Universum sei plötzlich in dem Sinn größer geworden, daß sich seine Teile voneinander entfernt haben, ansonsten aber ungeändert – auch gleich groß – geblieben sind. Hierbei und hierdurch wird die Zahl der Möglichkeiten vergrößert, die Bauteile des Universums in ihm zu verteilen. Die aktuelle Ordnung aber bleibt dieselbe. Als Resultat ist die größtmögliche Unordnung gewachsen, die tatsächliche aber ungeändert geblieben. Deshalb, weil das Universum als Resultat seiner Expansion mehr Unordnung ermöglicht, als seine Teile besitzen, können diese in einen Zustand geringerer Ordnung übergehen und dadurch und dabei Teilsysteme schaffen, in denen die Ordnung wachsen wird.

Abgezweigte Systeme

Mit überragender Wahrscheinlichkeit hat die Ordnung eines abgeschlossenen Systems, das wir in einem Zustand großer Ordnung antreffen, seit dem letzten Kontakt mit anderen Systemen abgenommen. Ich erinnere an den Stab, dessen eines Ende wir erhitzt haben, und an den von einem Eisberg abgebrochenen und ins Wasser gefallenen Eisklotz, der zusammen mit dem flüssigen Wasser ein System bildet, dessen Unordnung dadurch zunimmt, daß der Eisklotz schmilzt. Ein anderes uns schon bekanntes Beispiel ist Parfüm in einem offenen Flakon in einem geschlossenen Raum. Vereinfachend können wir sagen, daß derartige Systeme in Zuständen großer Ordnung *entstanden* sind – abgezweigt von anderen Systemen, entwickeln sie sich ohne Kontakt zur Außenwelt weiter.

Im Prinzip könnte der Weltenplan bewirken, daß abgezweigte Systeme von ihren Geburtshelfer-Systemen in einen jener raren Zustände versetzt werden, mit dem beginnend die Ordnung wächst. Aber das ist nicht so – Korrelationen zwischen dem makroskopischen Prozeß der Abzweigung und dem mikroskopischen Anfangszustand des abgezweigten Systems treten nicht auf. Genauso könnte es Korrelatinen zwischen den Naturgesetzen für die mikroskopische Entwicklung eines Systems und dessen mikroskopischen Zuständen geben, die bewirken, daß die makroskopische Ordnung wächst. Das ist nicht so – makroskopisch gesehen, wirken mikroskopische Gesetze in derartigen Fällen genauso wie blinder Zufall.

Zur Erläuterung wähle ich das von dem österreichischen theoretischen Physiker Paul Ehrenfest (1880–1933) ersonnene, höchst instruktive Modell der Abb. 3. In zwei Urnen befinden sich 100 mit 00, 01, ..., 99 durchnumerierte Kugeln. Ihre Verteilung definiert den Anfangszustand des Modells. Seine zeitliche Entwicklung bestimmt blinder Zufall. Durch ein Glücksrad mit 100 Einteilungen wird eine Zahl zwischen 00 und 99 zufällig ausgewählt. Die Kugel mit dieser Nummer wird aus der Urne, in der sie sich befindet, in die andere

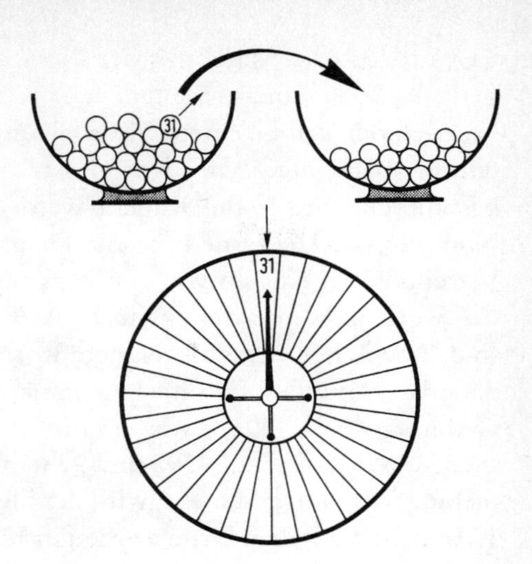

Abb. 3 Das Modellsystem zur Thermodynamik erläutert der Text.

umgepackt. Und so wieder und wieder – mit der Konsequenz, daß eine anfangs möglicherweise bestehende Ordnung *abgebaut* wird.

Ordnung bedeutet bei diesem System, daß sich mehr Kugeln in der einen Urne als in der anderen befinden. Insofern gleicht es dem der Abb. 1 – mit dem Unterschied freilich, daß dort das »fundamentale« Naturgesetz des elastischen Stoßes, hier der blinde Zufall die »zeitliche« Entwicklung bestimmt. Daß bei zahlreichen Kugeln auch hier eine anfangs bestehende Ordnung nahezu immer abgebaut wird, ist offensichtlich: Je mehr Kugeln sich in einer Urne befinden, desto größer ist die Wahrscheinlichkeit, daß das Glücksrad eine dieser Kugeln auswählen wird. Folglich wird die Zahl der Kugeln in der Urne abnehmen, in der sich mehr befinden – das Ungleichgewicht wird abgebaut. Im Gleichgewicht wird dann die Differenz der Zahlen der Kugeln in der rechten und der linken Urne wie in der Abb. 2 um Null herum schwanken.

Statt des blinden Zufalls soll nun ein *Gesetz* die zeitliche Entwicklung des Systems bestimmen. Von der Kreiszahl *Pi* können Mathematiker beliebig viele Stellen hinter dem Komma berechnen. Um nur Stellen hinter dem Komma zu haben, betrachte ich die Zahl »Pi geteilt durch 10«, also

Pi/10=0,/31/41/59/26/53/58/97/93/23/84/62/64/../

und so weiter. Ich habe die Ziffernfolge in Paare von Ziffern unterteilt und ihnen so die 100 Ehrenfestschen Kugeln zugeordnet. Mein Gesetz ist nun, daß statt der vom Glücksrad ausgewählten Zahlen die Ziffernpaare von *Pi*/10 bestimmen sollen, welche Kugeln umgepackt werden. Wie in der Abbildung ist das zunächst die Kugel mit der Nummer 31; dann die mit der Nummer 41, dann 59, 26, 53 und so weiter.

Zweierlei kann keinem Zweifel unterliegen. Erstens sei die Anfangsverteilung unabhängig von dem Gesetz gewählt, das die zeitliche Entwicklung bestimmen wird – die Kugeln werden zum Beispiel ohne Ansehung ihrer Nummern auf die Urnen verteilt. Dann kann die Wirkung des Gesetzes auf die Verteilung der Kugeln von der Wirkung des blinden Zufalls nicht unterschieden werden. Wird zweitens aber die Anfangsverteilung dem Gesetz angepaßt, so daß zwischen beiden geeignete Korrelationen bestehen, kann erreicht werden, daß zumindest für eine beschränkte oder herausgegriffene spätere Zeit die Ordnung wächst. Dazu werden die 12 Kugeln mit den Nummern 23, 26, 31, 41, 53, 58, 59, 62, 64, 84, 93 und 97 in die linke Urne gelegt, alle anderen in die rechte. Was dann geschieht, wird der blinde Zufall höchst selten bewirken – die 12 Kugeln der linken Urne werden in 12 Zeitschritten in die rechte umgelagert. Wenn wir durch die Auswahl der Kugeln keine weiteren Korrelationen zwischen Gesetz und Anfangszustand eingeführt haben, kann die weitere Entwicklung von einer durch blinden Zufall bewirkten abermals nicht unterschieden werden.

Gesetz ohne Gesetz?

Die wahre Logik dieser Welt liegt laut dem großen englischen Physiker des letzten Jahrhunderts, James Clerk Maxwell, *in der Wahrscheinlichkeitsrechnung.* A. S. Eddington hat zwischen *Gesetzen erster und zweiter Art* unterschieden: *Ich habe die Gesetze, die das Verhalten eines einzelnen Körpers regeln, »Gesetze erster Art« genannt, und damit implizite behauptet, daß der zweite Hauptsatz der Wärmelehre, obgleich er ebenfalls ein anerkanntes Naturgesetz ist, doch in gewissem Sinn den ersteren nicht gleichgeordnet werden kann und als Gesetz zweiter Art bezeichnet werden muß. ... Die Gesetze erster Art verbieten gewisse Dinge, deren Geschehen unmöglich ist. Die Gesetze zweiter Art verbieten Dinge, deren Geschehen zu unwahrscheinlich ist, als daß sie jemals wirklich eintreten könnten. Es ist die Überzeugung fast aller Physiker gewesen, daß der letzten Wurzel alles Geschehens ein lückenloses System von Gesetzen erster Art zugrunde liegt, welches das Verhalten jedes einzelnen kleinsten Teilchens oder Bausteins der Welt mit ehernem Determinismus regiert.*

Eine Fußnote zur *Überzeugung fast aller Physiker* weist auf die Unbestimmtheiten der damals neuen Quantenmechanik hin: *Seit einiger Zeit stellen dies* – daß nämlich die letzte Wurzel alles Geschehens ein lückenloses System von Gesetzen erster Art ist – *jedoch manche Physiker, wie auch ich* – Eddington – *selbst, in Frage*. Die Idee jedoch, daß es überhaupt keine Gesetze erster Art, sondern nur solche zweiter Art geben könne, hatte zur Zeit Eddingtons niemand.

Der große amerikanische Physiker John Archibald Wheeler ist ein prominenter Vertreter dieser Idee. Trotz meiner Verehrung für ihn gehe ich auf sein *Law without law* – Gesetz ohne Gesetz – nicht im Detail ein. Zuviel müßte umgestoßen werden, bevor sich diese Idee als richtig erweisen könnte.

Trotzdem eine Skizze. Der Zweite Hauptsatz ist das wichtigste Beispiel. Er gilt auch dann, wenn auf dem mikroskopischen Niveau der blinde Zufall statt eines Naturgesetzes herrscht. Allgemein soll der Zufall an die Stelle der – dann nur vermeintlichen – fundamentalen Naturgesetze treten können, ohne daß sie auf ihrem höheren Niveau ungültig würden.

Dem folge ich, wie gesagt, nicht. Ich denke, daß es fundamentale Naturgesetze gibt, die festlegen, was bei vorgegebenen Anfangsbedingungen im Laufe der Zeit geschieht. Gewimmel und Chaos können Einsteins $E = mc^2$ nicht begründen. Und die Wahrscheinlichkeiten der Quantenmechanik beruhen auf mehr als nur dem Gesetz der großen Zahlen, das schlußendlich zu den Verfestigungen führen mag, die wir beobachten (Kapitel 6). Zuzugeben ist aber, daß die Naturgesetze, die hier und jetzt herrschen, eine Geschichte haben können. Wir wissen nicht, warum die Konstanten, die in den Naturgesetzen auftreten, ihre speziellen Werte besitzen – ob sie durch einen Prozeß, der auch anders hätte ausgehen können, festgelegt wurden. Wenn das so ist, gibt es eine einfache Erklärung dafür, daß ihre Werte ungefähr so sind, wie sie sind: Wären sie ganz anders, wir wären nicht hier. Denn nur ein schmales Band von Werten der Naturkonstanten erlaubt intelligentes Leben. Unsere Existenz hier und jetzt beweist selbstverständlich, daß die Naturgesetze, die hier und jetzt gelten, unsere Existenz erlauben. *Anthropisches Prinzip* ist der viel zu bombastische Name für diese Feststellung. Seltsam ist nur, daß der Bereich der Werte der Naturkonstanten, der intelligentes Leben erlaubt, sehr schmal ist.

Deterministisches Chaos

Die Naturgesetze, die für große – genauer: nicht-quantenmechanische – Systeme gelten, sind deterministisch: Ist der Anfangszustand vorgegeben, folgt aus den Gesetzen, was weiter geschieht. Aber Determinismus führt nicht unbedingt auf praktisch nutzbare Vorhersagbarkeit. Zunächst ein einfaches Pendel. Bei ihm ist das so: Wenn ich Ort und Geschwindigkeit der Pendelmasse zu

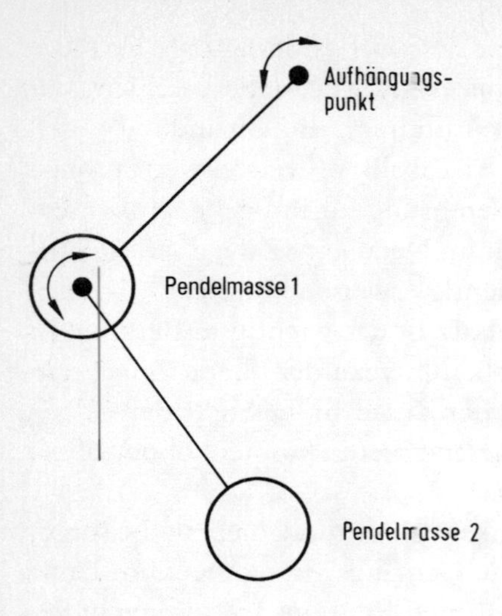

Abb. 4 Das Doppelpendel kann sowohl regulär als auch chaotisch schwingen.

einem Zeitpunkt mit einer gewissen Genauigkeit kenne, kann ich Ort und Geschwindigkeit mit ungefähr derselben Genauigkeit zu jeder Zeit berechnen. Bei zahlreichen, geradezu den meisten Systemen ist das aber ganz anders. Diese Systeme können chaotisches Verhalten zeigen. So das Doppelpendel der Abb. 4: Die Pendelmasse 2 ist durch eine starre Stange mit der Pendelmasse 1 verbunden; diese durch eine weitere starre Stange mit dem Aufhängungspunkt. In der Abbildung deuten Pfeile an, daß die Stangen um ihre Aufhängungspunkte rotieren können, Überschlag also möglich ist. Reibung soll es nicht geben, so daß das System, einmal in Bewegung gesetzt, für immer schwingt.

Überläßt man das Doppelpendel in der Stellung der Abbildung sich selbst, werden die beiden Pendelmassen so hin- und herschwingen, daß für alle Zeiten mit großer Genauigkeit berechnet werden kann, wo sie sich gerade befinden und wie schnell sie sind. Diesem *regulären* Verhalten steht ein *chaotisches* gegenüber. Wenn der Leser das Buch um 180 Grad dreht, so daß das Doppelpendel auf dem Kopf steht, sieht er eine andere, ebenfalls mögliche Anfangslage der Pendelmassen vor sich. In dieser Stellung losgelassen, werden sie sich schnell und chaotisch bewegen: Nach einer gewissen Zeit kann es zu einem Überschlag einer Pendelmasse gekommen sein, oder auch nicht. Davon hängt aber das weitere Schicksal des Doppelpendels entscheidend ab: Ist es zu einem Überschlag gekommen, verhält es sich ganz anders, als wenn es nicht dazu gekommen ist. Um das Langzeitverhalten des Doppelpendels einigermaßen genau berechnen zu können, müssen deshalb die Anfangslagen und Anfangsgeschwindigkeiten der Pendelmassen absurd genau bekannt sein: Obwohl es deterministisch festgelegt ist, kann das Langzeitverhalten des Doppelpendels nicht vorhergesagt werden.

Genausowenig kann aus dem gegenwärtigen Zustand eines chaotisch schwingenden Doppelpendels sein Zustand vor einer langen Zeit berechnet werden. Das ist wie bei dem Gas der Abb. 1, nachdem Thermisches Gleichgewicht erreicht worden ist. Genau wie dieses zeichnet auch das chaotisch schwingende Doppelpendel keine der beiden Zeitrichtungen vor der anderen aus. Die Auszeichnung der einen Zeitrichtung vor der anderen bei dem Gas der Abb. 1 folgt nicht bereits daraus, daß sich das Gas chaotisch verhält. Erforderlich ist auch und vor allem, daß es von dem regulären Regime zu dem chaotischen ohne Kontakt mit der Außenwelt übergehen kann, niemals aber zurückfinden wird.

Dazu aber sind viele Teilchen erforderlich, physikalisch-abstrakt ausgedrückt: viele *Freiheitsgrade*. Wenn der Leser denkt, chaotisches Verhalten *allein* reiche zur Unterscheidung der einen Richtung der Zeit von der anderen aus, befindet er sich in guter Gesellschaft. Trotzdem ist es nicht so: Zeigt ein Film die chaotischen Schwingungen eines Doppelpendels, kann ihm nicht angesehen werden, ob er vorwärts oder rückwärts abläuft. Eine Richtung der Zeit kann von einem abgeschlossenen System nur dann abgelesen werden, wenn es sich von geordnetem zu ungeordnetem Verhalten entwickelt und nicht wieder zurückkehrt. Das aber kann es nur, wenn es zahlreiche Freiheitsgrade besitzt.

Wenn Chaos herrscht, hängt alles von allem ab – das Wetter in Karlsruhe von dem Flügelschlag eines Schmetterlings in Kalifornien. So oder ähnlich haben wir es oft gehört. Was aber weiter, wenn wir zustimmen, weil wir es verstanden haben? Die vornehmste Aufgabe der Physik ist, die fundamentalen Naturgesetze herauszufinden. Hinge, wie es bei chaotischem Verhalten ist, alles von allem ab, wäre das unmöglich. Das ist die wohl wichtigste Konsequenz der Chaos-Forschung für unser Thema.

Herrschte überall Chaos, wäre Naturforschung unmöglich. Dann wäre es unmöglich, Bereiche abzugrenzen, die für sich allein verstanden werden können. Da nichts geplant werden könnte, böte Intelligenz keinen evolutionären Vorteil. Darüber, ob bei Allgegenwart von Chaos intelligentes Leben, oder Leben überhaupt, möglich wäre, will ich nicht spekulieren. Würde sich das Sonnensystem chaotisch statt regulär verhalten, wäre Leben, wie wir es kennen, in ihm wohl unmöglich. Dann würden die Planeten chaotische Bahnen durchlaufen, auf denen ihre Entfernung von der Sonne sich ständig stark ändern würde – mit der Konsequenz, daß die Oberflächentemperaturen der Planeten extremen Schwankungen unterworfen wären.

Ein Ergebnis der Chaos-Forschung ist, daß erst reguläres und chaotisches Verhalten zusammen die Entwicklung und das Funktionieren von adaptiven Systemen – den *IGUS, Information Gathering and Utilizing Systems* des Physiknobelpreisträgers von 1969, Murray Gell-Mann, in seinem Buch *Das Quark und der Jaguar* – ermöglicht. Nun hängt das Ausmaß von chaotischem und regulärem Verhalten von den Werten der Naturkonstanten ab. Wäre Newtons Gravitationskonstante größer als sie ist, dann auch die Kraft, mit der die Erde die Massen des Doppelpendels anzieht. Dann wäre mehr Energie erforderlich, um chaotisches Verhalten anzuregen. Umgekehrt würde bei kleinerer Gravitationskonstante bereits ein kleinerer Anstoß das Doppelpendel zu chaotischen Schwingungen veranlassen.

Naturgesetze und Naturkonstanten

Analoges gilt für chaotisches und reguläres Verhalten des Sonnensystems. Für uns ist nur wichtig, daß die Werte der Naturkonstanten darüber entscheiden, ob die Welt verstanden werden kann. Möglicherweise sind auch die Naturgesetze, die wir für fundamental halten, nur Näherungen. Zusätzlich zu den Termen, die wir kennen, könnten sie andere enthalten, die aber so klein sind, daß sie sich nicht bemerkbar gemacht haben. Insbesondere ist zu vermuten, daß Terme, in denen Naturkonstanten mit der Dimension einer Länge als Faktor auftreten, nur sehr kleine Beiträge zu beobachtbaren Größen liefern werden. Schwerkraft, Quantenmechanik und Spezielle Relativitätstheorie bringen drei Naturkonstanten ins Spiel, die in der fundamentalen Theorie der Zukunft, die alle Theorien vereinigt und die wir noch nicht kennen, zusammen auftreten müssen: Newtons Gravitationskonstante, Plancks Wirkungsquantum und die Lichtgeschwindigkeit als Grundgröße von Einsteins Spezieller Relativitätstheorie. Aus diesen drei Naturkonstanten kann eine Länge gebildet werden, die unter der Voraussetzung, daß nicht von irgendwoher riesengroße Faktoren dazukommen, im wesentlichen festliegt. Diese Länge – sie heißt die Plancksche Länge und hat den Zahlenwert 10^{-33} Zentimeter – ist so klein, daß sie sich bei keiner Längenmessung hat bemerkbar machen können. Da aber zu vermuten ist, daß die fundamentale Theorie der Zukunft diese Länge enthält, müssen zu den Termen der Theorien, die wir für fundamental halten, Terme hinzukommen, die zu dieser Länge proportional und deshalb so klein sind, daß ihr Fehlen in der Theorie experimentell noch nicht nachgewiesen werden konnte.

Abb. 5 Der Holzschnitt *Theorica musice* aus dem Jahr 1492 von Gafurios veranschaulicht dem Pythagoras zugeschriebene Experimente zur Harmonielehre. Die große Entdeckung der Pythagoreer war, daß den Harmonien Zahlenverhältnisse entsprechen. Diese lassen sich von System zu System übertragen – so daß den Naturgesetzen eine Realität zugeschrieben werden muß, die von dem jeweiligen System unabhängig ist.

Dasselbe gilt für weitere mögliche Terme, die zum Quadrat dieser Länge proportional sind, und so weiter. Fundamentaler als die mehr oder weniger fundamentalen Naturgesetze, die wir kennen, sind Symmetrieprinzipien, auf denen einige ihrer Eigenschaften beruhen. So sollen die Naturgesetze für ein beliebiges abgeschlossenes System davon unabhängig sein, wo sich das System befindet, wann der Experimentator mit seinen Untersuchungen beginnt und wie das System im Raum orientiert ist. Sie sollen auch davon unabhängig sein, wie schnell sich das System mit konstanter Geschwindigkeit bewegt. Aus diesen vier Symmetrieprinzipien, die uneingeschränkte Gültigkeit zu besitzen scheinen, folgen zahlreiche Eigenschaften der Naturgesetze. Insofern also müssen sie von System zu System übertragbar sein.

Die Pythagoreer, deren Schule um 500 v. Chr. in Unteritalien florierte, haben die Übertragkeit entdeckt. Ihr Gesetz war *die Zahl* – konkret haben sie gefunden, daß musikalischen Harmonien Zahlenverhältnisse entsprechen. Und zwar, wie in der Abb. 5 dargestellt, bei auf den ersten Blick ganz verschiedenen Systemen. Da lag es nahe, auch im Universum insgesamt nach Harmonien zu suchen, die sein Verhalten bestimmten. *Man stellte sich vor, daß diese zahlenmäßigen Verhältnisse für die Struktur des Universums eine Schlüsselrolle spielen. So glaubte man, daß die gleichen Verhältnisse in den Abständen der Planeten zu finden seien. Die späteren Pythagoreer lehrten, daß die Planeten – oder die Sphären, die sie um das zentrale Feuer trugen – ebenfalls Töne erzeugten: die berühmten Sphärenklänge.*

Grobkörnung und die »Richtung der Zeit«

Ludwig Boltzmanns Idee, daß der Fluß der Zeit in eine erkennbare Richtung, wie er im Zweiten Hauptsatz zum Ausdruck kommt, nicht auf den fundamentalen Naturgesetzen erster Art beruhe, ist auf großen, auch emotionalen Widerstand gestoßen. In einem abgeschlossenen System entsteht der sogenannte Fluß der Zeit laut Boltzmann letztlich dadurch, daß wir allzu verborgene mikroskopische Korrelationen zwischen der Orten und Geschwindigkeiten der einzelnen Atome nicht mehr zur Kenntnis nehmen. Wir werfen die Korrelationen sozusagen fort und erhalten dadurch eine *grobgekörnte* oder, wie wir sagen wollen, *vergröberte Beschreibung*. Erst sie zeichnet die eine Richtung der Zeit gesetzmäßig vor der anderen aus.

Aber die Gesetze, die für die vergröberte Beschreibung eines Systems gelten – unter ihnen der Zweite Hauptsatz –, sind ausnahmslos Gesetze zweiter Art. Sie entstehen durch den Akt der Vergröberung, drücken also keine in den Naturgesetzen erster Art verankerte Realität aus. Die Vergröberung *schafft* eine Richtung *der Abläufe*, die auf keiner vorgegebenen Richtung *der Zeit* beruht. Auch wenn die zeitliche Umkehrung eines Ablaufes *niemals* auftritt, wird durch ihn nur eine Richtung *in der Zeit* ausgezeichnet. Die Zeit selbst besitzt keine Richtung; nur Abläufe besitzen eine.

Realität und Emergenz

Damit sagen wir nicht, daß der Fluß der Zeit keine objektive Realität besitzt. Auch das Leben ist real, ohne daß den Atomen, aus denen die Lebewesen bestehen, Leben zugesprochen werden kann. Um das Bewußtsein scheint es mir genauso zu stehen; auch um die Musikalität und die Begabung für Schach. All das sind *emergente* Eigenschaften, die durch das Zusammenspiel vieler einzelner Systembestandteile erzeugt werden – und dadurch nicht weniger, aber anders objektiv real sind als die Eigenschaften von Atomen, Nervenzellen und/oder Naturgesetzen.

Douglas R. Hofstadter schildert in seinem höchst lesenswerten Buch *Gödel,*

Escher, Bach, das zuerst 1979 erschienen ist, die Entstehung emergenter Eigenschaften durch eine Parabel: Der Ameisenbär beschreibt dem Achilles seine amüsanten Unterhaltungen mit einem Ameisenhaufen. Achilles vermutet daraufhin, daß es einige sehr schlaue Ameisen in dem Haufen geben müsse. Das keinesfalls – so der Ameisenbär –, die Ameisen wirken aber so zusammen, daß der Haufen insgesamt andere, höhere (eben *emergente*) Eigenschaften besitzt als jede individuelle Ameise, die alle so dumm sind, wie man nur sein kann.

Der reale Hintergrund dieser Parabel ist natürlich, daß Ameisenkolonien durch ganz andere Begriffe beschrieben werden können als einzelne Ameisen. Deren Gewimmel wird durch Signale von Ameise zu Ameise gesteuert. Daraus erwächst ein kollektives Verhalten, das als Verhalten des Haufens beschrieben werden kann. Hofstadter erweckt in seinem Buch den Eindruck, der Zusammenhang von individuellen und kollektiven Eigenschaften sei bei den Ameisen verstanden. Bei den Nervenzellen und dem Bewußtsein ist das sicher nicht so.

Mir scheint, daß unsere tiefsten Emotionen mit dem zu tun haben, was wir die *Richtung der Zeit* nennen – mit Entwicklung und Zerfall, Geburt und Tod. Auch diese Emotionen sind real – ob die Richtung der Zeit nun in den Naturgesetzen verankert ist oder nicht.

Sieht man nur auf die fundamentalen Naturgesetze erster Art, ist die Zeit nicht real. Das gilt auch für die Quantenmechanik. Die Zeit kommt in die Welt durch das kollektive Verhalten vieler Teilchen, beruht letztlich also auf dem Gesetz des Zufalls – daß, was extrem unwahrscheinlich ist, nicht eintreten wird. Als *emergente* Eigenschaft großer Systeme ist die Zeit zwar *real,* aber doch, um mit Albert Einstein zu sprechen, eine *Illusion* – sie bildet, wie wir zusammenfassend sagen wollen, eine *reale Illusion*.

Illusion auch deshalb, weil nach Auskunft von Albert Einsteins Relativitätstheorien ihr Vergehen – wenn wir so sagen dürfen – von dem Bewegungszustand der Uhr abhängt, die es verzeichnet, und von der Schwerkraft, der die Uhr ausgesetzt ist. Letztlich kann das Vergehen der Zeit an Korrelationen von Abläufen festgemacht, ja mit ihnen identifiziert werden. Darauf wird in diesem Buch näher einzugehen sein. Der Fluß der Zeit ist auch deshalb eine Illusion, weil er aufhören kann. Im Zustand des Thermischen Gleichgewichts gibt es keine Zeit mehr – alles ist so durchmischt und chaotisch wie möglich; die Unordnung kann nicht weiter wachsen. Wenn das Universum einmal in einen solchen Zustand eintreten sollte, gäbe es die Zeit nicht einmal mehr als Illusion.

1. Sprachliches, Religiöses und Philosophisches zu Zeit und Gesetz

Als die Lydier und Meder mit gleichem Erfolg gegeneinander Krieg führten, geschah es im sechsten Jahr, während sich ein Zusammenstoß ereignete und die Schlacht entbrannt war, daß der Tag plötzlich zur Nacht wurde. Diese Verwandlung des Tages hatte Thales aus Milet den Ioniern mit Bestimmtheit vorausgesagt, und zwar hatte er als Termin eben das Jahr – 585 v. Chr. – *angegeben, in dem dann die Verwandlung auch tatsächlich sich ereignete.* Heute wissen wir, daß diese Vorhersage des Thales, wenn nicht überhaupt erfunden, ein Zufallstreffer war (Abb. 6a). Trotzdem illustriert sie sehr schön den Zusammenhang der Zeit mit den Naturgesetzen.

Zeiterfahrung und Gesetze

Wenn es keine gesetzmäßige Abfolge von Ereignissen gibt, ist Stillstand der Zeit auf keine Weise von ihrem Fortschreiten in die eine oder andere Richtung zu unterscheiden. Angenommen nämlich, uns würden unser eigener Körper, unser Bewußtsein und unsere Ungeduld keinen Zeitsinn auferlegen – wie könnten wir dann bei einer Rast im Nebel darüber entscheiden, ob ein gewaltiger Dämon den Ablauf der Zeit angehalten, ungeändert gelassen oder umgekehrt hat? Wir könnten es nicht; wobei sogar noch das Vermögen, überhaupt eine Entscheidung zu treffen, einen uns verbliebenen Zeitsinn erfordern würde – im Gegensatz zu der Voraussetzung, daß wir Zeitunterschiede zwar ablesen, aber nicht erfahren können. Uhren soll es, anders gesagt, um uns herum geben können, wir selbst aber sollen keine sein.

Auch die früheste mir bekannte Erwähnung der Zeit durch die Griechen verbindet sie mit einem Gesetz – mit dem *Richterstuhl der Zeit*, von dem der im Jahr 640 v. Chr. geborene weise Athener Gesetzgeber Solon spricht. Anders aber als die Ägypter, deren Existenz von dem Auf und Ab ihres Flusses, dem

Abb. 6 Bei einer Sonnenfinsternis steht der Mond zwischen Erde und Sonne. Anders aber als die 1619 entstandene Abb. 6a uns glauben machen will, verdunkelt der Mond nicht die ganze Erde, sondern wirft in jedem Augenblick einen kreisförmigen Schatten mit einem Durchmesser von weniger als 100 Kilometer. Unter dem Schatten dreht sich die Erde, so daß er wie ein dunkler Pinsel eine oftmals mehrere tausend Kilometer lange, aber nur einhundert Kilometer breite Bahn überstreicht. Aus der relativen Stellung von Sonne, Mond und Erde folgt also nicht, ob überhaupt an einem bestimmten Ort, geschweige denn zu einer bestimmten Zeit *der Tag plötzlich zur Nacht* werden wird. Thales hätte für eine Vorhersage von Zeit und Ort seiner Sonnenfinsternis also außer der relativen Stellung von Sonne, Mond und Erde auch den Drehwinkel der Erde vorherwissen müssen – und das war noch Jahrtausende nach ihm ganz und gar unmöglich. Unmöglich war und ist es auch, ohne Kenntnis dieser Zusammenhänge Regeln aufzustellen, die das Auftreten einer Sonnenfinsternis vorherzusagen erlauben. – Insgesamt sind die Berichte über die Vorhersage des Thales sehr vage. Erst tausend Jahre später, am 4. Januar 484, hat sich eine Sonnenfinsternis ereignet, über die wir verläßliche Berichte besitzen. Sie hat zur Zeit des Sonnenaufganges Athen verdunkelt. Einen für unser Thema interessanten Aspekt veranschaulicht die Abb. 6b (S. 44): Wäre die Geschwindigkeit, mit der sich die Erde dreht, seither ungeändert geblieben, hätte die Sonnenfinsternis Athen verfehlt, da dann ihr dunkler Pinselstrich den Weg *B* genommen hätte. Daraus, daß sie Athen bei Sonnenaufgang verdunkelte, läßt sich schließen, daß und um wieviel die Drehgeschwindigkeit der Erde seither abgenommen hat – gemessen, selbstverständlich, an den Umlaufzeiten von Sonne, Mond und Erde umeinander.

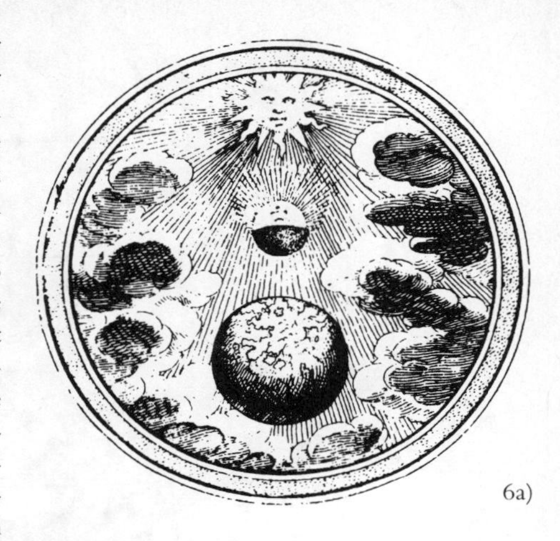

6a)

Nil, abhing, haben die Griechen die Zeit niemals als ordnendes Strukturelement unmittelbar erfahren. In ihre Naturkunde sollten sie sie durch die Hintertür, über die zeitlosen Naturgesetze, einführen.

Zeit und Schöpfungsmythen

Das – die Einführung des Begriffes der Zeit durch ihre Leugnung – hat mit Thales begonnen. Die Griechen vor ihm haben ihre eigene Existenz über Genealogien von Vorfahren, dann Heroen wie Herkules auf die unsterblichen Götter zurückgeführt. In deren losem Haufen geht es ziemlich menschlich – allzumenschlich zu. Mächtige abstrakte Mythologien, die den Götterlegenden voranzusetzen wären und die Existenz von Göttern erklären könnten, kennen

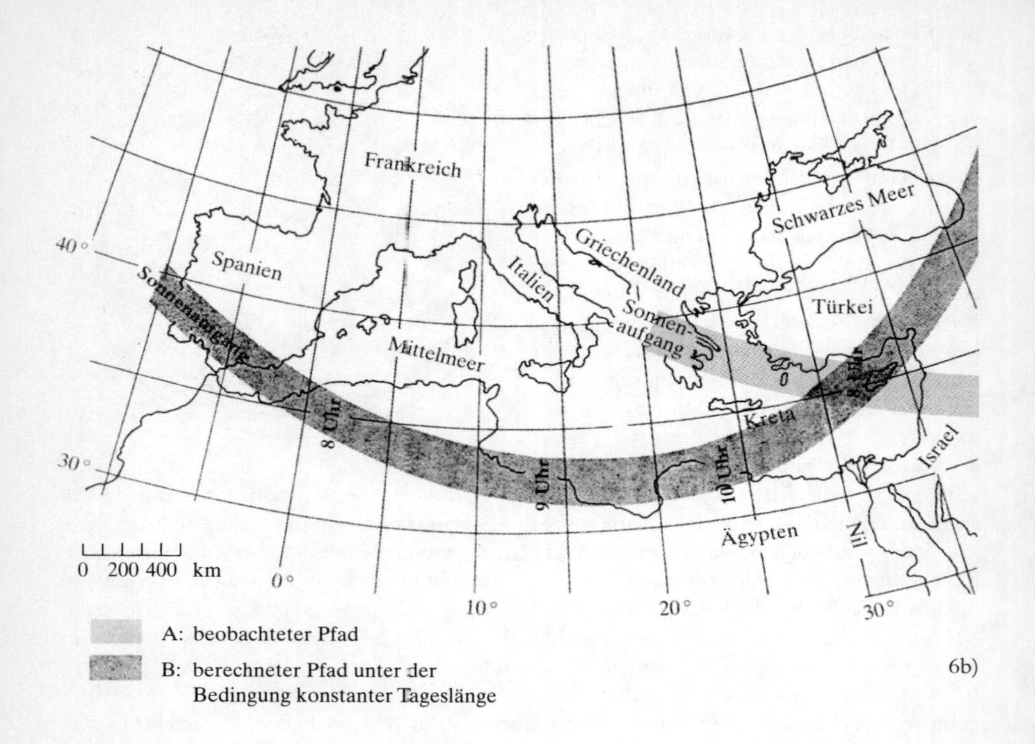

die frühen Griechen nicht. Zeus, der oberste der Götter, wurde wie ein Menschenkind geboren und hat sich die Oberhoheit wie ein menschlicher Tyrann angeeignet.

Eine Vorgeschichte der Götter haben die frühen Griechen also nicht erdacht. Die Existenz der Welt, ihrer selbst und der Götter führen sie auf keine wie immer geartete, richtige oder falsche, physikalische Ursache zurück. *Am Anfang war Eurynome, die Göttin aller Dinge*, beginnt der Schöpfungsmythos der Pelasger, die um 3500 v. Chr., aus Kleinasien kommend, die griechische Halbinsel besiedelt haben. *Nackt erhob sie sich aus dem Chaos. Aber sie fand nichts Festes, darauf sie ihre Füße setzen konnte.* Wenn die *Göttin aller Dinge* schon im dritten Satz ihres Schöpfungsmythos *Füße* besitzt, müssen wir uns über den siebten, für griechische Schöpfungsmythen typischen Satz *Eurynome tanzte, um sich zu erwärmen, wild und immer wilder, bis Ophion, lüstern geworden, sich um ihre göttlichen Glieder schlang und sich mit ihr paarte* nicht wundern. Die Welt erbauen in der griechischen Mythologie immer menschenähnliche Wesen.

Die *Theogonie* des Hesiod, der gegen Ende des 8. Jahrhunderts v. Chr. in Böotien auf dem griechischen Festland lebte, *schildert in archaischem, kraftvollem Stil die Entwicklung der Götter und die Entstehung der heiligen und universellen, olympischen Ordnung, die aus dem Sieg des Zeus erwächst. Das Auffälligste an diesem Mythos ist der furchtbare, mit zügelloser Gewalt geführte Streit der göttlichen Mächte: allüberall Kindermord, Inzest, Kastration, Zerstörung und Verrat.* Eine der schrecklichsten Geschichten handelt von *Kronos*, dem Sohn des Himmels *Uranos* und der Erde *Gaia*. Für unser Thema ist nur wichtig, daß Kronos aus Angst, sie könnten ihn entmachten, seine eigenen Kinder verschlingt – einer von ihnen ist *Hades*, der Gott der Unterwelt. Aber statt seines Sohnes Zeus, der ihm die Herrschermacht entreißen wird, hat Kronos einen in Windeln gewickelten Stein verschlungen – eine wüste Geschichte, die aber mit unserem Thema zu tun hat. Denn *Kronos* lebt fort als Gott der Zeit, und das kann den Eindruck erwecken, er habe bereits für die Griechen diesen Rang besessen.

Tatsächlich hat er das nicht. Die Götter und Heroen der Griechen gingen, wie sie selbst, in der Gegenwart auf. Über allem, auch über Zeus, stand die Schicksalsgöttin *Moira*, die am ehesten für eine Göttin der Zeit gehalten werden könnte, aber von den Griechen so nicht verstanden wurde. *God of the gaps* – Lückenbüßergott – würde die *Moira* der Griechen in heutigem Sprachgebrauch heißen: Sie wurde für Schicksale von Göttern und Menschen verantwortlich gemacht, die den »eigentlich« gültigen Regeln nicht entsprachen.

Der Schlund der Zeit

Ein Aspekt der Zeit, und ein schrecklicher dazu, ist, daß nichts Bestand hat. In poetischer Überhöhung ist es die Zeit selbst, die das bewirkt. *Alles zernagt die Zeit* hat der römische Dichter Ovid in seinen *Metamorphosen* – Verwandlungen – gedichtet. Wie Kronos seine Kinder, verschlingt die Zeit alles, was sie geschaffen hat. Dennoch hatte im griechischen Altertum der schreckliche Gott Kronos nichts mit Chronos, der Zeit, zu tun. Kronos, der von den Römern Saturn genannt wurde, war einfach ein Bauerngott, dargestellt mit einer Sichel – sie verweist auf eine andere blutrünstige Geschichte der griechischen Mythologie – und einem furchtbaren Appetit auf seine eigenen Kinder. So hat ihn Goya gesehen (Abb. 7).

Kronos hat erst das späte Mittelalter zum Gott der Zeit erhoben. Vor Thales kannten die Griechen keine Zeit; mit ihm beginnt ihre Leugnung. Der orphische Schöpfungsmythos aus dem 7. oder 6. Jahrhundert v. Chr., der mit den Worten *Am Anfang schuf die Zeit das silberne Weltenei* beginnt, weist Parallelen zu

7a)

Abb. 7 Der furchtbare altgriechische Gott Kronos/Saturn, der in Goyas Darstellung (Abb. a) eines seiner Kinder verschlingt, war für die frühen Griechen nichts weiter als ebendies: ein furchtbarer Gott. Da aber auch die Zeit vernichtet, was sie geschaffen hat, haben ihn spätere Zeitalter zum Gott der Zeit ernannt und mit deren Attributen – wie der Stirnlocke zum Ergreifen des günstigen Augenblickes, des *Kairos* – versehen. Seine Sichel hat der Chronos/Kronos der Abb. b, eines Stiches aus dem Jahr 1827, beiseite gelegt.

einer iranischen Religion auf *in der Zurvan, der Gott der Zeit, eine so große Rolle spielt.* Eigenständig griechisch ist dieser Anfang des orphischen Schöpfungsmythos also nicht.

Rationale Mythen

Die abendländische Frage nach der Zeit kann auf zwei Quellen zurückgeführt werden. Erstens auf die griechischen Philosophen vor Sokrates, mit Thales beginnend, und zweitens die christliche Religion. Dies Buch fragt nach der Zeit aus dem Blickwinkel eines Naturwissenschaftlers – eines solchen, der schlußendlich nur naturwissenschaftliche Fragen für legitime Fragen hält. Das muß und wird erläutert werden. Jetzt soll es meine Themenauswahl begründen – wenig über die christlichen, viel aber über die naturwissenschaftlichen, von den Naturforschern vor Sokrates abstammenden Vorstellungen zur Zeit.

7b)

Auf den ersten Blick erstaunt, daß nicht frühe Kulturen mit abstrakten Schöpfungsmythen, in denen sogar die Zeit selbst als Gottheit auftritt, ihre Frage nach der Zeit präzisiert und zum Gegenstand naturwissenschaftlicher Überlegungen gemacht haben. Dies blieb den Griechen vorbehalten – explizit wohl zuerst Platon und Aristoteles; ihnen aber als Gliedern in einer Kette von Naturforschern, deren Auffassungen auf ein bestimmtes Zeitverständnis schließen lassen: daß es nämlich genaugenommen keine Veränderung und damit keine Zeit gibt.

Die um 600 v. Chr. von dem Propheten Zarathustra im Ostiran begründete Religion des Parsismus interpretiert die Zeit als Schöpfer der Welt: *Mit der Zeit als einziger Ausnahme wurden alle Dinge erschaffen. Sie ist der Schöpfer und besitzt keine Grenze, weder oberhalb noch unterhalb. Sie hat es immer gegeben und wird es immer geben. Woher sie kommt, wird kein Vernünftiger zu sagen versuchen. Aber trotz des Glanzes, der sie immer umgab, war dermaleinst niemand da, der sie Schöpfer hätte nennen können: Sie hatte die Welt noch nicht erschaffen. Dann erschuf sie Feuer und Wasser, und als sie beide zusammengebracht hatte, begann Ohrmazd zu existieren, und zugleich wurde sie selbst zum Schöpfer und Gott der Welt, die sie erschaffen hatte.* So der viel später entstandene *Persische Rivayat*. Ohrmazd, von dem hier die Rede ist, steht ebenfalls für die Zeit; nicht aber für die seit je und für immer bestehende. Sie, von der der Text handelt und durch die Ohrmazd erschaffen wurde, verkörpert der altpersische Gott Zurvan, den wir von den orphischen Schöpfungsmythen kennen. Die Zeit des Ohrmazd ist zyklische Zeit; eine, in der sich das Weltgeschehen wiederholt, oder die selbst – so genau sind Mythen nicht – in periodischer Folge geschaffen wird und wieder vergeht.

Rein logisch können wir vier oder fünf Vorstellungen von der Zeit unterscheiden. Erstens die Zeit Zurvans, die es immer gegeben hat und immer geben wird. Zweitens Ohrmazds Zeit, die begonnen hat und enden wird. Sie kann sich periodisch wiederholen oder auch nicht. Dann ist – drittens oder viertens – eine Zeit vorstellbar, die einen Anfang hatte, aber kein Ende haben wird. Und schließlich eine, die enden wird, aber keinen Anfang hatte.

Daß die Religion Zarathustras früh den Abstraktionsschritt von leiblichen Göttern zu Sinnbildern wie der Zeit gemacht hat, zeichnet sie vor der *wüsten Phantastik* der griechischen Schöpfungsmythologie aus. Statt des für die griechische Mythologie typischen Götterkampfes kennt sie die geistige Auseinandersetzung von Prinzipien, *die ihr Ziel grundsätzlich nicht im Raum, sondern in der Zeit, d.h. in der Zukunft findet, in der das Prinzip des Guten einmal siegt.*

Aber weder aus dieser hochentwickelten, abstrakten Mythologie noch aus anderen, gleichwertigen ist die abendländische Wissenschaft entstanden, sondern – sozusagen – aus dem Nichts: Was vor ihnen war, haben Thales und seine Nachfolger nicht zur Kenntnis genommen oder kommentarlos verworfen. Ihre Chance war der Neubeginn durch die Idee, daß die Welt verstanden werden kann: Sie *betrachteten die Welt als einen recht komplizierten Mechanismus, der nach ewigen, ihm innewohnenden Gesetzen abläuft, welche sie begierig waren, aufzufinden. Das ist die Grundeinstellung der Naturwissenschaft bis auf den heutigen Tag.* Und – so darf ich hinzufügen – die Verbreitung ebendieser Überzeugung ist die wichtigste Aufgabe der Popularisierung von Wissenschaft. Denn sie läßt den Glauben an Astrologie und Spökenkiekerei nicht zu.

Die Welt kann verstanden werden

Die Überzeugung, daß die Welt verstanden werden kann, fordert zu der Bemühung auf, sie tatsächlich zu verstehen. Im Wechselspiel halten Erfolge dieser Bemühung die Überzeugung von der Verstehbarkeit aufrecht. Offenbarung, Mythologie oder Überlieferung sind für den von der Verstehbarkeit der Welt Überzeugten keine Erkenntnisquellen. Wirklich neu war bei Thales und seinen Nachfolgern ja nicht, *was* sie über die Welt dachten, sondern *warum* sie es dachten. Der Gedanke einer Entstehung der Welt aus dem Wasser war zur Zeit des Thales bereits ein alter Hut. Neu war, daß er das Aussehen der Welt durch die Entstehung aus dem Wasser heraus erklären wollte: keine *Göttin Eurynome, die ... nichts Festes fand*, sondern der Gedanke, daß es Naturgesetze gibt, die immer dieselben sind und die Entwicklung der Welt bestimmen.

Mit einer weiterentwickelten, abstrakteren Mythologie als der der Griechen hätte sich ein nichtgriechischer »Thales« durchaus anderswo auseinandersetzen müssen – und womöglich erläutern, daß er mit dem Ergebnis eines Mythos zwar übereinstimmte, aber aus ganz anderen Gründen. Und daß diese Gründe seine eigentliche Botschaft sind!

Tatsächlich und naturwissenschaftlich richtig ist bei Thales überhaupt nichts. Aber sein Ansatz war naturwissenschaftlich, und das ist das wirklich Wichtige. Über die Kosmologie seines Schülers Anaximander, der wie er die Welt durch einen einzigen Urstoff verstehen wollte, besitzen wir diesen Bericht Diodors aus dem Jahr 50 v. Chr.: *Als sich nämlich im Anbeginn das Weltall bildete, hätten Himmel und Erde noch dieselbe Gestalt gehabt, da das, was ihr besonderes Wesen bildet, damals noch vermischt war. Als sich dann aber die Stoffe voneinander schieden, habe das Weltall die ganze in ihm sichtbare Gliederung angenommen, die Luft aber den Anstoß zu immerwährender Bewegung empfangen; und was in ihr von feuriger Art war, sei nach den höchsten Räumen zusammengeströmt, da die Leichtigkeit seiner Natur es nach oben tragen mußte ... Das Schlammige und Trübe aber samt der Vereinigung alles Feuchten sei seiner Schwere wegen an demselben Ort zusammengeronnen.*

Auch hier sind die eigentlich naturwissenschaftlichen Aussagen zu vage, um ernst genommen zu werden. Das aber ist unwichtig verglichen mit dem Ansatz, der die Entwicklung der Welt allein auf rational einsehbare Mechanismen zurückführen will. Weshalb sich *dann aber die Stoffe voneinander schieden*, weiß Anaximander genausowenig rational zu begründen wie frühere Schöpfungsmythen, die für derartiges Götter verantwortlich machten.

Einfluß der Zeit auf die Dinge? Der Dinge auf die Zeit?

Laut heutiger Physik bildet die Expansion des Universums einen Hauptgrund dafür, daß sich *die Stoffe voneinander schieden*. Darüber besteht Einigkeit. Ich werde aber auch die Argumente des bedeutenden britischen Mathematikers und Physikers Roger Penrose dafür übernehmen, daß die Materie kurz nach dem Urknall im Universum fein verteilt war. Dann mußte sie unter ihrer eigenen Schwerkraft in Gebieten zusammenstürzen, in denen ihre Dichte durch etwelche Schwankungen größer war als in der Umgebung. Sonnen, Planetensysteme, Galaxien und schließlich Schwarze Löcher sind durch derartige Prozesse entstanden.

Auf beides wird ausführlich einzugehen sein. Der Leser weiß vielleicht, daß die spontanen Dichteschwankungen in der kosmischen Hintergrundstrahlung (Kapitel 4) Spuren hinterlassen haben, die 1994 nachgewiesen werden konnten. Nun wächst bei allen Prozessen im Universum die Unordnung ständig und unaufhaltsam. Gleichzeitig aber nimmt durch die Expansion die *maximal mögliche* Unordnung zu – es gibt viel mehr Möglichkeiten, seine Siebensachen in einem großen Zimmer zu verteilen als in einem kleinen. Selbst wenn also unmittelbar nach der Entstehung des Universums die Unordnung so groß gewesen wäre wie überhaupt möglich, hätte die Expansion Platz für weitere Unordnung geschaffen. Deshalb, und weil die Materie anfangs fein verteilt war, kann die Ordnung in Teilsystemen auch wachsen – sie muß ja nur *insgesamt* abnehmen. In ihnen, die wegen ihrer Anbindung an größere Systeme für sich allein auch *offene Systeme* genannt werden, wird die Ordnung immer dann zunehmen, wenn eben dadurch der Abbau der Ordnung insgesamt gefördert und beschleunigt wird.

Davon wußten die Naturforscher bis ins 19. Jahrhundert hinein nichts. Weil aber die Unterscheidbarkeit von Abläufen und ihrer zeitlichen Umkehr auf dem universellen Abbau von Ordnung beruht, haben insbesondere die frühen Naturforscher den Gedanken einer – wie häufig salopp gesagt wird – *Richtung der Zeit* nicht entwickeln können.

Im gesamten antiken Schrifttum findet sich nur eine einzige Stelle, in der... das Zunehmen der Unordnung eines Systems mit der Zeit gestreift wird heißt es in dem Buch *Das physikalische Weltbild der Antike* des Physikers und Wissenschaftshistorikers S. Sambursky, das zuerst 1965 erschienen ist. Sambursky meint und zitiert die folgende Äußerung in der *Physik* des Aristoteles: *Und Dinge werden durch die Zeit beeinflußt, so wie wir zu sagen pflegen, daß die Zeit die Dinge verbraucht und daß alles durch die Zeit altert und mit der Zeit in Vergessenheit gerät; aber wir sagen das nicht in bezug auf lernen oder jung oder schön werden. Denn die Zeit an sich ist vielmehr die Ursache von Verfall.... Nichts entsteht, ohne daß es irgendwie in Bewegung gesetzt wird und tätig ist, aber Dinge verfallen, auch wenn sie sich nicht bewegen. Und das meinen wir vor allem damit, wenn wir von einem Verfall mit der Zeit sprechen.*

Eines ist die Beobachtung, daß *die Zeit* (gemäß einer bereits angeführten Formulierung Ovids) *alles zernagt*; ein anderes die Rückführung der Richtung der Zeit – genauer: der Abläufe – auf ebendiesen Abbau von Ordnung. Die Konsequenzen sind abermals eine andere Sache. Wenn es denn wahr ist, daß Ordnung immer nur abgebaut wird, kann die Welt so, wie sie ist, nicht ewig bestehen. Das aber war die Ansicht des Aristoteles: Die Welt hat mehr oder weniger so, wie er sie vorfindet, seit je bestanden und wird ewig so bestehen bleiben. Von der räumlichen Gestalt des Kosmos hatte Aristoteles eine ganz andere Vorstellung: Der Kosmos sei endlich; an seinem »Rand« werden alle Bewegungen zu Kreisen umgebogen, so daß sich außerhalb seiner nicht nur nichts befindet, sondern *nichts befinden kann.* Da aber laut Aristoteles leerer Raum dadurch zu kennzeichnen ist, daß sich in ihm zwar nichts befindet, wohl aber etwas befinden kann, gibt es außerhalb des Universums des Aristoteles nicht einmal leeren Raum.

Dies nur nebenbei. Offensichtlich konnte die christliche Kirche mit ihrem Glauben an Schöpfung und Jüngstes Gericht die Doktrin des Aristoteles von der Unendlichkeit der Zeit nicht übernehmen. Für uns ist wichtig, daß es keine sich im wesentlichen immer gleich bleibende Welt, die von Ewigkeit zu Ewigkeit andauerte, geben kann: Gäbe es sie seit je, müßte sie ebenfalls seit je zerfallen sein. Ist sie einmal entstanden, zerfällt sie und wird weiter zerfallen: Wie im 19. Jahrhundert vermutet werden sollte, muß sie dem *Wärmetod* durch Ausgleich aller Temperaturdifferenzen entgegengehen. Der Bewegung, die nach der Auffassung des Aristoteles in enger Beziehung zur Zeit steht, wäre dann ein Fortschreiten der Zeit nicht mehr anzusehen.

Aber auch eine zyklische Entwicklung der Welt, wie sie von den Pythagoreern und Stoikern angenommen wurde, steht im Widerspruch zum unabwendbaren Zerfall. *Wenn man den Pythagoreern* in der Frage, ob dieselbe Zeit wiederkehren wird, *Glauben schenken kann, so wird alles einmal zahlenmäßig dasselbe sein, und ich werde wieder zu euch sprechen mit dem Stab in der Hand, und ihr werdet wie jetzt vor mir sitzen, und genau so wird es sich mit allem verhalten; und es liegt auf der Hand, daß auch die Zeit dieselbe sein wird. Denn die Bewegung ist ein und dieselbe, und ebenso die Folge vieler Dinge, die sich wiederholen, und dies gilt auch von der Zahl. Daher wird alles identisch sein, auch die Zeit.*

Das ist, wie gesagt, unmöglich, und dasselbe gilt von den zyklischen Weltmodellen der Stoiker. *Man findet* laut Sambursky *außer der vereinzelten Aristoteles-Stelle,* die oben zitiert wurde, *im gesamten wissenschaftlichen Denken der Antike keine Spur der Idee von einem einseitigen Ablauf im Universum, einer noch so primitiven Andeutung des Entropiebegriffs.* Entropie – den Ausdruck habe ich bisher vermieden – ist eine Meßgröße, die mit der Unordnung ansteigt.

Der Glaube an die ewige Wiederkehr des Gleichen kann auf Vorstellungen von der Endlichkeit der Welt – genauer: von der Zahl ihrer möglichen Zustände – und der Kausalität zurückgeführt werden: Wenn in einem Augenblick alles überall so ist, wie es irgendwann einmal war, muß sich in der Zukunft alles damals Zukünftige wiederholen. Hat die Welt nach diesem Ablauf wieder denselben Zustand erreicht, folgt aus ihm wieder dasselbe und deshalb wird sich abermals dasselbe ereignen – bis in alle Ewigkeit. Weil aber die Welt laut

Annahme endlich ist, kann sie nicht fortlaufend neue Zustände annehmen, so daß derselbe Zustand wiederkehren *muß*. Diese Voraussetzung des ewigen Wiederkehr des Gleichen ist also erfüllt.

Rubriks Würfel kann als Modell für diese Zusammenhänge dienen. Leser, die den Würfel nicht kennen, sollten ältere Freunde fragen oder diesen Absatz und den nächsten überspringen. Der Würfel ist geordnet wenn jede seiner sechs Flächen nur eine Farbe zeigt. Angenommen nun, Willemsen würde im Fernsehen einen durcheinandergebrachten Rubrikschen Würfel unerhört schnell ordnen – wir Zuschauer würden sofort vermuten, daß ein rückwärts laufender Film gezeigt wird. Denn den Würfel zu ordnen ist viel schwerer, als ihn durcheinanderzubringen.

Die Moral von der Geschichte überlasse ich dem Leser. Wenn ich unendlich lange an dem Würfel mit seinen nur endlich vielen Einstellungen herumfingere, *muß* ich eine der bereits zuvor erreichten Einstellungen wieder erreichen. Nun lege – anders als bei meinem Herumfingern – das Aussehen des Würfels zu einem bestimmten Zeitpunkt fest, wie dieses sich entwickeln wird. Dann muß der Würfel wie das Universum der Pythagoreer und Stoiker wieder und wieder dieselbe Folge von Zuständen durchlaufen – im Widerspruch zu dem Theorem, daß die Ordnung nur abnehmen oder – davon sogleich – gleichbleiben kann.

Zuzugeben ist, daß laut Poincarés Wiederkehreinwand (siehe Prolog) endliche Modelluniversen jeden einmal erreichten Zustand nach endlicher Zeit wieder annehmen werden. Genauer sollte ich sagen, daß sie einen Zustand annehmen müssen, der dem zuvor erreichten beliebig – also vorgebbar – nahekommt. Wichtig ist, daß die durch Poincarés Einwand erzwungene Wiederkehr in der Unendlichkeit der zukünftigen Zeit verborgen liegt. In jedem praktisch-physikalischen Sinn können wir annehmen, daß es unendlich lange dauert, bis ein einigermaßen realistisches Modelluniversum einen vorangegangenen Zustand wieder annehmen wird. Es wird, anders gesagt, denselben Zustand »niemals« wieder annehmen.

Die Möglichkeit, daß die Ordnung immer dieselbe bleibt, habe ich bisher nicht einbezogen. Das kann sie – aber nur dann, wenn die Voraussetzung unserer Betrachtungen, daß die Unordnung noch nicht so groß ist wie überhaupt möglich, falsch ist: Die Unordnung kann bei Abläufen nur dann insgesamt dieselbe bleiben, wenn sie bereits so groß ist wie möglich – wenn, in einer technischen Sprache, Thermodynamisches Gleichgewicht erreicht wurde. Das aber trifft in den Zuständen, von denen die Naturforscher der antiken Welt ausgehen, nicht zu.

Könnten Zeitreisen, deren Möglichkeit Quantenmechanik und Allgemeine Relativitätstheorie zusammengenommen unterstellen, dazu führen, daß jemand seinen Großvater bei dessen Geburt ermordet? Selbst wenn wir von allen logischen Komplikationen, die aus einer solchen Möglichkeit erwachsen würden, absehen, können wir sicher sein, daß diese Lieblingsidee der Sciencefiction-Autoren nicht realisierbar ist. Bei einer solchen Reise, die in eine geordnetere Vergangenheit führte, müßte die Ordnung wachsen können – was, wie wir wissen, unmöglich ist.

Götter und Himmelskörper

Thales und seine Nachfolger halten (ihnen noch) unbekannte Naturgesetze allemal für bessere Ursachen als Götter, die dasselbe bewirken. Hierin unterscheiden sie sich radikal von ihren Vorgängern in der Wissenschaft, den Babyloniern, die seit den Zeiten ihres großen Gesetzgeberkönigs Hammurabi um 1800 v. Chr. Aufzeichnungen über die Stellungen des Mondes, der Sonne und der Planeten vor dem Hintergrund der Fixsterne im Laufe der Jahre angefertigt haben. Diese mit Kontinuität über viele Jahrhunderte erstellten Aufzeichnungen sollten es ihnen ermöglichen, auf Grund allein von Periodizitäten genaue Vorhersagen über das Eintreten für sie wichtiger Konstellationen zu machen: an welchem Abend die Sichel des Neumonds zum ersten Mal wieder auftreten wird – so daß *ein neuer Monat sakraler und bürgerlicher Zeitrechnung offiziell festgestellt werden konnte*; wann und mit welchem Bedeckungsgrad sich eine Mondfinsternis ereignen wird; und so weiter.

Bei einer Mondfinsternis verdunkelt der Schatten der Erde den Mond teilweise oder ganz. Das ist für jedermann sichtbar, der den Mond sehen kann. Welche Punkte auf der Erde der Mondschatten bei einer Sonnenfinsternis überstreichen wird, ist ungleich schwerer vorherzusagen als das Eintreten einer Sonnenfinsternis *irgendwo* auf der Erde (Abb. 6b; s. S. 44). Letzteres ist genauso schwer oder leicht wie die Vorhersage einer Verdunkelung des Mondes. Die Babylonier konnten also Tage bestimmen, an denen eine Sonnenfinsternis drohte. Trat sie dann nicht ein, galt es ihnen als günstiges Omen.

Die Experten sind sich darüber einig, daß die Babylonier nicht wußten, worauf die Periodizitäten ihrer Tabellen beruhen. Das, so wird vermutet, hat sie nicht interessiert. Hierin sind sie auf der Stufe ihres Schöpfungsmythos *Enuma Elish* aus der Zeit Hammurabis stehengeblieben, in dem es über Marduk, Hauptfigur des Mythos und Stadtgott von Babylon, heißt:

Den Nannar (Mondgott) ließ er erglänzen, vertraute ihm die Nacht an.
Er bestimmte ihn zu einem Nachtschmuck, die Zeit zu bestimmen,
Jeden Monat bei Nacht den Kreis des schwellenden, schwindenden Lichts zu beschreiben.
»Neumond, du Leuchte über dem Land,
Sechs Tage glänze mit Hörnern,
Am siebten Tag mache die Scheibe halb, und wachse noch weiter.
Am Schabattu-Tag stehe gegenüber (der Sonne), und so teilst du den Monat von Vollmond zu Vollmond.
Dann schwinde zurück, im abnehmenden dritten Viertel,
Bis drunten am Horizont die Sonne dich erreicht.
Am Bulbullu-Tage nähere dich der Sonnenbahn,
Bis deren Schatten über dir liegt.« Dunkel ist dann der Mond.
Am 30. Tag beginnt der Kreislauf aufs neue.

Für die Babylonier sind und bleiben die Sternenbilder und Himmelskörper Götter, denen der Obergott Marduk ihre Bahnen am Erdenhimmel, und wie sie sie durchlaufen, zugewiesen hat. Das geometrische Bild von Bahnen der Himmelskörper im Raum haben erst die Griechen geschaffen – auf der Grundlage babylonischer Tabellen, die sie als Daten genommen und interpretiert haben.

Tabellen, Geometrie und Gesetze

Abstrakt gesehen besteht die Leistung eines Naturgesetzes darin, Daten zu komprimieren: An die Stelle von langen Tabellen tritt eine kurze Formel, welche die in der Vergangenheit angesammelten und für die Zukunft vermuteten Daten zusammenfaßt. So weit sind die Babylonier durch ihre Vorschriften gekommen. Mathematische Funktionen wie Kosinus und Sinus kannten sie zwar nicht, aber ihre Vorschriften können in unsere Formelsprache übersetzt werden. Nun sind Formeln genauso leicht oder schwer zu verstehen wie Vorschriften. Beider Kriterium ist ja nur, daß sie dieselben Tabellen zu generieren gestatten.

Die griechischen Naturforscher bis Platon und Aristoteles unterscheidet von den Babyloniern, daß sie auf Verständnis und rationale Durchdringung mehr Wert gelegt haben als auf praktischen Erfolg. Um die Tabellen zu verstehen, haben sie als erste geometrische Begriffe auf den Himmel übertragen und dadurch die Himmelserscheinungen tatsächlich besser oder doch in einem tieferen Sinn verstanden als die Babylonier.

Was besseres oder tieferes Verstehen genau bedeuten soll, ist schwer zu sagen und wechselt von Jahrzehnt zu Jahrzehnt. Kein Denken ist voraussetzungsfrei, sondern folgt Maximen, die es – modern gesagt – ausprobiert. Wenn wir die endgültige, allgemein anerkannte Theorie Von Allem – TOE, *Theory Of Everything* – kennen würden, würden wir von ihr ablesen, was »verstehen« bedeutet: Für die Einzelwissenschaften würde es bedeuten, daß ihre Erkenntnisse zumindest im Prinzip auf diese Theorie zurückgeführt werden können, für die Theorie des Verstehens, daß die Theorie Von Allem so sein muß, wie sie ist. Das mag zynisch klingen, ist aber realistisch gemeint. Ich meine zu sehen, daß die Philosophie der Physik folgt und denke, das sollte so sein.

Urstoffe und Wandel

Wenn wir den weiter oben zitierten Bericht Diodors so lesen, als ob er – wie die Quelle behauptet – von Anaximander stammt, überrascht, daß in ihm ein Entwicklungsprozeß naturwissenschaftlich beschrieben wird. Ist nicht auch Anaximander ein früher Vertreter der Unwandelbarkeit – der zweite nach Thales? Der These, daß Wandel Täuschung sein muß?

Das stimmt in der Tat, und die Veränderungen, die der Text beschreibt, hätte Anaximander als nur oberflächlich in dem Sinn eingestuft, daß sie den Urstoff zwar anders aussehen, tatsächlich aber ungeändert lassen. Den Urstoff hat er nur dadurch charakterisiert, daß er *unendlich* sei – in seiner Ausdehnung sicherlich, aber wohl auch in seiner Potentialität: in dem, was aus ihm werden kann.

Zeit kann vom Urstoff des Anaximander, da unwandelbar, nicht abgelesen werden. Dasselbe gilt von dem Urstoff Wasser seines Lehrers Thales und von dem seines Schülers Anaximenes, Luft. Diese Naturforscher verbindet zweierlei. Erstens der Glaube an eine Substanz, die *zwar in ihren Zuständen wechselt, selbst aber bestehenbleibt.* Zweitens die Suche nach Mechanismen – *Anstoß* ist ein solcher Mechanismus in dem Text Diodors –, welche den beobachteten Wandel zumindest im Prinzip auf einen Wechsel des Zustands der *bestehenbleibenden Substanz* zurückzuführen gestatten.

Die heutige Physik kennt keinen Urstoff, der im Sinn der antiken Naturforscher als bestehenbleibende Substanz gedeutet werden könnte. Dies auch dann nicht, wenn wir nicht nur sicht- oder fühlbare Stoffe wie das Wasser des Thales oder die Luft des Anaximenes zulassen, sondern auch Abstrakta wie das Unendliche des Anaximander. Es gibt zwar, so wissen wir, zahlreiche Größen, deren Zahlenwerte immer dieselben sind, die insofern also *bestehen*bleiben. Als Kandidaten für Urstoffe können wir aber offenbar nur Größen zulassen, die wie sicht- oder fühlbare Stoffe additiv sind. Darunter ist zu verstehen, daß die Größe im Raum und/oder über Träger verteilt sein kann, es aber immer möglich ist, von einer Gesamtgröße zu sprechen, die sich durch Zusammenzählen ergibt und die, wie bereits angenommen, ihren Wert im Laufe der Zeit nicht ändert.

Die Energie ist eine solche Größe, eine andere die elektrische Ladung. Sie alle unterscheidet von im Wortsinn – und im Sinn der frühen Naturforscher – *bestehenbleibenden Substanzen*, daß sie, paradox gesagt, auftreten können, ohne daß es sie gibt.

Genauer sollte ich sagen, »ohne daß es sie *insgesamt* gibt«. Der Grund für diese paradox klingende Möglichkeit ist, daß die additiven, zeitlich konstanten Größen der Physik mit *beiden* Vorzeichen, positiv und negativ, vorkommen. Folglich enthalten Bilanzen dieser Größen im allgemeinen sowohl positive als auch negative Posten, und die können sich gegenseitig weitgehend oder ganz aufheben. So trägt ein Atom nicht deshalb die Ladung Null, weil seine Konstituenten Kern und Elektronen ungeladen wären, sondern weil deren Ladungen entgegengesetzt-gleich sind, sich gegenseitig also kompensieren.

Wenn ein Stein den Brunnenschacht hinunterfällt, bleibt die Gesamtenergie ungeändert. Sie ist die Summe zweier sich ändernder Posten: der positiven Bewegungs- und der negativen Lageenergie. Die Lageenergie ist negativ gemessen an der eines Steins, der unendlich weit von der Erde entfernt ist. Verbinden wir einen solchen Stein nämlich durch eine Schnur mit einem Dynamo und lassen ihn langsam zur Erde fallen, treibt er den Dynamo an und liefert elektrische Energie. Hierbei ändert er nur seine Lage, so daß die Abgabe elektrischer Energie die Lageenergie des Steins absenkt: Lageenergie relativ zur Erde bildet, anders gesagt, einen negativen Posten in der Energiebilanz eines in den Brunnen fallenden Steins.

Dieser Exkurs über fallende Steine soll zeigen, daß auch zur Nettosumme der Energie positive und negative Posten beitragen. Wichtig ist insbesondere, daß auch bei konstanter Gesamtenergie der positive Beitrag zu ihr beliebig groß werden kann, wenn nur der negative mitwächst. Nicht also der für die meisten Überlegungen beliebig wählbare Nullpunkt der Energie ist jetzt wichtig, sondern daß beliebig große negative und positive Energien so koexistieren können, daß ihre Summe klein oder Null ist.

Ein Atom zu ionisieren bedeutet, eins seiner Elektronen aus dem Verband herauszulösen. Das Resultat ist ein positiv geladener Atomrumpf hier und ein negativ geladenes Elektron dort. Ohne Verletzung der Ladungsbilanz können wir also auch bei der Gesamtladung Null einzelne Elektronen vor uns haben. Für die Energie und die anderen additiven, zeitlich konstanten Größen gilt mutatis mutandis dasselbe. Dies eröffnet die aufregende Möglichkeit, daß das Universum in dem Sinn zu dem Nichts äquivalent ist, daß wir zwar elektrische Ladungen, Energie und so weiter in ihm antreffen, diese Größen sich insgesamt aber zu Null addieren!

Wenn das so ist, kann das Universum ohne Verletzung physikalischer Gesetze aus dem wörtlich genommenen Nichts entstanden sein. Und es können weitere »Universen« entstehen – ein großes Unterthema unseres Themas *Zeit und die Naturgesetze*, auf das im Detail einzugehen sein wird. Als Denkmöglichkeit eröffnet es die Frage der Thales, Anaximander und Anaximenes nach der Substanz der Welt – zusammen mit der Zusatzbemerkung, daß diese »Substanz« möglicherweise beide Vorzeichen besitzen, Substanz hier also Substanz dort kompensieren kann, so daß es insgesamt keine Substanz gibt, aus der das Universum aufgebaut ist.

Thales, Anaximander und Anaximenes haben als großen Entwurf versucht, die Welt auf *einen* Urstoff zurückzuführen. Den Gedanken, daß möglicherweise noch weniger, nämlich insgesamt überhaupt kein »Stoff« erforderlich sein könnte, um die Welt aufzubauen, haben sie nicht gehabt. Ihr Urstoff kann verschiedene Formen annehmen – sich, poetisch gesagt, in tausend Formen verstecken –, bleibt dabei aber stets bestehen. Wandel, den wir in der Welt beobachten, kann den Urstoff nicht betreffen, er selbst ist zeitlos.

Ob der Raum nun insgesamt – also netto – Urstoffe enthält oder nicht – ein einfaches Gebilde ist er laut heutiger Physik keinesfalls. Denn er kann nicht *leer* im naiven Sinn des Wortes sein; in Schwankungen muß alles, was es überhaupt geben kann, in ihm auftreten – Raum, der so leer ist, wie in *Übereinstimmung mit den Naturgesetzen* überhaupt möglich, ist zwar netto, aber nicht brutto leer.

Das Ziel der frühesten Naturforscher Thales, Anaximander und Anaximenes war, den beobachteten Wandel auf Formveränderungen des Urstoffs zurückzuführen. Denn anders als Parmenides, der einen radikalen Schritt weitergehen sollte, haben sie den Wandel nicht geleugnet, sondern durch naturwissenschaftliche Methoden zu verstehen gesucht. Ihre Suche galt dem unveränderlichen Urstoff, den sie im Wasser (Thales), im Unendlichen (Anaximander) und der Luft (Anaximenes) gefunden zu haben dachten.

Werden und Änderung vs. Sein und Dauer

Beherrscht wurde die frühe Naturforschung durch den Gegensatz von Werden und Änderung auf der einen, *SEIN* und *DAUER* auf der anderen Seite. Die Gegenposition zu Thales und seinen Nachfolgern, für die *Sein* und *Dauer* in einem tieferen Sinn real waren als *Werden* und *Änderung*, hat Heraklit eingenommen. *Es ist unmöglich, zweimal in denselben Fluß hineinzusteigen* lautet in der Überlieferung Plutarchs das bekannteste Fragment Heraklits. Und weiter: *Der Fluß zerstreut und bringt wieder zusammen und geht heran und geht fort.* Diese Sätze und andere wie *Wir sind und wir sind nicht* zeigen, daß Heraklit *WERDEN* und Änderung für realer gehalten hat als Sein und Dauer. Er hat sich die Aufgabe gestellt, das zweite Begriffspaar auf das erste zurückzuführen. Sein und Dauer waren für ihn irreale Aspekte des andauernden Wechsels, den er überall sah.

Die heutigen Naturwissenschaften geben ihm im wesentlichen recht. Denn die Atome *sind* in permanenter Bewegung, in dem scheinbar leeren Raum treten für kurze Zeiten *virtuelle Teilchen* auf, und in lebender Materie werden die Moleküle dauernd ausgetauscht. Daß das so oder so ähnlich sei, haben die Atomisten Leukipp und Demokrit als erste angenommen. Ihre unwandelbaren Atome sollten *SEIN* und *DAUER* besitzen, sich andererseits aber in ständiger Zufallsbewegung befinden. Wie die Permanenz einer Gestalt mit der Bewegung ihrer Teile in Einklang zu bringen ist, hat der späte römische Atomist Lukrez in seinem Lehrgedicht *Von der Natur* ganz im Sinne Heraklits durch das Bild einer weit entfernt weidenden Schafherde erläutert:

Hierbei ist es jedoch nicht verwunderlich, daß uns das Weltall,
Während sich alle Atome in steter Bewegung befinden,
Dennoch den Eindruck macht, zu verharren in völliger Ruhe,
Außer wenn irgendein Ding mit dem eigenen Körper sich rühret.
Denn der Atome Natur liegt weitab unter der Schwelle
Unserer Sinne verborgen. Drum muß sich dir, da die Atome
Selber nicht sichtbar sind, auch ihre Bewegung verbergen.
Hehlen doch oft schon Dinge, die wir mit Augen erblicken,
Ihre Bewegungen uns, wenn sie allzu entfernt von uns stehen.
Auf dem Gebirge geht öfter die wollerzeugende Herde
Grasend langsam vor, wohin just jedes der Schafe
Lockt die im Morgentau wie Demant glitzernde Matte,
Während gesättigte Lämmer zum Scherz mit den Hörnern sich stoßen;

Aber von weitem erscheint dies alles uns gänzlich verworren,
Nur wie ein weißlicher Fleck, der ruhig auf grünender Alb steht.

Doch auch Heraklit, der überall Wandel sieht, hielt an einem unwandelbaren Grundprinzip fest: dem des Streites oder Wettbewerbs. Sosehr sich die Ansichten der Philosophen vor Sokrates auch in den Details unterscheiden: Daß es Prinzipien oder Gesetze gibt, die immer dieselben sind, darin stimmen sie überein. Bei Thales und seinen Nachfolgern sind die Prinzipien materieller Natur, Pythagoras und seine Schüler fassen sie in dem Begriff der Zahl zusammen, bei den Atomisten und Heraklit ist das Prinzip der verborgene Wandel, und Parmenides hält allen Wandel für Täuschung, weil er seinem Prinzip der Zeitlosigkeit der Existenz widerspricht. *Die griechischen Philosophen,* faßt der englische Wissenschaftshistoriker A. C. Crombie zusammen, *betrachteten ihre Suche nach den Prinzipien der Natur von Anfang an als Suche nach der Begreifbarkeit von Änderungen.*

Von Platon und seiner Lehre, die zwischen wandelbaren Erscheinungen und zeitlosen Ideen strikt unterscheidet, wird noch zu sprechen sein. Jetzt aber Parmenides und sein Schüler Zenon von Elea. Für sie war jeder Wandel, Bewegung durch den Raum eingeschlossen, Täuschung. Die Zeit zerfällt in Vergangenheit, Gegenwart und Zukunft. Darüber, wie das sein kann und was es genau bedeutet, rätseln Philosophen und Naturwissenschaftler noch heute. Parmenides hat nach Auskunft seiner Interpreten bemerkt, daß Vergangenes *nicht mehr,* Zukünftiges *noch nicht* existiert. Existenz kann deshalb nur Gegenwärtiges besitzen – weshalb Änderung bedeuten würde, daß noch nicht Existierendes zur Existenz erhoben würde. Und das, so die Grundüberzeugung des Parmenides, ist unmöglich. Genausowenig kann Gegenwärtiges durch Wandel in die Vergangenheit übertreten und dadurch seine Existenz einbüßen – was abermals bedeutet, daß es keinen Wandel geben kann. Der Wandel, den wir beobachten, ist nicht real, sondern eine Täuschung.

Funktion und Grenzwert

Die Rigorosität dieses Standpunkts ist bemerkenswert. Zenon hat versucht, ihn durch seine bis heute berühmten Paradoxa zu untermauern. Tatsächlich ist an den Paradoxa des Zenon für jenen nichts paradox, der über zwei Begriffe der Mathematik des 17. Jahrhunderts verfügt: Funktion und Grenzwert. Die antike Naturforschung war von diesen Begriffen genauso weit entfernt wie vom Begriff der Entropie. In seinem Buch *Die Mechanisierung des Weltbildes,* das 1956 in deutscher Sprache erschienen ist, äußert sich der niederländische Wissenschaftsgeschichtler E. J. Dijksterhuis hierzu so: *Sie – die Griechen – hatten die Denkschwierigkeiten, die mit den Begriffen des* (mathematisch) *Irrationalen und des Kontinuums verbunden sind, durch geometrische Einkleidung überwunden, und die Geometrie war dadurch für sie zum einzigen exakten Zweig der Mathematik geworden.* Und Dijksterhuis fährt fort: *Dadurch nämlich, daß sich die griechische Mathematik mit unveränderlichen ewigen idealen Formen beschäftigte, hatte sie für die Veränderlichkeit ebensowenig ein Auge als der Philosoph, der sich dem Studium der Ideen widmet. Deshalb sind die Griechen nie dazu gekommen, die Veränderlichkeit als solche zum Gegenstand mathematischer Begriffsbildung und Forschung zu machen; Begriffe wie Geschwindigkeit einer Bewegung in einem bestimmten Augenblick und Richtung der Tangente einer Kurve in einem bestimmten Punkt liegen vollständig außerhalb ihres Gesichtskreises. . . . Es sollte bis zum 17. Jahrhundert dauern, bis aus diesen Problemen die Mathematik des Veränderlichen entstehen sollte, die man Fluxions- oder Differentialrechnung nennt.*

Bis Archimedes, der um 250 v. Chr. wirkte, hatten die antiken Naturforscher größte Schwierigkeiten mit Begriffen, die dadurch zu definieren sind, daß Proportionen von Größen mit verschiedenen Dimensionen gebildet werden. Das für unsere Zwecke wichtigste Beispiel ist die Geschwindigkeit. Aristoteles kämpft mit diesem Begriff. Nicht einmal für konstante Geschwindigkeiten findet er die einfache Definition, die heute in allen Fahrschulen verwendet wird – Geschwindigkeit ist Weg durch Zeit. Nur vor diesem Hintergrund können wir die Leistung des Archimedes, das spezifische Gewicht als *Gewicht pro Volumen* zu definieren, richtig würdigen.

Bei dem Versuch, eine momentane Geschwindigkeit zu definieren, bereitete die Sonderrolle des »Jetzt« besondere Schwierigkeiten. Es sollte möglich sein, jede in einem Augenblick bestehende Eigenschaft in ihm und durch ihn zu definieren. So kann die Geschwindigkeit aber nicht definiert werden: Sie ist zwar eine Eigenschaft, die Körpern in einzelnen Augenblicken zukommt, zu ihrer Definition aber werden mindestens *zwei* Zeitpunkte und die zugehörigen Ortspunkte benötigt.

Die Geschwindigkeit kann nur einwandfrei definiert werden, wenn der Begriff der funktionalen Abhängigkeit des Ortes von der Zeit vorhanden ist. Ihn besaßen die antiken Griechen nicht. Erst Galilei sollte bei seinen Versuchen zum freien Rollen einer Kugel auf einer schiefen Ebene die Zeit – seine Pulsschläge – auf einer Zahlengeraden darstellen und den Ort der Kugel über ihr auftragen. Das war ein erstaunlich schwer zu erzielender Fortschritt. Mit ihm zog die Mathematik in die Physik ein.

Hören wir, wie Richard P. Feynman seinen Studenten den Begriff der Geschwindigkeit nahebringt. *Die Griechen*, so beginnt Feynman seine Erörterung der momentanen Geschwindigkeit, *waren durch solche Probleme ein wenig verwirrt, wozu natürlich auch einige sehr verwirrende Griechen beigetragen haben.* Feynman meint Zenon und schildert dann dessen Paradox von Achilles und der Schildkröte. *Um die Feinheiten auf eine klarere Weise anzugeben*, erinnert Feynman seine Hörer an einen Witz, der *Ihnen sicher bekannt ist:*

> *Eine Autofahrerin wird durch einen Polizisten geschnappt, der Polizist sagt zu ihr, »Madame, Sie sind 100 Kilometer in der Stunde gefahren!« Sie sagt, »das ist unmöglich, ich bin erst 7 Minuten unterwegs, wie kann ich 100 Kilometer in der Stunde fahren, wenn ich keine Stunde unterwegs bin?«*
>
> *Wie würden Sie ihr antworten, wenn Sie der Polizist wären? . . . Versuchen wir, zu erklären, was wir darunter verstehen, wenn wir sagen, sie sei 100 Kilometer in der Stunde gefahren. Was meinen wir nun? Wir sagen, »was wir meinen, Madame, ist folgendes: Wenn Sie so weiter fahren würden, wie Sie es gerade getan haben, dann würden Sie in der nächsten Stunde 100 Kilometer zurücklegen.« Sie könnte sagen, »aber ich hatte meinen Fuß vom Gaspedal genommen und der Wagen wurde langsamer, somit hätte ich beim Weiterfahren keine 100 Kilometer zurückgelegt«.*

Viele Physiker denken, daß Messung die einzige Definition jeder Sache ist:

> *Offensichtlich sollten wir dann das Instrument benutzen, das die Geschwindigkeit mißt – das Tachometer – und sagen, »sehen Sie, Madame, ihr Tacho steht auf 100«. Und dann sagt sie, »mein Tacho ist defekt und hat gar nichts angezeigt«. Bedeutet das, daß der Wagen stillsteht?*

Wir wissen aber, daß es etwas zu messen gab, ehe wir das Tachometer gebaut haben.

> *Nur dann können wir zum Beispiel sagen, »das Tacho funktioniert nicht richtig« oder »das Tacho ist kaputt«. … Wenn die Dame während $\frac{1}{1000}$ einer Stunde weiterführe, so würde sie $\frac{1}{1000}$ von 100 Kilometer zurücklegen. Mit anderen Worten, sie muß nicht die gesamte Stunde lang weiterfahren; sie hat diese Geschwindigkeit* einen Augenblick lang. *Das bedeutet nun folgendes: Wenn sie nur ein klein wenig weitergefahren wäre, so wäre die zusätzliche Entfernung, die sie zurücklegt, die gleiche, wie die eines Wagens, der mit einer* konstanten *Geschwindigkeit von 100 km pro Stunde fährt. Vielleicht ist die Idee von den 27 Meter pro Sekunde richtig; wir sehen, wie viele Meter sie in der letzten Sekunde gefahren ist, und dividieren durch 27 Meter. Wenn das Resultat 1 ist, dann war die Geschwindigkeit 100 Kilometer pro Stunde. Mit anderen Worten, wir können die Geschwindigkeit folgendermaßen bestimmen: Wir fragen, wie weit gehen wir in einer sehr kurzen Zeit? Wir dividieren diese Entfernung durch die Zeit, und das ergibt die Geschwindigkeit.*

Zenon von Elea

Jetzt also Zenon und seine so genannten Paradoxa. Zunächst das bekannteste, das von Achilles und der Schildkröte. Um zu zeigen, daß Bewegung dann unmöglich ist, wenn die Zeit ein Kontinuum bildet, will Zenon beweisen, daß Achilles die Schildkröte nicht überholen kann. Der »Beweis« geht so: Angenommen, Achilles läuft zehnmal so schnell wie die Schildkröte und er gibt ihr einen Meter Vorsprung. Während er diesen Meter durchläuft, legt die Schildkröte $1/_{10}$ Meter, also einen Dezimeter, zurück. Wenn Achilles diesen Dezimeter durcheilt hat, besitzt die Schildkröte noch immer $1/_{100}$ Meter – einen Zentimeter – Vorsprung; und so weiter, unendlich viele Zeitschritte lang. Also überholt Achilles die Schildkröte genau 1,11111 ... Meter hinter der Startlinie – wo ist das Paradox? Zenon hat als paradox dargestellt, daß Achilles dazu unendlich viele Zeitschritte benötigt, die er nur in unendlicher Zeit durchlaufen könne. Das stimmt deshalb nicht, weil jeder neue, nur zu Rechenzwecken angenommene Schritt im Raum soviel kürzer als der vorangehende ist und soviel weniger Zeit braucht, daß die Summen aller Zeiten und aller Strecken endliche Werte besitzen und deshalb gebildet werden können. Die angenommenen unendlich vielen Schritte tut Achilles selbstverständlich nicht – spätestens nach dem dritten Schritt hat er die 1,11111 ... Meter durchmessen und die Schildkröte überholt. Wer Zenons Paradoxon von Achilles und der Schildkröte als paradox ansieht, zeigt dadurch nur, daß er mit dem Begriff des Grenzwerts nicht vertraut ist.

Zenons anderes Paradox, das ich darstellen will, ist das vom fliegenden Pfeil. Merkwürdigerweise wird es noch heute von vielen als echtes Paradoxon gehandelt. Zenon will durch seine Argumentation beweisen, daß alles, was sich bewegt, in Wahrheit ruht. Nicht genau bekannt ist, in welcher Form er sein Paradoxon ausgesprochen hat. Denn die ausführlichste Darstellung, die auf uns überkommen ist, stammt von Aristoteles, der Zenons Folgerung widerlegen will.

Zusammengefaßt liest sich das Paradox so:

(1) Was immer einen Ort von genau seiner eigenen Größe einnimmt, befindet sich in Ruhe.

(2) Gegenwärtig nimmt das, was sich bewegt, einen Ort von genau seiner eigenen Größe ein.

Also: (3) Gegenwärtig befindet sich, was sich bewegt, in Ruhe.

Nun: (4) Was sich bewegt, bewegt sich immer gegenwärtig.

Also: (5) Was sich bewegt, befindet sich immer – während seiner gesamten Bewegung – in Ruhe.

Die von Aristoteles ausgehenden Interpretationen kritisieren vor allem den Schluß, der auf (5) führt, weil er einen Aufbau der Zeit aus Zeitpunkten und möglicherweise Intervallen unterstellt, auf die das Paradox von Achilles und der Schildkröte anzuwenden wäre. Hierauf gehe ich nicht ein. Denn bereits die Annahme (1) ist falsch. Tatsächlich besetzt jeder Körper, ob bewegt oder ruhend, in jedem Augenblick einen Ort von genau seiner eigenen Größe. Das wird im ersten Physiksemester nur deshalb nicht gelehrt, weil es als trivialerweise wahr unterstellt wird. Will man wissen, wie lang ein bewegter Körper ist, ermittelt man *zu derselben Zeit* die Koordination von dessen Anfangs- und Endpunkt und bildet ihre Differenz – das Ergebnis ist die Länge des Körpers. Dasselbe Verfahren wird auch in der Speziellen Relativitätstheorie angewendet. Um deren ganz andere Fragestellungen geht es hier selbstverständlich nicht. Ich denke, daß dem Zenon bei seiner Annahme (1) die Erwartung einen Streich gespielt hat, daß die jedem Körper in jedem Augenblick zukommende Geschwindigkeit ohne Bezugnahme auf einen anderen Augenblick definiert und gemessen werden könne. Wir wissen, daß das nicht so ist – zur Definition einer momentanen Geschwindigkeit brauchen wir im allgemeinen unendlich viele Orte zu unendlich vielen, näher und näher zusammenrückenden Zeiten.

Platon

Die Frage, wie die Zeit in die Welt kam, hat Platon als erster gestellt. Für ihn ist die sich wandelnde Welt das Bild einer unwandelbaren und letztlich uneinsehbaren Welt, der Welt der Ideen. Die Zeit, insofern sie vergeht, ist Teil dieses Bildes: *Das »war« und »wird sein« sind gewordene Formen der Zeit, die wir, uns selbst unbewußt, unrichtig auf das unvergängliche Sein übertragen* heißt es in der kurzen Passage seines Dialogs *Timaios*, der der Zeit gewidmet ist. Dem *unvergänglichen Sein* kommt *nur das »ist« zu* – denn, so wiederholen wir, das Vergangene existiert nicht mehr, das Zukünftige noch nicht, so daß Existenz an Gegenwart gebunden ist. Platon abstrahiert das Jetzt von der Zeit, die wir erfahren, und erhebt es zum einzigen wahrhaft existierenden Aspekt der Zeit, einer, wie er sich vorstellt, immerwährenden Gegenwart. Seine Philosophie kehrt diesen psychologischen Prozeß, den wir unterstellen, um und leitet die von uns erfahrene Zeit von der Zeitlosigkeit der Ideen ab. Da das Urbild, dem der Demiurg, der *Schöpfer des Weltganzen*, das Erzeugte möglichst ähnlich machen will, *selbst ein unvergänglich Lebendes ist, versuchte er auch dieses Weltganze soviel wie möglich zu einem solchen zu vollenden. Da nun die Natur dieses Lebenden aber eine unvergängliche ist, diese Eigenschaft jedoch dem Erzeugten vollkommen zu verleihen unmöglich war: so sann er darauf, ein bewegliches Bild der Unvergänglichkeit zu gestalten, und machte, dabei zugleich den Himmel ordnend, dasjenige, dem wir den Namen Zeit beigelegt haben, zu einem in Zahlen fortschreitenden unvergänglichen Bilde der in dem Einen verharrenden Unendlichkeit.*

Soweit die berühmte Passage Platons zur Erschaffung der Zeit. Ihre poetischen Bilder haben viele Interpreten gefunden. In dem von Platons Vorgängern geschaffenen Kontext ist eine Wiederaufnahme des Themas kurz danach leichter zu verstehen: *Die Zeit entstand also mit dem Himmel . . . und nach dem Vorbilde des durchaus unvergänglichen Wesens, damit sie ihm so ähnlich wie möglich sei; denn das Vorbild ist die ganze Ewigkeit hindurch seiend, die Zeit hingegen fortwährend zu aller Zeit geworden, seiend und sein werdend.* Das Mittel, durch das der Demiurg die Zeit in die Welt bringt, sind die Himmelskörper: Ihrer bedurfte es zur *Hervorbringung der Zeit.* Dann und dadurch werden sie zu lebenden Wesen, die ihre Bahnen so durchlaufen, wie sie es tun, damit sie die Zeit im Sinn ihres Vorbilds so gut wie möglich repräsentieren können.

Parmenides hat nur die Bewegung in das Reich des strenggenommen nicht Existierenden verwiesen – Platon die Zeit selbst. Seine Einstellung zu dem, was Parmenides Täuschung und Illusion genannt hat, ist hingegen weniger radikal: Er will die Welt der Erscheinungen nicht abschaffen, sondern sie in sein System einordnen. In dem System Platons spielt die Zeit nur eine Nebenrolle.

In Platons Dialog *Politikos* führt ein *Fremder* den *Jüngeren Sokrates* in die seltsame Welt der zeitlich umgekehrten Abläufe ein: *Welches Alter jedes sterbliche Wesen hatte, dies blieb ihm zunächst stehen, und alles Sterbliche hörte auf je länger je älter auszusehen, vielmehr wendete es sich auf das Entgegengesetzte zurück und wurde gleichsam jünger und jünger. Und die weißen Haare der Alten schwärzten sich, die Wangen der bärtigen aber glätteten sich wieder, und brachten jeden zu seiner vorübergegangenen Blüte zurück* – und so weiter. Die Ernsthaftigkeit, mit der der Jüngere Sokrates die zeitliche Umkehrung wirklicher Abläufe als Möglichkeit akzeptiert, ist ein weiteres Indiz dafür, daß das wissenschaftliche Denken der Antike die Idee von einem einseitigen Ablauf im Universum nicht besaß.

Aristoteles

Mit seinem Lehrer Platon verbindet Aristoteles die Überzeugung, daß Zeit und Bewegung in engem Zusammenhang stehen. Anders aber als Platon, versucht Aristoteles, die Zeit der Phänomene begrifflich statt nur allegorisch, insbesondere ohne Rückgriff auf beseelte Himmelskörper zu verstehen – und erleidet Schiffbruch. Sein Ansatz ist durchaus physikalisch, und er kommt so weit, wie man ohne die Begriffe Funktion und Grenzwert überhaupt kommen kann. Also nicht sehr weit; wobei zu bemerken ist, daß sich die Fragen des Aristoteles zur Bewegung und zur Zeit auch heute noch jedem, der sich ihnen unvoreingenommen nähert, genauso stellen wie ihm. Folglich erscheinen bis heute Arbeiten, die Fragestellungen des Aristoteles mit seinen Mitteln ohne die Begriffe Funktion und Grenzwert angehen.

Aristoteles erörtert die Zeit im 10. bis 14. Kapitel des Buches IV seiner *Physik.* Zur Frage, ob die Zeit zum *Seienden* oder *Nichtseienden* gehöre, wiederholt er zunächst das Argument, *daß sie nun also überhaupt nicht wirklich ist oder nur unter Anstrengungen und auf dunkle Weise, das möchte man aus folgenden Tatbeständen vermuten: Das eine Teilstück von ihr ist* vorübergegangen *und ist insoweit nicht mehr, das andere* steht noch bevor *und ist insoweit noch nicht. ... Was nun aus Nichtseiendem zusammengesetzt ist, von dem scheint es doch wohl unmöglich zu sein, daß es am Sein teilhabe. ... Von der Zeit ... sind die einen Teile schon vorüber, die anderen stehen noch bevor, es ist keiner, und das, wo sie doch teilbar ist.* Anders als seine Vorgänger, die der Gegenwart nur bei Fragen der Existenz eine Sonderrolle gegenüber Vergangenheit und Zukunft eingeräumt haben, geht Aristoteles auf die Bedeutung des Unterschieds des Zeit*punktes* »Jetzt« von den ausgedehnten »Teilen der Zeit« Vergangenheit und Zukunft ausführlich ein: *Das* »Jetzt« *ist nicht Teil; der Teil mißt das Ganze aus, und das Ganze muß aus den Teilen bestehen; die Zeit besteht aber ganz offensichtlich nicht aus den »Jetzten«.*

Das »Jetzt« besitzt keine Ausdehnung und trennt Vergangenheit und Zukunft. Hieraus ergeben sich zwei Probleme. Erstens ist zu fragen, in welchem Verhältnis ein Ganzes zu seinen Teilen steht, die durch ausdehnungslose Punkte voneinander getrennt sind. Dies Problem stellt sich genauso bei den Punkten einer Geraden: *Es soll dabei als unmöglich vorausgesetzt werden, daß die Jetzte miteinander zusammenhängend wären, so wie das ja auch im Verhältnis von Punkt zu Punkt gilt.* Hierzu hat die Mathematik seit dem vorigen Jahrhundert Erhellenderes zu sagen, als Aristoteles wissen konnte. Das zweite, bis heute weitaus schwierigere Problem ist das des sich bewegenden Jetzt: *Weiter, was das »Jetzt« angeht, welches augenscheinlich Vergangenes und Zukünftiges trennt, so ist nicht leicht zu sehen, ob es die ganze Zeit hindurch immer ein und dasselbe bleibt, oder ob es* immer wieder ein anderes *wird.* Aristoteles wälzt die Frage um, ohne – soweit ich erkennen kann – zu einer Antwort zu kommen, die ihn oder uns befriedigen könnte. Erschwert wird seine Diskussion, verglichen mit den heute möglichen, dadurch, daß sich immer wieder damals unbeantwortbare Fragen der ersten Problemkategorie in den Vordergrund drängen: *Die Zeit ist also auf Grund des Jetzt sowohl zusammenhängend, wie sie andererseits auch mittels des Jetzt durch Schnitte eingeteilt wird.* Trotz des schwierigen Verhältnisses, in dem die Punkte des Jetzt zu der Zeit selbst stehen, versucht Aristoteles ihr Wesen durch jene zu erfassen: *Was nämlich begrenzt ist durch ein Jetzt, das ist offenbar Zeit. Und das soll zugrunde gelegt sein.*

Denn zu Beginn seiner Erörterung der Zeit im 10. Kapitel fragt Aristoteles nicht nur, ob die Zeit zum *Seienden* oder *Nichtseienden* gehöre, sondern auch, *was denn ihr wirkliches Wesen ist.* Sein Versuch einer Antwort kreist vor allem um ihren Zusammenhang mit der Bewegung. Dem *Wesen* der Zeit kommt er dabei nach meinem Eindruck nicht nahe, wohl aber im Sinne Feynmans ihrer *Messung.* Und dies nur unvollkommen, da er Geschwindigkeit nicht zu definieren weiß. Zeit ist offenkundig nicht, so sagt er, mit Bewegung gleichzusetzen – *dabei soll für uns im Augenblick kein Unterschied bestehen zwischen den Ausdrücken Bewegung und Wandel. Aber andrerseits,* ohne Veränderung ist sie auch nicht. ... *Daß somit Zeit nicht gleich Bewegung, andrerseits aber auch nicht ohne Bewegung ist, leuchtet ein. Wir müssen also, da wir ja danach fragen, was Zeit ist, von dem Punkt anfangen, daß wir die Frage aufnehmen,* was an dem Bewegungsverlauf sie denn ist.

Das Jetzt, das Vergangenheit und Zukunft trennt, soll auch den Zusammenhang zwischen Zeit und Bewegung herstellen: *Wenn ein »davor« und »danach« wahrgenommen wird, dann nennen wir es Zeit: Die Meßzahl von Bewegung hinsichtlich des »davor« und »danach«.* Diese doch recht unklare Definition der Zeit ist berühmt geworden. Es ist ja wahr – die Zeit ist auch dann noch schwer zu definieren, wenn die Begriffe Funktion und Grenzwert zur Verfügung stehen. Ohne sie ist die Sache hoffnungslos.

Für S. Sambursky, in seinem bereits erwähnten Buch *Das physikalische Weltbild der Antike,* geht aus der Analyse des Aristoteles hervor, daß er sich über die *wesentlichsten Eigenschaften der Instrumente der Zeitmessung* klar war. *Uhren müssen periodische Mechanismen sein und die Umdrehung der Himmelskugel ist wegen ihrer gleichförmigen Bewegung der beste Zeitmesser.* Damit, daß Uhren periodische Mechanismen sein müssen, stimme ich nicht überein – wir werden zum Beispiel sehen, daß in der Allgemeinen Relativitätstheorie der Radius des expandierenden Universums als Uhr dienen kann. Für Aristoteles war die Kreisbewegung der Himmelskugel in der Tat die gleichförmigste Bewegung überhaupt – *Eigenschaftsveränderung, Wachsen und Entstehen sind alle nicht gleichmäßig, Ortsbewegung jedoch ist es.*

Wenn *vorausgesetzt* werden darf, daß die Ortsbewegung der Himmelskugel gleichmäßig ist, können wir die Zeit ohne Bedenken durch sie definieren. Setzen wir es aber nicht voraus, ist schwer zu sagen (Kapitel 4), was eine Definition der Zeit durch eine gewisse Bewegung vor derjenigen durch eine andere Bewegung auszeichnet. Es entsteht die Gefahr einer Tautologie, die Aristoteles ohne Sorge so ausspricht: *Wir messen nicht nur Bewegung mittels Zeit, sondern auch umgekehrt Zeit mittels Bewegung, weil sie nämlich durch einander bestimmt werden.*

Straton und die Stoiker

Es ist schwer, die Texte des Aristoteles anders als grundsätzlich zu kritisieren, weil bereits sie das Für und Wider vieler Details vor dem Leser ausbreiten. Nicht diskutiert hat Aristoteles eine Annahme, gegen die grundsätzliche Einwände vorgebracht werden müssen: daß es möglich sein soll, Zeitpunkte zu zählen. Das Zählen selbst wird in dem Text des Aristoteles ausführlich erläutert – auch, daß Zahlen als Abstrakta auf verschiedene Gegenstände angewendet werden können: *Die folgende Zahl ist eine und dieselbe:* Hundert *Pferde und* hundert *Menschen; wovon das aber Zahl war, das ist verschieden voneinander: Pferde – Menschen.* Dann zählt er ohne weitere Diskussion Zeitpunkte; in unserer Darstellung ist dieser Aspekt nur bei der Definition der Zeit als *Meßzahl* aufgetaucht. Wenige Zeilen später heißt es, *eine Art Zahl ist also die Zeit.* Hier setzt eine Kritik seines Schülers Straton an: Die einzelnen Zeitpunkte ersetzt er durch *Zeitintervalle.* Die Formulierung des berühmten *Meßzahl*-Satzes des Aristoteles durch den frühen Stoiker Chrysipp, der von 280 bis 207 v. Chr. lebte, bezieht diese Kritik ein: *Die Zeit ist das Intervall der Bewegung, das zuweilen auch das Maß der Geschwindigkeit oder Langsamkeit genannt wird, oder das Intervall, das der Bewegung des Kosmos zu eigen ist.* Immer noch fehlt jede Andeutung einer Definition des Maßes der Geschwindigkeit selbst. Die Definition der Zeit ist ebenfalls nicht viel klarer geworden.

Soll eine Zeitspanne durch die Zahl der Intervalle bestimmt werden, muß zuvor die Intervallänge festgelegt werden, was in einen logischen Zirkel führen kann. Als Ausweg bietet sich die Unterstellung an, es gebe kleinste, durch die Natur selbst festgelegte Zeitintervalle. Das würde darauf hinauslaufen, daß das Jetzt unteilbar ist. Diesen Weg konnten die Stoiker, deren Grundidee das Kontinuum und die kontinuierliche Erfüllung der Welt mit Pneuma – einer Art Äther – war, nicht gehen. Plutarch berichtet, laut Chrysipp sei *die Gegenwart zum Teil Zukunft, zum Teil Vergangenheit.* Ausführlicher: *Daher bleibt nichts vom Jetzt oder dem gegenwärtigen Zeitpunkt übrig, sondern das, wovon man sagt, es existiere jetzt, ist teils über die Zukunft, teils über die Vergangenheit ausgebreitet.* Und weiter: *Chrysipp stellt klar und deutlich fest, daß keine Zeit ganz in der Gegenwart liegt. Denn die Teilung der Kontinua geht unbegrenzt fort, und auf Grund dieser Eigenschaft ist auch die Zeit unendlich teilbar. Daher ist keine Zeit im strengen Sinn gegenwärtig, sondern ist nur unscharf definiert.*

Diese Einsichten der frühen Stoiker, bei deren Darstellung ich S. Sambursky gefolgt bin, sind logisch einwandfrei und psychologisch gesehen durchaus modern: Die Zeitspanne, die wir als Jetzt empfinden, ist kein Punkt, sondern ein durch die Evolution festgelegtes Intervall. Aber auch physikalische Aspekte der heutigen Auffassung der Zeit können so beschrieben werden. Die Abb. 44 (s. S. 263) in Kapitel 6 veranschaulicht eine als Konsequenz von Quantenmechanik und Allgemeiner Relativitätstheorie bei extrem kurzen Abständen auftretende Unschärfe von Raum und Zeit. Eine andere physikalische Unschärfe der vorrückenden Front des Jetzt, der ein langer Abschnitt in Kapitel 6 gewidmet ist, folgt aus quantenmechanischen Unbestimmtheiten, die durch ein nicht ganz verstandenes »Jetzt« zu Tatsachen werden.

Vom Raum haben die frühen Naturforscher zwei Auffassungen entwickelt, die als Denkmöglichkeiten bis heute fortwirken und im Lauf der Geschichte zahlreiche Anhänger gefunden haben. Die einen sehen den Raum als eine Art Bühne an, auf der die Dinge auftreten können, aber nicht müssen; leeren Raum kann es dann geben. Für die anderen ist »Raum« nur ein Ausdruck für die Relationen, in denen Dinge zueinander stehen; leeren Raum kann es dann nicht geben. Ein früher und lange noch fortwirkender Vertreter der zweiten Lehrmeinung war Aristoteles; Straton war der früheste Vertreter der ersten.

Mit Straton als einziger Ausnahme dachten von Aristoteles bis Leibniz alle Naturforscher, die Zeit sei nichts als eine abgeleitete Größe. Ohne Ereignisse, die sie definieren, gäbe es sie nicht. Dem hat Straton widersprochen. Was genau für ihn die Zeit war, wissen wir nicht. Erst Newtons Absolute Zeit können wir als eine Form der Zeit verstehen, die Straton im Sinn hatte.

Von Augustin zu Leibniz

Ein großer Sprung! Und die Versuchung ist groß, auch den Kirchenvater Augustin, der von 354 bis 430 lebte, zu überspringen. Aber von ihm stammt der eine Satz, der noch immer am besten unser emotionales Verständnis der Zeit vom intellektuellen abgrenzt: *Was also ist Zeit? Wenn mich niemand danach fragt, weiß ich es; will ich es einem Fragenden erklären, weiß ich es nicht.* Seine im Buch XI der *Bekenntnisse* festgehaltenen Gedanken zur Zeit sind die emotional tiefsten, die ich kenne – und gehören ebendeshalb nicht hierher. Denn dies Buch ist unserer Kenntnis, nicht unserer Erfahrung von Zeit gewidmet. Deshalb gleich zu Leibniz:

Wer sich vorstellt, Gott hätte die Welt einige Millionen Jahre früher erschaffen können, erfindet eine Fiktion, die nicht zutreffen kann. Jene, die solchen Erfindungen zustimmen, könnten Argumenten dafür nicht widersprechen, daß die Welt ewig ist. Denn weil Gott nichts ohne Grund tut, und weil es keinen Grund dafür geben kann, warum er die Welt nicht früher erschaffen hat, würde entweder folgen, daß er überhaupt nichts erschaffen hat, oder daß er die Welt vor jeder bestimmbaren Zeit erschaffen hat, was bedeuten würde, daß sie ewig ist. Aber wenn gezeigt ist, daß der Anfang, wie immer er ist, derselbe ist, kann die Frage nicht mehr gestellt werden, warum es nicht anders gewesen ist.

Für den Christen Leibniz ist selbstverständlich, daß die Welt von Gott erschaffen wurde, also einen Anfang hatte. Mit der sich daraus ergebenden Frage, warum Gott die Welt nicht zu einem anderen Zeitpunkt erschaffen habe, hatte bereits Augustin gerungen. Leuten, die *in ihrem alten Wahn stecken*, legt er die Frage in den Mund: *»Was tat denn Gott, ehvor er Himmel und Erde erschuf? Denn, war er müßig und wirkte kein Werk, warum blieb er so nicht immer und alle Zeiten fort, wie er vor der Schöpfung immer des Wirkens müßig gewesen? ...« ... Ich antworte nicht mit dem Spaßwort, das einer, der Wucht der Frage ausweichend, erwidert haben soll: »Er hat Höllen hergerichtet für Leute, die so hohe Geheimnisse ergrübeln wollen.«* Die Antwort, die Augustin gibt, ist auch die Antwort von Leibniz und der heutigen Physik: Die Zeit ist mit der Welt entstanden. Bei Augustin lesen wir es so: *Eben diese Zeit auch hattest doch Du erschaffen, und Zeiten konnten nicht verfließen, ehe Du Zeiten erschufst. Wenn aber vor Himmel und Erde Zeit überhaupt nichts war, was soll dann die Frage, was Du ›damals‹ tatest? Es gab kein ›Damals‹, wo es Zeit nicht gab.*

Die Antwort, die Leibniz gibt, beruht auf seinem Axiom der *Identität des Ununterscheidbaren:* Zwei Dinge, die nicht unterschieden werden können, sind überhaupt identisch. Deshalb: *Zwei voneinander ununterscheidbare Einzeldinge gibt es nicht.* Wassertropfen würden sich als *verschieden herausstellen, wenn man sie unter dem Mikroskop betrachtet* und können ihm deshalb als Beispiele dienen. In dieser Form ist das Axiom nach Auskunft der Quantenmechanik übrigens falsch: Ein Elektron gleicht jedem anderen Elektron, ein Wasserstoffatom jedem anderen Wasserstoffatom und so weiter. Bei Wasserstoffatomen müssen wir zwar voraussetzen, daß die Zustände, in denen sie sich befinden, dieselben sind. Das können wir aber ohne Bedenken tun, weil Zustände des Atoms nach Auskunft der Quantenmechanik *diskret* sind – von dem einen realisierbaren Zustand zu dem anderen kann man nicht über eine Brücke ebenfalls realisierbarer Zustände kommen; zwischen ihnen liegen keine anderen Zustände.

Obwohl manche detaillierte Äußerungen dem zu widersprechen scheinen, war Leibniz ein Anhänger der Kontinuumshypothese, daß Raum, Zeit und wohl alle realisierbaren Eigenschaften ein Kontinuum bilden, so daß, sieht man nur genau genug hin, Unterschiede zwischen beliebigen Dingen erkennbar werden. Über die Welt insgesamt und ihre Zeit nimmt Leibniz in der Sprache der heutigen Physik an, daß mit den Naturgesetzen, die in der Welt gelten, auch ihr Anfangszustand so sein mußte, wie er war. Dann, so folgen wir ihm weiter, kann es nur Welten geben, die mit unserer identisch sind. Sie alle haben dieselbe Zeit, wenn wir die Zeit durch eine Stoppuhr definieren, die mit der Welt entstanden ist. Aber warum sollte, gemessen an dieser Zeit, die Welt nicht früher entstanden sein? Zu negativen Zeiten? Weil dann, so Leibniz, diese früher entstandene Welt die unsere wäre; die später entstandene existierte nicht.

Dafür, daß Gott die Welt nicht auch zu einer anderen Zeit hätte erschaffen können, nennt Leibniz noch einen zweiten, der Physik näheren Grund: Die Zeit besitzt keine selbständige Realität, sondern ist die *Ordnung* der Körper *hinsichtlich ihrer aufeinanderfolgenden Lagen. Gäbe es aber keine erschaffenen Dinge, so würden Raum und Zeit nur in Gottes Gedanken existieren.* Noch einmal, anderswo: *... daß der Raum, ebenso wie auch die Zeit, nur eine Ordnung der Dinge ist und keineswegs ein absolutes Seiendes.* Wenn keine Körper, dann keine real existierende Zeit. Leibniz' Hauptinteresse gilt nicht der Zeit, sondern dem Raum, zu dem er sich wieder und wieder geäußert hat. In ihren wesentlichen Zügen setzt er Raum und Zeit gleich – *Da der Raum an sich ebenso wie die Zeit ein Gedankending ist ...* –, so daß die Interpreten seiner Vorstellungen von der Zeit Äußerungen zum Raum heranziehen und auf die Zeit ummünzen. Neben Bertrand Russells Buch *A Critical Exposition of the Philosophy of Leibniz,* das zuerst 1900 erschienen ist, nenne ich vor allem das Kapitel *Leibniz: Zeit als Relation* in Gernot Böhmes 1974 erschienener einsichtsreicher Studie *Zeit und Zahl.* Für Leibniz, so Böhme, sind Raum und Zeit *etwas, das zwischen den Dingen besteht und nicht etwas, worin die Dinge sind. ... Er bestreitet keineswegs das bei H. More und Newton und später bei Kant auftauchende Argument, daß man sich alle Dinge aufgehoben denken könnte, ohne damit zugleich Raum und Zeit aufzuheben. Nur ist, was bei diesem Prozeß zurückbleibt, nicht ein zugrundeliegendes Wirkliches, wie Newton und H. More meinten, sondern ein Abstraktum, etwas bloß Ideales. Raum und Zeit sind also auch für Leibniz von den sinnlichen Dingen unabhängig, sie sind nämlich, was sie sind, auch ohne daß wirkliche Dinge wären. Sie beziehen sich als Ordnungen auf die Möglichkeit von Dingen und gehören damit selbst zum Bereich des Möglichen, nicht des Wirklichen.*

Leibniz, der festgestellt hat, *Die Dauer ist die Größe der Zeit,* unterscheidet laut Böhme genau zwischen beiden – Dauer und Zeit. Das gäbe ihm eine bequeme Möglichkeit, Paradoxien zu vermeiden, die aus seiner Identifikation der diskreten Anordnung der Dinge *hinsichtlich ihrer aufeinanderfolgenden Lagen* mit dem Kontinuum Zeit, in die zwischen zwei Ereignisse immer noch unendlich viele hineingepackt werden können, folgen. Man kann die Zeit ja dehnen oder stauchen, ohne Reihenfolgen zu ändern. Hier führt Böhme Begriffe ein, die Leibniz nicht gehabt haben kann – die Hamiltonsche Formulierung der Mechanik zum Beispiel, die es ermöglicht, den ganzen Weg eines Körpers durch den Raum aus seiner Lage am Anfang und Ende der Bewegung zu berechnen. Dabei muß der Zeitunterschied zwischen Anfang und Ende der Bewegung vorgegeben sein – wird er geändert, dann bleiben im allgemeinen auch die Orte nicht dieselben, die der Körper bei seiner Bewegung vom Anfangs- und Endpunkt durchläuft. Also impliziert die Anordnung der Dinge zu zwei Zeitpunkten nicht nur einen kontinuierlichen Ablauf zu allen Zwischenzeiten, sondern ordnet ihnen sogar eine Zeitdifferenz zu, die nicht gedehnt oder gestaucht werden kann, ohne den Ablauf zu ändern.

Allgemeiner *erkennt* Leibniz laut Böhme *zeitliche Ordnung erst dann als vollständig bestimmt an, wenn die Gesamtheit der möglichen Zwischenglieder festgelegt ist.* Dem Einwand, daß Reskalierungen der Zeit die diskreten Anordnungen der Dinge zu bestimmten Zeitpunkten ungeändert lassen, können wir auch dadurch begegnen, daß wir in den Argumenten von Leibniz die *Lagen der Körper* zu gewissen Zeiten durch ihre *Zustände* zu diesen Zeiten ersetzen. Der Zustand eines Körpers ist erst durch Lage *und* Geschwindigkeit vollständig definiert. Geschwindigkeit können wir aber als Eigenschaft, die jeder Körper in jedem Zeitpunkt besitzt, seiner Lage hinzugesellen. Das, und die Definition der Geschwindigkeit durch eine – übrigens diskret wählbare – Folge von Zeiten und Lagen, war Leibniz, der gleichzeitig mit Newton und unabhängig von ihm die Differentialrechnung entwickelt hat, sicher bekannt. Wir haben es im Zusammenhang mit Zenons Paradoxien erörtert. Leibniz könnte sich darauf berufen, daß die *Naturgesetze* durch Reskalierung der Zeit geändert werden.

Die Zeit erweist sich bei Leibniz laut Böhme *als dasjenige Schöpfungsprinzip, nach dem es möglich ist, miteinander Nicht-Verträgliches zur Wirklichkeit gelangen zu lassen* – nacheinander eben statt gleichzeitig im Raum. Der Augenblick, in dem etwas besteht, ist für Leibniz kein Punkt, sondern infinitesimal kurz – er ist beliebig, aber eben nicht unendlich kurz. Wir werden im nächsten Kapitel sehen, daß eine von Leibniz angenommene Definiton des Vorher und Nachher durch –kausale Bedingtheit keine Früchte tragen kann: *Wenn von zwei Elementen, die nicht zugleich sind, das eine den Grund des anderen einschließt, so wird jenes als vorangehend, dieses als folgend angesehen.* Fundamentale Naturgesetze, die das *Folgende* durch das *Vorangehende* festlegen, leisten auch das Umgekehrte: Sie legen auch das *Vorangehende* durch das *Folgende* fest. Kausalität ist in diesen Theorien zeitumkehrsymmetrisch, so daß durch sie *vorher* und *nachher* nicht unterschieden werden können.

Kant

Ich kann den Königsberger Philosophen des 18. Jahrhunderts Immanuel Kant nicht übergehen, ohne zu sagen, warum ich das tue. Denn Kant hat sich mehrmals über die Zeit geäußert. Aber bereits der erste Satz des Abschnitts *Von der Zeit* seiner *Kritik der reinen Vernunft* zeigt, daß Kant eine andere Zeit meint als die, der dieses Buch gewidmet ist: *Die Zeit ist kein empirischer Begriff, der irgend von der Erfahrung abgezogen wird.* Die Zeit, die Kant meint, ist *a priori* gegeben. Sie kann nicht aufgehoben werden. Irgendwie ist er sich dessen, was er über die Zeit sagt, *apodiktisch gewiß* – so daß Eigenschaften oder Grundsätze, wie Kant sagt, der Zeit *aus der Erfahrung nicht gezogen werden können, denn diese würde weder strenge Allgemeinheit, noch apodiktische Gewißheit geben. Wir würden nur sagen können: so lehrt es die Erfahrung, nicht aber, so muß es sich verhalten.* Die Zeit, deren Grundsätze Kant *a priori* kennt, ist *seine* Zeit; wir wissen heute, daß die wirkliche Zeit manche *apodiktisch gewissen* Grundsätze nicht beachtet. Unter Zeit versteht Kant eine *wirkliche Form der inneren Anschauung* – also keinesfalls die Zeit, wie sie dieses Buch zum Gegenstand hat. In einem Brief an den deutschen Physiker Max Born hat sich Albert Einstein über Kant so geäußert: *Ich ... fange an, die ungeheure suggestive Wirkung zu begreifen, die von diesem Kerl* – Kant – *ausgegangen ist. Wenn man ihm nur die Existenz synthetischer Urteile a priori zugibt, ist man schon gefangen.* Mit Einstein wollen wir Kant die Existenz synthetischer Urteile *a priori* nicht zugeben.

2. Naturwissenschaftliches zu Zeit und Gesetz

Die Welt ist sehr kompliziert, und für den menschlichen Verstand ist es offensichtlich unmöglich, sie ganz zu verstehen. Daher wurde ein Kunstgriff eingeführt, der es ermöglicht, für die Komplikationen Umstände verantwortlich zu machen, die als zufällig angesehen werden, und dadurch Bereiche abzugrenzen, in denen einfache Gesetze entdeckt werden können. Die Komplikationen nennt man Anfangsbedingungen; das Gebiet der Regelmäßigkeiten Naturgesetze. Obwohl von außen gesehen diese Aufteilung der Struktur der Welt unnatürlich aussehen mag und obwohl sie wahrscheinlich nur begrenzt möglich ist, ist die ihr zugrundeliegende Abstraktion wohl eine der fruchtbarsten des menschlichen Verstandes überhaupt. Sie hat die Naturwissenschaften ermöglicht.

So Eugene P. Wigner, Physiknobelpreisträger des Jahres 1963. Um von *Anfangsbedingungen* sprechen zu können, muß ein System vorgegeben sein. Beide, System und Anfangsbedingungen, sind gleichermaßen für die *Komplikationen* verantwortlich, von denen Wigner spricht. Bereiche, in denen *einfache Gesetze* gelten, können nur dann abgegrenzt werden, wenn die gewählte Zerlegung der Welt Systeme ergibt, die solchen Gesetzen genügen.

Systeme und ihre Zustände

Jedes physikalische System kann gewisse Zustände annehmen. Wenn der Experimentator das System in einen dieser Zustände versetzt und es dann sich selbst überläßt, übernehmen die Naturgesetze das Regiment. Sie legen fest, wie das System sich im Laufe der Zeit entwickeln wird. Genauer wird es eine Folge von Zuständen durchlaufen, die durch die Naturgesetze, den Zustand zur Anfangszeit und die Anfangszeit selbst festgelegt sind. Abermals genauer legen diese Vorgaben nicht nur die Zustände fest, sondern auch den zeitlichen Ablauf – wann, anders gesagt, das System welchen Zustand annimmt.

Zum Beispiel das Golfspiel. Zum Entsetzen aller Golfer sei der Golfball kugelrund, könne sich nicht drehen und finde das Spiel im luftleeren Raum statt. Zum *System* ernennen wir den Golfball oberhalb der als flach angenommenen Erde. Dann gehört die Kraft, mit der die Erde den Ball anzieht, zur Definition des Systems dazu. »Zustand des Systems« steht nun für den Zustand des Balles. Dieser kann selbst wieder durch die Lage seines Mittelpunktes und dessen Geschwindigkeit charakterisiert werden. Offensichtlich sind nicht alle Orte erlaubt – der Ball soll sich ja oberhalb der Erdoberfläche befinden. Die Naturgesetze übernehmen das Regiment in dem Augenblick, in dem der Golfer den Ball abschlägt. In unserer abstrakten Sprechweise versetzt er dadurch das System, also den Ball, in einen seiner möglichen Zustände. Denn er schlägt ihn von einem festgelegten Ort so ab, daß er mit einer ebenfalls festgelegten Geschwindigkeit zu fliegen beginnt.

»Geschwindigkeit« bezeichnet hier und im folgenden immer deren absolute Größe *und* Richtung. Nun ist offenbar vermöge unserer vereinfachenden Bedingungen der gesamte Flug des Balles durch seine Anfangslage und Anfangsgeschwindigkeit festgelegt. Wäre das anders, wäre Golf nur ein Glücksspiel. Denn Einflüsse, die den Flug stören könnten, schließen unsere Annahmen aus – im luftleeren Raum weht kein Wind.

Abstrakt können wir den Flug des Balles so beschreiben, wie wir es allgemein bereits getan haben: In jedem Augenblick nach dem Abschlag besitzt der Ball – Zenons ungeachtet; siehe Kapitel 1 – eine gewisse Lage und Geschwindigkeit, insgesamt also einen gewissen Zustand: Der Ball, unser System, durchläuft eine durch die Naturgesetze und den Anfangszustand festgelegte Folge von Zuständen so, daß in jedem Augenblick feststeht, welchen Zustand er gerade besitzt. Da die Naturgesetze für die Bewegung des Balles im Schwerefeld der Erde zu allen Zeiten dieselben sind, können wir die Anfangszeit dadurch aus der Beschreibung eliminieren, daß wir die Uhr wie eine Stoppuhr bei jedem Abschlag neu auf Null stellen.

Zur Vereinfachung von Formulierungen und um spitzfindige Einwände auszuschließen, wollen wir festlegen, was geschieht, wenn der Ball den Boden berührt: Trifft er auf ihn auf, soll er von ihm wie ein Lichtstrahl von einem Spiegel reflektiert werden; schlägt der Golfer ihn waagerecht ab, soll er reibungslos gleiten – zu rollen ist ihm ja unter unseren Annahmen verwehrt.

Ursachen und Wirkungen

Wenn, wie bei unserem vereinfachten Golf, der Anfangszustand eines Systems dessen Zustand zu jeder *späteren* Zeit festlegt, wollen wir sagen, daß die für dieses Verhalten verantwortlichen Naturgesetze »vorwärts deterministisch« sind. Nun ist der Flug des Balles ganz offensichtlich davon unabhängig, durch wen oder was er in seinen Anfangszustand versetzt wurde. Tatsächlich kann jeder Zustand, den der Ball während seines Fluges annimmt, als Anfangszustand des weiteren Fluges interpretiert werden, so daß jeder herausgegriffene Zustand den weiteren Flug festlegt.

Wir können diese Argumente von unserem vereinfachten Golf auf jede vorwärts deterministische Theorie übertragen: Gehorcht ein System den Naturgesetzen einer vorwärts deterministischen Theorie, legt bereits jeder der Zustände, den es in irgendeinem Zeitpunkt annimmt, sein späteres Verhalten fest. Auf den ersten Blick, aber nicht auf den zweiten, können wir deshalb in vorwärts deterministischen Theorien den Zustand des Systems zu einer Zeit als Ursache, die darauf folgenden Zustände als Wirkung interpretieren, so daß durch das Verhalten des Systems eine Richtung der Zeit definiert werden kann, die sich von der – sozusagen – Gegenrichtung durch objektive Kriterien unterscheidet.

Zum Begriff der Ursache gehört, daß sie der Wirkung zeitlich vorangeht. Wenn also zwei Zustände erkennbar in der Relation Ursache – Wirkung zueinander stehen, ist der Zeitpunkt des Zustandes mit dem Titel Ursache früher als der des anderen namens Wirkung. Aber bei dem vereinfachten Golf sind wir nur dann berechtigt, einem Zustand den Titel Ursache, dem anderen den Titel Wirkung zu verleihen, wenn wir bereits um deren zeitliche Reihenfolge wissen – die wir aber, das sei wiederholt, gerade durch die Titel Ursache und Wirkung zu definieren versuchen. Denn die Naturgesetze für unser vereinfachtes Golf sind nicht nur vorwärts, sondern auch rückwärts deterministisch: Aus dem Zustand, den der Ball in einem Augenblick einnimmt, folgt nicht nur, wie er sich weiterhin verhalten wird, sondern auch, wie er sich bis dahin verhalten hat – wie es also dazu gekommen ist, daß er gerade jenen Zustand in gerade jenem Augenblick besitzt.

Möglicherweise vorwärts, keinesfalls aber rückwärts deterministisch sind Gesetze, die besagen, daß ein System *immer denselben* Endzustand annimmt. Eine Murmel, die in einer Schüssel rollt und nach einer endlichen Zeit in deren Mitte zur Ruhe kommt, ist ein solches System. Wenn wir Lage und Geschwindigkeit der Murmel in einem Augenblick kennen, können wir die weitere Bewegung berechnen. Folglich ist das Gesetz für die Bewegung der Murmel vorwärts deterministisch. Rückwärts deterministisch ist es aber nicht. Denn jeder Ablauf endet mit demselben Endzustand: Die Murmel ruht in der Mitte der Schüssel. Sehen wir sie dort liegen, können wir nicht sagen, wie es dazu gekommen ist – aus dem Zustand der Murmel zu einer Zeit können wir zwar ihre zukünftigen Zustände, aber nicht die vorangegangenen berechnen.

Analoges gilt für die Bewegung einer an einem Fallschirm hängenden Last: Nach einer gewissen Anlaufzeit sinkt der Fallschirm mit konstanter Geschwindigkeit. Die Naturgesetze für unser vereinfachtes Golf sind hingegen vorwärts und rückwärts deterministisch. Mehr noch – einem Film von dem Flug eines Golfballs im luftleeren Raum kann niemand ansehen, ob er vorwärts oder rückwärts abgespielt wird. Das bedeutet, daß für beide Flüge dasselbe Naturgesetz gilt; nur die Anfangsbedingungen sind verschieden. Wenn ich Lage und Geschwindigkeit des Balles in einem Augenblick kenne und wissen will, wie es dazu gekommen ist, daß er diesen Zustand angenommen hat, wähle ich dieselbe Lage zusammen mit der umgekehrten Geschwindigkeit als neue Anfangsbedingung. Genau damit – mit der umgekehrten Geschwindigkeit bei derselben Lage – beginnt auch der rückwärts laufende Film. Der Flug rückwärts, den auch der Film zeigt, kann aus diesen geänderten Anfangsbedingungen bei ungeändertem Gesetz berechnet werden: Der Ort des Balles *vor* einer Sekunde ist mit jenem identisch, den er auf Grund der neuen Anfangsbedingungen und des alten, ungeänderten Gesetzes *nach* einer Sekunde einnehmen wird.

Selbstverständlich können wir den Flug des Balles im Schwerefeld der Erde auf Grund der für ihn geltenden Gesetze nur so lange zurückverfolgen, bis er vor einem Schlägerkopf jäh endet. Aber nichts hindert uns, den Schlag dadurch zu eliminieren, daß wir ihn zeitlich beliebig weit zurückverlegen, so daß sich der Flug des Balles von Ewigkeit zu Ewigkeit erstreckt.

Da die Gesetze unseres vereinfachten Golfspiels vorwärts deterministisch sind, dürfen wir den Zustand des Balles zu einer Zeit als Grund, deshalb aber noch nicht als Ursache, für seine zukünftigen Zustände interpretieren. Genauso können wir ihn aber auch als Grund – natürlich nicht als Ursache – der vorangehenden Zustände ansehen. Denn die Theorie ist auch rückwärts deterministisch. Ist eine Theorie also sowohl vorwärts als auch rückwärts deterministisch, erlaubt sie nur Abläufe, deren Zustände sich gegenseitig bedingen. Eine Richtung der Zeit kann durch diese zeitumkehrsymmetrische Relation offenbar nicht ausgezeichnet werden. Gerade das aber wollten wir durch die Vergabe der Titel *Ursache* und *Wirkung* erreichen.

Luftwiderstand und Zeitumkehrsymmetrie

Auf den Zusammenhang von Ursache, Wirkung und Richtung der Zeit werde ich zurückkommen. Daß in einer sowohl vorwärts als auch rückwärts deterministischen Theorie die Rollen von Ursache und Wirkung vertauscht werden können, bedeutet aber nicht, daß in einer solchen Theorie durch zeitliche Umkehr eines möglichen Ablaufs immer auch ein möglicher Ablauf entsteht. Bei unserem vereinfachten Golfspiel ist das zwar so, aber bereits wenn wir den Widerstand berücksichtigen, den die Luft bei realem Golf dem Flug des Balles entgegensetzt, ist es anders.

Die Luft beeinflußt den Flug des Balles mannigfach. Wir wollen nur den Energieverlust durch Reibung berücksichtigen. Die Gesetze, denen der Flug genügt, bleiben dann vorwärts und rückwärts deterministisch: Lage und Geschwindigkeit des Balles zu irgendeinem Zeitpunkt zwischen Abschlag und Wiederauftreffen auf dem Boden legen den ganzen Flug – vor und nach diesem Zeitpunkt – eindeutig fest. Anders aber als beim Golfspiel im luftleeren Raum gilt im lufterfüllten für die tatsächlichen Flüge ein anderes Gesetz als für jene, die rückwärts laufende Filme zeigen. Um zu berechnen, aus welcher Bewegung ein gewisser Zustand entstanden ist, reichte es beim Flug im luftleeren Raum aus, den Anfangszustand so neu zu wählen, wie es der Transformation der Bewegungsumkehr entspricht – die Lage und der Betrag der Geschwindigkeit bleiben dieselben, nur die Richtung der Geschwindigkeit wird umgekehrt.

Die vorangehende und die nachfolgende Bewegung folgte dann aus demselben Gesetz. Das ist beim Golf im lufterfüllten Raum anders. Denn der Widerstand, den die Luft dem Flug des Balles entgegensetzt, bewirkt, daß er zwischen Abschlag und Wiederauftreffen auf dem Boden Energie verliert: Trifft er wieder auf dem Boden auf, bewegt er sich langsamer als unmittelbar nach dem Abschlag. Ein rückwärts laufender Film würde statt dessen einen Ball zeigen, der sich am Ende schneller bewegt als am Anfang. Beide Bewegungen – die wirkliche und die im rückwärts laufenden Film gezeigte – genügen zwar deterministischen, aber verschiedenen Gesetzen. Weil sie verschieden sind, zeigt der rückwärts laufende Film etwas, das in der Wirklichkeit, in der die wirklichen Naturgesetze gelten, nicht auftreten kann.

Effektive Naturgesetze

Das Gesetz für den Flug eines Balls im lufterfüllten Raum ist zwar kein fundamentales Naturgesetz, aber doch ein Naturgesetz. Wir wollen es ein *effektives* Naturgesetz nennen. Denn es kann aus tiefer liegenden mikroskopischen Gesetzen, die die Natur der Luft berücksichtigen, und den Umständen der makroskopischen Beobachtung des Balls abgeleitet werden. Die tiefer liegenden Gesetze erlauben für sich allein, also ohne Berücksichtigung der Umstände makroskopischer Beobachtungen, keine Unterscheidung zwischen Vergangenheit und Zukunft. Die Frage nach dem Verhältnis der mikroskopischen und der makroskopischen Ebene zueinander hat sich bereits im Prolog gestellt. Ihr ist ein Abschnitt weiter unten in diesem Kapitel und insbesondere das Kapitel 4 gewidmet.

Das effektive Naturgesetz für den Flug des Balles im lufterfüllten Raum erlaubt eine Unterscheidung zwischen »Vergangenheit« und »Zukunft« durch objektive, gesetzesartige Kriterien. Was aber Vergangenheit und was Zukunft ist, sagen diese Kriterien nicht. Ein Besucher aus einer anderen Welt, der unsere Wirklichkeit nicht bereits kennt, würde Filmen vom Flug des Balles nicht ansehen können, ob sie vorwärts oder rückwärts laufen. Die verkehrte Welt könnte die wirkliche sein – von vorneherein ist nicht auszuschließen, daß Bälle bei einem Flug durch die Luft schneller statt langsamer werden. Andererseits – wenn *wir* darüber urteilen, welche Welt die richtige und welche die verkehrte ist, verwenden wir subjektive Kriterien, die aber auf objektiven beruhen.

Ich meine das so: Was rückwärts laufende Filme zeigen, ist zwar für sich allein konsistent, aber nicht im Kontext einer vorwärts laufenden Umwelt. Wir können zwar das eine oder das andere haben, aber nicht beides zusammen. Die objektiven Kriterien für Vergangenheit und Zukunft, auf denen unsere subjektiven beruhen, zeichnen eine Richtung der Zeit vor der anderen aus. Wir mit unseren physiologischen Prozessen sind Teile der physikalischen Welt, die zwischen Vergangenheit und Zukunft durch effektive Naturgesetze zu unterscheiden gestattet. Auch eine *insgesamt* rückwärts ablaufende Welt könnte durch Naturgesetze beschrieben werden. Nicht aber eine, in der die einen Prozesse wie gewohnt, andere aber so abliefen, wie sie ein rückwärts laufender Film zeigt. Die gewohnten Prozesse, die wir nicht ausschalten können, ohne unsere Existenz aufzugeben, sind die in uns ablaufenden physiologischen Prozesse, die unser Verhalten und unser Bewußtsein bestimmen.

Kein Naturgesetz könnte eine Welt erfassen, in der vorwärts und rückwärts ablaufende Prozesse zusammen aufträten. Jeder Versuch, beide gedanklich koexistieren zu lassen, muß scheitern. Der Leser möge es versuchen, zum Beispiel mit einer Explosion beginnen. Der Schornstein fällt um – wie könnte es anders sein? Angenommen nun, es habe sich um einen Schornstein gehandelt, der zuvor Rauch eingesammelt statt ausgestoßen hat – müßte dann nicht das eingesammelte Material bei der Explosion davonfliegen? Das – wir haben ja eine normale Explosion angenommen – ist aber nicht so. Wo also ist das Material geblieben? Ich breche mein Szenario hier ab – jeder Versuch, sich eines für die Koexistenz vorwärts und rückwärts laufender Prozesse auszudenken, muß in Absurditäten enden.

Unser Bewußtsein beruht auf physikalischen und chemischen Prozessen, die in uns ablaufen und denen wir ausgesetzt sind. Diese Prozesse genügen effektiven Naturgesetzen, die eine Entwicklungsrichtung vor der anderen auszeichnen. Deshalb kann die Abhängigkeit des Bewußtseins von physikalischen und chemischen Prozessen unsere Empfindung erklären, daß die Richtung der Entwicklung der Welt so sein muß, wie sie ist. Würden die effektiven Naturgesetze die umgekehrte Entwicklungsrichtung auszeichnen, dann würde es uns, so wie wir sind, sicher nicht geben. Es kann sogar bezweifelt werden, daß intelligentes Leben dann hätte auftreten können. Wir stehen hiermit vor einer möglichen *anthropischen* Erklärung der – wie wir abkürzend sagen wollen – *Richtung der Zeit*: Würden die effektiven Naturgesetze so sein, daß statt der wirklichen Prozesse deren zeitliche Umkehrung aufträte – wir wären nicht hier, um das zur Kenntnis zu nehmen.

Wir suchen aber nicht nach einer anthropischen, sondern einer physikalischen Erklärung dafür, daß die effektiven Naturgesetze gerade die eine statt der anderen Richtung der Zeit auszeichnen. Wir fragen also nach einem tiefer liegenden Grund dafür, daß die effektiven Naturgesetze gerade so sind, wie sie sind. Unsere Suche hatte uns zunächst auf das Begriffspaar Ursache – Wirkung geführt. Das hat versagt, weil in vorwärts und rückwärts deterministischen Theorien zwischen Ursache und Wirkung nicht unterschieden werden kann. Der Unterschied von Ursache und Wirkung hat sich, anders gesagt, zur begrifflichen Erfassung des Unterschiedes von Vergangenheit und Zukunft als ungeeignet erwiesen. Aber wir haben im Prolog zu sehen begonnen, daß der Übergang von Ordnung zu Unordnung mit dem von der Vergangenheit zur Zukunft identifiziert werden kann.

Ordnung, Unordnung und Korrelationen

Wie Ordnung und Unordnung zu definieren seien, ist intuitiv zwar klar, aber auch nur intuitiv. Nehmen wir die Abb. 1 (S. 22) des Prologs. In Abb. 1.1a beginnen die Moleküle, sich über den Kasten zu verteilen. Trotzdem ist in der Abb. 1.1b die Ordnung nicht geringer geworden. Die Moleküle befinden sich zwar nicht mehr in derselben Kastenhälfte, bewegen sich aber alle bevorzugt nach rechts, und auch das ist eine Form der Ordnung – Ordnung der Geschwindigkeiten statt Ordnung der Lagen. In der Abb. 1.1c sind die Moleküle wiederholt voneinander und von den Wänden abgeprallt, so daß laut Intuition jede Ordnung verlorengegangen ist.

Tatsächlich besteht die Ordnung der Abb. 1.1a im verborgenen fort. Denn zumindest in Gedanken können wir die Bewegung der Moleküle anhalten und mit umgekehrter Richtung aller Bewegungen neu starten. Wenn es keine Einflüsse von außen gegeben hat, werden alle Moleküle ihren Weg rückwärts nehmen und sich wieder in der linken Kastenhälfte versammeln. Das zeigt, daß zwischen den Orten und Geschwindigkeiten der Moleküle im Augenblick der Abb. 1.1c Korrelationen bestehen, die verkappt dieselbe Ordnung bedeuten wie die auffälligen Korrelationen der Abb. 1.1a – daß sich nämlich alle Moleküle in derselben Hälfte des Kastens befinden.

Um in einem realen Gas zu sehen, was die Abb. 1 zeigt, müßten wir es etwa um den Faktor zehn Millionen vergrößern. Nun kann die Ordnung der Abb. 1.1a – alle Moleküle befinden sich in der linken Kastenhälfte – bereits ohne die Vergrößerung definiert und beobachtet werden. Aber die aus ihr in der Abb. 1.1c entstandenen Korrelationen sind so subtil und verborgen, daß sie erst bei einem solchen Vergrößerungsfaktor sichtbar zu werden beginnen. Wie genau wir die Orte und Geschwindigkeiten der einzelnen Moleküle kennen müßten, um die verborgenen Korrelationen offenzulegen, die bewirken würden, daß sich das Gas bei Bewegungsumkehr zu dem Zustand der Abb. 1.1a zurückentwickelt, hängt von der Zeit ab, die zwischen den Abbildungen 1.1a und 1.1c vergangen ist: Je länger diese Zeit ist, desto subtiler und verborgener sind die Korrelationen und desto größer ist der Vergrößerungsfaktor, der erforderlich ist, um sie erkennen zu können.

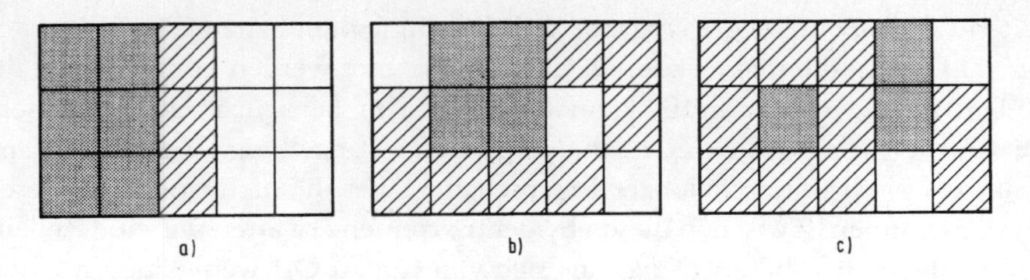

Abb. 8 Die vergröberten Darstellungen der Verteilungen der harten Kugeln in den Abbildungen 1 im Prolog (S. 22) erläutert der Text.

Vergröberungen – I

Vergröberung soll bedeuten, daß verschiedene mikroskopische Zustände zu einem Zustand zusammengefaßt werden. Wie dies getan werden kann, erläutere ich am Beispiel der Abb. 1. In der Abb. 8 wurde zunächst einmal der Kasten der Abb. 1 in fünfzehn gleich große Zellen unterteilt. Dann wurde vereinbart, daß Zellen schwarz eingefärbt werden sollen, in denen sich zwei oder mehr Moleküle befinden; Zellen mit einem Molekül sollen schraffiert und Zellen ohne Molekül weiß gelassen werden. Die Abb. 8 zeigt die Ausbreitung des Gases der Abb. 1.1 über den Kasten in dieser *vergröberten* Darstellung. Sie berücksichtigt nicht mehr, wo sich welches Molekül wann befindet, sondern nur noch, wie viele Moleküle in den einzelnen Zellen enthalten sind.

Statt mit 16 Kugeln haben wir es bei einem wirklichen Gas mit – sagen wir – 10^{23} Molekülen zu tun. Dessen makroskopisch unterscheidbare Eigenschaften können von geeignet gewählten vergröberten Darstellungen seiner Mikrozustände abgelesen werden. Das genau ist das Ziel, das durch die vergröberten Darstellungen erreicht werden soll: Eine Überführung der für makroskopische Zwecke viel zu detaillierten Darstellung der Zustände des Gases à la Abb. 1 in eine, die makroskopisch unterscheidbare Eigenschaften des Gases, und nur diese, wiedergibt. Um das zu erreichen, haben wir in der Abb. 8 die *Zahl der Moleküle pro Zelle* gewählt. Umgerechnet auf eine fest gewählte Volumeneinheit – Flächeneinheit in der Abbildung – heißt diese Zahl auch *Dichte* des Gases. Die Dichte ist offenbar eine Funktion des Ortes. Macht man die Zellen kleiner und kleiner, aber nicht zu klein, darf man erwarten, als Dichte eine Funktion des Ortes zu erhalten, die den gewünschten Aufschluß über makroskopische Eigenschaften des Gases, und nur über diese, gibt. Sind die Zellen sehr klein, schwankt die Dichte von der einen zur anderen zwischen 0, selten 1 und sehr selten 2. Dann enthält die vergröberte Darstellung offenbar zu viele mikroskopische Details, die makroskopisch nicht beobachtet werden können. Sind die Zellen hingegen sehr groß, kann die Dichte in benachbarten Zellen sehr verschieden sein. Ist sie das, ist die vergröberte Darstellung zu grob, da dann makroskopisch unterscheidbare Eigenschaften von ihr nicht mehr abgelesen werden können. Zwischen diesen beiden Extremen erwarten wir eine Zellengröße, die es erlaubt, als *Dichte* eine sich von Ort zu Ort wenig ändernde stetige Funktion zu definieren, die ausdrückt, was die Zählungen ergeben haben.

Offenbar müssen Vergröberungen, um auf gesetzesartige Aussagen führen zu können, die Geschwindigkeiten der Moleküle einbeziehen. Hierauf gehe ich an dieser Stelle nicht ein. Die subtilen Korrelationen der Orte und Geschwindigkeiten der Moleküle in Abb. 1.1c wird aber jede Vergröberung eliminieren. Denn auf verschiedene Weise oder auch überhaupt nicht korrelierte Orte und Geschwindigkeiten von Molekülen ergeben durch Vergröberung denselben makroskopischen Zustand. Damit geht aber auch die Beziehung des Zustands der Abb. 1c zu dem Anfangszustand in Abb. 1.1a, aus dem er entstanden ist, verloren. Denn die Korrelationen sind dieselbe Sache wie diese Beziehungen – beide bedeuten, daß Umkehr der Richtungen aller Bewegungen im Augenblick der Abb. 1.1c wieder auf den Zustand der Abb. 1.1a führt.

Im Einklang mit den effektiven Gesetzen, die für den Flug des Golfballs im lufterfüllten Raum gelten, können wir also nicht erwarten, daß die Zeitumkehr eine Symmetrietransformation makroskopischer Gesetze für makroskopische Zustände ist. Denn mikroskopisch ist sie eine Symmetrietransformation auf Grund der Korrelationen, die im Laufe der Zeit zwar immer subtiler und verborgener werden, aber niemals verlorengehen – vorausgesetzt selbstverständlich, daß das System nicht von außen gestört wird. Ludwig Boltzmann hat als erster erkannt, daß die mikroskopischen Gesetze für die Moleküle eines Gases auf makroskopische Gesetze für vergröberte Darstellungen führen, die wiedergeben, was makroskopisch beobachtet wird. Diese Gesetze gelten zwar nicht für alle Einzelfälle, die in demselben makroskopischen Zustand – dem Resultat einer Vergröberung – subsumiert sind, aber für die allermeisten. Wir können sagen, daß wegen der großen Anzahl von Molekülen in jedem makroskopischen Gasvolumen in Weltaltern nie ein mikroskopischer Zustand auftreten wird, der auf etwas führte, das den makroskopischen Gesetzen widerspricht.

Die makroskopischen Gesetze folgen in keinem strengen Sinn aus den mikroskopischen, sondern sind Resultat eines Mittelungsprozesses, der allzu unwahrscheinliche Sonderfälle nicht berücksichtigt. Ein besonderes Merkmal der makroskopischen Gesetze ist ihre strikte zeitliche Unumkehrbarkeit – außer wenn sie auf spezielle Zustände angewendet werden. Hiervon weiter unten. Die makroskopischen Gestze lassen nicht zu, daß sich ein über ein Gefäß verteiltes Gas in einer seiner Hälften zusammenzieht: Nach Aussage der makroskopischen Gesetze ist das nicht nur unwahrscheinlich, sondern im Wortsinn ausgeschlossen – im Gegensatz zu den mikroskopischen Gesetzen, auf denen die makroskopischen beruhen. Boltzmann ist von seinen Zeitgenossen zum Vorwurf gemacht worden, daß er den Eindruck erweckt habe, er könne die makroskopischen Gesetze aus den mikroskopischen ableiten. Das konnte er nicht, weil es unmöglich ist. Tatsächlich haben er und seine Nachfolger die zeitliche Unumkehrbarkeit an mehr oder weniger versteckten Stellen in ihre vermeintlichen Ableitungen maroskopischer Gesetze hineingesteckt.

Raum und Phasenraum

Boltzmanns berühmt-berüchtigte Annahme, durch die er die zeitliche Umkehrbarkeit ausgeschlossen hat, heißt *Stoßzahlansatz*. Auf ihn gehe ich, da seine Erläuterung einigen technischen Aufwand erfordert, nicht ein. Ich muß mich aber zu einem Versäumnis bekennen, dessen sich bereits der berühmte französische Mathematiker Pierre S. Laplace mit seinem berühmtesten Satz in dem 1814 publizierten Buch *Essai philosophique sur les probabilités* schuldig gemacht hat – und das ist doch wohl Entschuldigung genug! Zunächst Laplace: *Ein Verstand, der in einem gegebenen Augenblick aller Kräfte, durch die die Natur belebt ist, und der einzelnen Orte der Wesenheiten, aus denen sie besteht, inne wäre, und dessen Einsicht umfassend genug wäre, um diese Tatsachen einer Analyse zu unterwerfen, ein solcher Verstand könnte mit einer einzigen Gleichung die Bewegung der größten Körper im Weltall und der leichtesten Atome umfassen. Nichts wäre für ihn ungewiß; die Zukunft und die Vergangenheit ständen mit gleicher Deutlichkeit vor seinem Auge.* Hier ist das Versäumnis: Mit keiner Silbe geht Laplace bei seinen Voraussetzungen auf die Geschwindigkeiten der *Wesenheiten* ein; nur auf ihre Orte. Aber die Orte in »einem gegebenen Augenblick« reichen für die Vorhersage nicht aus; die Geschwindigkeiten müssen hinzukommen. Das zeigt schon ein einfaches Pendel: Es kann senkrecht herunterhängen oder durch diese Lage hindurchschwingen. Davon hängt aber ab, wie es sich weiter verhalten wird.

Genauso kann der makroskopische Zustand eines Gases nicht allein durch die Vergröberung der Orte der Moleküle beschrieben werden, sondern muß die Vergröberung der Geschwindigkeiten einbeziehen – schlußendlich als Geschwindigkeit, mit der sich die Dichtefunktion ändert. Mein Versäumnis ist und bleibt, darauf zwar in dürren Sätzen hinzuweisen, die gleichzeitige Vergröberung von Geschwindigkeiten und Orten aber nicht im Detail auszuführen. Orte und Geschwindigkeiten gehören nämlich zusammen – die Vergröberung muß auf beide zugleich angewandt werden. »Phasenraum« heißt der Raum, der Orte und Geschwindigkeiten von Teilchen zusammenfaßt.

Es war nicht zu erwarten, daß sich das effektive Naturgesetz für die Bewegung des Golfballs im lufterfüllten Raum als zeitumkehrsymmetrisch erweisen werde. Denn es beruht auf einem Prozeß der Vergröberung, angewendet auf die Moleküle der Luft. Damit Bewegungsumkehr einen Ablauf rückgängig macht, müssen die Richtungen der Bewegungen *aller* beteiligten Teilchen umgekehrt werden – also auch der Moleküle der Luft, nicht nur des Golfballs. Das aber ist eine Forderung, der auf makroskopischem Niveau nachzukommen unmöglich ist.

Fundamentale und irdische Physik

Die Idee, daß es fundamentale Naturgesetze gibt, kann wie so vieles in unserem abendländischen Denken auf die griechischen Philosophen vor Sokrates zurückgeführt werden. Einige ihrer Ansätze habe ich im vorigen Kapitel beschrieben. Experimentell überprüfbare Konkretisierungen dieser Idee hat es aber bis Galileo Galilei, der um 1600, also etwa zweitausend Jahre später wirkte, nur wenige gegeben. Zu nennen ist neben der Astronomie, die seit den Griechen über Ptolemäus und Kopernikus bis Kepler mit wachsendem Erfolg betrieben wurde, vor allem die Vorstellung des *horror vacui* – einer *Abscheu der Natur vor dem Leeren*. Dieses vermeintliche, tatsächlich aber falsche Naturgesetz hatte innerhalb der experimentellen Möglichkeiten der Naturforscher bis zur Zeit Galileis nahezu dieselben Konsequenzen wie das richtige Gesetz vom Luftdruck auf der Erdoberfläche. Aber dieses Gesetz, das zum Beispiel erklärt, warum die Milch im Trinkhalm nach oben steigt, gilt nur auf der Erdoberfläche. Aus fundamentaleren Naturgesetzen folgt es nur, wenn wir unsere spezielle Stellung im Universum zusätzlich berücksichtigen – daß wir nämlich *untergetaucht am Boden des Luftmeeres leben*.

Wo fängt das an, und wo hört es auf? Hier und jetzt im Universum gelten Naturgesetze, die intelligentes Leben erlauben; wäre es anders, wir wären nicht hier. Könnte es da nicht sein, daß Naturgesetze, die wir für fundamental halten, zwar hier und jetzt regieren, aber nicht allgemein? Wie die Gesetze des vereinfachten Golfs und die Pendelgesetze nur auf der Oberfläche eines Planeten gelten, der auch die Entstehung von intelligentem Leben erlaubt? Auf den Status von Naturgesetzen, die wir deshalb erkennen können, weil sie in unserer räumlichen und zeitlichen kosmischen Nachbarschaft gelten, vielleicht sogar gelten müssen, damit es uns geben kann, komme ich im Epilog zurück.

Planetarische Physik

Die Naturgesetze der heutigen Physik, die wir für fundamental halten, sind zeitliche Wenn-dann-Sätze, die aber keine Richtung der Zeit vor der anderen auszeichnen. Das jedenfalls, wenn wir eine winzig kleine Verletzung dieser Zeitumkehrsymmetrie in dem Bereich der Elementarteilchenphysik vorerst – bis Kapitel 5 – unbeachtet lassen. Die Idee, daß es Naturgesetze geben könne, die Abläufe durch einzelne Zustände, vergangene oder zukünftige, festlegen, hat Newton als erster gehabt. Auf ihr beruht seine Mechanik, die es ermöglicht, das Verhalten der Planeten und der Sonne aus ihrem Zustand zu einem gegebenen Zeitpunkt zu berechnen. Ptolemäus, Kopernikus, Kepler und Galilei sahen in den Himmeln vor allem die geometrischen Figuren der Bahnen der Planeten. Darauf, daß es ausreichen könne, das Planetensystem zu einer Zeit wie eine Uhr zu stellen, um sein Verhalten für alle Zeiten festzulegen, ist vor Newton niemand gekommen. Mit dieser Idee hat Newton die Zerlegung der Welt in die Bereiche *Anfangsbedingungen* und *Naturgesetze* eingeführt. Eugene P. Wigner hält das für Newtons größte Leistung.

Seit Newton wissen wir, daß jeder Planet sich nahezu so verhält, als gebe es nur ihn und die Sonne im Universum. Wir wissen auch, warum das so ist – auf Grund der Massen der Sonne und der Planeten sowie ihrer Entfernungen voneinander. Die kleinste physikalische Einheit, durch die wir das Planetensystem verstehen, ist deshalb das System aus nur einem Planeten und der Sonne. Genauer sollte ich sagen, daß wir auf Grund der Gesetze Newtons verstehen, welche Bahnen – Ellipsenbahnen mit der Sonne in einem Brennpunkt – Planeten durchlaufen *können*. Darüber, auf welchen der möglichen Bahnen tatsächlich Planeten die Sonne umlaufen, machen Newtons Gesetze keine Aussage.

Auch über die Massen der Sonne und der Planeten sagen sie nichts. Noch Kepler dachte, das Planetensystem nur als ganzes verstehen zu können – alles hinge von allem ab. Die Beobachtungen, die Kepler zur Grundlage seines Verständnisses auch der Bewegungen einzelner Planeten machen wollte, verstehen wir bis heute nicht – darunter die Anzahl der Planeten und die Verhältnisse der

Radien der Bahnen, die sie durchlaufen. Die Chaos-Forschung versteht zwar manche Aspekte dieser Beobachtungen im Rahmen der Mechanik Newtons, insgesamt aber müssen wir für die Zahl der Planeten und die Radien ihrer Bahnen Zufälle bei der Bildung des Sonnensystems verantwortlich machen.

Eine spektakuläre Besonderheit des Planetensystems ist, daß sich alle Planeten in nahezu derselben Ebene und, hierauf kommt es mir jetzt besonders an, in dieselbe Richtung um die Sonne bewegen. Das weist darauf hin, daß das ganze System aus einer einzigen rotierenden Massewolke entstanden ist. Sie hätte auch andersherum rotieren können, dann würden sich die Planeten andersherum um die Sonne bewegen, alle aber immer noch in dieselbe, wenn auch die andere Richtung. Von unserem heutigen Wissensstand aus gesehen ist die eine Bewegungsform genauso verständlich wie es die andere wäre. Angenommen nun aber, von allen Planeten würde nur die Erde die Sonne in der Gegenrichtung umlaufen – könnten wir auch das verstehen? In Gedanken und à la Newton können wir das Planetensystem aus beliebigen Einzelsystemen, bestehend aus nur einem Planeten im Schwerefeld der Sonne, aufbauen. Zumindest wenn wir dafür sorgen, daß die Planeten sich nur unmerklich gegenseitig beeinflussen. Im Einzelsystem aus Erde und Sonne kann die Erde laut der Newtonschen Gesetze die Sonne auf derselben Bahn in die eine wie in die andere Richtung umlaufen. Schwer zu verstehen wäre aber, wie ein solches System aus Planeten, die die Sonne nicht gleichsinnig umlaufen, hätte *entstehen* können.

Die Trennung von Anfangsbedingungen und Naturgesetzen, die uns so klar vor Augen gestanden hat, beginnt bei der Anwendung auf das Planetensystem und dann das Universum insgesamt zu verschwimmen. Mehr hiervon im Epilog. Beim Golfspiel im luftleeren Raum durchmißt der Ball stets eine Parabel. Das sagen die Naturgesetze für seinen Flug. Welche Parabel das aber ist, legen erst die Anfangsbedingungen fest – die Position des Balles und seine Geschwindigkeit unmittelbar nach dem Abschlag.

Programme und Naturgesetze

Das Naturgesetz für den Flug des Balles im luftleeren Raum auf der Oberfläche der Erde ist kein fundamentales Naturgesetz. Doch es kann ohne Änderung seiner Konsequenzen auf Newtons fundamentale Naturgesetze von der Bewegung einer kleinen Masse – des Balles –, die von einer großen – der Erde – angezogen wird, zurückgeführt werden. Daß es aber Naturgesetze im Sinne Newtons gibt, ist überhaupt nicht selbstverständlich. Woher »weiß« ein Planet, wie er sich bewegen, und »weiß« eine Uhr, wie sie gehen soll? Gewiß, das ist laut Einsteins Allgemeiner Relativitätstheorie durch die Geometrie von Raum und Zeit festgelegt. Aber woher kommen die Gesetze der Geometrie? Manche denken, das Universum sei ein gigantischer Computer, der seine zukünftigen Zustände aus dem gegenwärtigen Zustand berechnet. Aber woher kommt dann das Programm? Und kann es wirklich stimmen, daß die Information der physikalischen Realität logisch vorangeht?

Wenn wir von aller Bedeutung absehen, konfrontiert uns die Natur mit einem gewaltigen Datenhaufen, den wir schlußendlich durch eine Folge von zwei Symbolen – üblicherweise 0 und 1 – darstellen können. Die Abb. 9 zeigt am Beispiel eines Pendels, wie Daten, die uns die Natur liefert, in eine Folge dieser Symbole umgewandelt werden können. Durch Verkleinerung der Intervalle und Verkürzung der Zeiten zwischen den Einzelbildern können wir jede gewünschte Genauigkeit erreichen. Alles, was wir überhaupt wissen können, kann durch diese Methode in eine Monsterfolge von Nullen und Einsen überführt werden.

Komprimierbarkeit

Wer will was Lebendigs erkennen und beschreiben,
Sucht erst den Geist heraus zu treiben,
Dann hat er die Teile in seiner Hand,
Fehlt leider! nur das geistige Band

belehrt Mephistopheles in Goethes *Faust* den verdutzten Schüler, der ihn *nicht eben ganz verstehen* kann. Das *geistige Band* einer Folge von Nullen und Einsen heißt *Komprimierbarkeit*: Wenn das digitalisierte Geschehen einem Naturgesetz genügt, kann es aus Anfangsbedingungen und dem Gesetz abgeleitet werden. Dann bilden die Nullen und Einsen eine Folge, die durch ein Programm berechnet werden kann, das kürzer ist als die Folge selbst. Das genau ist die Definition der Komprimierbarkeit einer Folge von Nullen und Einsen: Es gibt ein Programm, das kürzer ist als die Folge selbst und sie erzeugt. Um die Definition eindeutig zu machen, müssen technische Details, die hier aber nicht interessieren, hinzugenommen werden.

Eine Folge von Nullen und Einsen besitzt genau dann ein Bildungsgesetz, wenn sie komprimierbar ist. Stellt die Folge experimentelle Daten dar, bedeutet Komprimierbarkeit also, daß die Daten einem Naturgesetz genügen. Das erste Naturgesetz, dem die Schwingung eines Pendels ohne Reibung genügt,

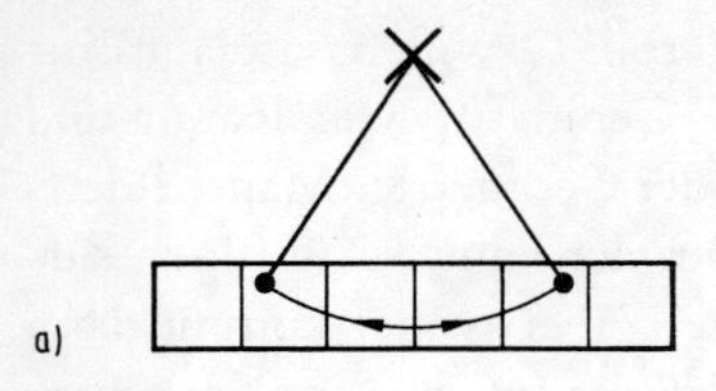

a)

0	1	0	0	0	0	1. Sekunde
0	1	0	0	0	0	2. Sekunde
0	1	0	0	0	0	•
0	1	0	0	0	0	•
0	0	1	0	0	0	•
0	0	1	0	0	0	•
0	0	0	1	0	0	•
0	0	0	1	0	0	•
0	0	0	0	1	0	•
0	0	0	0	1	0	•
0	0	0	0	1	0	11. Sekunde
0	0	0	0	1	0	12. Sekunde

b)

Abb. 9 Die Abb. a zeigt ein Pendel, das zwischen den beiden größten Auslenkungen hin- und herschwingt. Um die Bewegung durch eine Folge von Symbolen darstellen zu können, haben wir die Bahn der Pendelmasse in Intervalle unterteilt. In Zellen, die wir den Intervallen zugeordnet haben, zeigen die Symbole 0 und 1 an, in welchem Intervall sich die Pendelmasse gerade befindet. Die Abb. b stellt eine Pendelschwingung von links nach rechts in Einzelbildern dar, die in Abständen von einer Sekunde aufgenommen wurden.

ist seine Periodizität. Schwingt das Pendel der Abb. 9 also von Ewigkeit zu Ewigkeit, erzeugt es eine unendliche Folge von Nullen und Einsen, die aus einer endlichen Folge zusammen mit der Vorschrift erzeugt werden kann, die endliche Folge wieder und wieder auszudrucken. Aber auch die einzelne Folge genügt einem einfach anzuschreibenden Naturgesetz und kann durch ein Programm erzeugt werden, das kürzer ist als die Folge selbst. Das insbesondere bei so hohen Ansprüchen an die Genauigkeit, daß auch diese Folge unendlich lang sein muß: Immer noch kann sie durch ein endliches Programm generiert werden.

Eine nach beiden Seiten unendliche Folge von Zahlen, die durch ein endliches Programm erzeugt werden kann, ist

... 0011001100110011 00 ...

Erst ihr offensichtliches Bildungsgesetz ermöglicht es uns, die Folge nach beiden Seiten fortzusetzen. Am anderen Ende der Skala stehen Folgen von echten – erwürfelten – Zufallszahlen. Sie können durch kein Programm erzeugt werden, das kürzer wäre als eine Liste der Zahlen selbst. Das zeigt natürlich sofort, daß die von einem Rechner erzeugten »Zufallszahlen« tatsächlich keine echten Zufallszahlen sind – sie entstehen ja durch ein Programm, das der Rechner abarbeitet.

Der Leser könnte nun denken, die Aufgabe, die Naturgesetze zu entdecken, zu der wir bisher einen Newton, Bohr oder Einstein gebraucht haben, könnte nach erfolgreicher Umwandlung der Daten in eine Folge von Nullen und Einsen durch einen Computer erledigt werden. Dazu müßte ja nur ein Programm geschrieben werden, das beliebig vorgelegte Folgen so weit wie überhaupt möglich komprimiert. Das Programm würde das kürzeste Programm ausdrucken, das die Folge liefert. Deren Rückübersetzung in die Sprache der Physik würde es erlauben, das Programm als Naturgesetz zu interpretieren.

Gödel auch hier!

Es ist unmöglich, ein Programm zu schreiben, das das leistet. Das ist eine der zahlreichen Formen, in denen das berühmte *Gödelsche Theorem* ausgesprochen werden kann. Ich will es hierbei belassen. Wie aber steht es um die Interpretation physikalischer Theorien, die als Theoreme über Folgen von Nullen und Einsen ausgesprochen werden? Äquivalente Formulierungen desselben physikalischen Sachverhalts können ganz verschiedene metaphysische Interpretationen besitzen – oder, wie das Beispiel der Nullen und Einsen zu zeigen scheint, überhaupt keine.

Nehmen wir einen Flug des Golfballs im luftleeren Raum als Beispiel. Da ihn die Anfangsbedingungen festlegen, können wir sagen, daß sein Flug eine Ursache – eben die Anfangsbedingungen – besitzt. Dann jedenfalls, wenn die »Richtung der Zeit« aus anderer Quelle bekannt ist. Aber in der vorwärts und rückwärts deterministischen Theorie legen auch Endbedingungen den Flug fest, so daß wir statt von seiner Ursache genausogut von seinem Ziel oder Zweck sprechen können. Nun ist zu der newtonschen Formulierung der Mechanik des Golfballs im luftleeren Raum eine von dem großen irischen Physiker und Mathematiker des vorigen Jahrhunderts William Rowan Hamilton stammende Formulierung äquivalent, die zwei vorgegebene Punkte im Raum – also keine Geschwindigkeit – zur Festlegung der Flugbahn verwendet. Diese beiden Punkte sind der Anfangs- und der Endpunkt der Bahn. Der Ball fliegt laut dieser Formulierung so von dem einen Punkt zum anderen, daß eine gewisse Größe namens *S*, die durch die Bahn insgesamt festgelegt wird, so klein ist wie möglich. Diese Forderung ergibt abermals denselben Flug des Balles. Ursache oder Ziel kennt sie nicht, suggeriert aber eine teleologische Interpretation von Naturgesetzen: Die Größe *S*, die übrigens auch *Wirkung* heißt, aber mit der Wirkung aus »Ursache und Wirkung« nichts gemein hat, wäre danach ein so kostbares Gut, daß die Natur dessen Verschwendung verabscheut.

Formulierungen, Interpretationen und Verständnis

Wie auch immer – die Physik ist dreimal dieselbe, die metaphysischen Interpretationen aber sind denkbar verschieden. Nun kommt eine Formulierung der Mechanik in Gestalt eines Computerprogramms hinzu, das Folgen von Nullen und Einsen komprimiert und augenscheinlich überhaupt keine metaphysische Interpretation zuläßt. Ich weiß nicht, was soll es bedeuten.

Warum es Naturgesetze gibt, weiß niemand überzeugend zu sagen. Couragierte Informatiker interpretieren das Universum als Hardware, auf der das Programm Naturgesetze abläuft. Wenn das so ist, können Theoreme der mathematischen Logik auf die Naturgesetze selbst übertragen werden; für deren Formulierungen gelten sie sowieso. Hier ist alles im Fluß. Aber woher das Programm »Naturgesetze« kommen könnte, bleibt unbekannt. Wie viele andere tiefliegende Fragen hat Albert Einstein auch die nach dem Ursprung der Naturgesetze und unserer Fähigkeit, sie zu entdecken, in einem unübertrefflich klaren Satz zusammengefaßt: *Das wirklich unverständliche an der Natur ist, daß sie verstanden werden kann.*

3. Zeit als Parameter

Die absolute, wahre und mathematische Zeit verfließt an sich und vermöge ihrer Natur gleichförmig und ohne Beziehung auf irgendeinen äußeren Gegenstand, formuliert Isaac Newton in seinen *Principia* – nachdem er konstatiert hat, *Zeit ..., als allen bekannt, definiere ich nicht.*

Hiermit, mit der Unterstellung, die Zeit der Physik könne aus der allen bekannten subjektiven Zeit gewonnen werden, initiierte Newton einen Konflikt, der noch heute fortwirkt. Die von jedermann erfahrene Zeit ist geprägt durch Entwicklung und Zerfall, Vergangenheit, Gegenwart und Zukunft – Erfahrungen also, die in der Physik Newtons nicht vorkommen und innerhalb ihrer bis heute nicht einvernehmlich definiert werden können.

Tatsächlich fordert Newton, *Zeit, Raum, Ort und Bewegung* im Sinne seiner Physik nicht direkt und ohne Einschränkung mit den Größen zu identifizieren, die man *nicht anders als in Bezug auf die Sinne auffaßt, so daß gewisse Vorurtheile entstehen, zu deren Aufhebung man sie passend in absolute und relative, wahre und scheinbare, mathematische und gewöhnliche unterscheidet.* Die *absolute, wahre und mathematische Zeit* seiner Physik kann, so Newton, auch als *Dauer* gekennzeichnet werden. *Die relative, scheinbare und gewöhnliche Zeit ist* ihr gegenüber nur *ein fühlbares und äußerliches, entweder genaues oder ungleiches, Maß der Dauer, dessen man sich gewöhnlich statt der wahren Zeit bedient, wie Stunde, Tag, Monat, Jahr.*

Newtons Absolute Zeit

Die *Vorurtheile*, von denen Newton hier spricht, sind die von Aristoteles und Descartes, für die es ohne Dinge und deren Bewegung keine Zeit geben kann. Demgegenüber konstatiert Newton, daß es eine Zeit gibt, die von den Dingen unabhängig abläuft. Sie gäbe es auch dann, wenn sie unbeobachtbar wäre. In

Newtons Universum können zahlreiche Systeme als Uhren dienen. Das einfachste von ihnen ist ein Körper, auf den keine Kräfte wirken. Er bewegt sich nämlich laut Newton mit konstanter Geschwindigkeit geradeaus, so daß die Strecke, die er zurücklegt, ein Maß für die Wahre Zeit ist.

Aber gibt es im real existierenden Universum Körper, auf die keine Kräfte wirken? Das ist unbekannt, so daß es möglich ist, *daß keine gleichförmige Bewegung existiere, durch welche die Zeit genau gemessen werden kann, alle Bewegungen können beschleunigt oder verzögert werden; allein der Verlauf der absoluten Zeit kann nicht geändert werden. Dieselbe Dauer und dasselbe Verharren findet für die Existenz aller Dinge statt, mögen die Bewegungen geschwind, langsam oder Null sein. Daher sollte diese Dauer von ihren durch die Sinne wahrnehmbaren Maßen unterschieden werden.*

Wenn es nun wirklich kein System gibt, von dem die Wahre Zeit Newtons abgelesen werden kann – ist sie dann und dadurch ein metaphysischer Begriff, der aus seiner Physik nicht nur eliminiert werden kann, sondern sogar muß? Das war der Standpunkt einer Geisteshaltung, die unter dem Namen Positivismus bekannt geworden ist und die sich in dieser Frage auf die Analyse physikalischer Begriffe durch den österreichischen Physiker Ernst Mach (1838-1916) stützen konnte. In seiner zuerst 1883 erschienenen *Mechanik* schreibt Mach, den viele als Namengeber einer Geschwindigkeitseinheit kennen, daß die Frage, ob eine Bewegung an sich gleichförmig sei, gar keinen Sinn habe. *Ebensowenig können wir von einer »absoluten Zeit« (unabhängig von jeder Veränderung) sprechen. Diese absolute Zeit kann an gar keiner Bewegung abgemessen werden, sie hat also auch gar keinen praktischen und auch keinen wissenschaftlichen Wert, niemand ist berechtigt zu sagen, daß er von derselben etwas wisse, sie ist ein müßiger »metaphysischer« Begriff.*

Einzelbegriffe und Systeme

Hiermit setzt sich Ernst Mach einem Vorwurf aus, der Journalisten gelegentlich von Politikern gemacht wird – daß sie nämlich eine Äußerung aus dem »Zusammenhang gerissen« hätten. Der Zusammenhang, in dem Newtons Absolute Zeit steht, ist das – modern gesagt – Axiomensystem seiner Physik; in ihm macht sie durchaus und sehr wohl Sinn; außerhalb seiner möglicherweise keinen.

Ich muß ausholen, um das zu erläutern. Von der Physik als Erfahrungswissenschaft ist gefordert worden, sie müsse ihre Begriffe und Größen aus der Erfahrung entwickeln. Beginnend mit der Erfahrung, müsse sie explizit definieren, was unter Zeit, Raum, Kraft und so weiter zu verstehen sei. Ist das bei einem Begriff unmöglich, hat er in der Physik keinen Platz.

Mit der Absicht, Newtons Absolute Zeit aus der Physik zu verweisen, hat Ernst Mach zu zeigen unternommen, daß sie aus der Erfahrung allein nicht definiert werden kann. Denn was ist Zeit, wenn wir nicht wissen, was Kraft ist; und was ist Kraft ohne Kenntnis der Zeit? Wenn wir wissen, welche Kräfte auf einen Himmelskörper einwirken, können wir von seiner Bewegung und den Gleichungen Newtons die Absolute Zeit ablesen. Wenn wir – andersherum – die Absolute Zeit kennen, gibt uns die Bewegung des Himmelskörpers Auskunft über die auf ihn einwirkenden Kräfte. Auf die Zeit allein können wir uns also bei dem Versuch, sie zu definieren, nicht beschränken. Wenn wir aber die Kräfte hinzunehmen, können wir, wenn wir sonst nichts wissen, höchstens hoffen, die Zeit aus der Kraft und die Kraft aus der Zeit zu definieren – was nichts weiter bedeutet, als daß wir nur etwas über das Verhältnis erfahren, in dem sie zueinander stehen.

Wo fängt das an, und wo hört es auf? Nebenbei habe ich bemerkt, daß wir selbstverständlich die Gleichungen Newtons brauchen, um überhaupt über Bewegungen eine Beziehung zwischen der Absoluten Zeit und den Kräften herzustellen. Da ist es nur konsequent, den ganzen Weg zu gehen und keinem Einzelbegriff einer Theorie eine von ihr insgesamt unabhängige Bedeutung zuzusprechen. Wie ein Axiomensystem der Mathematik die Objekte, die ihm genügen, implizit definiert, so auch eine physikalische Theorie. Sie ist als ganze anzuwenden, zu interpretieren und zu überprüfen. Es mag gelingen, aus einer umfassenderen Theorie eine Subtheorie auszusondern und dieses Verfahren auf sie allein anzuwenden. Aber das Verfahren ist immer dasselbe.

Die Auffassung physikalischer Theorien, die zu schildern ich mich anschicke, ist erst in diesem Jahrhundert entstanden – dann jedenfalls, wenn wir von Fausts schmerzlich empfundener Erkenntnis *Und sehe, daß wir nichts wissen können* absehen. Grundlage und Zusammenfassung ist die Äußerung *Wir wissen nicht, sondern wir raten* eines der Väter der modernen Auffassung, Karl Popper. Mit diesem Satz entfällt eine ganze philosophische und erkenntnistheoretische Richtung, die es sich zur Aufgabe gemacht hat zu erklären, wie sichere Erkenntnis möglich ist.

Denn sichere Erkenntnis ist unmöglich. Induktion, der Schluß von der Vergangenheit auf die Zukunft, kann keine Sicherheit bringen. Daß die Sonne bisher jeden Tag auf- und wieder untergegangen ist, läßt es zwar als sehr wahrscheinlich erscheinen, daß sie sich auch morgen so verhalten wird. Aber sicher ist das nicht. Wenn wir den Auf- und Untergang der Sonne nicht in eine tiefer liegende Theorie vom Sonnensystem und dessen Gesetzen einbetten, spricht für die Theorie, daß die Sonne jeden Tag auf- und untergehen wird, immer noch die Tatsache, daß sie genau das bisher getan hat. Mehr aber nicht. Die Theorie vom Auf- und Untergang der Sonne könnte also jeden Tag widerlegt werden; für sie spricht, und ihre Gültigkeit begründet, daß sie bisher nicht widerlegt worden ist.

Falsifizierbarkeit

Wir wissen nicht, sondern wir raten – Theorien von der Wirklichkeit können, anders gesagt, widerlegt, aber nicht bewiesen werden. Einem kleinen logischen Einwand ist hier zu begegnen: Existenzsätze vom Typ »*Es gibt* einen lila Raben« oder »*Es gibt* einen Magnetischen Monopol« können bewiesen, aber nicht widerlegt werden. Hat einer einen lila Raben oder einen Magnetischen Monopol nachgewiesen, hat er bewiesen, daß es einen gibt. Hat er keinen gefunden, kann das auch daran liegen, daß er kein Glück gehabt oder nicht hinreichend genau gesucht hat.

Aber die Existenz von irgend etwas kann niemals Beweis einer Theorie sein, die den Namen verdient. Theorien der naturwissenschaftlichen Wirklichkeit enthalten stets Aussagen, die mit »Zu allen Zeiten« oder »Überall« beginnen – All-Sätze also, die aus logischen Gründen bei unendlich vielen Zeiten und/oder Orten nicht bewiesen, wohl aber widerlegt werden können. Wenn nur einmal die Sonne nicht auf- und unterginge, würde das zur Widerlegung der Theorie, daß sie das immer tut, ausreichen.

Falsifizierbarkeit ist also das Schlagwort, das wissenschaftliche Theorien der Wirklichkeit von leerem Wortgeklingel unterscheidet. Nicht aber – und das ist ein Rückzug von den bis in unser Jahrhundert hinein vorherrschenden wissenschaftstheoretischen Ideen – Verifizierbarkeit. Macht eine Theorie Aussagen über alle zukünftigen Zeiten, kann sie offensichtlich nicht bewiesen werden. Verifikation wäre dann eine Daueraufgabe, die niemals abgeschlossen werden kann.

Wenn wir aber sicher wären, daß die Welt kausal ist, könnten wir gesetzesartige Zusammenhänge für alle Zeiten nicht nur erraten und widerlegbar machen, sondern sogar beweisen. Solch ein Beweis wäre zwar nur ein eingeschränkt-naturwissenschaftlicher, aber immerhin. Er geht so: Wenn wir einmal A als Ursache von B identifizieren konnten, wird immer, wenn A auftritt, B folgen.

Nun besitzt »folgen« einen Doppelsinn. Erstens bezeichnet es eine logische Relation – die von Prämisse und Folgerung – und zweitens eine zeitliche. Als logische Relation ist »folgen« unproblematisch – insofern jedenfalls, als unser

Thema, die Zeit und die Naturgesetze, betroffen ist. Denn wir beschäftigen uns nicht mit der Frage, welche logischen Schlüsse sicher und welche weniger sicher sind. Kausal-zeitliche Zusammenhänge sind aber nicht bereits aus logischen Gründen wahr, sondern, wenn überhaupt, auf Grund von Naturgesetzen. Ihrer aber können wir, wie jedes Naturgesetzes, niemals sicher sein – *wir wissen nicht, sondern wir raten.*

Das ist der eigentliche Knackpunkt: Es kann kein faktisches Wissen über die Welt geben, dessen wir uns bereits aus logischen Gründen sicher sein können. Die Logik trägt uns von einem Satz ihres Systems zu dem nächsten – nichts weiter. Sie selbst interessiert hier nicht – wir wollen sie skeptisch anerkennen, wie Albert Einstein es tut, wenn er von ihr als einer *Methode* spricht, *deren Berechtigung wir uns anzuerkennen genötigt fühlen.*

Gödel abermals

Die Logik also den Logikern. Deren eigene Verunsicherung hat mit der Frage der Sophisten begonnen, wer den Barbier rasiert, der alle rasiert außer jenen, die sich selbst rasieren? Und wie kann jemand den Mund auftun und sagen, »Ich lüge«? Denn wenn er lügt, sagt er die Wahrheit, lügt also nicht. Diese nur scheinbaren Paradoxien sind überraschend weitreichend und haben eine Revolution der Logik eingeleitet, die zu Gödel, seinen Theoremen und darüber hinaus geführt hat.

Für uns ist nur wichtig, daß wir nicht hoffen dürfen, daß dieses Rückzugsgefecht etwas ergeben wird, das es der Logik ermöglicht, sichere Erkenntnisse über die reale Welt abzuleiten, die sie bisher nicht ableiten konnte. Aber wie ist es mit den neueren Theoremen der Logik, die konstatieren, daß keine Maschine gebaut werden kann, die dieses oder jenes leistet – zum Beispiel entscheidet, ob ein beliebig vorgegebener, in der Sprache eines hinreichend komplizierten logischen Systems formulierter Satz innerhalb des Systems bewiesen werden kann? Oder entscheidet, ob mit beliebig vorgegebenen geometrischen Figuren die Ebene lückenlos überdeckt werden kann (Abb. 10)?

Auch diese *No-go-Theoreme* bilden keinen Einwand gegen die Unmöglichkeit, durch reines Denken etwas über die reale Welt zu erfahren. Denn auch wenn die Welt ganz anders wäre, als sie ist, bestünden sie fort. Keine Eigenschaft der realen Welt geht in ihren Beweis ein – eine von der Form zum Beispiel, daß das Universum nicht genug Atome enthält, um eine Maschine zu konstruieren, die das laut Theorem Unmögliche leistete. Welt und damit Speicherplatz der Ma-

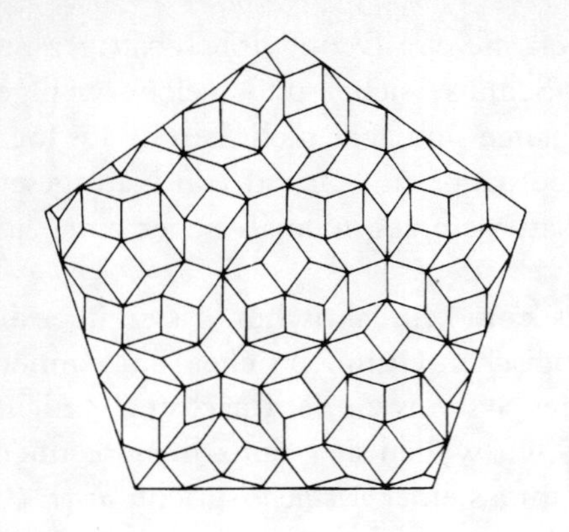

Abb. 10 Die Abbildung zeigt einen Ausschnitt aus einer lückenlosen Überdeckung der Ebene durch zwei Sorten von Rhomben gleicher Seitenlänge. Das nichtperiodische Muster besitzt eine fünfzählige Ordnung: Jede Rhombenseite steht senkrecht auf einer Seite eines regelmäßigen Fünfecks. Der hier gezeigte Ausschnitt wird durch ein solches Fünfeck begrenzt. Entdeckt hat das Muster der englische Astrophysiker und Mathematiker Roger Penrose im Jahr 1979. Zu sehen, ob Flächenstücke mit festgelegter Größe und Gestalt wie hier die zwei Sorten Rhomben so zusammengesetzt werden können, daß sie die Ebene lückenlos überdecken, ist eine Leistung des menschlichen Gehirns, die von keinem Computerprogramm ein für allemal erbracht werden kann. Ein mathematisches Theorem besagt nämlich, daß kein Verfahren gefunden werden kann, welches nach endlicher Zeit eine Antwort auf unsere Frage für beliebige Größen und Formen der Flächenstücke ermittelt.

schine können so groß sein, wie sie wollen – die Theoreme à la Gödel verbieten den Bau gewisser Beweismaschinen bereits aus logischen, nicht erst aus praktischen Gründen. Daß der Bau einer logisch unmöglichen Maschine in ihr unmöglich ist, teilt unsere Welt mit allen logisch möglichen Welten. Überspitzt kann man sagen, daß Theoreme der Logik auch dann gelten würden, wenn die reale Welt nicht existierte.

Direkte Aussagen über die tatsächliche Welt machen sie sowieso erst dann, wenn aus anderen Gründen bekannt ist oder probeweise nicht bezweifelt wird, daß ihre Voraussetzungen gelten. Das Wissen, das sie formulieren, ist logisches Wissen, und als solches logisch gesehen eine Tautologie. Wollten wir formulieren, was dieses Wissen für uns bedeutet, müßten wir in die Psychologie einsteigen. Den Schwierigkeiten einer solchen Formulierung begegnen wir bereits auf einer sehr elementaren Stufe. Offenbar sind alle Aussagen von der Art »Die Zahl *X* ist eine Primzahl« für alle *X*, die tatsächlich Primzahlen sind, logisch äquivalent. Nehmen wir nun aber den Satz »Willemsen weiß, daß 11 eine Primzahl ist« und vergleichen wir ihn mit demselben Satz für 510511 statt 11, so sind die Chancen groß, daß der erste Satz stimmt, der zweite aber falsch ist – obwohl »11 ist eine Primzahl« nach dem Gesagten logisch dazu äquivalent ist, daß 510511 eine Primzahl ist. Denn beide Zahlen sind tatsächlich Primzahlen.

Aber die Ebene und die ebenen geometrischen Figuren, von denen das zweite Theorem spricht, sind zumindest potentiell real, so daß das Theorem sehr wohl eine Aussage über die reale Welt macht? Nicht unbedingt. Denn die Ebene und die Figuren des Theorems sind theoretische Gebilde, die in der realen Welt möglicherweise nicht auftreten können. Unser Raum kann so beschaffen sein, daß es in ihm weder eine Ebene noch Quadrate, noch Dreiecke mit der Winkelsumme 180 Grad geben kann. Als Aussage der Logik gilt das zweite Theorem dann selbstverständlich ungeändert. Aber seine Voraussetzungen sind in unserer Welt nicht erfüllt. Albert Einstein hat das Verhältnis von Logik und Realität so formuliert: *Insofern sich die Sätze der Mathematik auf die Wirklichkeit beziehen, sind sie nicht sicher, und insofern sie sicher sind, beziehen sie sich nicht auf die Wirklichkeit.* Mathematik, wie sie heute verstanden wird, ist Teil der Logik. Abgrenzungsprobleme wären rein semantischer Natur und interessieren hier nicht.

Zeit der Theorie und der wirklichen Welt

Logische Wenn-dann-Sätze, welche die Zeit einbeziehen, sind sicher, insofern sie nicht von der wirklichen Zeit und der wirklichen Welt sprechen, sondern von der Zeit einer Theorie und einer Welt, welche so konstruiert wurde, daß sie den Sätzen der Theorie genügt. Was wir sogleich von der Mechanik Newtons und ihrer Zeit zu sagen haben werden, ist insofern also sicher. Eine ganz andere Frage ist, ob und inwiefern Newtons Mechanik die reale Welt beschreibt. Das ist bekanntlich nicht so; Newtons Theorie findet ihre Grenze in den Relativitätstheorien Albert Einsteins. Trotzdem kann die Zeit Newtons Modell stehen für die Zeit allgemeinerer deterministischer Theorien, zu denen die Relativitätstheorien gehören.

Theorien sind entweder deterministisch, dann muß ihnen die Kausalität der zeitlichen Wenn-dann-Sätze nicht erst übergestülpt werden; oder sie sind es nicht, dann ist das unmöglich. Interpretiert als Aussagen über die wirkliche Welt gehen Kausalität und Determinismus über rein logische Aussagen hinaus, sind also nicht sicher – *wir wissen nicht, sondern wir raten* gilt auch und gerade für sie. Eine außerhalb der Physik stehende Kausalität, die naturwissenschaftliches Wissen begründen könnte, weil sie selbst bereits aus logischen Gründen gültig wäre, gibt es nicht.

Der Leser könnte nun denken, daß Kausalität und Determinismus zwar nicht zur Begründung naturwissenschaftlicher Erkenntnis verwendet werden können, wohl aber dazu, eine Richtung der Zeit vor der anderen auszuzeichnen. Das war unser Thema im vorigen Kapitel und wird es wieder weiter unten sein. Die Antwort für die Theorien Newtons und Einsteins sei vorweggenommen: Sie sind sowohl vorwärts als auch rückwärts deterministisch, so daß ihr Determinismus tatsächlich keine Richtung der Zeit vor der anderen auszeichnet – genausowenig wie logische Äquivalenz einen Unterschied zwischen Prämisse und Folgerung zu begründen vermag.

Probeweise sei nun angenommen, die Newtonsche Mechanik gelte – welche Schlüsse können wir zu ihrer Überprüfung dann ziehen, und welchen Status besitzt die Zeit innerhalb ihrer? Gegeben sei ein System, das der Newtonschen Mechanik genügt und sich so verhält, als gäbe es außer ihm nichts auf der Welt. Solche Systeme wollen wir abgeschlossen nennen. Außer – möglicherweise – dem Universum als Ganzen gibt es tatsächlich kein abgeschlossenes System, aber das ist für uns nicht allzu wichtig, weil es erstens tatsächlich möglich ist, Systeme zur Überprüfung der Newtonschen Mechanik so weit zu isolieren, daß die verbleibenden äußeren Einflüsse herausgerechnet werden können und/oder in verbleibenden, aber verschmerzbaren Unsicherheiten aufgehen. Zweitens geht es uns nur nebenbei um die Frage, ob die Mechanik Newtons »richtig« ist. Unabhängig davon können und wollen wir durch sie als Beispiel den Status der Zeit und der Naturgesetze in einer deterministischen Theorie erläutern. Denn Newtons Mechanik bildet die wohl einfachste und bekannteste deterministische Theorie.

Da die Mechanik Newtons Aussagen über die Wirklichkeit macht, die experimentell überprüft – soll heißen: widerlegt – werden können, ist sie eine wissenschaftliche Theorie. Logisch ist sie konsistent, so daß sie durch und durch richtig sein könnte. Tatsächlich ist sie das aber nicht, da sie nur einen beschränkten, durch Einsteins Relativitätstheorien abgesteckten Gültigkeitsbereich besitzt. Damit Newtons Theorie innerhalb einer vorgegebenen Meßgenauigkeit gilt, dürfen nur Geschwindigkeiten die Ergebnisse mitbestimmen, die verglichen mit der Lichtgeschwindigkeit hinreichend klein sind. Auch die Schwerkraft darf nicht zu groß sein.

Jenseits dieser Grenzen verliert Newtons Mechanik ihre Beziehung zur Realität ganz und gar – Einsteins Relativitätstheorien übernehmen das Regiment. Aber innerhalb ihrer hat Newtons Theorie alle Experimente, die sie hätten widerlegen können, glanzvoll überstanden.

Soviel zum Bewährungsgrad der Newtonschen Mechanik. Nun nehmen wir eine Idealisierung vor und fragen nach dem Status der Zeit in hypothetischen Systemen, die der Mechanik Newtons ohne Einschränkung genügen. Wir wollen für diese Diskussion auch die Reibung, die Newtons Mechanik nicht kennt, für die sie aber Modelle zu liefern vermag, vernachlässigen. Ohne Reibung schwingen Pendel, einmal angestoßen, für immer, und Billardkugeln verlieren keine Energie, wenn sie auf dem Tisch rollen und aneinander sowie an die Banden stoßen. Ohne Reibung fallen, wie schon Galilei wußte, alle Körper gleich schnell (genauer: mit derselben Beschleunigung), und um das experimentell nachzuweisen, reicht es aus, das Rohr, in dem ein Stein und ein Wattebäuschchen zusammen herunterfallen sollen, luftleer zu pumpen, oder aber das Fallexperiment auf dem Mond durchzuführen. Das hat der Apollo-Astronaut David Scott 1971 durch Fallenlassen eines Hammers und einer Feder vor laufender Kamera eindrucksvoll getan.

Himmelskörper, Billardkugeln, fallende Körper und Pendel ohne Reibung, die nicht zu starken Kräften ausgesetzt sind und sich langsam bewegen, sind die Systeme, für die wir Gültigkeit der Newtonschen Mechanik annehmen und die wir als Beispiel benutzen, um den Status der Zeit innerhalb ihrer zu erkunden. Aneinander und an den Banden ohne Energieverlust stoßende Billardkugeln haben uns bereits als Modell für in Kästen eingesperrte Gase gedient. Mit Himmelskörpern, Pendeln, fallenden Körpern und wenigen Billardkugeln einerseits, Gasen andererseits, ist die Mechanik Newtons reich genug, um die zwiespältige Natur der Zeit zu demonstrieren. Hier Gesetze, die keinen Unterschied zwischen vorwärts und rückwärts kennen, und dort komplizierte Systeme wie Gase, die diesen Gesetzen genügen, und deren Verhalten trotzdem eine alles dominierende Vorwärts-rückwärts-Asymmetrie aufweisen kann.

Newtons Betrachtungen zu Raum und Zeit, die er seiner Mechanik vorangestellt hat, können aus ihr heraus nicht begründet werden. Das ist offensichtlich bei Newtons Absolutem Raum, dem er eigenständige Existenz zuweisen wollte. Demgegenüber sagt seine Mechanik, daß eine absolute, nach Betrag und Richtung konstante Geschwindigkeit auf keine Art und Weise beobachtet oder definiert werden kann: Für jeden Beobachter, der sich gegenüber dem angenommenen Absoluten Raum Newtons mit konstanter Geschwindigkeit bewegt, gelten dieselben Naturgesetze. Es ist also unmöglich, durch die Gesetze Newtons *einen* Absoluten Raum zu definieren; definiert werden kann nur eine – technisch gesprochen – *Äquivalenzklasse* von Räumen, die sich mit beliebigen konstanten Geschwindigkeiten gegeneinander bewegen. Wer also »dem Raum« eine objektive, vom Beobachter unabhängige Realität oder gar Existenz zuerkennen will, kann das nicht. Er kann es nur einer Äquivalenzklasse von Räumen. Aber in welchem Sinn kann eine Äquivalenzklasse existieren? Ihre in Newtons Gesetzen verankerte Realität kann hingegen nicht bezweifelt werden.

Nun also die Zeit. Kann sie, wie Ernst Mach es wollte, ohne Schaden aus der

Mechanik Newtons eliminiert werden? Und zeichnet bereits die Mechanik eine Richtung der Zeit vor der anderen aus?

Uns geht es nicht um die unermeßliche Philosophenfrage nach der wahren Zeit überhaupt, sondern um die viel bescheidenere nach ihrem Status in einer bestimmten Theorie, der Mechanik Newtons. Da diese Theorie nur einen Ausschnitt der Wirklichkeit richtig beschreibt, kann auch ihre Zeit nur einen Aspekt der Wahren Zeit wiedergeben. Der Wahren Zeit werden wir uns dadurch zu nähern versuchen, daß wir nach ihrem Status in immer umfassenderen physikalischen Theorien fragen – der Speziellen und Allgemeinen Relativitätstheorie, der Quantenmechanik und schließlich der spekulativen Theorie Von Allem. Die Zeit, der wir uns dadurch nähern, wird abstrakt und fremd vor uns stehen – in fundamentale physikalische Theorien eingebettet, die ihre Begriffe, darunter die Zeit, implizit definieren, und experimentell überprüfbare Aussagen über die Wirklichkeit zu beweisen gestatten. Der Rückweg von der Zeit der fundamentalen Theorien zu jener Zeit, die wir täglich erfahren und die uns fasziniert, ist hart, dornig und vielleicht nur »im Prinzip« gangbar. Bis wir uns selbst, besonders unser Bewußtsein, physikalisch verstehen, können wir nur einzelne Aspekte der täglich erfahrenen Zeit auf die fundamentale Zeit zurückführen – zum Beispiel in einer abgeleiteten Theorie namens Statistische Mechanik, die selbst wieder die Wärmelehre und ihre Auszeichnung einer »Richtung« der Zeit impliziert.

Soweit noch einmal, und nicht zum letzten Mal, das Credo des Reduktionismus, angewendet auf die Zeit. Unser Ausgangspunkt ist immer ein Geflecht von Sätzen, von denen einige auf die Wirklichkeit abgebildet werden können und sich bewährt haben – also eine physikalische Theorie, jetzt Newtons Mechanik. Sie bestimmt die zeitliche Entwicklung von Systemen: Wird der Zustand eines Systems zu einer Zeit vorgegeben, liegt er dadurch zu allen Zeiten fest.

Zur Erläuterung wollen wir ein Pendel betrachten, das reibungsfrei schwingen kann. Wenn das Pendel in einem Augenblick ohne sich zu bewegen senkrecht herunterhängt, wird es das für alle Zeiten tun. Eine andere Anfangsbedingung für die Bewegung des Pendels zeigt die Abb. 33 (s. S. 208): Das um einen gewissen Winkel ausgelenkte Pendel wird losgelassen. Dann ist, abstrakt gesprochen, am Anfang die Geschwindigkeit der Pendelmasse Null. Unter dieser Voraussetzung legt allein die Auslenkung am Anfang die Bewegung des Pendels fest. Indem es hin- und herschwingt, ändert es dauernd seine Auslenkung und Geschwindigkeit. Die Werte, die diese Größen in einem Augenblick besitzen, bestimmen zusammen das Verhalten des Pendels im Laufe der Zeit.

Am schnellsten bewegt sich die Pendelmasse in dem Augenblick, in dem sie durch den tiefsten Punkt ihrer Bahn hindurchschwingt. In dem Augenblick verschwindet die Auslenkung, nicht aber die Geschwindigkeit. Diesen Zustand des Pendels können wir dadurch als Anfangszustand einstellen, daß wir ihm, wenn es senkrecht herunterhängt, mit einem Hammer einen Schlag versetzen. Auch diese Anfangsbedingung legt offenbar das Verhalten des Pendels fest. Insgesamt können wir Auslenkung und Geschwindigkeit des Pendels in einem Augenblick frei wählen. Dies getan, ist sein künftiges Verhalten durch die Naturgesetze festgelegt.

Das System aus Sonne, Mond und Erde soll uns als zweites Beispiel dienen. Diese Himmelskörper – unter ihnen die Erde – mögen ein abgeschlossenes System bilden, sich also so verhalten, als gebe es außer ihnen nichts in der Welt. Dadurch wird unser Modellsystem definiert: Sonne, Mond und Erde genügen der Mechanik Newtons und stehen zugleich für die wirkliche Welt. Was folgt umgekehrt dann aus ihrem Verhalten für den Parameter Zeit in Newtons Mechanik?

Gleichzeitigkeit à la Newton

Newton sagt nicht, wie wir seine absolute Zeit in einer real existierenden Umwelt zu wählen haben, nimmt implizit aber an, daß von zwei Ereignissen an verschiedenen Orten immer gesagt werden kann, ob sie gleichzeitig – bei demselben Wert des Parameters Zeit – stattgefunden haben.

Die Erörterung der Gleichzeitigkeit in der Speziellen Relativitätstheorie wird als Nebenprodukt ergeben, daß dieser Begriff in Newtons Mechanik tatsächlich unproblematisch ist. Bei gegebenem Planetensystem mit gegebener Anfangsbedingung leistet der Parameter Zeit also nur dies: Er legt Korrelationen zwischen den gleichzeitigen Orten der Himmelskörper fest. Aus der Position der Erde relativ zur Sonne kann die des Mondes berechnet werden und so weiter. Durch Umkehrung der Rechnungen können schlußendlich sogar den Positionen der Himmelskörper Zahlenwerte des Parameters Zeit zugeordnet werden.

Eine Freiheit, die hierbei immer besteht, ist die Wahl der Anfangszeit. Über sie sagen die Gesetze Newtons, die zu allen Zeiten dieselben sind, nichts aus. Wie ein Planetensystem sich im Laufe der Zeit verhält, hängt nur davon ab, in welchem Zustand es sich selbst und damit den Gesetzen Newtons überlassen wird. Werden gewisse Lagen und Geschwindigkeiten aller Himmelskörper in einem ersten Experiment heute und in einem zweiten morgen als dieselben Anfangslagen und Anfangsgeschwindigkeiten gewählt, so ist der *gesamte Ablauf* im zweiten Experiment gegenüber dem ersten um einen Tag verschoben.

Die Freiheit, die Maßeinheiten physikalischer Größen beliebig zu wählen, besteht auch für die Zeit. Es gibt verschiedene Möglichkeiten, das zu tun, direkte und indirekte über die Wahl von Einheiten für Massen und Längen sowie die Zahlenwerte von Naturkonstanten. Auf dieses verwickelte Geschäft will ich mich nicht einlassen, sondern mich mit der Möglichkeit begnügen, nach Wahl des Nullpunkts der Zeitrechnung den Zahlenwert des Parameters Zeit bis auf die Maßeinheit aus Abläufen der Newtonschen Mechanik festzulegen.

In einem abgeschlossenen Newtonschen System aus Sonne, Mond und Erde gibt es verschiedene Vorschriften, durch die dem Parameter Zeit Zahlenwerte zugewiesen werden können. Wir beginnen mit der Theorie: Wenn die Anfangsbedingungen für die Lagen und Geschwindigkeiten der Himmelskörper (darunter der Erde; sie gilt uns ja auch als Himmelskörper) richtig gewählt wurden, ergeben Newtons Gleichungen für jeden Wert ihres Parameters Zeit gleichzeitige Positionen der Himmelskörper, die mit den tatsächlichen übereinstimmen. Von ihnen kann umgekehrt, wie bereits gesagt, auf den jeweiligen Zahlenwert des Parameters Zeit geschlossen werden. Die Maßeinheit der Zeit wird bei diesem Verfahren implizit in dem Schritt festgelegt, in dem Geschwindigkeiten Zahlen zugewiesen werden.

Newtonsche Zeitmessungen

Gängige und historisch wichtige Vorschriften zur *Messung der Zeit* beruhen auf der Drehung der Erde um ihre Achse und auf dem Umlauf der Erde um die Sonne. Den Einfluß des Mondes auf diese Bewegungen wollen wir vorerst vernachlässigen. Da die Bahn der Erde eine exzentrische Ellipse, also kein Kreis ist, können wir »einen Umlauf« über den Abstand der Erde von der Sonne definieren. Jedem »größten Abstand« entspricht nun ein Zahlenwert des Parameters Zeit, einem Jahr damit die Differenz zweier aufeinanderfolgender. Wenn die Bewegungen der Himmelskörper durch die gewählten Anfangsbedingungen und Newtons Gesetze richtig beschrieben werden, ergeben alle Umläufe dieselbe Differenz der Werte des Parameters Zeit: Ein Jahr ist ein Jahr ist ein Jahr.

Ich weiß, daß der historische Weg zur Definition des Jahres von den Gleichungen Newtons unabhängig war. Umgekehrt kann, ebenfalls historisch, die Entwicklung der Newtonschen Mechanik auf diverse Erfolge der Definition des Jahres durch den scheinbaren Umlauf der Sonne um die Erde bei dem Versuch zurückgeführt werden, die Bewegungen der Himmelskörper zu verstehen. Doch uns interessiert die Geschichte eines Begriffes genausowenig wie die Heuristik beim Auffinden eines Naturgesetzes. Das Erreichte ist eine Theorie, und diese kann und soll getestet werden: Würden verschiedene Umläufe der Erde um die Sonne verschiedene Differenzen der Werte des Parameters Zeit ergeben, wäre entweder das System Sonne – Erde nicht abgeschlossen (über alles andere hinaus haben wir auch noch den Einfluß des Mondes vernachlässigt!), oder Newtons Gleichungen wären falsch.

Nicht ganz so einfach wie ein Umlauf der Erde um die Sonne ist eine Drehung der Erde um ihre Achse zu definieren. Wenn wir den gewählten Rahmen von Newtons Mechanik und abgeschlossenem System aus Sonne, Mond und Erde – das sich so verhält, als sei es allein im Universum – nicht verlassen, können wir zur Definition von Richtungen nicht auf den Fixsternhimmel zurückgreifen. Im System Newtons dreht sich die Erde gegenüber dem Absoluten Raum; genauer: gegenüber einem, und damit jedem der Räume, für die Newtons Gesetze gelten. Genau wenn sich ein System gegenüber diesen Räumen nicht dreht, treten in ihm keine Fliehkräfte auf. Treten sie auf, kann aus ihrer Größe und anderen Parametern des Systems auf dessen Drehgeschwindigkeit geschlossen werden.

Eine instruktivere Möglichkeit zur Bestimmung der Drehung der Erde als durch die Kräfte, die vermöge der Drehung auf Objekte wirken, die sie auf ihrer Oberfläche mit sich führt, eröffnet der »Foucaultsche Pendelversuch«. Ein Pendel sei an einem Faden drehbar aufgehängt. Hängt es über einem der Pole, ist einfach einzusehen, was geschieht: Ein schwingendes Pendel behält in der Sprechweise Machs seine Schwingungsebene gegenüber den Fixsternen bei; laut Newton bleibt die Schwingungsebene gegenüber dem Absoluten Raum immer dieselbe. Also definiert die Schwingungsebene, unter der sich die Erde dreht, was es bedeutet, sich nicht zu drehen. Jeder Vollendung einer Umdrehung der Erde, die von einer Markierung auf ihrer Oberfläche abgelesen werden kann, entspricht ein Zahlenwert des Parameters Zeit; der Differenz zweier aufeinanderfolgender also ein Tag, dem als weiterer Test der Newtonschen Theorie immer dieselbe Differenz zukommen muß: Ein Tag ist ein Tag ist ein Tag.

Auch der Mond kann als Zeitgeber dienen; ein Thema, das ich nicht ausspinnen will. Dem Leser, der an dieser Stelle fragt, warum ich ihn mit einem so komplizierten System wie dem von Sonne, Mond und sich drehender Erde statt allein eines frei fliegenden Körpers oder eines Pendels behellige, kann ich ein-

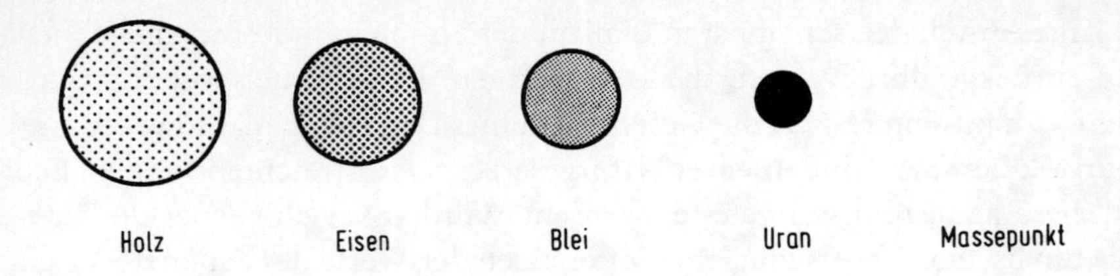

Abb. 11 Der Massepunkt ist eine Idealisierung, zu der die Mechanik Newtons einlädt. Wir beginnen mit einer Kugel aus irgendeinem Material, zum Beispiel Holz. Sie hat eine gewisse Masse, gemessen in Gramm. Nun ersetzen wir das Holz durch das schwerere Eisen und verkleinern zugleich den Radius der Kugel so, daß die Masse oder, hier dieselbe Sache, ihr Gewicht ungeändert bleibt. Nichts hindert uns, diesen Prozeß in Gedanken so lange fortzusetzen, bis wir über Blei und Uran bei einer punktförmigen Masse mit immer noch demselben Gewicht angekommen sind. Dies idealisierte Objekt ist ein Massepunkt. Als Punkt ohne Ausdehnung kann er sich nicht drehen; das gehört zu seiner Definition dazu. Um zu wissen, um einen wie gearteten Massepunkt es sich handelt, müssen wir als einzigen Parameter seine Masse kennen. Der Zustand eines Massepunktes in einem Augenblick wird durch seinen Ort und seine Geschwindigkeit festgelegt. Eine Grundannahme der Newtonschen Mechanik besagt, daß sich Massepunkte, auf die keine Kräfte einwirken, mit nach Größe und Richtung konstanter Geschwindigkeit bewegen.

fach antworten: Erst ein kompliziertes System kann darüber Auskunft geben, ob es sich – erstens – so verhält, als sei es allein auf der Welt, also abgeschlossen, und ob es – zweitens – den Naturgesetzen gehorcht, zu deren Überprüfung es untersucht wird.

Ein Beobachter, der blind ist für alles außer einem Massepunkt (Abb. 11), dessen Verhalten er registriert, kann nicht erkennen, ob der Massepunkt – sein »System« – einem Naturgesetz genügt. Abmildernd wollen wir annehmen, daß der Beobachter bereits weiß, was »geradeaus« und »gleiche Strecke« bedeutet. Die Zeit, die im Sinne Newtons abläuft, soll er aber nicht schon kennen. Kann er sie von dem einzigen Objekt seiner Beobachtung, das geradeaus fliegt, ablesen? Nein, denn dieses Objekt ist dann seine einzige Uhr; ein Maß der Zeit kann er nur durch sie definieren. Wenn er das unter der Annahme tut, das Objekt bewege sich kräftefrei, so daß gleiche zurückgelegte Strecken gleichen Zeiten entsprechen, wird seine Zeit im allgemeinen um mehr als Nullpunkt und Maßeinheit von der eines Kollegen abweichen, der einen anderen Körper anderswo unter denselben Prämissen beobachtet.

Die Kollegen mögen sich über ihre Zeiten durch das Radio oder ein anderes Mittel verständigen, dessen Übertragungstreue in diesem Zusammenhang – langsame Bewegungen, geringes Schwerefeld – nicht in Zweifel steht. Befindet sich der eine Beobachter auf der Erde, der andere auf dem Mond, und an seinem Platz beobachtet jeder von ihnen einen frei fallenden Körper, von dem er – er ist ja für alles andere blind! – annimmt, er bewege sich kräftefrei, widersprechen die Zeiten, die sie von den Strecken ablesen, die ihre Körper zurückgelegt haben, einander auch noch nach dem Versuch, sie durch Wahl des Nullpunkts und der Maßeinheit für die Zeit zur Übereinstimmung zu bringen.

Beide Körper fallen nämlich frei in verschiedenen Schwerefeldern, so daß die zurückgelegten Strecken nicht zu Newtons Zeit selbst, sondern zu deren Quadrat proportional sind. Würde einer der beiden Beobachter – sagen wir, der auf der Erde – das Maß der Zeit durch die vom fallenden Körper zurückgelegte Strecke definieren, die so definierte Zeit in Newtons Gleichungen einsetzen und daraus die Bewegungen von Sonne, Mond und Erde zu berechnen versuchen, würde er Schiffbruch erleiden.

Wir sehen also, daß auf dem Weg von einem einzelnen Zeitgeber über zwei bis zu einem System wie Sonne, Mond und Erde die Zeit der Newtonschen Gesetze mehr und mehr Realität gewinnt. Wie auch immer ein einzelnes Objekt, das geradeaus fliegt, beschleunigt oder verzögert wird, der Parameter Zeit kann so definiert werden, daß es sich im Laufe dieser Zeit so verhält, als sei es allein auf der Welt und Newtons Gesetze gälten für es. Wenn für ein Planetensystem Newtons Gesetze so gelten, als sei es abgeschlossen, kann die Wahl des Parameters Zeit nur noch innerhalb der geschilderten trivialen Grenzen abgeändert werden. Wenn es aber keine Wahl des Zeitparameters gibt, bei der das System den Gleichungen Newtons genügt, ist es entweder nicht abgeschlossen, oder Newtons Gleichungen sind falsch.

Wenn wir einmal so weit sind, daß von einem erfolgreichen Test dieser Gleichungen, die Newtons Theorie ausmachen, gesprochen werden kann, können wir mehr und mehr Körper hinzunehmen, ohne die Gesetze abändern zu müssen: Durch das Planetensystem insgesamt werden dieselben Gesetze besser bestätigt als durch Sonne, Mond und Erde allein. Künstliche Erdsatelliten, in denen, wie es die Gleichungen Newtons wollen, Fliehkraft und Schwerkraft einander gerade aufheben, bestätigen die Gesetze abermals. Dasselbe gilt von der Weltraumsonde Galileo, deren Bahn auf Grund der Gleichungen Newtons so genau vorausberechnet werden konnte, daß sie am Planeten Jupiter Schwung holte, um wie geplant in kurzem Abstand an der Sonne vorbeizufliegen.

Tests der Gesetze Newtons erproben neben der Rolle der Zeit selbstverständlich auch andere Aspekte dieser Gesetze. Vorrangig zu nennen ist die Frage, ob alle Körper in demselben Schwerefeld gleich schnell fallen. Ohne weiteren Schaden zu nehmen, könnten Newtons Gesetze diese Frage auch anders beantworten, als sie es tun: Alle Körper fallen in demselben Schwerefeld gleich schnell. Die ersten Experimente hierzu hat bereits Galilei unternommen; bald nach ihm Newton, und heute können wir auf eine Flut präziser Experimente zurückblicken, die alle dasselbe sagen: Alle Körper fallen in demselben Schwerefeld gleich schnell.

Hierauf beruht Einsteins Allgemeine Relativitätstheorie und damit auch die Rolle, welche die Zeit in ihr spielt. Wurde durch die Berechnung des Verhaltens eines Systems wie Sonne, Mond und Erde das Vertrauen darauf befestigt, daß die verwendeten Gleichungen die Natur korrekt beschreiben, kann der in ihnen vorkommende Parameter Zeit durch irgendeinen der verstandenen Prozesse definiert werden; zum Beispiel durch die Dauer einer Schwingung eines Pendels – eine Sekunde ist eine Sekunde ist eine Sekunde. Oder – das hatten wir schon – durch die Zeit, die die Erde für eine Umdrehung um ihre Achse oder für einen Umlauf um die Sonne braucht.

Das alles sind nahezu, aber nicht genau sich wiederholende zyklische Prozesse. Wären die drei Körper Sonne, Mond und Erde einander viel näher, als sie es tatsächlich sind, könnte nicht einmal näherungsweise von einer Bahn der Erde gesprochen werden, die sie wieder und wieder durchläuft. Dasselbe gilt von der Bahn des Mondes, und auch die Sonne würde nicht mehr nahezu stillstehn (oder, äquivalent: sich mit nahezu konstanter Geschwindigkeit bewegen). Von den Drehungen der Himmelskörper um ihre Achsen sehen wir zur Vereinfachung weiterhin ab. Dann haben wir mit Sonne, Mond und Erde das klassische Dreikörpersystem der Newtonschen Mechanik vor uns, das neben (nahezu) periodischem auch chaotisches Verhalten zeigen kann.

Newtons Zeit in der wirklichen Welt

Für uns ist jetzt nur wichtig, daß die deterministischen Gleichungen Newtons auch bei chaotischem Verhalten gelten, so daß die Abfolge der Zustände, die ein abgeschlossenes System durchläuft, weiterhin aus dem Zustand berechnet werden kann, in dem es sich anfangs befunden hat. Verfechter der Chaos-Theorie betonen in der Regel einen anderen Aspekt derselben Gleichungen. Den nämlich, daß es in der Praxis unmöglich ist, den Anfangszustand eines chaotischen Systems so genau zu kennen oder einzustellen, daß das Verhalten des Systems für eine nennenswerte Zeitspanne vorausberechnet werden kann. Und daß die kleinste äußere Störung – der oft genannte Flügelschlag eines weit entfernten Schmetterlings – zu riesigen Abweichungen des tatsächlichen Verhaltens vom vorausberechneten führen würde.

Das ist ohne Zweifel so, für unsere jetzigen Überlegungen aber irrelevant. Wir fragen nach dem Status der Zeit in einer deterministischen Theorie: Kann sie innerhalb ihrer überhaupt als eigenständiger Parameter definiert werden? Und wenn ja, kann die Zeit wie ein Pfeil eine Richtung auszeichnen? Erst danach kommt die Frage nach der Zeit, wie wir sie kennen.

Und damit nach Systemen, wie wir sie kennen. Wie können Alltagseigenschaften der Zeit aus Eigenschaften der Zeit der fundamentalen Gesetze erwachsen, die ganz andere sind? Die Mechanik Newtons läßt die Unumkehrbarkeit von Vorgängen wie dem Einsturz eines Schornsteins in der Welt, wie sie nun einmal ist, tatsächlich zu. Uns geht es vorerst aber nur darum, ob in einer Welt, die den Gleichungen Newtons genügt, in der es aber aus äußeren Gründen keine auch nur näherungsweise periodischen Vorgänge gibt, der Parameter Zeit definiert werden kann.

Das ist tatsächlich so. Wären die Bewegungen der Himmelskörper nicht nahezu periodisch, wäre es noch schwerer gewesen, als es tatsächlich war, eine Einheit der Zeit festzulegen. Grundsätzliches hängt hiervon aber nicht ab. Die Zeit der Newtonschen Mechanik ist eine Größe in ihren Grundgleichungen, deren Zahlenwert sagt, wo sich die Himmelskörper (und auf ihnen angebrachte Markierungen) bei ebendiesem Zahlenwert befinden. Sieht man also auf das Gesamtsystem, spielen zyklische Prozesse keine grundsätzliche Sonderrolle bei der Definition der Zeit.

Wohl aber spielen sie eine praktische Rolle! Alle in der Praxis verwendeten Zeitmesser beruhen auf zyklischen Prozessen – dem Umlauf oder der Umdrehung der Erde, den Schwingungen des Pendels von Opas Pendeluhr oder denen eines (Quarz-)Kristalls. Im Jahr 1967 wurde die Sekunde neu definiert als die Zeit, in der eine bestimmte, von einem Cäsium-Atom ausgesandte elektromagnetische Welle 9192631770 Schwingungen vollführt – also ebenfalls auf Grund eines periodischen Prozesses; allerdings außerhalb der Mechanik Newtons. Hiervon wird unter dem Stichwort Atomuhren noch zu sprechen sein.

Die Zeit der Mechanik Newtons zu messen bedeutet letztlich, eine Tabelle der Orte aller Körper des betrachteten Systems zu gleichen, aber noch nicht zahlenmäßig festgelegten Zeiten anzufertigen und den gleichzeitigen Orten in den einzelnen Zeilen Werte des Parameters Zeit so zuzuordnen, daß die Tabelle insgesamt mit den Gleichungen Newtons im Einklang ist. Ist dies möglich, hat die Mechanik Newtons (und die Annahme, das System sei abgeschlossen) einen Test ihrer Gültigkeit erfolgreich bestanden.

Je umfassender das System, desto signifikanter ist dieser Erfolg. Die so ermittelte Zeit des Gesamtsystems ermöglicht auch die Analyse von Prozessen, die Einflüssen unterliegen, welche bei der Definition des Systems nicht berücksichtigt wurden. Ein Beispiel bildet die Geschwindigkeit, mit der sich die Erde um ihre Achse dreht. Sie, die jahrtausendelang zur Definition der Zeiteinheit Tag gedient hat, ist tatsächlich nicht konstant, sondern nimmt hauptsächlich auf Grund von Gezeitenkräften ab: Ebbe und Flut entnehmen der Drehung der Erde Energie und verwandeln sie in Wärmeenergie – und in die Energie, die uns Gezeitenkraftwerke liefern. Wegen dieses Energieverlustes benötigt die Erde für eine Umdrehung um ihre Achse jedes Jahr eine Sekunde mehr.

Wenn wir von praktischen Problemen und der Tatsache absehen, daß die Gesetze Newtons nicht allgemeingültig sind, können wir unsere Tabelle im Prinzip auf das ganze Universum ausdehnen. Dadurch verleihen wir dem Parameter Zeit eine Realität, die er wegen der Einschränkungen, die wir mit unseren Annahmen gemacht haben, tatsächlich nicht besitzt. In der wirklichen Welt der Relativitätstheorien Einsteins statt der Mechanik Newtons verliert die Zeit viel von der Realität, die sie in Newtons Mechanik besitzt.

Aber wie real ist die Zeit bei Beschränkung auf Newtons Mechanik wirklich? Und was hat sie mit der Zeit zu tun, die wir täglich erfahren? Wird durch unsere Tabelle der Parameter Zeit der Newtonschen Gleichungen zu der *absoluten und mathematischen Zeit* erhoben, von der Newton geschrieben hat, daß sie *an sich und vermöge ihrer Natur gleichförmig und ohne Beziehung auf irgendeinen äußeren Gegenstand verfließt*?

Realität und Objektivität der Zeit

Wenn die Zeit der Mechanik Newtons »verfließt«, dann auch jeder Parameter, der zu ihr äquivalent ist. Ist die Newtonsche Zeit bekannt, können diese Parameter berechnet werden, und aus einem jeden von ihnen folgt umgekehrt auch die Zeit der Newtonschen Mechanik. Besitzt also die Zeit Newtons Realität, dann auch jeder zu ihr äquivalente Parameter. Folglich würde aus der Realität der Zeit folgen, daß eine unendliche Flut äquivalenter Parameter genauso real ist. Die »Realität« oder »Existenz« der Zeit verliert hierdurch ihre auszeichnende Kraft. Uns bleibt, nach ihrer Objektivität zu fragen.

Tatsächlich ist die Zeit der Mechanik Newtons eine objektive Größe in dem Sinn, daß jeder, der sie zu messen unternimmt, bei derselben Tabelle und derselben Zeit ankommen wird: Die Zeit wird zu immer derselben Zahlengerade.

Wenn aber eine Tabelle und die Gesetze der Mechanik Newtons erforderlich sind, um die Zeit zu definieren – in welchem Sinne »fließt« sie dann? Kann unsere subjektive Erfahrung der Zeit, zu der ein vom »später« klar unterscheidbares »früher« gehört, auf die Zeit einer Newtonschen Welt zurückgeführt werden?

Zeit als Etikett

Die objektive Welt ist *schlechthin, sie* geschieht *nicht*, so der große deutsche Mathematiker und Physiker Hermann Weyl (1885-1955). Ich sehe nicht, wie man über diese Feststellung hinaus eine Interpretation der Zeit begründen könnte, die ihr »Vergehen« mehr sein ließe als eine, wie Albert Einstein gesagt hat, *hartnäckige Illusion.* Oder ausführlicher: *Jeder Beobachter entdeckt in dem Maße, wie seine Eigenzeit abläuft, gleichsam neue Ausschnitte der Raum-Zeit, die ihm als die sukzessiven Aspekte der materiellen Welt erscheinen, obwohl in Wirklichkeit die Gesamtheit der Vorgänge, die die Raum-Zeit konstituieren, dieser Erkenntnis vorangeht.*

Die Tabelle der Ereignisse kann sicher nicht dazu dienen, einen Fluß der Zeit zu begründen. Denn außer der Benennung ihrer Zeilen als »Zeiten« unterscheidet sie nichts von einer Tabelle, die angibt, wie irgendwelche Größen von irgendwelchen anderen, zum Beispiel vom Ort abhängen. Aus Kapitel 2 wissen wir, daß jede Tabelle, die vorwärts gelesen den Gesetzen Newtons genügt, das auch rückwärts gelesen tut. Deshalb kann die Reihenfolge der Eintragungen in der Tabelle keinen Aufschluß über die Richtung der Zeit – genauer: die Richtung der Abläufe – geben. Was aber dann?

Primär sind die Ereignisse; die ihnen zugewiesenen Zeiten und Orte sind nur Etiketten. Wenn das Etikett Ort keinen »Ortsfluß« begründet – warum dann das Etikett Zeit einen »Zeitfluß«? Objektiv gibt es auf der Stufe der Tabellen weder das eine noch das andere; subjektiv zwar einen Zeit-, aber keinen Ortsfluß.

Als Parameter in den Gleichungen Newtons ist das Etikett »Zeit« der Zeilen unserer Tabelle hingegen nicht nur eine beliebige Größe, sondern eine durch die Naturgesetze ausgezeichnete. Aber kann das einen »Fluß« der Zeit begründen? Der subjektiv reale Fluß der Zeit kann offenbar nur dann eine objektive Bedeutung besitzen, wenn es möglich ist, ihm eine Richtung zuzuweisen, die auf Grund von objektiven Merkmalen von der Gegenrichtung unterschieden werden kann.

Wiederaufnahme: Vorwärts und rückwärts

Auf den ersten Blick scheint es möglich zu sein, den Ereignissen der Newtonschen Mechanik dadurch Etiketten »früher« und »später« anzuheften, daß man nach der Gesetzesrelation fragt, in der sie zueinander stehen. Newtons Theorie ist ja eine deterministische Theorie, so daß es möglich sein sollte, die logische Relation von Ursache und Wirkung – Prämisse und Folgerung – auf sie zu übertragen. Sind zwei Zeitschnitte – Zeilen der Tabelle – gegeben, werden die Ereignisse des einen Zeitschnitts die Ursache der Ereignisse des anderen sein. »Früher« soll der Zeitschnitt der Ursache, »später« jener der Wirkung heißen, und zu hoffen ist, daß sich bei dieser Anordnung der Paare von Zeitschnitten keine interne Inkonsistenz ergibt.

Aus dem vorigen Kapitel wissen wir, daß dieses Verfahren zu keiner Auszeichnung einer Richtung der Zeit vor der anderen führen kann. Denn die Gleichungen Newtons sind sowohl vorwärts als auch rückwärts deterministisch: Der Zustand eines abgeschlossenen Systems zu *einer Zeit* legt sein Verhalten auf Grund der Gesetze Newtons für *alle Zeiten* fest. Und zwar wirklich für *alle* – sowohl, konventionell gesprochen, für frühere als auch für spätere. Die zugehörige logische Relation ist die der Äquivalenz. Durch sie kann zwischen Prämisse und Folgerung bereits deshalb nicht unterschieden werden, weil die Folgerung auch als Prämisse, die Prämisse auch als Folgerung auftritt.

Auf- und Untergang der Sonne sollen uns als vereinfachtes Modell dieser Zusammenhänge dienen. Wenn ich weiß, daß die Sonne am Tag X um 7 Uhr 24 Minuten in Karlsruhe aufgeht, kann ich auf Grund von Spalten der lokalen Zeitung, deren Eintragungen auf der Mechanik Newtons beruhen, zugleich wissen, daß sie an demselben Tag um 17 Uhr 57 Minuten untergehen wird. Und genauso umgekehrt: Kenne ich die Zeit des Sonnenuntergangs, kann ich die Ausgaben der Zeitung durchblättern, bis ich diese Zeit finde, und lese dann auch, wann die Sonne an diesem Tag aufgegangen ist.

Ist nun der Aufgang der Sonne um 7 Uhr 24 Minuten die Ursache ihres Untergangs um 17 Uhr 57 Minuten? Oder, wie es bei Vertauschung aller Reihenfolgen wäre, der Untergang die Ursache des Aufgangs? Man sage nicht, das folge bereits aus der Reihenfolge von Morgen und Abend an demselben Tag, denn genau um diese Reihenfolge geht es: In welchem objektiven Sinn ist der Morgen eines Tages früher als sein Abend?

Natürlich: das Auto, die Panne; der Unfall, das Siechtum: *Heute noch auf hohen Rossen, morgen durch die Brust geschossen.* Das Umgekehrte kommt nicht vor. Jetzt versuchen wir, diesen alles überragenden Unterschied von Vergangenheit und

Zukunft allein durch Newtons Theorie zu verstehen. Das wird uns nicht gelingen. Ihr gelten alle Vorgänge, die ihren Gleichungen genügen, gleich, und was den Sonnenstand betrifft, kann von ihm kein Unterschied von Ursache und Wirkung abgelesen werden.

In den zusammenfassenden Kapiteln dieses Buches betone ich, daß mit einem Prozeß, den die fundamentalen Naturgesetze erlauben, auch derjenige erlaubt ist, in dem alle Zustände in der umgekehrten Reihenfolge durchlaufen werden. An die für alle Alltagsprozesse irrelevante Ausnahme des Zerfalls der neutralen K-Mesonen sei mit Blick auf Kapitel 5 nur erinnert. Denn für die Mechanik Newton gilt die zeitliche Umkehrbarkeit aller Prozesse uneingeschränkt.

Wir, die Experimentatoren und Beobachter, übertragen unsere Zeitrichtung auf die Bewegungen der Planeten und andere Abläufe, die den Gesetzen Newtons genügen, können sie ihnen aber nicht entnehmen. Dabei stoßen wir auf keinen Widerspruch, weil die Gesetze Newtons Fortschritt der Zeit in die Richtung *erlauben*, die wir als deren Richtung empfinden. Sie *erzwingen* Fortschritt in diese Richtung aber nicht. Würden die Planeten so die Sonne umlaufen, wie es ein rückwärts laufender Film zeigt, bliebe unser Zeitsinn derselbe. Trotzdem und immer noch würden wir für möglich halten, was in den Himmeln geschieht.

Tatsachen und Gesetze

Bei unserem Bemühen, die Welt zu verstehen, müssen wir – noch!? – zwischen Gesetzesaussagen und Tatsachenaussagen unterscheiden. Es mag ja sein, daß die Richtung, in der die Planeten die Sonne umlaufen, auf einer Gesetzesaussage fußt. Wir kennen sie aber nicht. Hingegen folgt die Tatsache, daß die Erde die Sonne auf einer Ellipsenbahn umläuft, in deren einem Brennpunkt die Sonne steht, aus Newtons Gesetzen, ist also eine Gesetzesaussage.

Da die eine Bewegungsrichtung Newtons Mechanik gleich viel wie die andere gilt, kann die Richtung der Zeit auf sie nicht zurückgeführt werden. Eine Gesetzesaussage bildet die Richtung der Zeit innerhalb ihrer also nicht. Sie gehört aber zu den Tatsachenaussagen, mit denen die Mechanik nicht im Widerspruch steht.

Das soll im nächsten Kapitel erörtert werden. Die Freiheit, die Newtons Mechanik wie jede bisher bekannte Grundlagenphysik dem Anwender läßt, ist die Definition des Systems und die Wahl seines Anfangszustands. Der Anwender kann sein System – Sonne, Mond und Erde – frei wählen, in einen beliebigen Zustand zu *einer* Zeit versetzen und auf Grund von Newtons Gleichungen berechnen, was weiter geschieht.

Hiernach, nach der Berechnung des Ablaufs, braucht der Anwender die Zeit nicht mehr. Sie ist zu einer abgeleiteten Beobachtungsgröße geworden; ableitbar zum Beispiel von den Positionen der Erde im Sonnensystem. Er kann die Zeilen seiner Tabelle mit diesen Positionen statt mit Zeitpunkten durchnumerieren – was aber ein überflüssiger Luxus wäre, da die Position der Erde bereits zu den Beobachtungsgrößen gehört, die in den Zeilen stehen: Die Zeit als Parameter in den Gleichungen Newtons hat der Anwender benutzt, um Korrelationen zwischen Beobachtungsgrößen herzuleiten, für die er sich interessiert und die ausreichen, um alle Beobachtungsgrößen zu berechnen. Wie er zusätzlich zum Abstand Erde–Sonne das Doppelte dieses Abstandes in seine Tabelle aufnehmen kann, aber nicht muß, so auch die Zeit: Ohne Verlust an Information können beide fortgelassen werden.

Ein Einwand drängt sich auf: Um die Tabelle aller Beobachtungsgrößen aus einer ihrer Zeilen zu berechnen, brauchen wir nur wenige Gleichungen. Die Tabelle selbst hingegen ist notwendig unendlich. In einem gewissen Sinn reicht das nicht einmal aus: Zwischen zwei Zeitpunkte, für welche die Tabelle benachbarte Zeilen enthält, können wir immer einen dritten einschieben und nach den Beobachtungsgrößen zu diesem Zeitpunkt fragen. Über sie gibt die Tabelle keine Auskunft, während ihre Berechnung aus den Gleichungen Newtons ohne weiteres möglich ist.

Trotzdem kann bei vorgegebenem System und Anfangszustand die Zeit aus den Gleichungen Newtons ohne Schaden für die Berechenbarkeit eliminiert werden. Drückt man sie nämlich durch eine unmittelbare Beobachtungsgröße wie die Position der Erde aus und ersetzt die Zeit überall in Newtons Gleichungen durch diese Funktion, erhält man im allgemeinen andere Gleichungen, die aber dasselbe implizieren: Sie erlauben die Bestimmung aller Beobachtungsgrößen als Funktionen der einen Beobachtungsgröße, welche an die Stelle der Zeit getreten ist. Die Zeit selbst taucht nirgends mehr auf, kann selbstverständlich aber als eine abgeleitete Beobachtungsgröße unter anderen definiert werden. Ihre Sonderrolle hat sie verloren.

Zeit als Observable

Das System, das vorgegeben sein soll, kann innerhalb von Grenzen, die für uns unwichtig sind, beliebig vorgegeben werden. Ist es aber nicht vorgegeben, kann keine Beobachtungsgröße angegeben werden, die – dann für alle Newtonschen Systeme – an die Stelle der Zeit in dem Sinn treten könnte, daß sie jene in allgemeingültigen Gleichungen ersetzte.

Denn welche Beobachtungsgröße könnte sowohl bei Sonne, Mond und Erde als auch bei einem Pendel oder einem Tisch mit Billardkugeln die Zeit in den Gleichungen Newtons ersetzen? Äpfel und Birnen sind miteinander vergleichbarer, als diese Systeme es sind. Verwandt, aber nicht ganz so kraß ist die Situation bei den Anfangsbedingungen. Jeder Anfangszustand eines vorgegebenen Systems kreiert seine eigene Tabelle, und es ist möglich, die zugehörigen Zeiten ineinander umzurechnen.

Wir sehen also, daß Newtons Zeit als universeller, durch keine direkte Beobachtungsgröße eliminierbarer Parameter hinter seinen Gleichungen steht. Zur Beobachtungsgröße wird sie erst durch die Wahl eines Systems, das abgeschlossen ist und ihnen genügt. Damit und dadurch wird sie zur Zeit des jeweiligen Systems – und kann eliminiert werden. Alles, was über das System gewußt werden kann, faßt dann eine unendliche Tabelle zusammen, die Korrelationen zwischen gleichzeitigen Ereignissen feststellt: Wenn der Zeiger der Pendeluhr zum fünfzigsten Mal *so* steht, geht die Sonne auf, haben wir Vollmond und so weiter. Ganz wie aus den Gleichungen Newtons für das System, welche die Zeit enthalten, kann die Tabelle aus äquivalenten Gleichungen berechnet werden, in denen statt der Zeit diejenige Beobachtungsgröße vorkommt, die sie in der Tabelle ersetzt. Die Zeit selbst kann weiter als Beobachtungsgröße berechnet werden, besitzt aber denselben Status wie jede andere. Eine Sonderrolle kommt der Zeit Newtons dann und nur dann zu, wenn wir alle möglichen Newtonschen Systeme zusammen betrachten. Dann kann sie weder eliminiert noch beobachtet werden. Beides ermöglicht erst die Wahl eines Systems – und, in geringerem Maß, einer Anfangsbedingung.

Wäre Newtons Mechanik aber eine Theorie Von Allem, könnte tatsächlich, wie Ernst Mach es wollte, die Zeit mit all ihren Arabesken ohne Schaden eliminiert werden. Denn dann wäre das Universum insgesamt so zu behandeln wie *ein* abgeschlossenes System der Mechanik Newtons. Und innerhalb eines Systems, das ihr genügt, leistet Newtons Zeit nicht mehr und nicht weniger, als Korrelationen zwischen Ereignissen herzustellen. Sie selbst kann als abgeleitete Beobachtungsgröße in alle Zeilen der Tabelle eingetragen werden, und es ist möglich, die für das System geltenden Gleichungen durch eine andere Beobachtungsgröße als sie zu formulieren. Daß, anders als die Zeit, diese Beobachtungsgröße nicht auf andere Systeme übertragen werden kann, ist bei dem System Universum selbstverständlich irrelevant. Und unsere Frage nach einer Sonderrolle der Zeit gegenüber anderen Beobachtungsgrößen kann grundsätzlich nicht beantwortet werden, da eine Antwort die Möglichkeit voraussetzt, verschiedene Systeme gleichzeitig zu betrachten. Beginnend mit dem Universum als Ganzes, ist von allen Parametern, die dazu dienen können, die Zeilen der Tabelle durchzunumerieren, keiner vor den anderen ausgezeichnet.

Nun genügt das Universum als Ganzes nicht den Gleichungen Newtons, die hier nur Modell für einen Aspekt einer Theorie Von Allem stehen. Bereits in der Allgemeinen Relativitätstheorie, angewendet auf die Kosmologie, muß man Klimmzüge machen, um eine für das ganze Universum geltende Zeit zu definieren. In den Grundgleichungen einer Theorie, welche die Quantenmechanik mit der Allgemeinen Relativitätstheorie vereinigt, treten nur noch Ereignisse auf, zwischen denen die Gleichungen Korrelationen herstellen; eine vor anderen Beobachtungsgrößen ausgezeichnete Zeit kennt die Theorie nicht mehr.

Spezielle Relativitätstheorie

Einstein in seiner Speziellen Relativitätstheorie hat als erster eine Auffassung der Zeit entwickelt, die von der Newtons abweicht. Von *Fluß* und *Richtung* der Zeit sehen wir weiter ab, weil Einsteins Theorie über sie dasselbe sagt wie Newtons. Anders aber als Einsteins Theorie geht die Mechanik Newtons von der Annahme aus, daß in einem absoluten Sinn von einer Zeit gesprochen werden kann, die für jedermann dieselbe ist. Insbesondere soll sie nicht davon abhängen, ob und wie schnell die Uhr sich bewegt, mit der ihr Ablauf gemessen wird.

Erkenntnistheoretische Vorbemerkung

Laut Einstein ist das wie gesagt anders. Weil immer wieder Artikel erscheinen, die sich gegen die Spezielle Relativitätstheorie wenden, beginne ich meine Schilderung der Rolle, welche die Zeit in ihr spielt, mit einer erkenntnistheoretischen Vorbemerkung. Jeder, der hinsieht, muß zugeben, daß die Spezielle Relativitätstheorie eine der am besten und genauesten überprüften Theorien der Physik ist. Es kann also keine Rede davon sein, daß sie »falsch« sei. Wer das behaupten wollte, müßte die Physik überhaupt aufgeben. Um Einschränkungen dieser Art geht es den Kritikern, an die ich mich wende, denn auch nicht. Sie geben zu – bei denen, die das nicht tun, sind Hopfen und Malz verloren –, daß die Spezielle Relativitätstheorie Einsteins die Beobachtungen richtig und objektiv in dem Sinn beschreibt, daß sie jeder, der sie zu überprüfen unternimmt, bestätigt finden wird. Es kann also nur um ihre Interpretation gehen: Beschreibt, was sie über Raum und Zeit sagt, physikalische Realität?

Das hängt davon ab, was man unter *Realität* versteht. Möglicherweise kann eine zur Speziellen Relativitätstheorie in dem Sinn äquivalente Theorie formuliert werden, daß die Aussagen über Beobachtungsgrößen bei beiden dieselben, die Begriffe aber verschieden sind. So kann es gelingen, durch geeignet gewählte Gesetze zu erreichen, daß sich alle Maßstäbe und alle Uhren genau so verhalten, wie es die Spezielle Relativitätstheorie will, die zugrundeliegende Theorie aber mit einer einheitlichen Zeit und einem einheitlichen Raum auskommt. Denkbar ist zudem, daß Raum und Zeit aus der umformulierten Theorie nicht fortgelassen werden können, ohne Aussagen über Beobachtungsgrößen, die sie impliziert, nicht mehr beweisen zu können.

Das muß in dieser seltsamen Theorie sogar so sein, wenn Raum und Zeit aus ihr nicht ohne Schaden als rein metaphysikalische Begriffe entfernt werden können. Denn direkt beobachtbar sind sie nicht, weil sich sonst alle Uhren und alle Maßstäbe anders verhalten würden, als es die Spezielle Relativitätstheorie sagt, deren Raum und Zeit durch ebendieses Verhalten definiert werden.

Einer alternativen Theorie sei das alles zugestanden. Tatsächlich läßt sich die Allgemeine Relativitätstheorie so formulieren, daß zwar der Raum flach ist, die Maßstäbe und Uhren aber durch Schwerefelder gesetzmäßig so beeinflußt werden, daß für die Beobachtungsgrößen die Aussagen der Relativitätstheorien gelten. Ich würde in dem Fall Raum und Zeit durch die Ergebnisse von Messungen definieren – der gemessene Abstand ist der wirkliche Abstand, die gemessene Zeitdifferenz die wirkliche –, die beide in einem naiv-realistischen Sinn real sind, und mir keine Gedanken darüber machen, ob und in welchem Sinn den Größen der Theorie, die für Raum und Zeit stehen sollen, Realität zugesprochen werden kann. Wobei verschiedene Beobachter durch Vermessung derselben Ereignisse durchaus zu verschiedenen Auffassungen von Raum und Zeit kommen können: Was für den einen ein rein räumlicher Abstand ist, kann für den relativ zu ihm bewegten ein Abstand in Raum *und* Zeit sein. Denn zwei Ereignisse, die für einen Beobachter gleichzeitig stattfinden, trennt für den relativ zu ihm bewegten eine Zeitdifferenz.

In der ersten oder zweiten Schulklasse haben wir gelernt, daß Worte groß zu schreiben sind, die etwas bedeuten, das man anfassen kann. Dem, trivial erweitert um heiße Öfen und dergleichen, würde ich einfache Realität zusprechen: Sie vermag ich zwar nicht zu definieren, wenn ich aber mit ihr konfrontiert werde, erkenne ich sie. Auch diese einfache Realität muß immer wieder neu erraten werden und sich Überprüfungen stellen; letztendlich, wenn es darauf ankommt, sollte sie auch ein Blinder mit dem Stock fühlen können, sonst handelt es sich nicht um einfache Realität.

Es ist ja nicht so, daß jene – darunter Experimentalphysiker –, die mit der Alltagsrealität umgehen, diese nach ihrem Geschmack hinbiegen können. Wir wollen, worüber sie sich geeinigt haben, einfache Realität nennen, und die Sätze, durch die sie es beschreiben, Basissätze. Die Zeit kommt in den Basissätzen nur so vor, daß Zeitangaben durch Angaben von Zeigerstellungen ersetzt werden können. Von einem »Fluß« oder einer »Richtung« der Zeit sprechen Basissätze nicht. Fluß und/oder Richtung mögen aus einer Analyse von Basissätzen folgen; in ihnen selbst kommen sie nicht vor.

Und können durch sie auch nicht explizit definiert werden! Zur einfachen Realität rechnen wir alles hinzu, was durch Basissätze explizit definiert werden kann: mit dem räumlichen Abstand zweier Ereignisse etwa sein Quadrat. So können Ereignissen durch eine vorgegebene Verteilung von Maßstäben und Uhren Orte und Zeiten zugewiesen werden. Aber »der Raum« und »die Zeit«, die in Theorien auftreten, sind nicht von dieser Art. Von ihrer Realität kann, wenn überhaupt, nur in einem eingeschränkten Sinn gesprochen werden. Denn mit den Größen eines theoretischen Systems sind auch diejenigen Größen real, die einem in Ansehung der Basissätze äquivalenten System angehören. Das gilt auch dann, wenn die eine Theorie gekrümmte Räume, die andere nur einen flachen Raum kennt.

Die Realität des flachen Raumes oder der gekrümmten Räume wäre also nur eine bedingte: eine auf eine speziell ausgewählte Theorie bezogene Realität. Darauf, ob und in welchem Sinn diese Räume »existieren«, möchte ich nicht eingehen. »Real« und »existent« sind die Begriffe einer physikalischen Theorie in dem Sinn, daß mit ihrer Hilfe Basissätze hergeleitet werden können, die ohne sie nicht folgen würden. Gibt es alternative Theorien, die dasselbe leisten, kann immer noch eine von ihnen gewählt werden, deren Begriffe durch Ernennung zur »realen Existenz« erhoben werden können.

Ich kann auch hier der Versuchung nicht widerstehen, Albert Einstein zu zitieren: *Das »Sein« ist immer etwas von uns gedanklich Konstruiertes, also von uns (im logischen Sinne) frei Gesetztes. Die Berechtigung solcher Setzungen liegt nicht in ihrer*

Ableitbarkeit aus dem Sinnlich-Gegebenen. Eine derartige Ableitbarkeit (im Sinne einer logischen Deduzierbarkeit) gibt es nie und nirgends, auch nicht in der Domäne des vorwissenschaftlichen Denkens. Die Berechtigung der Setzungen, die für uns das »Reale« repräsentieren, liegt allein in deren vollkommener oder unvollkommener Eignung, das Sinnlich-Gegebene intelligibel zu machen (der vage Charakter dieses Ausdrucks ist mir hier durch das Streben nach Kürze aufgezwungen).

Abschirmungen

Ein Beobachter und sein System seien in einen Kasten eingeschlossen. Wir wollen fragen, was der Beobachter allein durch Experimente an seinem System über die Außenwelt herausbekommen kann. Die Wände des Kastens seien ideal isolierend in dem Sinn, daß sie das Innere von allem abschirmen, wovon irgend etwas abgeschirmt werden kann: von elektrischen und magnetischen Feldern, von elektromagnetischer Strahlung wie Licht- und Radiowellen. Und von der Schwerkraft?

Von ihr nicht. Einen Schutzwall gegen die Schwerkraft kann es nicht geben. Zahllose Science-fiction-Romane beschreiben, was möglich wäre, wenn einer ge- oder erfunden würde. Aber gerade deshalb kann es keinen geben – die Science-fiction-Romane liefern, mathematisch gesprochen, einen indirekten Beweis dafür, daß es keine Abschirmung gegen die Schwerkraft geben kann.

Bei elektrischen und magnetischen Kräften ist das anders. Daß wir uns im Auto als *Faradayschem Käfig* bei Gewitter sicher fühlen dürfen, beruht letztlich darauf, daß es sowohl positive als auch negative elektrische Ladungen gibt. Für die elektrischen Felder, die von den einen als Quellen ausgehen, bilden die anderen Senken. In Metallen – sie leiten ja den elektrischen Strom! – sind Ladungen frei beweglich, und diese arrangieren sich unter dem Einfluß äußerer elektrischer Felder so, daß sie zu den Senken ebendieser Felder werden: In das Innere eines Kastens mit Metallwänden können elektrische Felder nicht eindringen.

Natürlich müssen die beweglichen Ladungen in der Metalloberfläche Zeit genug haben, den äußeren Feldern zu folgen und sich so zu arrangieren, daß sie als effektive Abschirmung dienen. Je schneller die Felder sich ändern, desto schwerer wird das für die Ladungen – so daß der Einwand des Lesers, dessen Handy auch im Auto funktioniert, nicht sticht.

Aber genug davon; die Abschirmung elektrischer Felder habe ich nur erläutert, um sagen zu können, was uns fehlt, wenn wir Schwerefelder abschirmen wollen: »negative Massen«, die als Senken für die Schwerkraft dienen könnten, die von den normalen positiven ausgeht. Die Analogie zwischen elektrischen Feldern und Schwerefeldern ist übrigens nicht vollkommen, so daß es nur in Science-fiction-Romanen möglich ist, Objekte mit »negativer Masse« zu den gewöhnlichen hinzuzufügen, um die Schwerkraft abzuschirmen. Insbesondere bewirkt und erleidet die berühmt-berüchtigte Antimaterie dieselbe Schwerkraft wie die »gewöhnliche« Materie, die uns umgibt.

Zwischen elektrischen Feldern und Schwerefeldern bestehen bereits deshalb tiefliegende Unterschiede, weil es elektrische Ladungen mit demselben und mit verschiedenen Vorzeichen gibt und die mit verschiedenen einander anziehen, die mit gleichem aber abstoßen. Hingegen besitzen alle Massen dasselbe Vorzeichen und ziehen sich gegenseitig an. Der Unterschied zu den elektrischen Ladungen, die verschiedene Vorzeichen besitzen können und einander bei gleichem Vorzeichen abstoßen, könnte nicht größer sein!

Mit allem Nachdruck, den sie besitzen kann, sagt die Theorie, daß es unmöglich ist, irgendein physikalisches System von der Schwerkraft abzuschirmen. Aber schon Newton wußte, daß in Systemen, die, ohne sich zu drehen, im Schwerefeld *frei fallen*, sich also *nicht* mit konstanter Geschwindigkeit bewegen, Trägheitskräfte auftreten, die die Schwerkraft genau kompensieren. Diese wohl wichtigste Grundlage der Allgemeinen Relativitätstheorie soll an ihrer Stelle insoweit erläutert werden, als sie die Rolle der Zeit mitbestimmt.

Absolute und relative Bewegung

Die Spezielle Relativitätstheorie klammert Fragen der Schwerkraft aus. Bei der Frage danach, was ein Beobachter allein durch Experimente an seinem System in dem abgeschirmten Kasten über die Außenwelt herausbekommen kann, seien jetzt also Experimente, deren Ausgang von der Schwerkraft abhängt, ausgeschlossen. Zur Vereinfachung wollen wir uns vorstellen, daß es außer dem Kasten mit System und Beobachter nur winzige Körper im Universum gibt, die frei im Raum schweben. Die Schwerkraft, die von ihnen ausgeht, soll unbeobachtbar klein sein. Dasselbe soll für die Schwerkraft gelten, mit der sie vom Kasten angezogen werden. Wir können uns zum Beispiel vorstellen, daß, genau wie die Körper, der Kasten mit Beobachter und System eine sehr kleine Masse besitzt, und / oder daß die Körper – wir wollen sie Probekörper nennen – sehr weit vom Kasten entfernt sind.

Da es laut Annahme im Universum nichts gibt außer dem Kasten und den

Probekörpern, bilden letztere dessen Außenwelt. Wir haben sie eingeführt, um unmißverständlich von der Lage und Geschwindigkeit des Kastens sprechen zu können: Damit meinen wir seine Lage und Geschwindigkeit relativ zu den Probekörpern, die als Markierungen mit konstanten Geschwindigkeiten relativ zueinander und zum Kasten im Raum schweben.

Die Probekörper, deren Einfluß auf die Experimente im Kasten unbeobachtbar klein ist, repräsentieren für uns die Äquivalenzklasse von Räumen, die sich relativ zueinander mit nach Betrag und Richtung konstanter Geschwindigkeit bewegen. Hätten wir sie nicht zu dem Kasten hinzugedacht, müßten wir uns dem Einwand von Leibniz stellen, der Ununterscheidbares für überhaupt identisch erklärt hat. So müssen wir das nicht: Es ist offensichtlich, wie sich unser Kasten gegenüber den Probekörpern bewegt – ob er sich, verglichen mit ihnen, zum Beispiel dreht.

Laut Newtons Mechanik brauchen wir keine Probekörper, um festzustellen, ob sich der Kasten im ansonsten leeren Raum dreht oder nicht: Dreht er sich, erfahren der mit ihm verbundene Beobachter und sein System eine Kraft, die sie von der Drehachse forttreibt. Wenn er sich aber nicht dreht, können sie sich in ihm bei jeder Geschwindigkeit so bewegen, als ob er ruhe.

Nun kann die Erkennbarkeit der Drehung durch die Probekörper, die selbst keine Wirkung auf die Objekte im Kasten ausüben, sicher nicht bewirken, daß sie Kräften ausgesetzt sind, die bereits für sich allein die Drehung erkennbar machen. Dazu hat Leibniz nichts gesagt. Newtons Antwort war, daß die Drehung gegenüber seinem Absoluten Raum, in dem Probekörper wie beschrieben schweben *würden*, Fliehkräfte hervorruft. Wir heute, die wissen, daß aus Newtons Gesetzen heraus nur eine Äquivalenzklasse von leeren Räumen definiert werden kann, die sich relativ zueinander mit konstanter Geschwindigkeit bewegen, würden von der Drehung des Kastens gegenüber irgendeinem Raum dieser Äquivalenzklasse – und damit allen – sprechen.

Der erste Versuch einer physikalisch einsichtigeren Antwort stammt von Ernst Mach. Ganz im Sinn von Leibniz dachte Mach, daß die Massen des Universums insgesamt festlegen, was es bedeutet, sich nicht zu drehen: sich *ihnen* gegenüber nicht zu drehen. Gibt es also außer dem Kasten und den Probekörpern, die keine Wirkung ausüben, nichts auf der Welt, wird durch kein Experiment feststellbar sein, ob der Kasten sich dreht; Fliehkräfte treten dann jedenfalls nicht auf.

Hiermit befinden wir uns im Gebeit der Allgemeinen Relativitätstheorie; was sie dazu zu sagen hat, folgt weiter unten. Jetzt soll es nur um Bewegungen mit nach Betrag und Richtung konstanter Geschwindigkeit gegenüber den

Probekörpern gehen. Gilt wenigstens hier bereits aus philosophischen Gründen – als, sozusagen, *synthetisches a priori* im Sinne Kants – Leibniz' *Identität des Ununterscheidbaren?*

Ich sehe nicht, wieso. Absehen möchte ich von Spitzfindigkeiten, die keine physikalischen Gründe liefern. Selbstverständlich ist ein System, das aus zwei weit voneinander entfernten, physikalisch getrennten Subsystemen besteht, logisch etwas ganz anderes als dieselben Subsysteme zweimal, jeweils für sich allein. Wenn Leibniz nicht mehr als dies gemeint hat, sei ihm seine Ansicht geschenkt, und wir kümmern uns nicht weiter um sie. Wenn er aber gemeint hat, zwei vorerst getrennte Systeme, die sich für sich allein so verhalten, daß sie nicht unterschieden werden können, müßten sich, zusammengebracht, als identisch erweisen, hat er sich geirrt.

Und auch, wenn er hätte sagen wollen, daß zwei Systeme, die auf Grund des äußeren Scheins ununterscheidbar sind, sich bereits deshalb gleich verhalten müßten, hätte er unrecht. Denn Newtons Theorie, die zwischen sich drehenden und sich nicht drehenden Systemen keinen weiteren Unterschied erkennen läßt als eben den, daß in dem erstgenannten Fliehkräfte auftreten, in dem zweitgenannten aber nicht, ist nicht bereits aus philosophischen Gründen falsch.

Genauso könnte es bei Systemen sein, die sich relativ zueinander im ansonsten leeren Raum mit konstanter Geschwindigkeit bewegen, ist es aber nicht. Jedenfalls nach allem, was wir wissen – mit Newton, Einstein und vielen anderen fordern wir, was Leibniz wohl für selbstverständlich gehalten hat: Zwei Beobachter mit ihren Systemen im ansonsten leeren Raum, die sich gegenseitig nicht beeinflussen und sich relativ zueinander mit nach Betrag und Richtung konstanter Geschwindigkeit bewegen, können durch kein Experiment an ihrem jeweiligen System etwas über ihre Geschwindigkeit herausbekommen.

Für einen Beobachter in seinem Kasten, der sich relativ zu den ausgesetzten Probekörpern bewegt, diese aber nicht sieht, gilt dasselbe: Durch kein Experiment an seinem System kann er etwas über die Geschwindigkeit des Kastens, in dem er experimentiert, in Erfahrung bringen. Da es aber stets möglich ist, Probekörper auszusetzen können wir diese auch fortlassen und von der Geschwindigkeit des Kastens relativ zu der Äquivalenzklasse gleichberechtigter leerer Räume sprechen. Zusammenfassend sagen wir, daß die Geschwindigkeit von Beobachter und System in den Naturgesetzen nicht auftritt. Wir fordern also, daß die Naturgesetze nicht dazu benutzt werden können, einen bestimmten Raum der Äquivalenzklasse als *den* Raum auszuzeichnen. Das ist nur durch Ernennung möglich.

Spiegelbilder und das Leibnizsche Prinzip der Identität des Ununterscheidbaren

So ist es selbstverständlich in der Mechanik Newtons; mit Einstein fordern wir Allgemeingültigkeit dieses Prinzips der Unbeobachtbarkeit absoluter Bewegung durch innere Eigenschaften physikalischer Systeme. Bevor ich aber auf die überraschenden Konsequenzen eingehe, die das Prinzip bei Anwendung auf Elektrizität und Magnetismus besitzt, sollte ich erläutern, weshalb sich, doch wohl im Gegensatz zu dem Prinzip der Identität des Ununterscheidbaren, zwei Systeme, die für sich allein genommen ununterscheidbar sind, sich zusammengebracht nicht als identisch erweisen müssen. Ich sage »doch wohl«, weil Leibniz, hätte er Systeme mitgemeint, die *Spiegelbilder* voneinander sind, aus seinem Prinzip hätte folgern können, daß die Naturgesetze nicht spiegelsymmetrisch sind – daß bereits sie es also ermöglichen, zwischen einem System und seinem Spiegelbild allein auf Grund innerer Eigenschaften zu unterscheiden.

Seien nämlich zwei für sich allein nicht spiegelsymmetrische Systeme gegeben, die exakte Spiegelbilder voneinander sind – wie eine rechte und eine linke Hand. Auch die Beobachter, die mit den Systemen experimentieren, sollen Spiegelbilder voneinander sein; am einfachsten ist es, wenn sie selbst spiegelsymmetrisch, also mit ihrem Spiegelbild identisch sind. Nun können wir aus dem Prinzip der Identität des Ununterscheidbaren folgern, daß die beiden Beobachter durch Austausch von Information über das Verhalten ihrer Systeme herausfinden können müssen, daß die Systeme verschieden sind. Denn wenn das unmöglich wäre, wären die Systeme für sich betrachtet ununterscheidbar – wie eine rechte und eine linke Hand es tatsächlich sind. In den Worten Immanuel Kants: *Die rechte Hand ist der linken ähnlich und gleich, und wenn man nur auf eine derselben allein sieht, auf die Proportion und die Lage der Teile untereinander und auf die Größe des Ganzen, so muß eine vollständige Beschreibung der einen in allen Stücken auch von der anderen gelten.* Aber identisch sind sie nicht – wie man unbestreitbar merkt, wenn man sie nebeneinander legt: Eine rechte Hand und eine linke können durch keine wirklich durchführbare Bewegung zur Deckung gebracht werden.

Angewendet auf Objekte, die Spiegelbilder voneinander sind, sagt das Prinzip von der Identität des Ununterscheidbaren also, daß sie sich durch innere Eigenschaften unterscheiden müssen. Ein spiegelsymmetrischer Beobachter, der erst mit dem einen, dann mit dem anderen Objekt in einem abgeschlossenen Kasten allein ist, muß beobachtbare Unterschiede zwischen ihnen feststellen können. Weil die Naturgesetze selbst nicht spiegelsymmetrisch sind, kann er

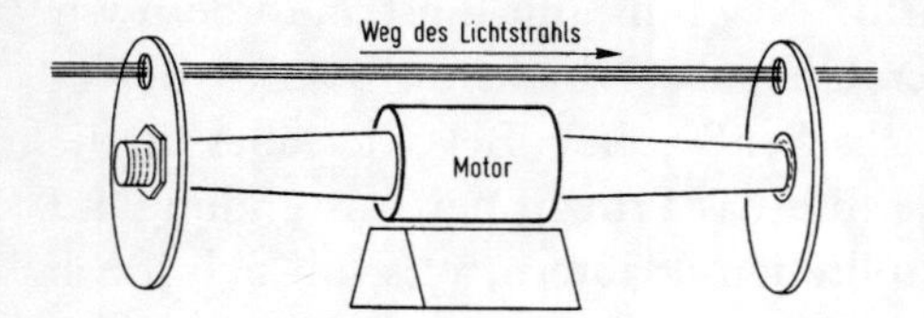

Abb. 12 Dieses etwas unrealistische Gerät verwendet die Drehgeschwindigkeit des Motors zur Bestimmung der Lichtgeschwindigkeit: Der Lichtstrahl wird durchgelassen, wenn sich zwischen seinem Ein- und Austreten die Scheibe einmal ganz um ihre Achse gedreht hat. Mehrmalige Umdrehungen schließt die Forderung aus, daß bei geringerer Drehgeschwindigkeit kein Licht durch die Apparatur hindurchtreten soll.

das tatsächlich. Laut Abb. 35 (s. S. 214) braucht er dazu nur einen Kern des Elementes Kobalt 60 mit sich zu führen. Dieser Kern ist spiegelsymmetrisch. Das bedeutet genauer, daß er durch eine Drehung in sein Spiegelbild überführt werden kann. Außerdem ist der Kern instabil – er zerfällt in einen anderen Kern, ein Elektron und ein Neutrino. Für uns allein wichtig ist ein Aspekt des dabei entstehenden geometrischen Musters: Es zeichnet einen Spiegelungstyp vor dem anderen aus, bildet sozusagen immer eine rechte Hand, niemals eine linke. Weil das so ist, sind die Naturgesetze nicht spiegelsymmetrisch: Aus einem spiegelsymmetrischen Objekt entsteht im Laufe der Zeit eins, das das nicht ist. Der Beobachter in seinem Kasten braucht sein Objekt also nur mit dem beim Zerfall des Kobaltkerns entstehenden Muster zu vergleichen, um allein auf Grund der Naturgesetze sein jeweiliges Objekt von dessen Spiegelbild unterscheiden zu können.

Also können Objekte, die Spiegelbilder voneinander sind, entgegen aller Symmetrieerwartung und entgegen der Äußerung Kants bereits auf Grund innerer Eigenschaften unterschieden werden. Daß sie sich beim Nebeneinanderlegen als nicht identisch erweisen, ist also mit dem Leibnizschen Prinzip der Identität des Ununterscheidbaren vereinbar. Das wissen wir seit der Entdeckung des Jahres 1956, daß die Naturgesetze nicht spiegelsymmetrisch sind. Einige Details zu dieser Entdeckung folgen in Kapitel 5. Es wäre aber verwegen, das Leibnizsche Prinzip zu einem Axiom zu erheben und aus ihm abzuleiten, daß die Naturgesetze die Spiegelsymmetrie verletzen *müssen*.

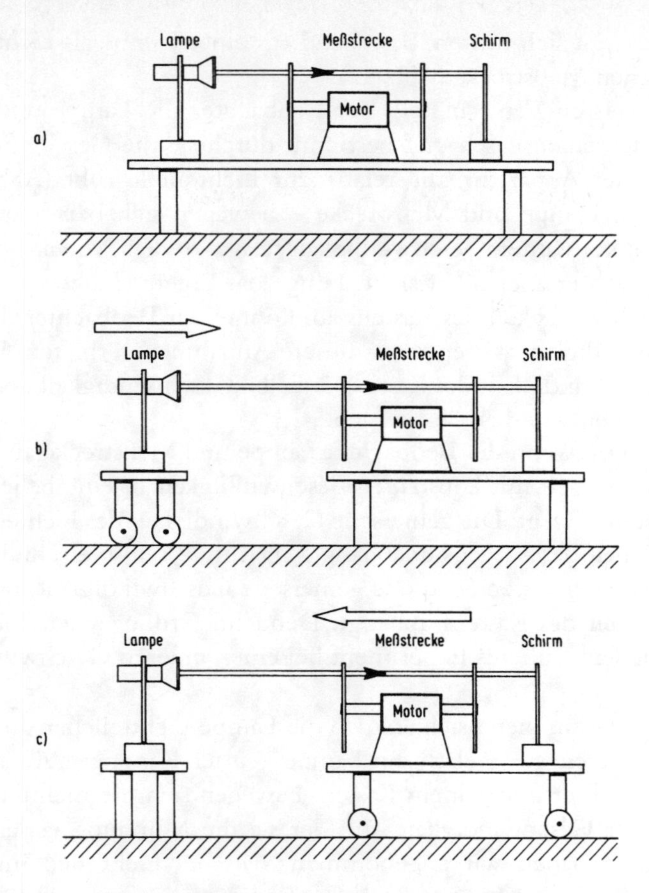

Abb. 13 Den Gebrauch der Vorrichtung zur Bestimmung der Lichtgeschwindigkeit bei verschiedenen Geschwindigkeiten von Lichtquelle und Meßstrecke relativ zueinander beschreibt der Text. Die Meßstrecke besteht aus dem Gerät der Abb. 12 sowie einem Schirm zum Nachweis des durchgelassenen Lichtes.

Die Konstanz der Lichtgeschwindigkeit

Hiermit genug von der Identität des Ununterscheidbaren – wir wenden uns wieder der Annahme Newtons und Einsteins zu, daß kein Beobachter durch Experimente an einem System, das er in seinem Kasten mit sich führt, herausfinden kann, wie schnell sich der Kasten relativ zur Außenwelt bewegt. Zum Beispiel möge der Beobachter eine Vorrichtung zur Messung der Lichtgeschwindigkeit mit sich führen, bestehend aus einer Lampe als Lichtquelle und der eigentlichen Meßstrecke (Abb. 12).

In seinem ersten Versuch stellt der Beobachter die Lampe und die Meßstrecke auf denselben Tisch und bestimmt durch sie die Geschwindigkeit des Lichtes in einer Apparatur, die relativ zur Lichtquelle ruht (Abb. 13). Alle drei – Kasten, Lampe und Meßstrecke – bewegen sich bei diesem Versuch mit derselben konstanten Geschwindigkeit relativ zu den Probekörpern außen, die der Beobachter aber nicht sieht. Hinge das Ergebnis dieses Experimentes von der Geschwindigkeit des Kastens ab, könnte der Beobachter durch es um diese Geschwindigkeit wissen – was unsere Annahmen verbietet. Also muß er bei jeder Geschwindigkeit des Kastens dieselbe Geschwindigkeit des Lichtes als Ergebnis erhalten – und erhält sie auch.

Genauso ist es, wenn der Beobachter Lampe und Meßstrecke auf einen Wagen setzt und diesen mit konstanter Geschwindigkeit in eine beliebige Richtung im Kasten bewegt: Die gemessene Geschwindigkeit des Lichtes ist von der Geschwindigkeit des Wagens unabhängig. Das muß selbstverständlich so sein, wenn die nach der ersten Methode gemessene Geschwindigkeit nicht von der Geschwindigkeit des Kastens abhängt. Denn im Grunde wiederholt der Beobachter nur sein früheres Experiment bei einer anderen Geschwindigkeit des Kastens.

Als Interpretation bietet sich an, daß die Lampe Lichtteilchen aussendet wie eine Kanone Geschosse: Relativ zur Lampe – sprich Kanone –, also auch relativ zu dem Beobachter und seinem Kasten, bewegen sich die Lichtteilchen dann immer mit der Geschwindigkeit, mit der sie die Mündung verlassen haben. Stillschweigend haben wir angenommen, daß das Licht sich im luftleeren Raum ausbreitet und daß keine Reibung die Kanonenkugeln abbremst.

Der Beobachter, der weiß, daß Licht interferieren, Licht also Licht auslöschen kann, ist von dem Ergebnis seines Experimentes, das zu zeigen scheint, daß Licht eine Art Schrot ist, höchst überrascht. Zur Bestätigung oder Widerlegung ersinnt er zwei weitere Experimente (Abb. 13 b+c), von denen das erste dem Beobachter zeigen wird, daß es nicht so einfach sein kann, wie in dem Bild von Kanone und Geschoß angenommen: Er setzt zwar die Lampe, nicht aber die Meßstrecke auf einen Wagen, fährt mit ihm auf die Meßstrecke zu und bestimmt so die Geschwindigkeit des Lichtes der bewegten Lampe in der ruhenden Meßstrecke – mit abermals demselben Ergebnis, der immer gleichen Lichtgeschwindigkeit von 300 000 Kilometer pro Sekunde.

Auch dieses Resultat besitzt eine einfache Interpretation, die aber der ersten widerspricht. Wie jetzt beobachtet wäre es nämlich, wenn sich das Licht als

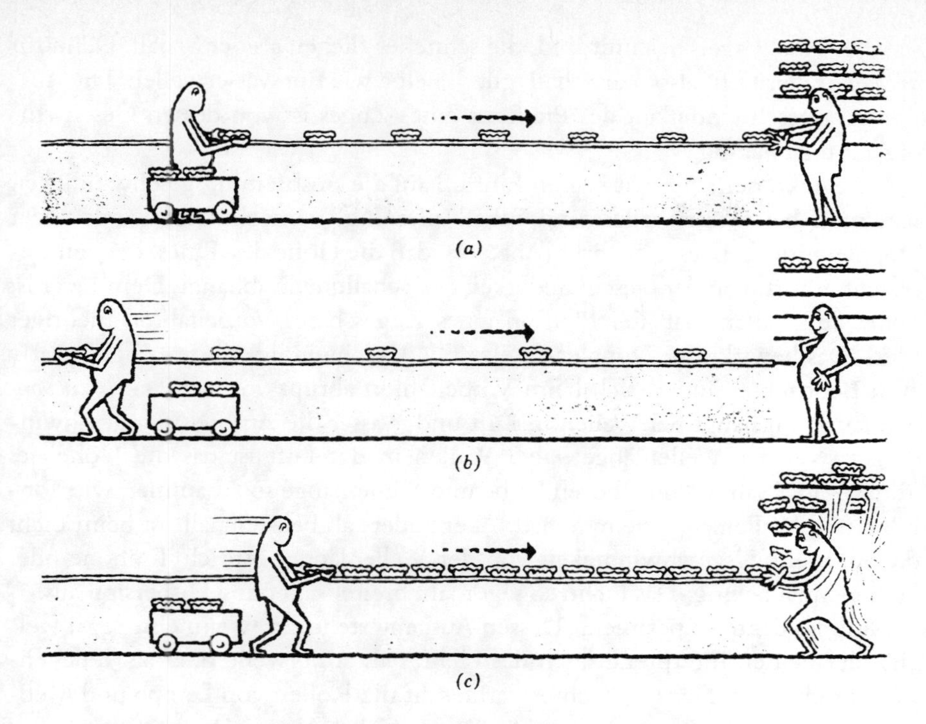

Abb. 14 Wie die Abstände der Kuchen auf dem Fließband hängen die der Wellenberge einer Schallwelle von der Geschwindigkeit ab, mit der sich die Quelle bewegt. Je kürzer der Abstand zwischen den Wellenbergen, desto höher der Ton für den Empfänger. Daher die Abhängigkeit der Tonhöhe von der Geschwindigkeit der Schallquelle (Doppler-Effekt).

Welle in einem Medium – sagen wir namens Äther – ausbreitete. Wie eine Wasserwelle gegenüber dem Wasser besäße das Licht dem Äther gegenüber immer dieselbe Geschwindigkeit – die insbesondere davon unabhängig wäre, wie schnell sich die Lichtquelle bewegt. Läßt nämlich einer von einem langsam fliegenden Hubschrauber aus Steine ins Wasser fallen, gehen von der Auftreffstelle Wellen aus, die sich kreisförmig und mit einer Geschwindigkeit ausbreiten, die von der Geschwindigkeit des Hubschraubers unabhängig ist. Zwar hängt das Wellenbild, das alle Steine zusammen erzeugen, von der Geschwindigkeit des Hubschraubers ab, nicht aber die Ausbreitungsgeschwindigkeit der Wellenfront.

Vorauszusetzen ist natürlich, daß der Hubschrauber nicht schneller fliegt, als sich die Wellen im Wasser ausbreiten. Sonst ergeben sich merkwürdige Effekte, die von Flugzeugen bekannt sind, die schneller fliegen als der Schall. Denn für Wellen in der Luft, also den Schall, gilt dasselbe wie für Wasserwellen: Die Ausbreitungsgeschwindigkeit des Pfeiftons eines Zuges ist von dessen Geschwindigkeit unabhängig.

Ein Effekt, der bei Licht keinen Einfluß auf die Ausbreitungsgeschwindigkeit hat, muß bei Wasserwellen und Schall allerdings vernachlässigt werden: der Doppler-Effekt. Dieser bewirkt (Abb. 14), daß die Höhe des Tones, den ein Beobachter hört, von der Geschwindigkeit der Schallquelle abhängt. Dem Leser ist sicher aufgefallen, daß der Pfeifton eines Zuges beim Vorbeifahren niedriger wird. Das bewirkt der Doppler-Effekt: Die Geschwindigkeit des Zuges relativ zum Beobachter ändert sich beim Vorbeifahren abrupt von *auf-ihn-zu* zu *von-ihm-fort*. Nun hängt bei Wellen in Luft und Wasser die Ausbreitungsgeschwindigkeit von der Wellenlänge – bei Wellen in der Luft ist das die Höhe des Tones – ab. Beim Licht gehören Farbe und Wellenlänge so zusammen wie Tonhöhe und Wellenlänge beim Schall. Aber anders als beim Schall, ist beim Licht die Ausbreitungsgeschwindigkeit von der Wellenlänge – sprich Tonhöhe oder Farbe – unabhängig: Das Licht, so sagt man, breitet sich ohne Dispersion aus.

Nun das dritte Experiment. Dessen Ausgang steht fest, wenn eine, egal welche, der beiden Interpretationen des Lichtes als Ätherwelle oder als Teilchenschrot richtig ist: Der Beobachter vertauscht die Rollen von Lampe und Meßstrecke bei dem Experiment mit dem Wagen, fährt also mit der Meßstrecke auf dem Wagen auf die auf dem Tisch ruhende Lampe zu. Dabei fährt die Meßstrecke dem sich ausbreitenden Licht entgegen, so daß sowohl bei einer Ätherwelle als auch bei Teilchenschrot eine größere Geschwindigkeit des Lichtes als zuvor herauskommen sollte.

Tatsächlich erhält er abermals dasselbe Ergebnis, 300 000 Kilometer pro Sekunde. Das erspart ihm das Dilemma, zwischen zwei sich widersprechenden Theorien entscheiden zu müssen – sie sind offensichtlich beide falsch. Tatsächlich ist die Geschwindigkeit des Lichtes davon unabhängig, in welche Richtung – ob auf die Lichtquelle zu oder von ihr fort – und wie schnell sich der Beobachter bewegt. Eine auf alltäglicher Anschauung beruhende Interpretation dieses Sachverhaltes ist unmöglich. Wenn ich von einem Verfolger davonlaufe, bewege ich mich relativ zu ihm langsamer, als wenn ich stehenbleibe (oder ihm gar entgegenlaufe). Im Strom der Autos schwimmt das meine mit der Relativgeschwindigkeit Null zu den anderen mit. Und so weiter. Wäre eines meiner Bezugsobjekte aber ein Lichtsignal, würde es sich relativ zu mir mit immer derselben Lichtgeschwindigkeit bewegen.

Darüber, wie eine *endliche* Geschwindigkeit des Lichtes von den Geschwindigkeiten des Beobachters und der Lichtquelle unabhängig sein kann, hat eine Generation von Physikern gerätselt. Würde sich das Licht statt mit seiner zwar sehr großen, aber endlichen Geschwindigkeit instantan, also mit der Geschwindigkeit unendlich, ausbreiten, wäre anschaulich leicht einzusehen, daß seine Geschwindigkeit von allen anderen Geschwindigkeiten unabhängig ist. Denn um zu ermitteln, wie schnell sich das Licht relativ zu einem Beobachter bewegt, der mit 10 Meter pro Sekunde Geschwindigkeit einer auf der Erde ruhenden Lichtquelle entgegenläuft, müssen wir nach Auskunft der Anschauung zu der Geschwindigkeit des Lichtes die des Läufers addieren. Aber unendlich viele Meter pro Sekunde plus 10 Meter pro Sekunde ergibt ungeändert unendlich viele Meter pro Sekunde; und genauso bei jeder beliebigen Geschwindigkeit des Beobachters relativ zur Lichtquelle. Wäre die Geschwindigkeit des Lichtes also unendlich, wäre sie trivialerweise immer dieselbe, nämlich unendlich. Aber sie ist endlich und trotzdem von allen anderen Geschwindigkeiten unabhängig. Also kann – davon alsbald! – die anschauliche Formel zur Ermittlung zusammengesetzter Geschwindigkeiten nicht allgemeingültig sein. Denn laut ihrer wäre die Geschwindigkeit des Lichtes relativ zum Läufer zwar nur geringfügig anders, aber eben doch anders als relativ zur Erde.

Daß die Geschwindigkeit des Lichtes tatsächlich von allen anderen Geschwindigkeiten unabhängig ist, haben Experimente der amerikanischen Physiker Michelson und Morley im späten 19. Jahrhundert bewiesen. Die experimentelle Technik war damals so weit fortgeschritten, daß der Einfluß der Geschwindigkeit der Erde auf ihrer Bahn um die Sonne – etwa 30 Kilometer pro Sekunde – auf die Geschwindigkeit des Lichtes – 300 000 Kilometer pro Sekunde – bestimmt werden konnte.

Wenn es ihn geben würde! Michelson und Morley konnten sich auf die Frage beschränken, ob die durch eine Meßstrecke bestimmte Geschwindigkeit des Lichtes von der Geschwindigkeit der Meßstrecke abhängt. Die Annahme, die sie nur noch überprüfen mußten, war nämlich die, daß das Licht eine Welle ist, die sich mit einer festen Geschwindigkeit im Äther ausbreitet. Verrückte Varianten von der Art ausgeschlossen, daß die Erde den Äther mit sich führt, kann sie nicht zu allen Jahreszeiten in ihm ruhen. Denn im Frühling bewegt sie sich in eine andere Richtung um die Sonne als im Sommer, Herbst oder Winter. Daher muß zu Jahreszeiten, in denen die Erde relativ zum Äther nicht ruht, die auf ihrer Oberfläche gemessene Geschwindigkeit des Lichtes von der Richtung abhängen, aus der das Licht kommt. Relativ zum Äther ist dessen Geschwindigkeit ja immer dieselbe.

In der von dem englischen Physiker James Clerk Maxwell um 1860 formulierten vereinigten Theorie der Elektrizität und des Magnetismus ist die Lichtgeschwindigkeit eine Größe, die aus zwei anderen Größen berechnet werden kann, die auf den ersten Blick und ohne die Theorie mit der Lichtgeschwindigkeit nichts zu tun haben. Diese beiden Größen – Details tun nichts zur Sache – können einzeln bei beliebiger Geschwindigkeit der Meßapparatur durch Experimente bestimmt werden, die heute zur Schulphysik gehören. Daß und wie sich die Erde bewegt, sollte auf diese Messungen keinen Einfluß haben, und hat ihn auch nicht. Trotzdem und erstaunlicherweise gestatten sie die Berechnung der Geschwindigkeit des Lichtes – erfolgreich, wie sich bald noch der Formulierung der Theorie herausgestellt hat. Abgesehen von allen grundsätzlichen Erwägungen war das auch deshalb erstaunlich, weil damit bewiesen zu sein schien, daß die Erde relativ zum Äther nahezu ruht – im Gegensatz zum Kopernikanischen Prinzip, nach dem die Erde keine ausgezeichnete Stelle im Universum einnimmt und wohl auch keine irgendwie ausgezeichnete Geschwindigkeit besitzen sollte.

Prinzip hin oder her – warum sollte sich ausgerechnet die Erde relativ zum Äther in Ruhe befinden? Das wäre ein höchst erstaunlicher Zufall. Michelson und Morley, die sich aufgemacht hatten, durch Messung der Geschwindigkeit des Lichtes mit einer erdgebundenen Apparatur zu verschiedenen Jahreszeiten und in Abhängigkeit von der Richtung, aus der das Licht kommt, den Wechsel der Geschwindigkeit der Erde relativ zum Äther bei ihrem Umlauf um die Sonne zu bestimmen, fanden heraus, daß die Erde, wenn es denn einen Äther gab, bei allen Geschwindigkeiten, die sie annahm, in ihm stillsteht – ein absurdes Ergebnis.

Das Licht, so das Ergebnis von Michelson und Morley, hat unabhängig von der Geschwindigkeit der Lichtquelle und des Beobachters immer dieselbe Geschwindigkeit. Das wußte Albert Einstein, als er 1905 seine Spezielle Relativitätstheorie formulierte – ob als experimentelles Resultat oder als Ergebnis seines Nachdenkens über abgeschlossene Systeme und das Licht lasse ich offen. Bereits in frühen Jahren hatte er sich vorzustellen versucht, wie Licht aussehen würde, wenn er neben ihm her liefe, so daß die Welle relativ zu ihm ruht. Zu einem Ergebnis ist er nicht gekommen, wohl aber zu dem Schluß, daß es unmöglich sein müsse, sich so schnell zu bewegen wie das Licht. Diese Einsicht, verschärft durch die Forderung, daß das Licht für jeden Beobachter dieselbe Geschwindigkeit besitzt, hat ihn zur Speziellen Relativitätstheorie geführt.

Einsteins Zug

Mit unser aller naiver Vorstellung von Raum und Zeit ist unvereinbar, daß die von einem Beobachter gemessene Geschwindigkeit des Lichtes von der Geschwindigkeit des Beobachters unabhängig ist. Mit Albert Einstein – in seinem wunderschönen Büchlein *Über die spezielle und allgemeine Relativitätstheorie*, das zuerst 1917 erschienen ist und nach meiner Ansicht die noch immer klarste populärwissenschaftliche Darstellung seiner Theorien enthält – ersetzen wir nämlich das Licht durch einen *Mann, der einen mit konstanter Geschwindigkeit fahrenden Eisenbahnwagen in dessen Längsrichtung, und zwar in Richtung der Fahrt, durchschreitet. Wie rasch bzw. mit welcher Geschwindigkeit kommt der Mann relativ zum Bahndamm während des Gehens vorwärts? Die einzig mögliche Antwort scheint aus folgender Überlegung zu entspringen: Würde der Mann eine Sekunde lang still stehen, so käme er relativ zum Bahndamm um eine der Fahrgeschwindigkeit des Wagens gleiche Strecke vorwärts. In Wirklichkeit durchmißt er aber außerdem relativ zum Wagen, also auch relativ zum Bahndamm in dieser Sekunde durch sein Gehen die Strecke, welche der Geschwindigkeit seines Ganges gleich ist. Er legt also in der betrachteten Sekunde relativ zum Bahndamm die Summe beider Strecken zurück, so daß seine Geschwindigkeit die Summe beider Geschwindigkeiten – der des Zuges relativ zum Bahndamm und des Mannes relativ zum Zug – sein muß. Später werden wir sehen, daß diese Überlegung, welche das Additionstheorem der Geschwindigkeiten gemäß der klassischen Mechanik ausdrückt, nicht aufrecht erhalten werden kann, daß also das ... Gesetz in Wahrheit nicht zutrifft.* Formelzeichen habe ich eliminiert; »Geschwindigkeit« steht für die in einer Sekunde zurückgelegte Strecke.

Das Zitat zeigt mit bemerkenswerter Klarheit, daß die naive Auffassung von Raum und Zeit, von der die Schlußweise abhängt, nicht richtig sein kann, wenn die Geschwindigkeit des Mannes, der für uns das Lichtsignal vertritt, relativ zum Zug dieselbe ist wie relativ zum Bahndamm. Was aber machen wir falsch, wenn wir die in einer Sekunde zurückgelegten Strecken addieren, um die Gesamtstrecke zu erhalten, die der Mann relativ zum Bahndamm in derselben Sekunde zurückgelegt hat?

Da unser Thema die Zeit ist, will ich nur auf das eingehen, was wir sie betreffend falsch machen. Wir haben stillschweigend angenommen, daß die im Eisenbahnwagen gemessene Sekunde mit der auf dem Bahndamm gemessenen übereinstimmt. Vor Einstein hat niemand daran gezweifelt, daß das so sei – *Die absolute, wahre und mathematische Zeit verfließt an sich und vermöge ihrer Natur gleichförmig und ohne Beziehung auf irgendeinen äußeren Gegenstand* hat, wie vom Eingang dieses Kapitels erinnerlich, Newton formuliert.

Ereignisse

Also müssen alle identischen Uhren unabhängig von ihrem Bewegungszustand gleich schnell gehen. Was aber soll das bedeuten? Doch wohl, daß die Änderung der Anzeige zwischen zwei Ereignissen für alle Uhren dieselbe ist. Insbesondere müssen zwei Ereignisse, die für die eine Uhr gleichzeitig – bei derselben Anzeige – stattfinden, auch für alle anderen Uhren gleichzeitig sein. Wenn das falsch ist, dann auch Newtons Auffassung der Zeit.

Wir sehen also, daß dem Begriff der Gleichzeitigkeit in Einsteins Analyse von Raum und Zeit eine zentrale Rolle zukommen muß. In den Relativitätstheorien sind Orte und Zeiten Maßzahlen, die Ereignissen zugeordnet werden. Das primäre sind aber die Ereignisse – Zusammenstöße von Teilchen, Einschläge von Blitzen und die Zeigerstellungen von Uhren. Derselben Abfolge von Ereignissen werden verschiedene Beobachter im allgemeinen zwar verschiedene Maßzahlen für Orte und Zeiten zuordnen, aber über die Ereignisse selbst kann es keine Meinungsverschiedenheiten geben. Zum Beispiel können die Beobachter verschiedener Ansichten darüber sein, ob zwei Blitze an verschiedenen Orten gleichzeitig eingeschlagen haben – und wenn nicht, in welcher Reihenfolge –, aber darüber, von welchen Einschlägen sie sprechen, können sie sich zweifelsfrei verständigen: Sie sehen ja, welches Haus brennt.

Die Welt ist alles, was der Fall ist hat der österreichische Philosoph Ludwig Wittgenstein 1918 geschrieben, und das wenden die Relativitätstheorien auf die Ereignisse an. Die Ereignisse liegen einfach da, bilden ein Geflecht wie *Heu in einem Heuhaufen.* Aber dieser Haufen ist vier- nicht nur dreidimensional; wer den Ereignissen – den Kreuzungspunkten von Halmen – Zahlen zuordnen will, braucht vier Zahlen pro Kreuzungspunkt. Bei dem Haufen auf dem Feld reichen bekanntlich drei – Länge, Breite und Höhe. Die vierte Zahl, die zur Charakterisierung von Ereignissen benötigt wird, hat zwar mit der Zeit zu tun, aber mit der individuellen Zeit eines jeden Beobachters, der die Ereignisse mit *seinen* Maßzahlen versieht. Anders als in Newtons Mechanik kann eine für alle Beobachter gültige Zeit in den Relativitätstheorien nicht angegeben werden.

Mit Albert Einstein wollen wir zwei Prinzipien an den Anfang unserer Erörterung der Speziellen Relativitätstheorie stellen:

1) Die Lichtgeschwindigkeit im Vakuum ist für alle gleichförmig gegeneinander bewegten Systeme gleich groß.

2) In allen gleichförmig gegeneinander bewegten Systemen gelten durchweg die gleichen Naturgesetze.

Hierzu zwei Bemerkungen. Wenn wir wir in diesem Buch von der Lichtge-

Abb. 15 Die Abbildung entstammt Albert Einsteins Büchlein *Über die spezielle und die allgemeine Relativitätstheorie* (Einstein 1985).

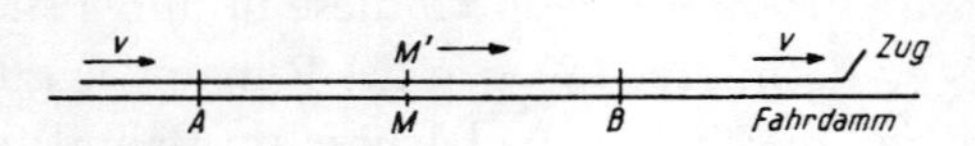

schwindigkeit sprechen, meinen wir immer die im luftleeren Raum, dem Vakuum. Und *durchweg die gleichen Naturgesetze* dürfen wir durch *dieselben Naturgesetze* ersetzen. Denn das ist gemeint: In allen *gleichförmig gegeneinander bewegten Systemen* gelten genau *dieselben* Gesetze.

Gleichzeitigkeit

An zwei weit voneinander entfernten Stellen A *und* B *unseres Bahndamms hat der Blitz ins Geleise eingeschlagen.* Was meinen wir, wenn wir sagen, die Einschläge seien gleichzeitig erfolgt? *Nach einiger Zeit des Nachdenkens* machen wir den *folgenden Vorschlag für das Konstatieren der Gleichzeitigkeit: Die Verbindungsstrecke* AB *werde dem Geleise nach ausgemessen und in die Mitte* M *der Strecke ein Beobachter gestellt, der mit einer Einrichtung versehen ist (etwa zwei um 90 Grad gegeneinander geneigte Spiegel), die ihm eine gleichzeitige optische Fixierung der Orte* A *und* B *erlaubt. Nimmt dieser die beiden Blitzschläge gleichzeitig wahr, so sind sie gleichzeitig.*

Da dies eine Definition ist, können wir nicht darüber rechten, ob sie »richtig« ist oder »falsch«. Wenn wir aber das Prinzip 1) von der Konstanz der Lichtgeschwindigkeit anwenden, sehen wir, daß die Definition genau das trifft, was wir meinen, wenn wir »gleichzeitig« sagen: Die beiden Einschläge haben gleichzeitig stattgefunden, weil das Licht für die halbe Entfernung der Punkte A und B dieselbe Zeit braucht – ob es sich nun von links nach rechts (von A nach M) oder von rechts nach links (von B nach M) bewegt.

Es fahre nun auf dem Geleise ein sehr langer Zug mit konstanter Geschwindigkeit in der in Abb. 15 *angegebenen Richtung. ... Jedes Ereignis, welches längs des Geleises stattfindet, findet dann auch an einem bestimmten Punkte des Zuges statt. Auch die Definition der Gleichzeitigkeit läßt sich in bezug auf den Zug in genau derselben Weise geben, wie in bezug auf den Bahndamm*: Ein Beobachter *M'* genau in der Mitte zwischen den Einschlagstellen, nun aber im fahrenden Zug, wird sagen, daß die beiden Blitze gleichzeitig eingeschlagen sind, wenn er sie gleichzeitig wahrgenommen hat.

Gleichzeitiges Wahrnehmen *an demselben Ort* ist genauso ein Ereignis wie der Einschlag eines Blitzes. Es geht uns mit Einstein darum, Gleichzeitigkeit *an ver-*

schiedenen Orten durch diese unmißverständliche, erstgenannte Gleichzeitigkeit zu definieren. Wegen des Prinzips 1) gilt alles zur Definition der Gleichzeitigkeit durch den Beobachter am Bahndamm Gesagte genauso für den Beobachter im Zug. Insbesondere hängt auch für ihn die Geschwindigkeit des Lichtes nicht von dessen Ausbreitungsrichtung ab – ob in Fahrtrichtung des Zuges oder in die Gegenrichtung. Wegen des Prinzips 2) können beide Beobachter dieselben Definitionen ihrer Begriffe durch Größen ihrer eigenen Systeme treffen. So haben sie es bei der Definition der Gleichzeitigkeit gehalten.

Der Beobachter auf dem Bahndamm wird seine Definition der Gleichzeitigkeit auf alle Ereignisse anwenden, die in demselben Abstand rechts und links von ihm stattgefunden haben. Dann wird sich dieser Beobachter andere Beobachter denken, die einmal hier, dann dort in der Mitte von Ereignissen sitzen und dieselbe Definition der Gleichzeitigkeit anwenden wie er. Schlußendlich kann er von beliebigen Ereignissen sagen, ob sie gleichzeitig stattgefunden haben.

Der Beobachter im fahrenden Zug kann zur Definition *seiner* Gleichzeitigkeit genauso verfahren. *Seine* Beobachter ruhen selbstverständlich relativ zu *ihm*, fahren also in demselben Zug. Aber werden für ihn dieselben Ereignisse gleichzeitig stattfinden wie für den Beobachter auf dem Bahndamm? Die Antwort ist nein.

In jenem Bahndamm-Augenblick, in dem die Blitze A und B gleichzeitig einschlagen, befindet sich auch der Beobachter im fahrenden Zug genau in der Mitte zwischen den Einschlagstellen. *Es sei M′ der Mittelpunkt der Strecke A – B des fahrenden Zuges. Dieser Punkt M′ fällt zwar, vom Bahndamm aus beurteilt, im Augenblick der Blitzschläge mit dem Punkte M zusammen, bewegt sich aber ... mit der Geschwindigkeit des Zuges nach rechts. Würde ein bei M′ im Zuge sitzender Beobachter diese Geschwindigkeit nicht besitzen, so würde er dauernd im M bleiben, und es würden ihn dann die von den Blitzschlägen A und B ausgehenden Lichtstrahlen gleichzeitig erreichen. ... In Wahrheit aber eilt er (vom Bahndamm aus beurteilt!) dem von B herkommenden Lichtstrahl entgegen, während er dem von A herkommenden Lichtstrahl vorauseilt. Der Beobachter wird also den von B ausgehenden Lichtstrahl früher sehen, als den von A ausgehenden. Die Beobachter, welche den Eisenbahnzug als Bezugskörper benutzen, müssen also zu dem Ergebnis kommen, der Blitzschlag B habe früher stattgefunden als der Blitzschlag A.*

Zeitliche Reihenfolgen

Zwei Ereignisse, die für den einen Beobachter gleichzeitig sind, sind das für den relativ zu ihm bewegten im allgemeinen also nicht. Ein Blick auf die Abb. 15 zeigt, daß Bewegung darüber hinaus die Reihenfolge von Ereignissen zu vertauschen vermag. Wenn nämlich vom Bahndamm aus gesehen der Blitz A ein wenig *vor* dem Blitz B eingeschlagen hat, dürfen wir annehmen, daß der Zug so schnell dem von B ausgehenden Licht entgegenfährt, daß dieses einen mitfahrenden Beobachter in der Mitte zwischen den Einschlagstellen der Blitze vor dem von A stammenden Licht erreicht. Vom Zug aus gesehen hat damit das Ereignis B früher stattgefunden als das Ereignis A; die Reihenfolge der Ereignisse wurde durch die Relativbewegung der Beobachter auf dem Bahndamm und im Zug vertauscht.

Der Leser könnte nun denken, daß die zeitliche Reihenfolge beliebiger Ereignisse durch eine hinreichend schnelle Relativbewegung vertauscht werden kann. Das ist aber nicht so. Denn weil die Lichtgeschwindigkeit für alle Beobachter dieselbe ist, muß sie zugleich auch die höchstmögliche Geschwindigkeit sein, mit der Signale übermittelt werden können. Die mathematische Formulierung der Speziellen Relativitätstheorie zeigt sofort, daß sich der Zug vom Bahndamm aus gesehen nicht schneller bewegen kann als das Licht. Sonst müßte er sich nämlich zwischen »langsamer« und »schneller« als das Licht auch »genauso schnell« wie es bewegen können – was ausgeschlossen ist, weil das Licht sonst relativ zum Zug ruhen würde.

Geschwindigkeiten von Signalen

Also kann kein Objekt auf eine Geschwindigkeit oberhalb der Lichtgeschwindigkeit beschleunigt werden. Vor allem aber ist sie selbst für Objekte, die sich nicht – wie das Licht selbst – immer und gegenüber jedem realen Beobachter mit Lichtgeschwindigkeit bewegen, unerreichbar. Wie es dazu kommt, hat nur mittelbar mit unserem Thema, der Zeit, zu tun: Wegen Einsteins $E = mc^2$ wächst die Masse m, durch die ein Körper Beschleunigungsversuchen Widerstand entgegensetzt, mit seiner Energie E an, sie selbst wieder mit der Geschwindigkeit. Sie – die Energie und mit ihr der Widerstand gegen Beschleunigungsversuche – wächst bei Annäherung an die Lichtgeschwindigkeit über alle Grenzen; bei ihr selbst wäre sie unendlich. Gäbe es also Teilchen, die sich mit Überlichtgeschwindigkeit bewegen, müßten sie als solche geboren werden; wie ja bereits das Licht mit seiner Geschwindigkeit geboren wird. Solche hypothetischen Teilchen, für deren Existenz es nicht das geringste Anzeichen gibt, heißen Tachyonen.

Paradoxien, die aus der Möglichkeit erwachsen würden, Signale schneller als mit der für alle Beobachter gleichen Lichtgeschwindigkeit zu übermitteln, beruhen ausnahmslos darauf, daß nicht für alle Beobachter dieselben Ereignisse gleichzeitig sind. Wäre es möglich, ein Signal schneller als das Licht durch den Raum zu schicken, dann auch eine Wirkung, da der Empfänger auf das Signal reagieren könnte. Wir wissen bereits, daß kein materielles Objekt sich so schnell bewegen kann, daß es Wirkungen schneller als das Licht übertragen könnte. Aber könnte es nicht andere, geradezu geisterhafte Übertragungen von Wirkungen mit Überlichtgeschwindigkeit geben, ohne daß Paradoxien entstünden?

Das kann es nicht. Angenommen nämlich, das Ereignis A habe laut Bahndammzeit ein wenig früher als B stattgefunden – so wenig früher, daß für den Beobachter in dem fahrenden Zug B früher als A eingetreten ist. Angenommen weiter, es gebe ein Signal, das vom Ereignis A ausgehend das Ereignis B erreicht. Dann kann A auf B Einfluß ausüben – das Ereignis A könnte sowohl auf Grund der Natur des Einflusses als auch auf Grund der zeitlichen Reihenfolge als Ursache des Ereignisses B interpretiert werden.

Zum Beispiel könnte als Ereignis A ein Strahl abgeschickt werden, der als Ereignis B Verwüstungen anrichtet. Dieser Strahl muß sich zwar nur so schnell bewegen, daß er Ereignisse miteinander verbindet, deren zeitliche Reihenfolge vom Zug und vom Bahndamm aus gesehen verschieden ist. Um aber keine numerischen Einzelheiten diskutieren zu müssen, will ich annehmen, daß die Geschwindigkeit, ab der die zu schildernden Probleme entstehen, die Lichtgeschwindigkeit ist. Nimmt man Gleichungen zu Hilfe, ist leicht einzusehen, daß zusätzlich zur Lichtgeschwindigkeit keine weitere Geschwindigkeit für alle Beobachter dieselbe sein kann. Da aber die Geschwindigkeit unendlich für alle Beobachter dieselbe wäre, kann es kein Signal geben, das sich mit unendlicher Geschwindigkeit bewegt.

Für den Beobachter im fahrenden Zug ist laut Annahme die zeitliche Reihenfolge von A und B vertauscht. Folglich treten für ihn die Verwüstungen durch den Strahl ein, bevor er abgeschickt wurde. Zeitlich gesehen bilden demnach die Verwüstungen die Ursache des Strahls, der von B in einem wundersam koordinierten Prozeß ausgesandt wird, zur (eigentlichen) Quelle A zurückkehrt und von ihr ohne Erschütterungen absorbiert wird.

Den Strahl können wir ohne wesentliche Änderung in Gedanken durch

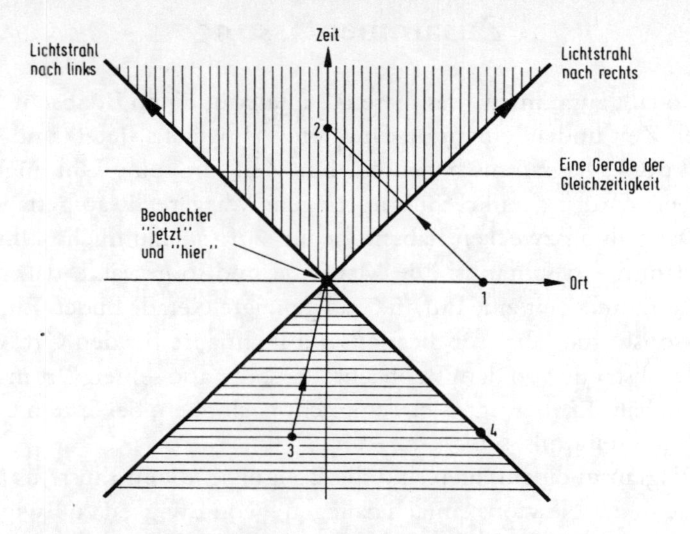

Abb. 16 Die Abbildung faßt die Weltsicht eines Beobachters zusammen.

ein immaterielles Signal ersetzen, das Akteure an B interpretieren können – zum Beispiel so, daß sie bereitgestellte Bomben explodieren lassen. Wichtig ist abermals nur, daß vom Zug aus gesehen die kausale und die zeitliche Reihenfolge einander widersprechen. Wenn es also Signale gäbe, die sich mit Überlichtgeschwindigkeit ausbreiten, könnten für den Beobachter im Zug kausale Wirkungen früher eintreten als ihre Ursachen – ein offensichtliches Paradox.

Gegeben seien zwei Ereignisse an verschiedenen Orten, die für irgendeinen Beobachter zeitlich so weit auseinanderliegen, daß sie durch kein Signal verknüpft werden können. Dann muß zur Vermeidung von Paradoxien die Reihenfolge dieser Ereignisse für alle Beobachter unabhängig von ihrer Geschwindigkeit dieselbe sein. Die Reihenfolge von Ereignissen, die durch kein Signal verknüpft werden können, hängt hingegen von der Geschwindigkeit des Beobachters ab. Aber da zwischen solchen Ereignissen keine kausale Beziehung bestehen kann, folgt aus der Vertauschbarkeit ihrer Reihenfolge kein Paradox. Wenn also für *einen* Beobachter zwei Ereignisse in kausaler Relation zueinander stehen können, dann für alle.

Zusammenfassung

Die Abb. 16 faßt zusammen, was diese Resultate für einen Beobachter zu einer bestimmten Zeit und an einem bestimmten Ort namens »Jetzt« und »Hier« im Mittelpunkt des Diagramms bedeuten. Die Zeit, die seine Uhr angezeigt hat und anzeigen wird, ist senkrecht aufgetragen. Waagerecht aufgetragen ist der Ort. Zu Darstellungszwecken haben wir uns auf *eine* räumliche Dimension – den Bahndamm – beschränkt. Die Maßstäbe sind so gewählt, daß ein Lichtstrahl in Raum und Zeit eine um 45 Grad geneigte Gerade bildet. Einheiten, in denen das so ist, sind Jahre für die Zeit und Lichtjahre für den Ort. Gemessen werden alle Abstände von dem Beobachter aus, der also seinen Ort in dem Diagramm beibehält: Er »bewegt« sich senkrecht nach oben; bei festem Ort schreitet seine Zeit – sein Puls, seine Uhr – fort.

In das Diagramm einzutragen sind die Ereignisse, die in Einsteins Mechanik genauso wie in der Newtons einfach daliegen – von Ewigkeit zu Ewigkeit. Uns, dem allwissenden Autor und seinen Lesern, sind sie bekannt; aber der Beobachter an seinem Ort und zu seiner Zeit kann sie nicht alle kennen, wohl aber im Laufe der Zeit kennenlernen. Bei der Anzeige seiner Uhr – einem Ereignis! –, bei der wir ihn antreffen, kann er nicht um die Ereignisse wissen, die laut Albert Einsteins Definition zu derselben Zeit anderswo stattfinden.

Sie liegen auf der waagerechten Gerade durch Zeit und Ort des Beobachters. Eines von ihnen ist als Ereignis 1 eingezeichnet; der Beobachter kann von ihm frühestens Kenntnis erhalten, wenn ein von 1 ausgehender Lichtstrahl als Ereignis 2 bei ihm ankommt. Genauso ist es mit den anderen waagerechten Geraden: Ereignisse, die auf ihnen liegen, finden gleichzeitig mit der Anzeige der Uhr des Beobachters auf derselben waagerechten Gerade statt. Von ihnen wird er jeweils erst später erfahren können.

Die beiden um 45 Grad geneigten Geraden durch den Mittelpunkt des Diagramms fassen die Orte und Zeiten zusammen, an und zu denen Licht angetroffen wird, das von dem Mittelpunkt des Diagramms ausgeht oder bei ihm ankommt. Der Mittelpunkt stellt in unserer angepaßten Sprechweise das Ereignis dar, daß wir den Beobachter antreffen. Von welchen Ereignissen, die in der Ebene von Raum und Zeit daliegen, kann er dann wissen? Diese, und nur diese, können ihn beeinflußt haben. Und welche erfordern zu ihrer Vorausberechnung Kenntnis des Zustands der Welt zu seiner Zeit und an seinem Ort? Sie, und nur sie, kann er zu beeinflussen hoffen.

Eine kleine Überlegung zeigt, daß genau die Ereignisse im waagerecht schraffierten »Rückwärtslichtkegel« auf den Beobachter eingewirkt haben können. Zum Beispiel hat ihn eine Kanonenkugel getroffen, die als Ereignis 3 auf ihn abgefeuert wurde. Und das Licht, das als Ereignis 4 von der Sonne ausgegangen ist, hat ihm geleuchtet. Ereignisse außerhalb des waagerecht schraffierten »Rückwärtslichtkegels« könnten ihn nur durch Signale beeinflußt haben, die schneller als das Licht gereist wären. Die aber gibt es nicht. Aus denselben Gründen kann der Beobachter Ereignisse in seinem senkrecht schraffierten »Vorwärtslichtkegel« zu beeinflussen hoffen, und keine anderen.

Die Überlegungen, die zu Abb. 16 geführt haben, beruhen darauf, daß es eine größte Geschwindigkeit gibt, mit der Signale übertragen werden können. Das wiederum muß so sein, weil sonst Paradoxien daraus folgen würden, daß eine endliche Geschwindigkeit – die des Lichtes – für alle Beobachter unabhängig von ihrer eigenen Geschwindigkeit dieselbe ist. Nimmt man mit Newton in seiner Mechanik an, daß es Signale gibt, die sich mit der Geschwindigkeit unendlich bewegen, wird man Gleichzeitigkeit durch Einsteins Methode, aber mit Hilfe dieser Signale definieren. Denn sie besitzen, wie wir bereits gesehen haben, für alle Beobachter dieselbe Geschwindigkeit; um die seltsamen Eigenschaften des Lichtes, die Newton nicht kennen konnte, kümmern wir uns hier nicht. Damit finden Ereignisse, wenn für einen Beobachter, dann für alle gleichzeitig statt. Und auch die Reihenfolge von Ereignissen kann nicht vertauscht werden: In der Mechanik Newtons können wir von Gleichzeitigkeit und Reihenfolge ganz naiv sprechen!

Bewegte Uhren gehen langsamer

Und zwar für jeden Beobachter, unabhängig von seiner Geschwindigkeit, nicht nur für einen ausgewählten. Die Mechanik Newtons kennt nur eine einzige Zeit, die für jeden Beobachter dieselbe ist; Einsteins Spezielle Relativitätstheorie ordnet jedem Beobachter seine eigene Zeit zu, die von seiner Geschwindigkeit abhängt. Die Zeit, die eine Uhr anzeigt, die sich bewegt, heißt »ihre« Eigenzeit – die Eigenzeit der bewegten Uhr. Von allen Uhren zeigt die Lichtuhr (Abb. 17) am deutlichsten, daß bewegte Uhren langsamer gehen als ruhende.

Da von zwei Beobachtern mit ihren Uhren, die sich beide mit konstanter Geschwindigkeit bewegen, jeder mit demselben Recht sagen kann, daß er ruhe und der andere sich bewege, bedeutet die Unterstellung, daß »bewegte Uhren langsamer gehen als ruhende« doch wohl einen unmittelbaren, unüberbietbaren Widerspruch? Der weder Einstein noch einem seiner Adepten aufgefallen ist? Oder der verschwiegen wird, um Unheil über die Welt zu bringen?

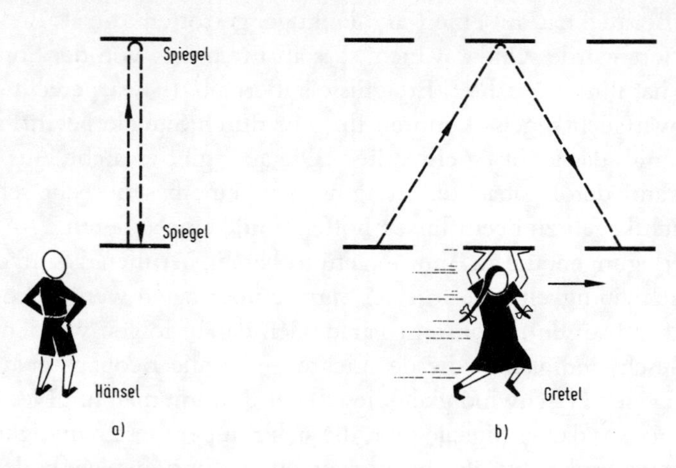

Abb. 17 Die Lichtuhr besteht aus zwei Spiegeln, zwischen denen ein Lichtsignal hin- und herläuft. *Tick* – das Signal wird von dem einen Spiegel reflektiert; *tack* – von dem anderen. Während Hänsel seine Lichtuhr betrachtet, läuft Gretel mit ihrer an ihm vorbei. Nebeneinandergestellt sind beide Uhren identisch und gehen also auch gleich schnell. In der Abbildung bewegen sie sich relativ zueinander. Weil aber sowohl für Hänsel als auch für Gretel die jeweils eigene Uhr ruht, sieht jeder seine Uhr so wie Hänsel in a die seine. Da Lichtuhren, wie alle Uhren, die Zeit anzeigen, die à la Galilei auch durch Pulsschläge gemessen werden kann, wird die Lebenszeit von Hänsel und Gretel (etwa) gleich viele *ticks* und *tacks* ihrer jeweiligen Uhr betragen. Will Hänsel aber wissen, wie viele *ticks* und *tacks* von Gretels relativ zu ihm bewegter Uhr er erleben wird, muß er berücksichtigen, daß von ihm aus gesehen das Lichtsignal in Gretels Uhr mit Gretel mitläuft (b). Es legt also von ihm aus gesehen zwischen jedem *tick* und *tack* von Gretels Uhr einen Weg zurück, der länger ist als der einfache Hin- und Rückweg des Signals in seiner Uhr a. Da aber die Lichtgeschwindigkeit für alle Beobachter unabhängig von ihrer Geschwindigkeit dieselbe ist, *tick-tackt* seine eigene Uhr möglicherweise zweimal zwischen einem *tick-tack* der Uhr von Gretel. Folglich geht Gretels Uhr langsamer als seine, und Gretel altert langsamer als er. Von Gretel aus gesehen ist es umgekehrt: Hänsels Uhr, Pulsschlag und so weiter gehen langsamer als ihre, so daß *sie* schneller altert. Der Text erläutert, warum dies zwar scheinbar ein Widerspruch, tatsächlich aber keiner ist.

Doch wohl nicht. Das Verständnisproblem beruht auf einer Verkürzung der Aussage. Ausführlich beginnt sie damit, daß wir einen der beiden Beobachter – egal welchen – zum »ruhenden« ernennen. Er überzieht die Welt mit Uhren, die relativ zu ihm ruhen und seine eigene Zeit anzeigen: Wenn er in der Mitte zwischen zweien seiner Uhren sitzt, kommen deren Anzeigen derselben Zeit, durch Lichtsignale übermittelt, gleichzeitig bei ihm an.

Die relativ zu diesem System ruhender Uhren bewegte Uhr werde in jedem Augenblick von jener Uhr abgelesen, an der sie gerade vorbeifliegt. Jetzt können wir genau sagen, inwiefern »bewegte Uhren langsamer gehen als ruhende«:

Die vorbeifliegende Uhr geht relativ zu den ruhenden nach. Dasselbe gilt auch umgekehrt: Wenn wir die Rollen der Uhren vertauschen, geht die nunmehr bewegte Uhr beim Vorbeiflug an den nunmehr ruhenden nach. Das über die Welt verteilte System synchron gehender Uhren soll wohlgemerkt immer die Zeit des Beobachters anzeigen, den wir zum »ruhenden« ernannt haben.

Soweit gibt es nicht einmal die Andeutung einer Paradoxie. Denn die Symmetrie zwischen den Uhren haben *wir* durch die Definition von »ruhend« und »bewegt« gebrochen. Aber wie ist es, wenn zwei Uhren anfangs nebeneinander stehen, auf Reisen geschickt und wieder zusammengebracht werden? Können wir dann nicht mit demselben Recht von der einen wie von der anderen sagen, daß sie es ist, die nachgeht, so daß wir einen Widerspruch erhalten?

Tatsächlich gilt das nicht. Die Spezielle Relativitätstheorie macht nur Aussagen über Uhren, die sich mit konstanter Geschwindigkeit in einer geraden Linie bewegen. Zwei Uhren aber, die einmal zusammen waren und sich immer nur geradeaus bewegen, können nicht wieder zusammenkommen, so daß ein direkter Vergleich ihrer Anzeigen durch Nebeneinanderstellen unmöglich ist.

Der ist nur möglich, wenn mindestens eine der Uhren nicht immer geradeaus geflogen, sondern umgekehrt ist. Wir wollen annehmen, daß die andere ihre Geschwindigkeit beibehalten hat. Sie, so wollen wir sagen, ist auf der Erde geblieben. Die andere wurde in eine Rakete gesetzt, ist eine Strecke geflogen und zur Erde zurückgekehrt. Dann ist sie es, die nachgeht.

Denn die Spezielle Relativitätstheorie gilt nur für Beobachter, die sich mit konstanter Geschwindigkeit in gerader Linie bewegen. Während also die Uhr auf der Erde vor sich hin tickt, geht die in der Rakete mehr und mehr nach – verglichen nämlich mit den ruhenden, die Zeit auf der Erde anzeigenden Uhren, an denen sie vorbeifliegt. Kommt sie also wieder auf der Erde an, ist die dortige Uhr nur eine wie die vielen, an denen sie bereits vorbeigeflogen ist: Die zurückgekehrte Uhr geht also nach, verglichen mit der Uhr auf der Erde.

Was auch immer ein Beobachter, der in der Rakete mitreiste, über den Gang der Uhr auf der Erde sagen würde, könnte nicht begründen, daß sie gegenüber der Uhr in der Rakete bei dem Wiederzusammentreffen zurückgeblieben sein müßte. Denn der Beobachter in der Rakete, der ja ebenfalls zurückgekehrt wäre, hätte sich wie die Uhr, mit der er gereist ist, nicht mit konstanter Geschwindigkeit in einer geraden Linie bewegt. Also sind seine Folgerungen vor dem Gericht der Relativitätstheorie ungültig. Ein Feld von Uhren, das sich mit konstanter Geschwindigkeit bewegte, relativ zu ihm aber ruhte, und durch das sich die Uhr auf der Erde hindurchbewegte, kann es nicht geben, da er ja im Umkehrpunkt seine Geschwindigkeit ändern muß.

Dabei kann der Einfluß der Beschleunigungen, denen die Uhr in der Rakete ausgesetzt war, auf ihre Stellung im Zeitpunkt der Rückkehr vernachlässigt werden. Ein solcher Einfluß kann zwar hinzukommen, muß aber bei der Berechnung des Gangunterschieds auf Grund der Speziellen Relativitätstheorie nicht berücksichtigt werden. Denn das Umkehrmanöver, das die Rakete auf einen Kurs zurück zur Erde bringt, hängt nicht davon ab, wie weit sie zuvor geflogen ist.

Zwillingsparadox

Zu all dem eine kleine konkrete Parabel. Am 31.12.1999 setzt Hänsel seine Zwillingsschwester Gretel in eine Rakete, die sich nach einer – im Vergleich zur Gesamtreisedauer – kurzen Beschleunigungsphase mit konstanter Geschwindigkeit in einer geraden Linie von der Erde fortbewegt. Diese Geschwindigkeit ist sehr groß – 90 Prozent der Lichtgeschwindigkeit von 300 000 Kilometer pro Sekunde. Die Geschwindigkeit, mit der die Erde die Sonne umfliegt, ist damit verglichen winzig – weniger als 100 Kilometer pro Sekunde –, so daß die Erde wie die Sonne als ruhend angenommen werden kann.

Die Hexe, die das Hänsel-Gretel-Experiment jahrhundertelang vorbereitet hat, um die Menschheit zu verwirren, hat entlang der Reiseroute Uhren aufgestellt, die überall Hänsels Erdzeit anzeigen: Ein vom Mittelpunkt zwischen der Erde und der jeweiligen Uhr nach beiden Seiten ausgesandtes Lichtsignal kommt auf der Erde und am Ort der Uhr nach Auskunft beider Uhren zu derselben Zeit an. Gretel führt ebenfalls eine Uhr mit sich und kann fort und fort die Zeit ihrer Uhr mit der Zeit der Uhr vergleichen, an der sie gerade vorbeifliegt. Was sie sieht, hält sie für selbstverständlich, denn sie hat Einsteins Spezielle Relativitätstheorie in der Schule gelernt: Verglichen mit der an ihrem jeweiligen Ort angezeigten Erdzeit geht ihre eigene Uhr nach, und zwar um so mehr, je weiter sie geflogen ist. Wenn ihre Uhr – vielleicht sollte ich sagen: ihr Kalender – das Jahr 2010 anzeigt, ist der irdische Kalender bereits bei 2020 angekommen. So geht es weiter – 2020 in der Rakete, 2040 auf dem Kalender, an dem sie vorbeifliegt. Da entschließt sie sich umzukehren. Nach einer abermals kurzen Beschleunigungsphase, in der ihre Uhr, gemessen an den ruhenden, an denen sie vorbeikommt, verrückt spielt, bewegt sie sich auf derselben geraden Linie mit derselben konstanten Geschwindigkeit von 90 Prozent der Lichtgeschwindigkeit zur Erde zurück. Die Rückreise dauert selbstverständlich sowohl für ihre Uhr als auch für die aufgestellten Uhren genauso lange wie die Hinreise. Sie liest wieder ab: 2030 versus 2060.

In ihr Logbuch schreibt sie, daß ihr Puls in Ruhe an ihrer Uhr gemessen normal ist – 70 Schläge pro Minute. Gemessen an den ruhenden Uhren rast er – 140 Schläge pro Minute. Und ihr Spiegel sagt ihr, daß sie um 30 Jahre gealtert ist, keinesfalls um 60 Jahre: Offenbar verlaufen alle Prozesse in ihrer Rakete, die als Zeitgeber dienen können, normal. Was bleibt ihr da anderes übrig, als zu sagen, daß die Zeit in ihrer Rakete so verläuft, wie sie es von ihrer Uhr abliest? So hat sie es gelernt, und so ist es tatsächlich; sie sieht es mit ihren eigenen Augen.

Im Jahr 2035 ist sie der Erde schon wieder recht nahe, und immer noch gehen die ruhenden Uhren, gemessen an ihrer Uhr, genau so, wie es die Spezielle Relativitätstheorie verlangt: Die Uhr, an der sie in ihrem Jahr 2035 vorbeikommt, zeigt 2070. Bald wird sie auf der Erde ankommen, und die Uhr, die ihr dann die Erdzeit anzeigen wird, wird sich auf der Erde befinden und nicht nur deren Zeit irgendwo im Weltraum anzeigen. Folglich zeigt, als sie nach einer kurzen Abbremsphase auf der Erde landet, die irdische Uhr 2080 statt 2040 wie ihre, und ihr Zwillingsbruder ist um 80 Jahre gealtert, und so weiter.

Die Moral von der Geschichte? Der Ablauf der Zeit hängt tatsächlich von der Geschwindigkeit ab, mit der sich der Beobachter bewegt. Die Anzeige seiner Uhr, so dürfen wir sagen, ist mit »seiner Zeit« identisch – was auch immer das für Uhren bedeuten mag, die sich relativ zu seiner bewegen. Die Beschleunigung, welche Gretel mit ihrer Uhr dreimal erleiden mußte, spielt für die Zeitdifferenz bei ihrer Rückkehr nur eine untergeordnete Rolle. Wir wollen uns nämlich vorstellen, sie sei nach derselben Anfangsbeschleunigung doppelt so weit als zuvor auf derselben Gerade von der Erde fortgeflogen. Kehrt sie erst in dieser Entfernung von der Erde durch dieselbe Umkehrbeschleunigung ihre Bewegungsrichtung um, erreicht sie die Erde in ihrem Jahr 2080 nach ebenfalls derselben Verzögerung: Sie ist um 80 Jahre gealtert, die irdischen Kalender zeigen 2160, und ihr Zwillingsbruder ist seit langem tot. Das aber bedeutet, daß bei identisch denselben Beschleunigungen sich die von der »ruhenden« und der »bewegten« Uhr angezeigten Zeiten einmal um 80, ein andermal um 160 Jahre unterscheiden: Der Gang einer irgendwie bewegten Uhr hängt nur von ihrer Geschwindigkeit ab; ihr nach einer Rundreise erreichter Stand also nur davon, wie lange sie mit welcher Geschwindigkeit gereist ist.

Wenn Gretel langsamer altert als Hänsel – kann sie dann nicht sogar jünger werden? Das ist unmöglich. Ihr Logbuch – hätte sie es überhaupt schreiben können? – würde überquellen von jenen Seltsamkeiten zeitlich umgekehrter Abläufe, auf die der Prolog den Leser eingestimmt hat. Auch die ominösen

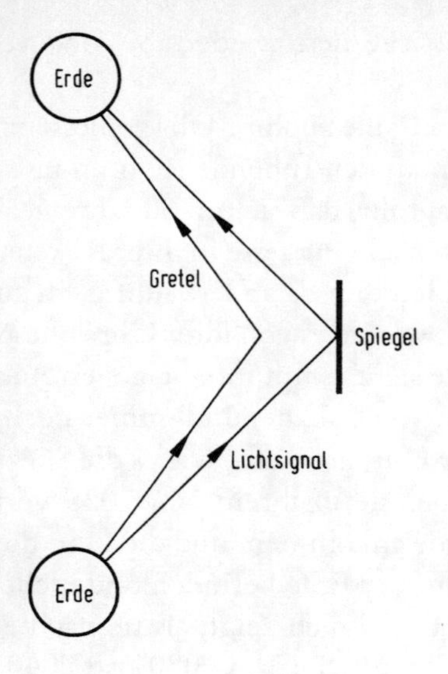

Abb. 18 Je schneller und damit weiter sich Gretel zwischen Abreise und Rückkehr bewegt hat, um so weniger ist ihre Uhr inzwischen weitergegangen. Überhaupt nicht weitergegangen wäre eine hypothetische Uhr, die mit einem Lichtteilchen gereist wäre. Für das Licht, so sagt man, steht die Zeit still. Die Zeit, die eine Uhr anzeigt, heißt ihre *Eigenzeit*. Offenbar schreitet Hänsels Eigenzeit am schnellsten fort, Gretels langsamer und die des Lichtteilchens überhaupt nicht.

Zeitreisen der Allgemeinen Relativitätstheorie bewirken nicht, daß die Zeitreisende jünger wird, sondern nur, daß sie, nachdem sie weiter und weiter gealtert ist, ihrem jüngerem Selbst oder dem Ritter Blaubart begegnet: Während sie sich subjektiv *vorwärts in der Zeit* bewegt, kommt sie objektiv einem früheren Zeitpunkt näher und näher. Letztlich ist sie effektiv *rückwärts in der Zeit* gereist. Deshalb kann, wenn es Zeitschleifen gibt, zwischen Vergangenheit und Zukunft nicht mehr *global* unterschieden werden. *Lokal*, also von einem Augenblick zum nächsten, kann man das aber weiter – Gretel erinnert sich auch während ihrer Zeitreise an ihre Jugend und sieht ihrer Begegnung mit ihr selbst in der Wiege bange entgegen.

Unsere Parabel von Hänsel und Gretel beschreibt wissenschaftliche Realität. Hingegen ist offen, wie es um die Zeitreisen der Allgemeinen Relativitätstheorie steht – ob es sie gibt und ob sie das Bewußtsein intakt lassen können. Je schneller und weiter Gretel gereist ist, desto weniger ist sie bei ihrer Rückkehr gealtert. Hänsel sei 80 Jahre älter geworden – kann Gretel dann um nur ein Jahr gealtert sein? Um nur zehn Minuten? Um eine Sekunde? Überhaupt nicht?

Das letzte, und nur das, ist unmöglich. Gretel kann zwar beliebig wenig gealtert sein, nicht aber überhaupt nicht. Je näher ihre Reisegeschwindigkeit der höchsten Geschwindigkeit überhaupt, der des Lichtes, kommt, um so weniger altert sie. Überhaupt nicht älter würde sie nur, wenn sie mit der Lichtgeschwindigkeit reiste. Das aber kann sie nicht, und wenn sie es könnte, müßte sie es immer: Wie das Licht, das sich immer mit der Lichtgeschwindigkeit bewegt, könnte sie nicht stehenbleiben. Für das Licht gibt es keine vorrückende Zeit – die Zeiger einer Uhr, die mit einem Lichtteilchen reiste, stünden still. Deshalb würde eine mit dem Lichtsignal der Abb. 18 verbundene Uhr bei ihrer Rückkehr zur Erde dieselbe Zeit wie bei der Abreise anzeigen. Dem Weg des Lichtsignals durch Raum und Zeit kann Gretels Weg zwar beliebig nahe kommen; erreichen kann er ihn nicht.

Der Eindruck des Paradoxen bei dem sogenannten Zwillingsparadox der Speziellen Relativitätstheorie, das unsere Parabel von Hänsel und Gretel erläutern sollte, erwächst auch aus der Rolle der Hexe, die mit der irdischen Uhr synchrone, relativ zu ihr ruhende Uhren aufgestellt hat. Sie erlauben zwar durchgehenden Uhrenvergleich, ihre Anzeige hängt aber von der Prozedur der Synchronisation ab. Könnte die nicht »falsch« sein? Sicher nicht. Sie ist zwar weitgehend willkürlich, muß aber jedenfalls die Bedingung erfüllen, daß sie auf der Erde eine Uhr liefert, die die Erdzeit anzeigt. Und nur davon hängt das Resultat ab. Die Einzelvergleiche unterwegs sollten nur der Erläuterung dienen.

Der Mechanismus des Zwillingsparadox

Direkter ist ein andauernder Vergleich der Uhren von Gretel im Raum und von Hänsel auf der Erde durch Lichtsignale, die sie austauschen. Er zeigt eine Asymmetrie zwischen Hänsel und Gretel auf, die bei unserer Darstellung nicht deutlich wurde, weil sie bereits in den Grundlagen, die vorausgesetzt werden, enthalten ist. Fragt jemand, wo bei unserer Darstellung die Asymmetrie hereinkommt, so müssen wir uns mit dem dürren Hinweis begnügen, daß nur einer von beiden – Hänsel – während Gretels ganzer Reise geruht haben kann, so daß die Hexe nur ihm ein System von Uhren zuordnen konnte, das zusammen mit ihm dauernd ruht und gleichzeitig mit seiner eigenen Uhr seine Zeit anzeigt. Also beruht die Asymmetrie auf der Beschleunigung, die Gretel erfahren mußte? Das keinesfalls, wie wir uns überlegt haben. Also kann Gretel bis auf Beschleunigungszeiten, die denn doch wohl keine Rolle spielen, über Hänsel immer dasselbe sagen, wie er über sie?

Das ist richtig; daraus folgt aber nicht, daß Gretel am Ende fürchten müßte, schneller als Hänsel gealtert zu sein. Denn nur Hänsels Schlüsse haben vor dem Gericht der Relativität Bestand. Was er als Beobachter, der sich mit konstanter Geschwindigkeit bewegt, über Uhren herausfindet, die sich genauso oder irgendwie anders – auch beschleunigt – bewegen, führt laut Spezieller Relativitätstheorie auf richtige Ergebnisse. Darüber aber, was die Beobachtungen beschleunigter Beobachter mit der Realität zu tun haben, macht die Spezielle Relativitätstheorie keine Aussage.

Der Uhrenvergleich durch dauernden Austausch von Lichtsignalen ermöglicht es uns, dieser unbefriedigend globalen Antwort eine hinzuzugesellen, die es erlaubt, den Aufbau der Asymmetrie zwischen Hänsel und Gretel im Detail zu verfolgen. Da die Beschleunigungen selbst die Uhr nicht vorrücken lassen, wollen wir uns vorstellen, daß die Geschwindigkeitsänderungen instantan erfolgen. Um das ohne Beschädigung von Gretel und ihrer Uhr zu erreichen, stellen wir uns weiter vor, daß wir es mit zwei Raketen statt mit nur einer zu tun haben. Jede Rakete enthält eine Uhr, die von außen neu gestellt werden kann. Die erste Rakete fliege wie die Gretels vor der Richtungsumkehr, sei aber nicht von der Erde aus gestartet, sondern fliege von irgendwoher an ihr vorbei. Im Augenblick des Vorbeiflugs werde die Uhr der Rakete neu, und zwar auf Erdzeit, eingestellt. Im Umkehrpunkt von Gretels Rakete treffe sie die andere, die bereits auf der Bahn und mit der Geschwindigkeit von Gretels Rakete in Richtung Erde fliegt. Im Augenblick des Vorbeiflugs wird die Uhr der zweiten Rakete nach der der ersten gestellt. Beim Vorbeiflug dieser zweiten Rakete an der Erde liest Hänsel sie ab – und findet mutatis mutandis dasselbe wie zuvor: einen Unterschied der Anzeigen der beiden Uhren um 40 Jahre.

Doch zurück zum andauernden Uhrenvergleich durch Austausch von Lichtsignalen zwischen Hänsel und Gretel. Bis Gretel den Umkehrpunkt erreicht, herrscht nach dem Gesagten volle Symmetrie zwischen ihnen: Alles, was Hänsel über Gretel sagt, kann Gretel über Hänsel sagen. Jeder schickt dem anderen im Abstand von – sagen wir – einer Stunde laut eigener Uhr ein Lichtsignal zu. Von den relativistischen Effekten, die zwar wichtig sind, aber bei unserer jetzigen Betrachtung keine Asymmetrie bewirken, sehen wir ab. Beachten müssen wir aber den Doppler-Effekt; er und er allein wird auf eine Asymmetrie zwischen Hänsel und Gretel führen.

Noch aber ist alles symmetrisch: Hänsel und Gretel entfernen sich voneinander, so daß jeder die Lichtsignale des anderen auf Grund des Doppler-Effektes (Abb. 14; s. S. 125) in *größerem* zeitlichem Abstand empfängt, als sie abgeschickt wurden. Deshalb altert für beide der jeweils andere langsamer als er selbst. In Gretels Umkehrpunkt setzt die Asymmetrie ein: Ab demselben Augenblick, in dem sie in Richtung Erde zu fliegen beginnt, reist sie den Signalen von Hänsel entgegen, so daß diese in *kleinerem* zeitlichem Abstand bei ihr ankommen, als sie abgeschickt wurden. Auf den Bildern, die Hänsel gelegentlich mitschickt, sieht sie ihn deshalb rascher altern, als sie es auf Grund ihres Zeitgebers und ihres eigenen Alterns erwarten würde.

Aber für Hänsel hat sich vorerst nichts geändert. Da sich das Licht nicht unendlich schnell ausbreitet, empfängt er für eine Weile noch Signale, die Gretel vor ihrer Umkehr abgeschickt hat. Diese sind, wie alle zuvor, auseinandergerückt; Gretel altert für ihn weiterhin so, wie jeder von ihnen für den anderen gealtert war – langsamer also, als er es auf Grund seines eigenen Alterns erwarten würde. Symmetrie kehrt wieder ein, wenn Hänsel die ersten Signale empfängt, die Gretel nach ihrer Umkehr abgeschickt hat: Sie kommen von einer Quelle, die sich auf die Erde zubewegt, und genauso empfängt Gretel in ihrer Rakete Signale, die von einer Quelle stammen, die sich auf sie zubewegt. Denn jeder darf in dieser Phase bei ungeänderter Geschwindigkeit von sich annehmen, daß er ruhe.

Kombiniert man den Doppler-Effekt rechnerisch mit den eigentlich relativistischen Effekten, erhält man genau das richtige Altersverhältnis von Hänsel und Gretel beim Wiederzusammentreffen. Paul C. W. Davies, den wir aus dem Vorwort kennen, hat diese Rechnung in seinem schönen Buch *Die Unsterblichkeit der Zeit* so weit wie möglich vereinfacht und in Worte gefaßt. Ich verweise den Leser, der Details wissen will, auf Davies.

Das Prinzip der maximalen Alterung

Hänsel fährt mit seinem Auto von *HH* – sagen wir Hamburg – direkt nach *M*, Gretel nimmt einen Umweg über *B*. Niemand wird sich darüber wundern, daß Gretel nach Auskunft ihres Entfernungsmessers mehr Kilometer gefahren ist als Hänsel laut seinem. Jetzt sehen wir uns Ereignisse an, die in Raum und Zeit statt nur im Raum ausgebreitet daliegen. Hänsel bleibt auf der als ruhend angenommenen Erde; Gretel fliegt davon und kehrt zurück. Beim Wiederzusammentreffen ist Hänsel älter als Gretel. Mit der Bitte um Entschuldigung ob dieser Unhöflichkeit, fasse ich Hänsel und Gretel als zwei Uhren auf. Dann hängt die Zeit, um die eine Uhr zwischen dem Anfangspunkt und dem Endpunkt einer Fahrt durch Raum und Zeit weitergeht, nicht nur von den beiden Punkten, sondern auch von dem Weg der Uhr von dem einen zu dem anderen ab: Analog zu räumlichen Entfernungsmessern in Autos zeigen Uhren, die bei Reisen durch Raum und Zeit mitgeführt werden, die »zeitliche Entfernung« zwischen zwei Ereignissen in Abhängigkeit von dem Weg an, den sie von dem einen Ereignis zu dem anderen genommen haben.

Denn die Punkte in Raum und Zeit, die durch Wege von Uhren verbunden werden, stehen für Ereignisse – erst das Ereignis der Trennung von Hänsel und Gretel und dann das ihrer Wiederbegegnung. Beide sind auf verschiedenen Wegen von dem einen zu dem anderen gekommen und dabei zusammen mit ihren Uhren älter geworden. Hänsel, der sich nicht oder, allgemeiner, mit konstanter Geschwindigkeit bewegt hat, ist bei der Wiederbegegnung älter als Gretel, die in ihrem Raumschiff mal so und mal so geflogen ist. Wir können auch sagen, daß Gretel Kräften ausgesetzt war, Hänsel aber nicht. Wie auch immer sich Gretel zwischen Trennung und Wiederzusammentreffen relativ zu Hänsel bewegt hat, immer ist sie bei der Wiederbegegnung jünger als er. Deshalb können wir Bewegungen mit konstanter Geschwindigkeit in der Speziellen Relativitätstheorie durch die Forderung nach *maximaler Alterung* charakterisieren: Eine Uhr, die sich mit nach Betrag und Richtung konstanter Geschwindigkeit von einem Ereignis zu einem anderen bewegt, schreitet hierbei weiter fort als Uhren, die einen anderen Weg nehmen.

Freier Fall und Allgemeine Relativitätstheorie

Der Speziellen Relativitätstheorie gelten alle Kräfte, die eine Abweichung von Bewegungen mit konstanter Geschwindigkeit bewirken, gleich. Die Allgemeine Relativitätstheorie unterscheidet hingegen zwischen der Schwerkraft und den anderen Kräften. Die kräftefreien Bewegungen nichtrotierender Systeme der Speziellen Relativitätstheorie ersetzt sie durch Bewegungen im freien Fall unter dem Einfluß der Schwerkraft. Die in ihrer Kapsel frei schwebenden Astronauten mit ihren neben ihnen schwebenden oder sich langsam bewegenden Zahnbürsten sind nur der Schwerkraft ausgesetzt. Würden ihre Zahnbürsten mit nahezu Lichtgeschwindigkeit an ihnen vorüberfliegen, würden sie die Gesetze der Speziellen Relativitätstheorie auf ihre Zahnbürsten anwenden müssen. Allgemein gelten für die Abläufe in einem hinreichend kleinen Labor, das in einem Schwerefeld frei fällt, dieselben Naturgesetze wie für die Abläufe in demselben Labor, wenn es sich mit konstanter Geschwindigkeit in einem Raum ohne Schwerefeld bewegt. Das Labor muß so klein sein und die Beobachtung von so kurzer Dauer, daß das Schwerefeld als räumlich und zeitlich konstant angenommen werden kann.

Oft wird die Äquivalenz von kräftefreier Bewegung und freiem Fall von einer anderen Äquivalenz, der von Schwerkraft und Beschleunigung, abgeleitet. Befindet sich unser Labor in einem Aufzug, der sich beschleunigt nach

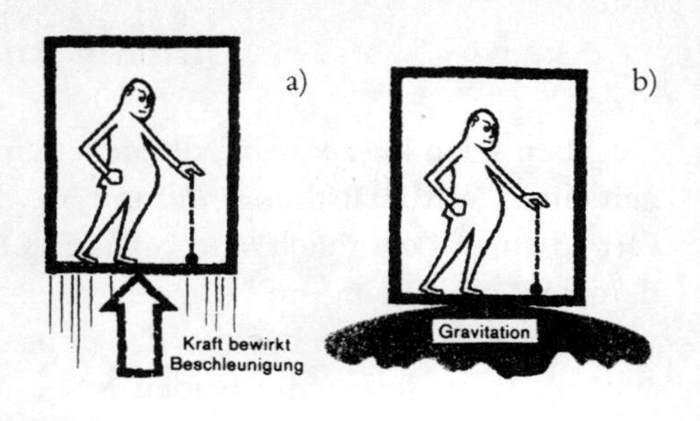

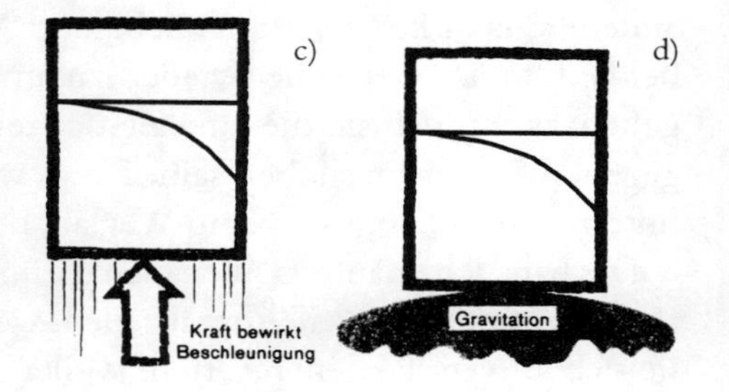

Abb. 19 Ein Beobachter, der einen Stein in einem geschlossenen Kasten – einem *Einsteinschen Fahrstuhl* – losläßt, kann von dem Verhalten des Steins nicht ablesen, ob der Kasten durch eine äußere Kraft beschleunigt wird (a) oder sich im Schwerefeld befindet (b). Das gibt zu der Vermutung Anlaß, daß auch durch andere Experimente nicht zwischen den beiden Situationen unterschieden werden kann, Beschleunigungen also zu Schwerefeldern physikalisch äquivalent sind. Folglich werden Lichtstrahlen durch Schwerefelder abgelenkt: Relativ zu einem beschleunigten Kasten können sie sich offensichtlich *nicht* auf einer geraden Linie bewegen (c). Unbeobachtbarkeit des Unterschieds von Schwerefeldern und Beschleunigungen ergibt dann in (d) dieselbe Ablenkung wie in (c).

oben bewegt, wirken dieselben Kräfte auf es ein wie in einem nach unten ziehenden Schwerefeld (Abb. 19). In einem im Schwerefeld frei fallenden Labor heben sich deshalb die Wirkungen von Schwerkraft und Beschleunigung gerade gegenseitig auf.

Das wußte bereits Newton. Die Relativitätstheorien gehen über Newton hinaus durch die Forderung, daß eine endliche Geschwindigkeit – die des Lichtes – für jeden Beobachter dieselbe ist. Genauer muß ich sagen, daß diese Forderung in der Allgemeinen Relativitätstheorie nur *lokal* erhoben werden kann. Denn bereits die Abb. 19 zeigt, daß sich das Licht über größere Strecken im allgemeinen *nicht* geradeaus bewegt. Experimentell nachgewiesen wurde dieser Effekt 1916 durch die Beobachtung, daß die Schwerkraft der Sonne Lichtstrahlen in ihrer Nähe krümmt. Diese Beobachtung hat die Allgemeine Relativitätstheorie in das Bewußtsein der Öffentlichkeit katapultiert und Einstein zur Lichtgestalt erhoben.

Lineale und Uhren

Gegeben seien kurze Stäbe, die nebeneinandergelegt gleich lang sind. Die Allgemeine Relativitätstheorie nimmt an, daß es Stäbe gibt, die, wenn an einem Ort zu einer Zeit gleich lang, an allen Orten und zu allen Zeiten nebeneinandergelegt gleich lang sind. Liegen zwei gleich lange Stäbe nebeneinander, und wird der eine dann so bewegt, daß er nach einem Rundweg wieder neben dem anderen liegt, sollen die beiden Stäbe insbesondere immer noch gleich lang sein. Für Uhren soll mutatis mutandis dasselbe gelten: Wenn sie nebeneinanderstehend an einem Ort gleich schnell gehen, dann an jedem; und hat eine von ihnen einen Rundweg beschrieben, geht sie immer noch gleich schnell wie die andere, die an ihrem Ort geblieben ist. Wohlgemerkt – die Forderung ist, daß beide Uhren, wenn sie wieder zusammengebracht werden, gleich schnell gehen; nicht, daß sie dieselbe Zeit anzeigen. Ihre Anzeigen können durchaus gegeneinander verschoben sein. Denn wie schnell eine Uhr geht, während sie unterwegs ist, hängt von dem Weg ab, den sie durch Raum und Zeit nimmt.

Das habe ich erläutert. Aber auch darüber, ob zwei Stäbe gleich lang sind, können wir nur dann zweifelsfrei urteilen, wenn sie nebeneinander liegen. Befinden sie sich an verschiedenen Orten, wollen wir »gleiche Länge« geradezu dadurch definieren, daß sie sich, wenn zusammengebracht, als gleich lang erweisen. Damit das Ergebnis dieses Tests auf gleiche Länge von Ort und Zeit des Vergleichs unabhängig ist, müssen die Voraussetzungen des vorigen Absatzes erfüllt sein. Durch sie führen wir idealisierte Stäbe ein, die es zwar in der Wirklichkeit nicht geben mag, gegen deren Existenz aber kein physikalisches Argument spricht.

Diese Stäbe wollen wir als Maßstäbe benutzen, durch sie werden wir Abstände definieren. Und zwar durch Hintereinanderlegen, am einfachsten auf einem Tisch. Gegeben seien zwei Punkte des Tisches und hinreichend viele gleich lange Stäbe. Den Abstand der Punkte können wir durch die Anzahl der Stäbe definieren, die benötigt werden, um sie entlang der Geraden, auf der die Punkte liegen, zu verbinden. Je größer die angestrebte Genauigkeit ist, desto kürzer müssen die Stäbe sein.

Soweit bisher beschrieben, müssen unsere Voraussetzungen und Konstruktionen dem Leser als ausgewalzte Trivialitäten erscheinen. Nun aber wollen wir sie vom Raum unserer Vorstellung auf allgemeinere Räume übertragen – zum Beispiel von der Fläche des Tisches auf die Oberfläche einer Kugel. Wenn wir von dem Abstand zweier Punkte auf der Oberfläche der Kugel Erde sprechen wollen, der als Abstand in Flugplänen erscheinen kann, müssen wir wissen, welche Verbindungslinie der Punkte wir zu wählen haben. Aus der Schule ist

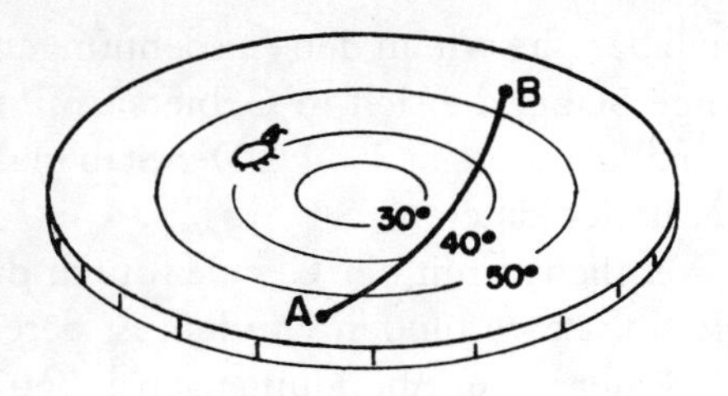

Abb. 20 Warum die »kürzeste Verbindung« der Punkte A und B in der heißen Herdplatte nach außen ausgebeult ist, erläutert der Text.

bekannt, daß Großkreise – Längenkreise sind Großkreise, Breitenkreise außer dem Äquator aber nicht – die kürzesten Verbindungslinien von Punkten auf der Erdoberfläche bilden. Wir wollen uns mit Richard P. Feynman im zweiten Band seiner berühmten Vorlesungen zur Physik vorstellen, daß in der Kugeloberfläche kleine Käfer leben, die über beliebig viele gleich lange Stäbe verfügen. An den Voraussetzungen, die eine sinnvolle Definition von »gleich lang« ermöglichen und die im Raum der Anschauung wie selbstverständlich erfüllt sind, soll nirgendwo gerüttelt werden – alle ins Auge gefaßten Modelle erfüllen sie. Die kürzeste Verbindung zweier Punkte können die Käfer experimentell mit Hilfe ihrer Stäbe durch eine Methode ermitteln, die auch bei der tatsächlichen Erdoberfläche mit ihren Tälern und Bergen und bei dem sogleich vorzustellenden Herdplattenmodell zum Ziel führt: Sie probieren einfach alle Wege durch, die von dem einen Punkt zu dem anderen führen. Die kürzeste Verbindungslinie bildet der Weg, auf dem sie die wenigsten Stäbe brauchen. Deren Anzahl definieren sie als Abstand der Punkte.

Wie im Raum der Anschauung und der Ebene bedarf es auch in der Kugeloberfläche wegen ihrer überall gleichen Krümmung keiner besonderen Definition dessen, daß zwei Stäbe gleich lang sind. In dem in der Abb. 20 vorgestellten Modell, das ich von Feynman übernommen habe, ist das anders. Die uns von der Kugeloberfläche bekannten Käfer haben wir nun in der Oberfläche der heißen Herdplatte der Abbildung angesiedelt. Die Herdplatte ist aber nicht überall gleich heiß: Ihre Temperatur nimmt von innen nach außen zu; wie heiß sie wo ist, zeigt die Abbildung. Für uns am wichtigsten an dem Modell ist, daß die Stäbe der Käfer aus Metall bestehen, das sich bei Temperaturerhöhung ausdehnt. Liegt ein Stab auf der 50^0-, ein anderer auf der 30^0-Grad Linie, sind sie nach unserer Definition gleich lang, wenn sie das zusammengebracht und nebeneinanderliegend sind. *Wo* sie zusammengebracht und verglichen werden, ist laut unseren Annahmen und tatsächlich in diesem Modell gleichgültig. Die Käfer sollen an der Ausdehnung ihrer Metallstäbe teilnehmen, so daß Vergleich der Länge der Stäbe mit ihren Körpermaßen keine Schwierigkeiten ergibt. Für uns aber, die wir an den Ausdehnungen nicht teilnehmen, besitzen zwei gleich lange Stäbe, die sich in Gebieten mit verschiedenen Temperaturen befinden, keinesfalls dieselbe Länge: Der Stab in der heißeren Region ist für uns länger als der in der kälteren.

Verglichen mit der Gerade, durch die wir die beiden Punkte in der heißen Herdplatte verbinden würden, ist deren kürzeste Verbindung durch die Stäbe der Käfer in der Abbildung nach außen ausgebeult. Das ist so, weil die Stäbe bei der höheren Temperatur außen »länger« sind als innen, die Käfer also auf dem – von uns aus gesehen – Umweg weniger von ihnen brauchen als auf einem weiter innen verlaufenden Weg.

Wir kehren zur Messung von Längen und Zeiten in der Relativitätstheorie zurück. Jeder Beobachter ergreift einen der gleich langen Stäbe und eine der gleich gehenden Uhren und begibt sich mit ihnen auf seinen Posten. Längen mißt er an seinem Ort mit seinem Stab, Zeiten mit seiner Uhr. Daß die Lichtgeschwindigkeit für jeden Beobachter dieselbe ist, bedeutet nun dies: Wenn er ein kleines Stück Lichtstrahl an seinem Ort mit seinem Stab und seiner Uhr vermißt, findet er, daß sich das Licht geradeaus – entlang seinem Stab – mit der universellen Lichtgeschwindigkeit bewegt. Bei keiner endlichen Strecke und Zeit stimmt dies möglicherweise ganz genau; aber die Genauigkeit wird besser und besser, wenn die Längen und Zeiten kürzer und kürzer werden. Was er sieht, wenn er Spuren ferner Lichtstrahlen auf sich einwirken läßt, kann ohne weitere Festlegungen nicht gesagt werden. Lichtstrahlen in der Nähe der Sonne verlaufen von ihm aus gesehen jedenfalls *nicht* geradeaus im Raum.

Da die Allgemeine Relativitätstheorie keine absolute Ruhe kennt, kann sich der Beobachter mit seinen Instrumenten ohne Änderung der Ergebnisse seiner Messung der Geschwindigkeit und des Weges des Lichtes auch »bewegen« – beschleunigt oder mit konstanter Geschwindigkeit. Gibt es zwei Beobachter an verschiedenen Orten, können sie durch Austausch von Signalen herausfinden, wie ihre Uhren relativ zueinander gehen. Vorausgesetzt haben wir ja nur, daß die Uhren *nebeneinander gestellt* gleich schnell gehen. Was das für den Gang der einen Uhr relativ zu dem einer anderen bedeutet, wenn sie sich an *verschiedenen* Orten befinden, wollen wir durch ein Gedankenexperiment auf Grund der Äquivalenzprinzipien herausfinden.

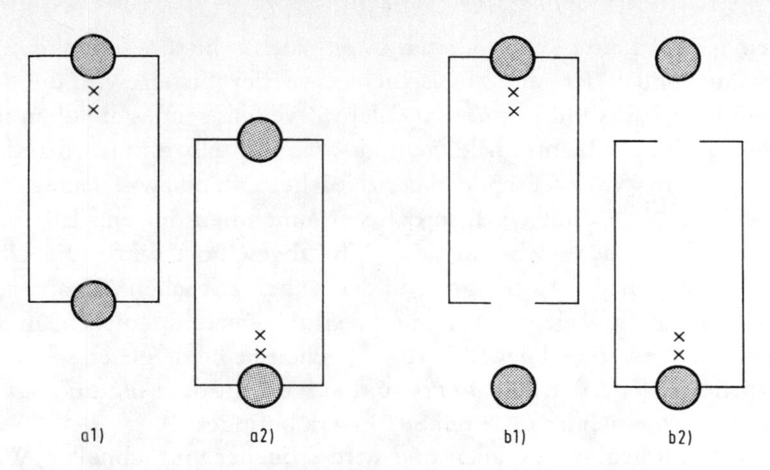

Abb. 21 Wie im Text beschrieben, ermöglicht der Einsteinsche Fahrstuhl mit Uhren – die Kreise – ein Gedankenexperiment, das zusammen mit dem Äquivalenzprinzip zeigt, daß der Gang einer Uhr im Schwerefeld davon abhängt, wie hoch oben sie sich befindet.

Uhren im Schwerefeld

Die ausgefüllten Kreise der Abb. 21 stellen Uhren dar; die Kästen einen Einsteinschen Fahrstuhl, der bis zu dem Zeitpunkt der Abb. a 1 und b 1 im obersten Stock eines Hochhauses steht. Die Uhren der Abb. a sind fest mit dem Fahrstuhl verbunden; die der Abb. b mit dem Gebäude. Zwischen den Abb. a 1 und a 2 sowie b 1 und b 2 fällt der Fahrstuhl frei vom obersten Stockwerk bis ins Kellergeschoß. Das Ganze ist trickreich so eingerichtet, daß ein vom Dach des Fahrstuhls im Augenblick der Abb. a 1 und b 1 ausgesandtes Lichtsignal gleichzeitig mit dem Boden des Fahrstuhles im Kellergeschoß ankommt. Zuzugeben ist, daß dies die angenommenen Dimensionen sprengt – für eine Fallstrecke von 5 Meter im Schwerefeld der Erde müßte der Fahrstuhl eine Lichtsekunde lang sein; das sind 300 000 000 Meter. Der Leser, den das stört, kann in Gedanken Spiegel im Fahrstuhl anbringen und das Licht während des Falles mehrmals hin und her laufen lassen. Wir haben auch angenommen, daß die im obersten Stockwerk feststehende Uhr im Augenblick der Abb. b 1 denselben Platz im Fahrstuhl einnimmt, wie die mit der Decke des Fahrstuhls verbundene in Abb. a 1. Dasselbe gilt für die Uhren im Kellergeschoß und am Boden des Fahrstuhls in den Abb. a 2 und b 2.

Die Zeitdifferenz, um die es hier geht, ist die zwischen den beiden durch Kreuze angedeuteten Signalen *tick* und *tack*. Wir stellen uns auf den Standpunkt eines Beobachters, der in dem Einsteinschen Fahrstuhl sitzt und mit ihm fällt. Im Augenblick der Abb. a1 geschieht zweierlei: Erstens wird die Bremse gelöst, und der Fahrstuhl beginnt zu fallen. Zweitens sendet die oben in ihm angebrachte Uhr die Lichtsignale *tick* und *tack* unmittelbar hintereinander aus. Unser Argument wird zulassen, daß der zeitliche Abstand zwischen den Signalen beliebig kurz gewählt wird, so daß wir annehmen dürfen, daß auch das zweite Signal von der noch ruhenden Uhr abgeschickt wird. Die Uhr der Abb. b1 sendet genauso zwei Signale in demselben zeitlichen Abstand aus. Da beide Uhren in dem Augenblick, in dem sie ihre Signale abschicken, an derselben Stelle im Schwerefeld der Erde ruhen, gehen sie beide gleich schnell, und der zeitliche Abstand der Signale *tick* und *tack* ist mit dem *tick* und *tack* einer Uhr identisch, die sich im obersten Stockwerk befindet.

Der Fahrstuhl beginnt zu fallen und wird schneller und schneller. Wir, die mit ihm fallen, bemerken nicht, daß er fällt. Da auch die Uhr am Boden des Fahrstuhls frei fällt, stimmt das *tick-tack* der beiden Signale, wenn sie bei ihr ankommen, mit ihrem eigenen *tick-tack* überein – der Uhrenvergleich hat ergeben, daß zwei Uhren, die im homogenen Schwerefeld zusammen fallen, gleich schnell gehen. Bis jetzt war alles Vorbereitung. Nun die Pointe: Die obere Uhr haben wir in den Abb. b im obersten Stockwerk belassen, um deutlich zu machen, daß die Signale von einer dort ruhenden Uhr abgeschickt wurden; so hatten wir es ja eingerichtet. Uns, die wir mit dem Fahrstuhl fallen, kommt im Augenblick der Abb. b2 die untere Uhr mit der Geschwindigkeit entgegen, die wir durch den Fall erworben haben. Folglich und auf Grund des Doppler-Effektes (Abb. 14; s. S. 125) sind die beiden Signale für diese Uhr näher beieinander, so daß wegen der Konstanz der Lichtgeschwindigkeit auch deren zeitlicher Abstand verkürzt ist. Wie kann das aber sein? Doch nur so, daß die Uhr selbst langsamer geht als die Uhr, die in der Abb. b1 die Signale abgeschickt hat. Geht sie nämlich langsamer, und fällt ihr *tick* mit dem *tick* des Doppelsignals zusammen, kommt das Signal *tack* vor ihrem eigenen *tack* bei ihr an.

Da die absoluten Stellungen der Uhren vor allem von der Zeit abhängen, die das Licht unterwegs ist, hier aber nur der zeitliche Abstand der Signale *tick* und *tack* interessiert, habe ich den Uhren der Abbildung keine Zeiger gegeben. Zusammenfassend können wir sagen, daß der Gang einer Uhr im Schwerefeld von ihrem Ort abhängt. Sie geht um so langsamer, je tiefer sie in das Schwerefeld eingetaucht ist. An der Oberfläche der Erde ist der Effekt winzig – und konnte trotzdem nachgewiesen werden. Die Schwingungsfrequenz von Licht, das im Schwerefeld der Erde aufsteigt oder herunterfällt, wird dadurch genauso geändert wie der zeitliche Abstand der Signale in unserem Gedankenexperiment.

Dieser Effekt wurde zuerst 1959 von den amerikanischen Physikern Pound und Rebka dadurch nachgewiesen, daß sie hochfrequentes Licht die 22,5 Meter Höhenunterschied eines Turmes auf dem Gelände der Harvard-Universität in Cambridge, Massachusetts, überwinden ließen. Aber auch Atomuhren zeigen den Effekt an. Eine solche Uhr befindet sich seit 1969 in einer Höhe von 1646 Meter über dem Meeresspiegel in Boulder im Staat Colorado in den USA; eine andere in Greenwich, England, in einer Höhe von nur 24 Meter. Verglichen mit der Uhr in Greenwich geht die Uhr in Boulder pro Jahr um fünf Mikrosekunden vor. Das kann nachgewiesen werden, weil die Ganggenauigkeit der Uhren selbst eine Mikrosekunde pro Jahr beträgt. Im Jahr 1971 haben die amerikanischen Physiker Joseph C. Hafele und Richard Keating die Erde mit vier Atomuhren im Gepäck in Linienmaschinen mehrfach umrundet und dabei gefunden, daß die Uhren verglichen mit Uhren auf der Erde innerhalb ihrer Fehlergrenzen so gingen, wie es die Relativitätstheorien erwarten lassen. Beim Vergleich mit der Theorie mußten sie sowohl die Effekte der Speziellen als auch die der Allgemeinen Relativitätstheorie berücksichtigen. Dasselbe gilt für das bisher genaueste Experiment zum Gang von Uhren im Schwerefeld, das zwischen 1979 und 1980 von der amerikanischen Raumfahrtagentur NASA und den Autoren Vessot und Levine durchgeführt wurde. Verglichen wurde der Gang einer Uhr an Bord einer Rakete in 10 000 Kilometer Höhe mit dem einer Uhr auf der Erdoberfläche. Innerhalb eines Fehlers von nur 0,2 Promille stimmt bei diesem Experiment die gemessene Zeitdifferenz mit der aus Einsteins Relativitätstheorien berechneten überein.

Je größer und dichter ein Stern ist, desto langsamer gehen Uhren an seiner Oberfläche. An der Oberfläche der Sonne gehen sie um 0,0002 Prozent langsamer als im leeren Raum; auf der Oberfläche eines Weißen Zwergsterns sind es bereits 0,005 Prozent. Und am Rand eines Schwarzen Loches steht die Zeit von uns aus gesehen still: Wenn uns das *tick* einer Uhr dort gerade noch erreichen würde, müßten wir auf das nachfolgende *tack* unendlich lange warten.

Die Physik Schwarzer Löcher wird am Ende von Kapitel 6 ausführlich dargestellt. Wir wollen uns vorstellen, daß wir eine Uhr irgendwie durch ein Schwerefeld bewegen. Anfangspunkt und Anfangszeit der Bewegung seien vorgegeben; genauso Endpunkt und Endzeit. Ganz wie ein Entfernungsmesser Kilometer, sammelt die Uhr Stunden ein, um die sie auf ihrer Reise weitergeht. Eine faszinierende Frage ist, welche Paare von Punkten in Raum und Zeit durch eine Reise materieller Körper verbunden werden können. In der Speziellen Relativitätstheorie ist die Antwort einfach und klar: Die und nur die Paare von Punkten, die durch ein Signal verbunden werden können, das sich langsamer als das Licht bewegt, erlauben Reisen materieller Körper von dem einen Punkt zu dem anderen. Ich habe erwähnt, daß die Frage in der Allgemeinen Relativitätstheorie Gegenstand heftiger Spekulationen ist. Kann ich zumindest im Prinzip eine Zeitreise in die Vergangenheit machen und mich unmittelbar nach meiner Geburt umbringen? Eine Operation noch rechtzeitig machen lassen, für die es zu spät ist? Fragen über Fragen.

Das Prinzip der maximalen Alterung in der Allgemeinen Relativitätstheorie

Wir wollen uns zwei Punkte in Raum und Zeit vorgeben, die durch eine Reise einer Uhr verbunden werden können. Dann können wir fragen, ob es möglich ist, daß die Uhr den Weg von dem einen Raum-Zeit-Punkt zu dem anderen ohne den Einfluß irgendeiner anderen Kraft als der Schwerkraft zurücklegt, und wie wir diesen Weg charakterisieren können. Die Antwort ist überraschend einfach: Wenn – erstens – die Punkte durch freien Fall verbunden werden können, legen Anfangs- und Endpunkt in Raum und Zeit den Weg nahezu eindeutig fest. Die Einschränkung »nahezu« erläutere ich durch Wege auf der Oberfläche der Erde: Flugzeuge folgen Großkreisen. Das erlaubt mehrere Wege von einem beliebigen Punkt der Erdoberfläche zu einem anderen – so herum, anders herum und außerdem noch mehrmals herum. Zum Beispiel ist es möglich, auf einem Großkreis – jetzt sogar einem Längenkreis – von Frankfurt zum Nordpol über den Südpol zu fliegen.

Einen möglichen Weg charakterisiert – zweitens – das Prinzip der *maximalen Alterung*: auf ihm schreitet der Zeiger der Uhr weiter fort als auf allen benachbarten Wegen. Wir wissen, daß das bei der Bewegung mit konstanter Geschwindigkeit in der Speziellen Relativitätstheorie so ist: Bei ihrer Rückkehr ist Gretel auf jeden Fall jünger als Hänsel, der sich mit konstanter Geschwindigkeit bewegt oder gar nicht bewegt hat. Die Übertragung auf die Allgemeine Relativitätstheorie gelingt wegen der Äquivalenz von kräftefreier Bewegung und freiem Fall: Die zur wirklichen Bewegung im Schwerefeld äquivalente kräftefreie Bewegung kann zwar von Augenblick zu Augenblick wechseln – sicher aber ist, daß es für kleine Abstände und Zeiten eine zur wirklichen Bewegung äquivalente kräftefreie Bewegung gibt. Nun wirkt sich der Wechsel von der einen kräftefreien Bewegung auf den Gang der Uhr nicht aus – so daß sie immerzu Zeiten sammelt, wie bei einer Folge kräftefreier Bewegungen von dem jeweiligen Anfangs- zu dem jeweiligen Endpunkt. Daraus folgt, daß die insgesamt angesammelte Zeit die Summe der auf den kleinen Stücken des Weges angesammelten Zeiten ist – und damit auch die bei dem freien Fall insgesamt größtmögliche.

Der Leser, dem diese Herleitung zu abstrakt und technisch ist, kann sich durchaus mit dem Resultat begnügen: Eine Uhr, die im Schwerefeld von einem Anfangs- zu einem Endpunkt in Raum und Zeit frei fällt, tut das so, daß die Zeit, die sie anzeigt – ihre Eigenzeit –, am Ende weiter fortgeschritten ist, als sie es auf irgendeinem anderen (benachbarten) Weg von dem einen Punkt zum anderen wäre. Die Forderung der maximalen Alterung legt deshalb (nahezu) den Weg fest, den die Uhr in Raum und Zeit nimmt.

Natürlich gilt das Prinzip der maximalen Alterung nicht nur für Uhren, sondern für beliebige Objekte; die Uhr können wir uns immer hinzudenken. Kein an einen massiven materiellen Körper gebundenes Signal kann aber zwei Punkte in Raum und Zeit verbinden, die durch ein Lichtsignal verbunden werden können, das sich ohne Einwirkung anderer Kräfte als der Schwerkraft, wie sie zum Beispiel Spiegel ausüben, im Schwerefeld bewegt. Hier läuft das Prinzip der maximalen Alterung ins Leere: Wir wissen von der Abb. 18 (s. S. 142), daß eine hypothetische Uhr, die mit einem Lichtstrahl reiste, nicht fortschreiten würde – die Eigenzeit eines Lichtteilchens bleibt, anders gesagt, immer dieselbe. Zu einem Konflikt mit dem Prinzip der maximalen Alterung führt dies Verhalten von Uhren, die mit Lichtgeschwindigkeit reisen, aber nicht, weil es keinen Weg durch Raum und Zeit als eben den des Lichtes gibt, auf dem ein Signal von dem einem Punkt zu dem anderen gelangen könnte.

Will man die Auswirkungen des Prinzips der maximalen Alterung auf massive Körper qualitativ verstehen, muß man zwei Effekte beachten: erstens den Gang von Uhren im Schwerefeld und zweitens die Zeitdilation der Speziellen Relativitätstheorie – daß bewegte Uhren langsamer gehen als ruhende. Nehmen wir zum Beispiel ein Tennisspiel. Der Spieler kann (wenn er es kann!) den Ball von seiner Position am Netz sowohl direkt als auch durch einen Lob auf die Grundlinie des Gegners schlagen. Die Finessen des Spiels, die erst die Luftreibung ermöglicht, will ich wie bei dem vereinfachten Golfspiel im vorigen Kapitel nicht berücksichtigen. Obwohl der Ball seine Flüge bei beiden Schlägen an denselben Stellen beginnt und beendet, sind die Bahnen verschieden – und mit ihnen die Zeiten, die der Ball braucht, um sie zu durchfliegen. Bezieht man die *auf der Erde gemessene* Zeit ein, verlangt also zusätzlich, daß der Ball für seinen Weg genau die Zeit brauchen soll, die er für den Lob braucht, so ist der Flug des Balles beim Lob der einzig mögliche.

Die Forderungen nach Anfangspunkt, Endpunkt und Dauer der Bewegung legen den Flug des Balles über das Prinzip der maximalen Alterung eindeutig fest. Wir dürfen uns vorstellen, daß der Ball eine Uhr enthält, die seine Eigenzeit und damit die Alterung, von der das Prinzip spricht, anzeigt. Immer ist es für die Erfüllung des Prinzips gut, wenn sich der Ball und mit ihm die Uhr möglichst lange möglichst hoch droben aufhält, denn dort gehen Uhren schneller als unten. Andererseits – je höher er fliegt und je länger er sich oben aufhält, desto schneller muß er den Weg hinauf und hinunter zurücklegen, denn die erdgebundene Zeit, zu der er wieder am Boden ankommen muß, ist festgelegt. Schnelle Bewegung aber ist für die Erfüllung des Prinzips schädlich, da sie bewirkt, daß Uhren langsam gehen. Die tatsächliche Bewegung des Balles ist also das Resultat eines Kompromisses. Hören wir zum Abschluß dieses langen Kapitels, wie sich Richard P. Feynman über einen professionellen Adepten der Allgemeinen Relativitätstheorie lustig macht, der unseren Durchblick nicht besitzt:

Ich weiß nicht, was mit den Leuten los ist: sie lernen nicht durch Verstehen; sie lernen irgendwie anders – durch Auswendiglernen oder so. Ihr Wissen ist so leicht zu erschüttern!

In Princeton ... sprach ich einmal mit jemand, ... *der Erfahrung hatte, einem Assistenten von Einstein, der bestimmt dauernd mit der Gravitation zu tun hatte. Ich stellte ihm eine Aufgabe: »Sie werden in einer Rakete abgeschossen, die eine Uhr an Bord hat, und am Boden gibt es auch eine Uhr. Sie sollen zurück sein, wenn die Uhr am Boden anzeigt, daß eine Stunde vergangen ist. Nun wollen Sie es aber so machen, daß Ihre Uhr, wenn Sie zurückkommen, so weit wie möglich vorgeht. Nach Einstein wird Ihre Uhr schneller gehen, wenn Sie sehr hoch fliegen, denn je höher sich etwas in einem Gravitationsfeld befindet, desto schneller geht die Uhr. Aber wenn Sie versuchen, zu hoch zu kommen, weil Sie nur eine Stunde Zeit haben, müssen Sie so schnell fliegen, um dahin zu gelangen, daß die Geschwindigkeit den Gang Ihrer Uhr verlangsamt. Also dürfen Sie nicht zu hoch fliegen. Die Frage ist, welche Geschwindigkeit und welche Höhe müssen Sie genau einplanen, um die maximale Zeit auf Ihrer Uhr zu bekommen?«*

Dieser Assistent von Einstein arbeitete ein ganzes Weilchen daran, bis er erkannte, daß die Antwort die reale Bewegung der Materie ist. Wenn man etwas ganz normal abschießt, so daß die Kapsel, um hochzufliegen und wieder herunterzukommen, eine Stunde braucht, dann ist das die richtige Bewegung. Es ist das Grundprinzip von Einsteins Gravitation: nämlich, daß das, was man die »Eigenzeit« nennt, bei der tatsächlichen Kurve sein Maximum hat. Aber als ich ihm das Problem in Form einer Rakete mit einer Uhr vorlegte, erkannte er es nicht wieder. ... Daß sich das Wissen so leicht erschüttern läßt, ist also eigentlich ziemlich verbreitet, auch bei gelehrteren Leuten.

4. Die Richtung der Zeit

Monsieur Newton und seine Anhänger haben von Gottes Werk eine recht merkwürdige Meinung. Ihrer Meinung nach ist Gott gezwungen, seine Uhr von Zeit zu Zeit aufzuziehen, anderenfalls würde sie stehenbleiben. Er besaß nicht genügend Einsicht, um ihr eine immerwährende Bewegung zu verleihen, schreibt 1715 Leibniz an Clarke. Der große deutsche Philosoph Gottfried Wilhelm Leibniz und Isaac Newton, für den Samuel Clarke eintritt, waren aneinandergeraten, weil sie entgegengesetzte Ansichten darüber vertraten, ob es leeren Raum geben könne. Wie an eine Absolute Zeit glaubte Newton auch an einen von den Dingen unabhängigen Absoluten Raum, der leer sein konnte, und in dem er Planetensysteme ansiedelte. Für Leibniz hingegen waren Zeit und Raum nur Umschreibungen für die Relationen, in denen Ereignisse und Dinge zueinander stehen.

Die *Uhr Gottes*, von der Leibniz schreibt, ist das ganze Universum. Er unterstellt, daß Gott bei *genügender Einsicht* eine Welt hätte erschaffen können, die sich in *immerwährender Bewegung* befindet, ohne daß er sie *von Zeit zu Zeit aufzieht*. Diese Welt soll sogar die tatsächliche sein, die Newton und seine Leute nur falsch interpretieren.

Uhren

Aber in der wirklichen Welt verbrauchen Leibniz und Newton Tinte, weil sie über Clarke und die Prinzessin von Wales Briefe austauschen, entnehmen Ebbe und Flut aus den Bewegungen der Erde und des Mondes Energie, die niemals wieder in Bewegungsenergie der Himmelskörper zurückverwandelt werden kann – und so weiter: Die wirkliche Welt läuft ab wie eine Uhr, die einmal in Bewegung gesetzt und niemals wieder aufgezogen wurde.

Wollte Gott die Welt für immer so erhalten, wie sie heute ist, müßte er tatsächlich eingreifen und *seine Uhr von Zeit zu Zeit aufziehen*. Daran führte auch die allerhöchste Einsicht nicht vorbei. Daß Gott nichts tun kann, was in sich logisch widersprüchlich ist, war zu Leibniz' Zeit anerkannt; ein rundes Quadrat kann auch Gott nicht schaffen. Aber wäre es ihm bei *genügender Einsicht* nicht doch möglich gewesen, eine sich selbst erhaltende Welt zu erschaffen, die für immer der heutigen gliche? Die er am Jüngsten Tag sozusagen von außen hätte anhalten müssen? Wir wissen heute, daß eine solche Welt genauso unmöglich ist wie ein rundes Quadrat.

Großvaters Pendeluhr ist für mich seit je mehr ein Sinnbild der Vergänglichkeit als der Beständigkeit. Denn man muß sie aufziehen – was man immer wieder vergißt! –, damit sie nicht stehenbleibt. Ungefähr so ist es mit allen Uhren: Das Wasserkraftwerk, das hilft, den Wecker auf meinem Nachttisch mit Strom zu versorgen, wird das nicht mehr können, wenn die Sonne ausgebrannt ist. Und viel weniger lange wird es Batterien geben, die meine elektrische Armbanduhr antreiben könnten. Meine andere, die automatische Armbanduhr, wird von den Bewegungen meines Handgelenks angetrieben. Es ist mir schmerzlich bewußt, daß auch sie einmal stehenbleiben wird.

Daß »die Uhr« jahrhundertelang als Symbol für immergleiches gesetzmäßiges Verhalten dienen konnte, ist seltsam – für den Gang der Planeten, für den Auf- und Untergang der Sonne und so weiter. Gemeint war wohl immer eine idealisierte Uhr, die den Gang der Zeit zwar anzeigt, aber nicht definiert. Bevor die eine schlappmacht, wird sie entweder aufgezogen oder durch eine andere ersetzt. Fragt aber einer nach der *Richtung* der Zeit, kann er nur von Uhren eine Antwort erhoffen, die nicht immer gleich schnell gehen.

Der Gang der Zeiger einer idealen Uhr reicht offensichtlich nicht aus, um der »Richtung der Zeit« einen objektiven Sinn zu geben. Denn von dem rückwärts laufenden Film einer idealen Uhr, die niemals stehenbleiben oder schneller oder langsamer gehen wird, kann die Zeit genausogut abgelesen werden wie von der idealen Uhr selbst. Eine ganz andere Frage ist die nach wirklichen Uhren, die sowohl vorwärts als auch rückwärts gehen können. Die kann es nur in einer idealisierten Welt geben, in der von dem allgemeinen Trend abgesehen wird, daß alles Geschehen einmal aufhören wird. Es ist dieser Trend, der es uns ermöglicht, eine »Richtung der Zeit« zu definieren. Durch ideale Uhren, die niemals stehenbleiben, können wir das nicht.

Von allen Uhren, die ohne immer neue Energiezufuhr die Zeit anzeigen, kommen die Himmelskörper einer idealen Uhr am nächsten. Die real existierende Erde und Sonne verhalten sich nahezu wie ein System aus einem punktförmigen Planeten und einer punktförmigen Sonne, die keine Energie verlieren und von denen unwandelbar die Zeit der Mechanik abgelesen werden kann. Ebendeshalb aber kann das System nicht benutzt werden, um eine Richtung der Zeit vor der anderen auszuzeichnen. Nichts spräche nämlich dagegen, daß Erde und Sonne sich in der Wirklichkeit so verhielten, wie sie ein rückwärts laufender Film zeigt. *Korf* in Christian Morgensterns Gedicht *Die Korfsche Uhr* ist einen genialen Schritt weitergegangen: Vereint man beide Systeme – das vorwärts und das rückwärts laufende – zu einer einzigen Uhr, zeigt diese zwar weiterhin die Zeit an. Aber die Illusion, daß dadurch eine Richtung der Zeit vor der anderen ausgezeichnet sei, kann gar nicht erst aufkommen. Denn bei Umkehr aller Bewegungen geht die Korfsche Uhr in sich selbst über:

Korf erfindet eine Uhr,
die mit zwei Paar Zeigern kreist
und damit nach vorn nicht nur,
sondern auch nach rückwärts weist.

Zeigt sie zwei, – somit auch zehn;
zeigt sie drei, – somit auch neun;
und man braucht nur hinzusehn,
um die Zeit nicht mehr zu scheun.

Denn auf dieser Uhr von Korfen
mit dem janushaften Lauf
(dazu ward sie so entworfen):
hebt die Zeit sich selber auf.

Tatsächlich geht es nicht um die Frage, ob eine abstrakte Zeit eine Richtung besitzt, sondern ob auf Grund von Abläufen eine Richtung der Zeit definiert werden kann. Abläufe an idealen Uhren zeigen zwar die Zeit an, zeichnen aber keine Richtung der Zeit vor der anderen aus. Das können nur reale Uhren, die nicht immer gleich schnell gehen.

Nehmen wir eine Korfsche Uhr, die durch eine eingebaute Feder angetrieben wird. Die Feder wird aufgezogen, die Uhr beginnt zu laufen. Nach einiger Zeit bleibt sie stehen. Solange sich ihre Zeiger mit konstanter Geschwindigkeit bewegen, kann niemand sagen, ob die Uhr selbst oder ein rückwärts laufender Film von ihr gezeigt wird. Wenn aber der rückwärts laufende Film in dem Augenblick beginnt, in dem die Uhr im wirklichen Leben nahezu zum Stillstand gekommen ist und dann zeigt, wie sie schneller und schneller geht, wird der

Zuschauer wissen, daß er keinen wirklichen Ablauf beobachtet, sondern einen rückwärts laufenden Film.

Oder die Korfsche Uhr ist nicht das, was sie zu sein scheint, nämlich eine Uhr. Nun muß ich sagen, was ich unter einer Uhr verstanden wissen will. Zunächst ein abgeschlossenes System. Wir nähern uns der Wärmelehre; sie muß zwischen verschiedenen Graden der Abgeschlossenheit unterscheiden. Erstens kennt sie das *isolierte* System. Dieses kann mit seiner Umgebung weder Stoffe noch Energie austauschen. Zweitens das *geschlossene* System. Dieses kann mit seiner Umgebung zwar Energie, aber keine Stoffe austauschen. Das – drittens – *offene* System ist offen für den Austausch von beidem, Stoffen und Energie.

Die abgeschlossenen Systeme, von denen wir in anderen Zusammenhängen gesprochen haben, gestatten überhaupt keinen Austausch mit der Außenwelt, nicht einmal einen Blickkontakt mit vorüberschwebenden Probekörpern. Manchmal aber den Austausch von Informationen, die »innere« Eigenschaften zu charakterisieren gestatten.

Aber zurück zur Korfschen Uhr. Sie sei ein abgeschlossenes System, das Signale – ihre Zeigerstellung – nach außen sendet. Diese Signale seien – zweitens – so beschaffen, daß sie mit äquidistanten Werten des Parameters Zeit des letzten Kapitels identifiziert werden können. Das aber, beeile ich mich hinzuzufügen, kann nur anfangs, wenn die Korfsche Uhr zu laufen beginnt, so sein; später muß sie ermüden. Denn ihre Feder, wenn sie durch eine angetrieben wird, entspannt sich, die Uhr bleibt stehen.

Exkurs: Besonderheiten der Schwerkraft

Hier sollte ich beginnen, auf die Besonderheiten von Systemen aufmerksam zu machen, die durch die Schwerkraft zusammengehalten werden. Die Schwerkraft ist eine ganz besondere Kraft. Daß es unmöglich ist, eine Abschirmung gegen sie zu errichten, wissen wir schon. Nun wollen wir uns überlegen, wie die Abgabe von Energie durch ein System, das durch die Schwerkraft zusammengehalten wird, auf das System wirkt. Die Bestandteile eines durch eine Feder angetriebenen Systems bewegen sich langsamer und langsamer, weil die Feder durch die Bewegung Energie abgibt und sich entspannt. Würde hingegen das System aus Erde und Sonne Energie abgeben, so würde die Erde beginnen, abzustürzen und dadurch *schneller* werden – wie ein Apfel, der vom Baum fällt. Daß sie durch die Energieabgabe zu fallen beginnen kann, ist für die Bewegung der Erde wichtiger als die Energieabgabe selbst.

Daß das so ist, zeigt bereits ein Blick auf die Umlaufzeiten der Planeten um die Sonne: Je näher ein Planet der Sonne ist, um so geringer ist seine gesamte Energie und um so schneller umkreist er sie. Der sonnennahe Planet braucht nicht nur für einen Umlauf weniger Zeit als der sonnenferne; das wäre ja bereits bei gleicher Geschwindigkeit wegen seiner kürzeren Umlaufbahn so. Tatsächlich braucht der sonnennahe noch weniger Zeit für einen Umlauf, als es die Proportion gebietet; er läuft mit einer größeren Geschwindigkeit um. Ganz ähnlich ist es bei künstlichen Erdsatelliten. Wenn sie durch Reibung an der äußeren Atmosphäre Energie verlieren, beginnen sie abzustürzen und dadurch die Erde im Mittel schneller statt langsamer zu umlaufen.

Wenn also ein System, das die Schwerkraft zusammenhält, Energie abgibt, bewegen sich seine Bestandteile schneller, das System heizt sich auf. Das ist ein höchst bemerkenswertes Resultat, auf das ich zurückkommen werde: Systeme, die durch die Schwerkraft zusammengehalten werden, besitzen eine *negative* spezifische Wärme. Je mehr Energie man ihnen entnimmt, desto heißer werden sie. Die Sonne hat sich dadurch gebildet, daß eine Gas- und Staubmasse durch ihre eigene Schwerkraft zusammengestürzt ist. Dabei hat sie Energie durch Strahlung abgegeben und ist heißer und heißer geworden. Schließlich so heiß, daß in ihr Kernreaktionen einsetzen konnten, die wir hier auf Erden bisher noch vergeblich in Gang zu bringen versuchen. Auch diese Reaktionen erzeugen Wärme und mit ihr Strahlung. Deren Druck verhindert zur Zeit noch – bis der Kernbrennstoff der Sonne aufgebraucht ist –, daß die Sonne unter ihrer eigenen Schwerkraft weiter zusammenstürzt und noch heißer wird, als sie bereits ist.

Wiederaufnahme: Uhren

Diese Besonderheit der Schwerkraft wird weiter unten helfen, den Weg des Universums vom Urknall zum Zerfall zu verfolgen. Vorerst geht es aber nur um die Möglichkeit, eine *Richtung* der Zeit durch Abläufe an Uhren zu definieren. Eine Sand- oder Wasseruhr, die rückwärts liefe, böte einen höchst bemerkenswerten Anblick. Und Großvaters Pendeluhr, die durch ein Gewicht angetrieben wird, kann bereits deshalb nicht so funktionieren, wie sie ein rückwärts laufender Film zeigt, weil sich im Film das Gewicht nicht senkt, sondern hebt. In der Wirklichkeit ist das unmöglich. Aus dem Prolog wissen wir, daß solch ein Verhalten zwar durch kein fundamentales Naturgesetz verboten, wohl aber praktisch unendlich unwahrscheinlich ist. Wie Sand- und Wasseruhren setzt auch Großvaters Pendeluhr mechanische Lageenergie in Wärmeenergie um

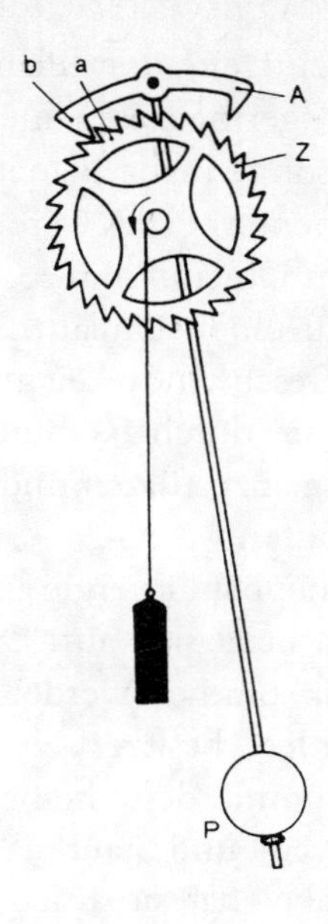

Abb. 22 Der Anker *bA* hält bei diesem von W. Clement 1671 in London entwickelten *Hakengang* einer Pendeluhr das Zahnrad nicht nur im Rhythmus der Pendelschwingung an, sondern dient auch der Energieübertragung von dem schwarz gezeichneten Gewicht auf das Pendel *P*: Wenn sich im Augenblick der Abbildung der Pendelkörper nach links bewegt, dann drückt der Zahn *a* gegen die Spitze *b* und erhöht so die Schwingungsenergie des Pendels.

und nimmt dadurch an dem allgemeinen Trend allen Geschehens, nämlich aufzuhören, teil.

Mechanische Uhren wie Großvaters Pendeluhr können auch deshalb nicht rückwärts laufen, weil sie eine Vorrichtung enthalten, welche die regelmäßige Pendelschwingung in den ruckartigen, aber ebenfalls regelmäßigen Gang der Zeiger übersetzt. Diese Ganghemmung besteht typischerweise aus einem Zahnrad und einem Anker (Abb. 22). Über eine mechanische Verbindung, die nicht weiter interessiert, versucht das Gewicht, das Zahnrad in eine Richtung zu drehen. Der Anker ist mit dem Pendel verbunden und schwingt mit dessen Rhythmus hin und her. Dabei gibt er das Zahnrad periodisch frei und hält es wieder an, so daß es sich in gleichen Zeitabschnitten ruckartig um den gleichen Winkel dreht. Mit dem Zahnrad drehen sich die Zeiger und zeigen die Zeit im Takt des Pendels an.

Maschinen, die nicht rückwärts laufen können

Mit Richard P. Feynman in seinem Buch *Vom Wesen physikalischer Gesetze* werden wir uns *einmal anschauen, wie eine Maschine, die nicht rückwärts laufen kann, eigentlich funktioniert. Nehmen wir also an, wir bauen uns eine Apparatur, die,* soweit wir

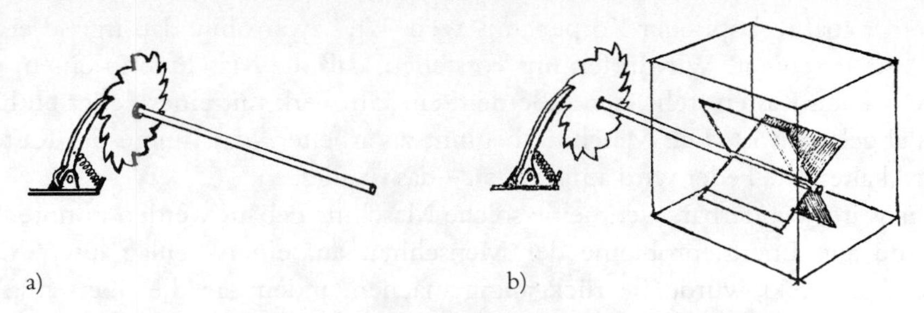

Abb. 23 Der Text erläutert, warum das Sperrad (a) in Verbindung mit dem Flügelrad (b) zwar auf den ersten Blick die ungeordnete Wärmebewegung der Moleküle des Gases im Behälter in makroskopisch nutzbare mechanische Energie umsetzt, tatsächlich aber nur dann, wenn das Sperrad kälter ist als das Gas. Solange das so ist, bildet die Vorrichtung eine zwar komisch-ineffektive, ansonsten aber ganz gewöhnliche Wärmekraftmaschine, die Temperatur*unterschiede* ausnutzt.

sehen (meine Hervorhebung), *nur in eine Richtung funktionieren sollte, etwa ein Rad mit einem Sperrhaken, genauer ein Zahnrad, dessen Zähne auf der einen Flanke gerade und scharf, auf der anderen dagegen relativ geschwungen sind. Das Rad soll auf eine Achse montiert sein, und außerdem soll unsere Apparatur einen kleinen beweglich gelagerten Sperrhaken besitzen, der von einer Feder nach unten gezogen wird* (Abb. 23a).

Offensichtlich, so Feynman weiter, *kann sich das Rad nur in eine Richtung drehen. ... Nun ist man auf die Idee verfallen, dieses Rad ... für eine äußerst nützliche und interessante Sache zu verwenden. ... Wir wollen nämlich unser Rad mit einer Achse verbinden, die vier Flügel hat wie auf Abb.* 23b. *Diese sollen sich in einem Gasbehälter befinden und die ganze Zeit unregelmäßig von Molekülen bombardiert werden, so daß sie einmal in die eine, einmal in die andere Richtung gestoßen werden. Werden die Flügel nun in die eine Richtung gedreht, klinkt der Sperrhaken ein und stoppt die Bewegung, werden sie in die andere Richtung gestoßen, dreht sich das Rad dauernd weiter, und so haben wir dank dem nur in eine Richtung laufenden Sperrhakenrad eine Art ständiger Bewegung.*

Perpetuum mobile zweiter Art

Könnte eine Apparatur gebaut werden, die tatsächlich und nicht nur *soweit wir sehen* so funktioniert, wie es uns die Abb. 23b suggeriert, könnten wir sie benutzen, um ein Perpetuum mobile zweiter Art zu konstruieren. Eine solche hypothetische Maschine kann die Temperatur eines Raumgebietes absenken und die dadurch frei gewordene Energie in mechanische Lage- oder Bewegungsenergie makroskopischer Körper umsetzen. Und zwar ohne daß irgend etwas anderes geschieht. Wir dürfen uns vorstellen, daß die Maschine in einem geschlossenen Kasten steht, der außerdem ein Uhrwerk mit einer Feder enthält, das abgelaufen ist. Die Maschine beginnt zu arbeiten, das Innere des Kastens wird kälter, die Feder wird aufgezogen – das ist alles.

Es wäre wunderbar, wenn eine solche Maschine gebaut werden könnte. Sie würde alle Energieprobleme der Menschheit auf einen Schlag lösen. Den Treibhauseffekt würde sie rückgängig machen, indem sie die überschüssige Wärmeenergie der Atmosphäre und der Meere in nützliche Arbeit verwandelte. Sie könnte Wasser in hochgelegene Reservoire pumpen. In der Wüste aufgestellt, würde sie für Kühlung sorgen und Wasser entsalzen. Sie würde den Bau eines *Eisherdes* erlauben – eines Kastens, der sowohl ein Eisschrank als auch ein Herd wäre: Seinem Inneren – dem Eisschrank – entnimmt das Perpetuum mobile zweiter Art Wärmeenergie und benutzt sie, um eine Heizplatte – den Herd – zu betreiben.

Eine solche Maschine ist niemals gebaut worden, und keiner der Effekte, die zu ihrem Bau benutzt werden könnten, ist jemals beobachtet worden. Ich greife einen heraus: Wärmeenergie fließt von selbst – ohne daß sich sonst irgend etwas ändert – von dem kälteren Ende eines Stabes zu dem wärmeren, so daß das kältere Ende noch kälter, das wärmere noch wärmer würde. Oder: das eine Ende eines Stabes, der durchgehend dieselbe Temperatur besitzt, wird spontan merklich kälter, das andere wärmer – und so weiter. An einen solchen Zauberstab würde ich ein Thermoelement anschließen, das die Temperaturdifferenz ganz normal zur Erzeugung von elektrischem Strom benutzte.

Feynman weiß natürlich, daß auch seine Maschine nicht wie beschrieben funktionieren wird: *Wenn sich das Rad in eine Richtung dreht, hebt es den Sperrhaken hoch, der wieder auf den Zahn herunterschnappt und zurückprallt und das, sofern er vollkommen elastisch ist, immer so fort, so daß sich das Rad, wenn der Haken zufällig wieder hochschnellt, auch in die andere Richtung drehen kann. Die Geschichte funktioniert also nicht, es sein denn, der Haken würde, wenn er herunterschnappt, wie angenommen, stecken- oder stehenbleiben oder abprallen und unterbrechen. Tut er das aber, kommt notwendig Reibung ins Spiel, und durch die Reibung . . . entsteht Wärme, so daß das Rad mit der Zeit heißläuft.* Dann aber beginnen auch die Moleküle von Rad und Haken, sich unregelmäßig zu bewegen, *bis das Rad schließlich so heißgelaufen ist, daß der Haken auf Grund der inneren Molekularbewegung, die ja schon das Rad in Gang gesetzt hat, regelrecht flattert. Da er bei diesem Flattern jedoch ebenso oft über wie auf dem Rad ist, kann sich das Rad in beide Richtungen drehen, und aus ist es mit unserer Einbahn-Erfindung.*

Zusammenfassung

Wir wollen innehalten und zusammenfassen. *Obwohl* die fundamentalen Naturgesetze keine Richtung der Zeit vor der anderen auszeichnen, laufen zahllose Naturvorgänge nur in eine Richtung ab – Meteoriten fallen auf die Erde und fliegen nicht von ihr fort; das Sperrad und die Ganghemmung funktionieren *für eine gewisse Zeit* nur in eine Richtung und so weiter. Aber *weil* die fundamentalen Naturgesetze keine Richtung der Zeit vor der anderen auszeichnen, entwickeln sich abgeschlossene Systeme so, daß schlußendlich alle Abläufe aussterben, die zeitlich unumkehrbar sind. Das System geht, technisch gesprochen, in den Zustand des thermischen Gleichgewichts über. In ihm bleiben Schwankungen um den Gleichgewichtszustand als einzige Abläufe über, und die können »rückwärts« genauso wie »vorwärts« ablaufen, so daß eine »Richtung der Zeit« von ihnen nicht abgelesen werden kann. Denn weil die fundamentalen Naturgesetze zeitumkehrsymmetrisch sind, regieren nur Wahrscheinlichkeiten über die zeitliche Richtung von Abläufen. Die Entwicklung verläuft von weniger wahrscheinlichen Zuständen, die irgendwie – das muß präzisiert werden! – übriggeblieben sind oder von der allgemeinen Entwicklung abgezweigt wurden, hin zu wahrscheinlicheren. Im thermischen Gleichgewicht treten nur noch – auch das muß präzisiert werden – Zustände auf, die gleich wahrscheinlich sind, so daß es keine erkennbare Entwicklung in nur die eine zeitliche Richtung mehr geben kann.

Bei Systemen, die nicht abgeschlossen sind, können systematische Einflüsse von außen den Trend zu wachsender Unordnung überdecken und umkehren. Solange Pendel und Sperrhaken in Abb. 22 von dem Gewicht angetrieben werden, sind die Effekte, die das Verhalten des abgeschlossenen Systems der Abb. 23b schlußendlich bestimmen, für das Verhalten der Pendeluhr irrelevant. Die Abb. 29 (s. S. 200) stellt ein System vor, in dem der Trend zu abnehmender Ordnung durch den ihm aufgeprägten Wärmefluß durch es hindurch umgekehrt wird. Insgesamt aber – und das ist vom Standpunkt der Wahrscheinlichkeiten und der fundamentalen Naturgesetze aus gesehen ungleich wichtiger – nimmt die Unordnung auch in diesen Fällen zu; das umgekehrte ist nämlich praktisch unendlich unwahrscheinlich.

Ich muß an dieser Stelle eine Warnung aus dem Prolog wiederaufleben lassen – daß nämlich die fundamentalen Naturgesetze ganz genau genommen *nicht* zeitumkehrsymmetrisch sind. Diesen winzigen Effekt, der bisher nur bei einem einzigen System der Elementarteilchenphysik experimentell nachgewiesen werden konnte, werde ich in dem Kapitel über die Zeitsymmetrien der

Naturgesetze darstellen. Für unser jetziges Thema, die überwältigende Zeitasymmetrie makroskopischer Abläufe außerhalb des thermischen Gleichgewichts, ist er wegen seiner Kleinheit und der besonderen Umstände, die sein Auftreten voraussetzt, mit Sicherheit irrelevant. Auf ihn können und müssen wir uns nicht berufen, wenn wir die alltägliche Asymmetrie verstehen wollen. Bereits Computersimulationen, die nur perfekt symmetrische Gesetze benutzen, führen ja auf asymmetrisches Verhalten von – zum Beispiel – elastisch aneinander und an den Wänden stoßenden harten Kugeln.

In der einen oder anderen Verkleidung bildet die Aussage, daß es unmöglich ist, ein Perpetuum mobile zweiter Art zu bauen, eine der Grundlagen der Wissenschaft von der Wärme, der Wärmelehre oder Thermodynamik. Ein Perpetuum mobile erster Art wäre eine Maschine, die Energie lieferte, ohne sie von irgendwoher zu nehmen. Während das Perpetuum mobile zweiter Art Wärmeenergie in mechanische oder elektrische Energie umwandelte, erzeugte das Perpetuum mobile erster Art Energie sozusagen aus dem Nichts.

Energieumsatz und die »Richtung der Zeit«

Eine solche Maschine kann es nicht geben. Das Naturgesetz, das besagt, daß es unmöglich ist, die Summe aller Energien zu ändern, ist in einem wohldefinierten Sinn (vgl. Kapitel 5) fundamentaler als die Aussage, daß kein Perpetuum mobile zweiter Art gebaut werden kann. Ist es nämlich verletzt, können die Naturgesetze nicht zu allen Zeiten dieselben sein. Hingegen würde das Auftreten eines Perpetuum mobile zweiter Art kein fundamentales Naturgesetz verletzen. Es ist nur praktisch unendlich unwahrscheinlich. Genaueres hierzu folgt weiter unten in diesem Kapitel.

Wärmeausgleich ist ein Vorgang, der nur in eine Richtung abläuft und daher benutzt werden kann, um eine Richtung der Zeit aus der Richtung eines Ablaufs zu definieren. Einen Stab, dem wir zu einem Zeitpunkt eine Temperaturverteilung aufprägen, können wir ab diesem Zeitpunkt sogar als Uhr benutzen. Denn die Entwicklung der Temperaturverteilung können wir durch Formeln beschreiben, die von der Zeit »gewöhnlicher« Uhren abhängen. Die Formeln sind umkehrbar, so daß wir aus der erreichten Temperaturverteilung die Zeit berechnen können, die seit der Anfangszeit vergangen ist. Das wird natürlich im Laufe der Zeit schwerer und schwerer, weil sich diese Uhr wie alle Uhren zu dem Zustand hinentwickelt, in dem nichts mehr geschieht. Bei der Federuhr heißt das, daß die Feder sich entspannt hat und ihre Energie durch Reibung in

Wärmeenergie übergegangen ist; bei der durch ein Gewicht angetriebenen Uhr ist dieses herabgesunken, und die Sanduhr und die Wasseruhr sind abgelaufen. Auf die Besonderheiten von Systemen, die durch die Schwerkraft zusammengehalten werden, habe ich hingewiesen.

Aus der Forderung, daß kein Perpetuum mobile zweiter Art gebaut werden kann, folgt sofort auch, daß Uhren, welche mechanische oder elektrische Energie in Wärmeenergie umsetzen, in dieselbe Richtung laufen wie die Wärmeausgleichsuhr. Wäre es anders, könnten wir aus der anfänglichen Temperaturdifferenz wie bereits beschrieben durch ein Thermoelement elektrische Energie gewinnen und mit ihr eine elektrische Uhr betreiben, die laut Annahme rückwärts liefe, also parallel zu dem Wärmeausgleich im Stab Energie aus der warmen Umwelt aufsammelte und als elektrische Energie in das Thermoelement hineinpumpte – mit dem Resultat, daß die Temperaturdifferenz zustatt abnehmen würde.

Die genauesten Uhren, die wir kennen, sind die Atomuhren. Atome strahlen Energie, die ihnen zugeführt wird, in der Form von Licht wieder ab, das nur gewisse, durch den Atomtyp festgelegte Schwingungsfrequenzen besitzen kann. Insofern verhalten sich Atome wie eingespannte Saiten – wenn es auch schwer ist, davon abzusehen, daß Saiten Töne statt Licht abgeben. Die Schwingungsfrequenz einer Saite ist definiert als die Zahl der Schwingungen, die sie pro Zeiteinheit – zum Beispiel pro Sekunde – durchführt. »Bei der nächsten Schwingung ist es ...« könnte folglich die Zeitansage einer Atomuhr lauten.

Eine gut funktionierende Atomuhr geht immer gleich. Durch ihre Zeitanzeige allein kann also keine Richtung der Zeit vor der anderen ausgezeichnet werden; ein Ablauf, der zwar vorwärts in der Atomuhrzeit, aber nicht rückwärts auftreten kann, muß hinzukommen. Tatsächlich erkaufen wir uns den immer gleichen Gang der Atomuhr durch den unumkehrbaren Mechanismus, durch den wir sie betreiben: Wir pumpen Energie in sie hinein, und sie strahlt die Energie in regelmäßigen Schwingungen wieder ab – über Zwischenstufen letztlich in den Weltraum.

Wir sind ganz sicher, daß das umgekehrte unmöglich ist: Die Atomuhr empfängt von überall her im Weltraum Licht, das sie an ihre vormalige Energiequelle, die nun eine Senke ist, abgibt. Statt die Atomuhr speisen zu müssen, könnten wir ihr nun Energie entnehmen – sie wäre für uns zu einer Quelle statt einer Senke geworden.

Daß wirkliche Atomuhren nicht rückwärts laufen und dadurch im Raum verstreute Energie in sich versammeln können, ist leicht einzusehen. Aus dem Prolog wissen wir, daß vom Standpunkt deterministischer fundamentaler Na-

Abb. 24 Von einem Tupfer, der periodisch in eine Wasseroberfläche eintaucht, gehen Kreiswellen aus. Den umgekehrten Vorgang – auf den Tupfer laufen Kreiswellen zu und lassen ihn periodisch auf und ab tanzen – erörtert der Text.

turgesetze aus gesehen der Bau eines Perpetuum mobile zweiter Art zwar nicht prinzipiell, wohl aber praktisch unmöglich ist. Dasselbe gilt für die rückwärts laufende Atomuhr, die ich zur Unterscheidung ein Perpetuum mobile vierter Art nennen will. Nicht dritter Art, denn der Name ist schon vergeben. Das Funktionieren eines Perpetuum mobile vierter Art setzte ein konspiratives Zusammenwirken von im Raum verteilten Lichtquellen voraus, das sich entweder bei der Entwicklung der Welt eingestellt haben müßte oder nur durch praktisch unendlichen Aufwand zu erreichen wäre.

Zur Erläuterung ersetze ich das Atom, das die ihm zugeführte Energie nur in Form von Schwingungen mit bestimmter Frequenz wieder abgeben kann, durch einen Motor, der einen Tupfer bewegt. Die Drehzahl des Motors – so beginnt die Parabel über die Atomuhr – ist durch einen sinnreichen inneren Mechanismus genau festgelegt, so daß sich der Tupfer pro Minute zum Beispiel zehnmal auf und ab bewegt. Angetrieben wird der Motor durch einen Akku, dem er die Energie entnimmt, die das Betreiben des Tupfers erfordert. Wir wollen uns nämlich vorstellen, daß der Tupfer in eine Wasseroberfläche eintaucht und diese in wellenförmige Bewegung versetzt. Genauer gehen von dem Tupfer (Abb. 24) kreisförmige Wasserwellen aus, die für das von der Atomuhr ausgesandte Licht stehen. Wie Lichtwellen im leeren Raum – so geht die Parabel weiter – sollen die Wasserwellen keine Energie verlieren und sich mit konstanter Geschwindigkeit ausbreiten.

Tatsächliche Wasserwellen geben ihre Energie als Wärme an das Wasser ab, so daß sie verebben und dadurch das Wasser erwärmen. Dabei ändert sich die Ausbreitungsgeschwindigkeit der Wellen – anders als der leere Raum für Lichtwellen, ist Wasser für Wasserwellen ein kompliziertes Medium. Insbesondere können wir bei der Ausbreitung von Lichtwellen im leeren Raum von Effekten, die mit Temperaturausgleich und Wärmetransport zu tun haben, absehen. Um diesen Unterschied zu betonen, habe ich zusätzlich zu dem Perpetuum mobile zweiter Art das vierter Art eingeführt.

Doch zurück zu unserer Parabel. Die Wasserwellen sollen sich wie Lichtwellen im leeren Raum verhalten. Als weitere Vereinfachung wollen wir davon absehen, daß der Tupfer das Wasser wieder und wieder mit einer bestimmten Frequenz erregt: Wie ein Stein, der ins Wasser fällt, regt er eine Welle an, die sich als Gebilde aus Hügeln und Tälern kreisförmig ausbreitet. Wir nehmen den Ablauf mit einer Kamera bis zu einem gewissen Zeitpunkt auf und sehen uns den Film wie gewohnt vorwärts laufend an. Wenn wir ihn nach einer Weile anhalten, sehen wir, daß sich auf der ansonsten ebenen Wasseroberfläche eine eng begrenzte, kreisförmige Hügel- und Tälerlandschaft ausgebildet hat. Ein kurzer zeitlicher Ausschnitt des Films, der diese Szene enthält, zeigt, daß sich die Hügel und Täler dadurch nach außen bewegen, daß sich das Wasser auf und ab bewegt; keinesfalls also vorwärts und rückwärts. Wenn wir im Wasser Tupfer wie den verteilt hätten, der die Welle angeregt hat, würden wir sehen, wie sie mit dem Wasser an ihrem Platz auf und ab tanzen.

Nun lassen wir den Film rückwärts laufen. Am Anfang, der zuvor das Ende war, sehen wir eine eng begrenzte kreisförmige Hügellandschaft aus Wasser, das sich auf und ab bewegt; ansonsten, auch im Innern des Kreises, ruht das Wasser. Anders aber als bei dem vorwärts laufenden Film ist das Auf und Ab jetzt so geordnet, daß sich der Kreis der Hügellandschaft zusammenzieht: Die Wellenberge und Wellentäler laufen zusammen und setzen schließlich den Tupfer in der Mitte in Bewegung. Das Wasser kommt zur Ruhe, der Tupfer treibt den Motor – unser Modellatom – an, so daß er als Dynamo funktioniert und mit der Energie, die er aus dem Wasser aufnimmt, den Akku auflädt.

Wenn es gelänge, Tupfer im Kreis aufzustellen und so zu betreiben, daß sich das Wasser am Anfang eines realen Prozesses so bewegte, wie es die erste Szene des zurücklaufenden Films zeigt, würde der Kreis der Hügellandschaft sich auch in der Wirklichkeit verengen, so daß am Ende die Bewegungsenergie des Wassers im Akku versammelt wäre. Tatsächlich ist es aber unmöglich, die am Ende erreichte Konfiguration und Bewegung des Wassers zeitlich umgekehrt als Anfangsbedingung einzustellen. Denn dazu müßten unendlich viele Tupfer im Kreis aufgestellt und koordiniert betrieben werden, was zwar nicht grundsätzlich, wohl aber praktisch unmöglich ist. Außerdem nimmt der Tupfer wegen des Widerstandes, den er Beschleunigungen entgegensetzt, Energie nicht nur auf, sondern gibt auch welche ab.

Das Universum ist vor 10 bis 20 Milliarden Jahren in einem Zustand großer

Ordnung entstanden. Was diese Ordnung ausmachte und woher wir von ihr wissen, werde ich weiter unten beschreiben. In der Vergangenheit hat es aber trotz aller Ordnung keine in Reih und Glied aufgestellten und koordiniert arbeitenden Lichtquellen gegeben, die heute bewirken würden, daß Licht mit derselben Stärke auf eine Antenne aus den Richtungen auftrifft, in die sie selbst Licht aussendet. Im Gegenteil – Licht, das Antennen heute empfangen, stammt von isolierten oder verteilten Quellen, fließt aber nicht zu ihnen hin. Niemals hat eine Antenne Licht empfangen, das sich aus allen Richtungen zu ihr hin bewegte.

Lichtquellen strahlen ihr Licht in den Raum ab, empfangen es aber nur dann zielgerichtet aus ihm, wenn der Sender genau richtig eingestellt wurde. Dann kann der Sender praktisch ohne Verlust Energie zu dem Empfänger übertragen. Schwierig bis unmöglich ist es, eine Kugelschale um eine Antenne so mit Sendern zu bestücken, daß sie mit ihrem Licht genau auf den Mittelpunkt zielen. Wer ein Gebiet entdeckte, in der die Natur es so eingerichtet hätte, könnte dort ein Perpetuum mobile vierter Art betreiben.

Tatsächlich gibt es nirgends ein solches Gebiet. Wir müssen auch fragen, warum die von verschiedenen Quellen ausgegangene Strahlung das Universum nicht bereits heute mit allen überhaupt möglichen Strahlungsformen erfüllt. Wäre das so – wir kehren zu unserer Parabel zurück –, könnte der Tupfer in der Mitte keinen geordneten Wellenzug erzeugen. Wenn wir ihn mit einer bestimmten Frequenz betreiben, baut er einmal ankommende Wellen ab, dann wieder eigene auf, die er aussendet. Was er gerade bewirkt, hängt von den Wellen ab, die ohne Kenntnis seiner Schwingungen in chaotischer Reihenfolge bei ihm ankommen.

Besäße das Universum einen Rand und wäre es unendlich alt, wäre es mit Strahlung einer gewissen Temperatur angefüllt. Seine Temperatur wäre überall gleich, so daß es keine heiße Sonne zusammen mit einem kalten Nachthimmel geben könnte: Die Sonne könnte nicht nur nicht strahlen, sondern würde möglicherweise sogar von einem heißeren Himmel aufgeheizt. Dazu, daß das nicht so ist, trägt zusätzlich zu dem endlichen Alter des Universums und seiner Geburt in einem speziellen Anfangszustand auch seine Expansion wesentlich bei.

Expansion, Kontraktion und die »Richtung der Zeit«

Wieder soll die Analogie von Wasser und Licht zur Erläuterung dienen. Der Tupfer tupft dauernd, und die Wasseroberfläche besitzt einen Rand. Wenn dieser schnell genug zurückweicht, wirkt er sich nicht aus. Das gilt heute für das

Licht in einem expandierenden Universum. Steht der Rand aber fest, oder bewegt er sich gar nach innen, kann er sich auf die Ausbreitung von Wellen auswirken. Denn dann schickt er Wellen in das Beobachtungsgebiet zurück, die das Wasser dort chaotisch auf und ab schwellen lassen. Wie das sich auswirkt, habe ich beschrieben: Der zentrale Tupfer empfängt Wellen und sendet sie in gleichem Maße aus – zwischen einem »Vorwärts« und einem »Rückwärts« in der Zeit kann durch ihn nicht unterschieden werden.

Möglich ist aber auch, daß die Berandung so schnell auf den Beobachter zukommt, daß die von ihr ausgehenden, in der »Mitte« zusammenkommenden Wellen dominieren. Dann gäbe es keine Strahlungsquellen mehr, sondern nur Senken: Der Zeitpfeil, der Sendung und Empfang unterscheidet, wäre sicher beschädigt, möglicherweise sogar umgekehrt.

Auf die Frage, wie es um die Richtung – oder die Richtungen – der Zeit in einer Welt stünde, die kleiner würde statt größer zu werden, sind verschiedene Antworten gegeben worden. Mir scheint, daß sie ohne weitere Spezifikationen nicht beantwortet werden kann. Wir wissen, daß »unser« Universum zur Zeit expandiert. Ob das immer so bleiben wird oder ob das Universum in ferner Zukunft zusammenzustürzen beginnen wird, hängt von einer Größe – der Gesamtenergie des Universums – ab, die niemand genau genug kennt, um eine sichere Vorhersage über das endgültige Schicksal des Universums machen zu können. Wenn das Universum zusammenstürzt, wird am Ende kein Sender mehr senden können. Dann wäre der Himmel ja heiß und folglich eine Quelle, keine Senke für Strahlung. Aber würde dann Wärme »von selbst« von dem kalten Ende eines Stabes zu dem warmen übergehen?

Doch wohl nicht. Auch die nunmehr alles überwältigende Außenwärme würde das kalte Ende des Stabes stärker aufheizen als das warme, so daß immer noch Temperaturausgleich eintreten würde. Was selbstverständlich bedeutet, daß Wärmeenergie von dem heißeren Ende des Stabes zu dem kälteren fließt.

Was am Anfang und Ende der Welt vorwärts oder rückwärts gerechnet tatsächlich passiert, weiß bisher niemand zu sagen. Denn in diesen Phasen ist die Materie so dicht konzentriert, daß ihr Verhalten nur verstanden werden kann, wenn sowohl die Schwerkraft als auch die Quantenmechanik berücksichtigt werden. Aber eine hinreichend detaillierte Theorie, die beide einschlösse, kennen wir bisher nicht. Folglich kann es zu diesen Fragen nur Spekulationen geben. Über sie will ich nur insofern berichten, als sie die Entwicklung der Welt in unserer Phase der Expansion nach dem – oder einem! – Urknall betreffen.

Gewimmel der Atome

Daß es unmöglich ist, ein Perpetuum mobile erster Art zu bauen, kann darauf zurückgeführt werden, daß die Naturgesetze immer dieselben sind. Aber warum sollte der Bau eines Perpetuum mobile zweiter Art unmöglich sein? Empirisch sind beide Verbote etwa gleich gut begründet. Genauer sollte ich sagen, daß ungefähr gleich viele gleichgewichtige Widerlegungsversuche für beide Verbote angestellt wurden und gescheitert sind.

Ein fundamentales Naturgesetz, das vom Aufbau der Materie und den Kräften, die zwischen ihren Bestandteilen wirken, unabhängig wäre und verständlich machte, daß der Bau eines Perpetuum mobile zweiter Art unmöglich ist, scheint es nicht zu geben. Bereits aber *daß*, wie Richard P. Feynman formuliert hat, *alle Dinge aus Atomen aufgebaut sind – aus kleinen Teilchen, die in permanenter Bewegung sind*, erlaubt zu verstehen, daß es kein Perpetuum mobile zweiter Art geben kann.

Ich muß weit ausholen, um das zu erläutern. Denn niemals zuvor oder hernach hat eine richtige Einsicht in der Geschichte der Physik unter Physikern eine so große Flut von Einwänden ausgelöst wie Ludwig Boltzmanns Erkenntnis, daß es – erstens – Atome gibt und daß deren Verhalten – zweitens – impliziert, daß kein Perpetuum mobile zweiter Art gebaut werden kann.

Unter dem Stichwort Perpetuum mobile zweiter Art habe ich Effekte zusammengefaßt, die den Bau einer solchen Maschine ermöglichen würden: Wärme fließt »von selbst« von kälteren Regionen in wärmere, die Moleküle eines Gases versammeln sich ohne äußeres Zutun in einer Hälfte ihres Behälters, und die Wärmeenergie eines Gases geht ohne weitere Änderung auf ein Pendel über, das zu schwingen beginnt. Diese Effekte wären, wenn sie auftreten würden, die zeitliche Umkehr wirklicher Prozesse. Mit Ludwig Boltzmann wollen wir versuchen, deren Irreversibilität mit der Reversibilität der für die Atome geltenden Gesetze in Einklang zu bringen.

Um die Einsicht Boltzmanns und die Einwände seiner Kritiker zu verstehen, reicht es aus, sich Billardkugeln statt der Atome vorzustellen. Reibung und damit Energieabgabe an die Umwelt soll es in diesem Modell, wie tatsächlich bei den Atomen, nicht geben. Für Billardkugeln, die aneinander und elastisch an die Banden stoßen, gelten deterministische Naturgesetze – Newtons Gesetze, vermehrt um das Gesetz des elastischen Stoßes. Diese Gesetze sind nicht nur vorwärts deterministisch, sondern auch rückwärts: Ist der Zustand eines Systems aus Billardkugeln zu einer Zeit bekannt, kann dessen Zustand zu allen Zeiten – früheren wie späteren – aus den Gesetzen berechnet werden.

Und zwar aus den Gesetzen der wirklichen Welt! Wenn ein Vorgang ihnen genügt, dann auch jener, den ein rückwärts laufender Film zeigt (vgl. Prolog). Die Naturgesetze für unser idealisiertes Billard sind also dieselben für vorwärts und rückwärts ablaufende Vorgänge; durch sie allein kann eine Richtung der Zeit nicht definiert werden.

Wodurch aber dann? *Daß* das möglich sein muß, zeigt bereits das Verhalten einer Ansammlung von Billardkugeln, die anfangs in einer Hälfte – der linken – des Billardtisches versammelt sind und sich irgendwie bewegen. Solch ein Anfangszustand, den wir bereits aus der Abb. 1 (s. S. 22) kennen, ist leicht herzustellen: Man schütte die Billardkugeln aus einem Korb in der linken Hälfte des Billardtisches aus. Sie werden sich dann im Laufe der Zeit über den ganzen Tisch verteilen und niemals wieder in der linken Hälfte zusammenkommen.

Wirklich niemals? Hier greift der »Wiederkehreinwand« des großen französischen Mathematikers und Physikers Henri Poincaré, der den Ideen Boltzmanns vehement, ja diffamierend widersprochen hat. Poincaré konnte nämlich zeigen, daß endliche Systeme, die sich auf Grund der Naturgesetze entwickeln, die – unter anderem – für die eingeschlossenen Billardkugeln gelten, im Laufe der Zeit jedem Zustand, den sie annehmen können, beliebig nahe kommen. Insbesondere werden alle Kugeln dermaleinst in der Kastenhälfte wieder vereint sein, in der sie sich anfangs befunden haben. Wartet man also lange genug, wird sich in der Wirklichkeit ereignen, was ein rückwärts laufender Film von unserem Spiel mit den Kugeln zeigt: Zuerst sind sie über den Tisch verteilt und bewegen sich ohne erkennbare Ordnung. Langsam bildet sich aber eine merkwürdig anzusehende Korrelation ihrer Bewegungen aus. Diese führt schlußendlich dazu, daß alle Kugeln in der linken Hälfte des Tisches versammelt sind. Also zeichnet der Anblick, daß sich die Kugeln über den Tisch verteilen, keine Richtung der Zeit vor der anderen aus.

Nachzutragen bleibt, was die Formulierung *jeder Zustand, den ein System annehmen kann*, bedeuten soll. Gemeint sind jene Zustände, die dem System bei *vorgegebenen Anfangsbedingungen* zugänglich sind. Da die Anfangsbedingungen die Energie festlegen und diese bei der zeitlichen Entwicklung ungeändert bleibt, sind dem System nur Zustände mit derselben Energie zugänglich. Ob es weitere Ausschließungsbedingungen gibt, können wir offenlassen – auf jeden Fall kann das System jenen Zustand annehmen, den es am Anfang seiner selbständigen Entwicklung besessen hat.

Wann Wiederkehr?

Poincarés Wiederkehreinwand besitzt unbestreitbar eine große grundsätzliche Bedeutung. Aus ihm folgt, daß die Atome eines abgeschlossenen endlichen Systems, die sich im Einklang mit Gesetzen bewegen, die den Annahmen Poincarés genügen, sich irgendwann einmal in der Hälfte des Kastens wieder versammeln werden, in der sie ihre Bewegung, die sie über den ganzen Kasten verteilt hat, begonnen haben. Um aber die praktische Relevanz des Einwands für Systeme auszuloten, mit denen wir uns konfrontiert sehen, müssen wir überlegen, welche Zeiträume unter »irgendwann einmal« zu verstehen sind.

Die numerischen Details einer solchen Abschätzung hängen selbstverständlich von Parametern wie den Abmessungen des Kastens und der durchschnittlichen Geschwindigkeit der Atome oder – in unserem Modell – Kugeln ab. Wir wollen uns auf einen Parameter konzentrieren, dessen Einfluß bei wirklichen makroskopischen Körpern den aller anderen weit überwiegt: die Anzahl der beteiligten Teilchen.

Beginnen wir mit einer Kugel: Sie wird 50 Prozent der Zeit ihres Aufenthalts im Kasten in jener Hälfte verbringen, in der wir sie ausgesetzt haben; die anderen 50 Prozent in der anderen. Bei zwei Kugeln sinkt die analog definierte Aufenthaltszeit auf 25 Prozent der Gesamtzeit, und so weiter: bei zehn Teilchen ist der Prozentsatz auf 0,1 Prozent gesunken, und bei makroskopischen 10^{23} Atomen kommt ein unvorstellbar kleiner Prozentsatz heraus: Erst nach 10^{22} Nullen hinter dem Komma tritt eine von Null verschiedene Ziffer auf.

Mathematisch gesehen ist die Zahl mit dieser Ziffer nach 10^{22} Nullen zwar von Null verschieden, für alle praktischen Zwecke aber zu Null äquivalent. Das »irgendwann einmal« des Wiederkehreinwandes liegt in so ferner Zukunft, daß wir es für alle Systeme, mit denen wir in Weltaltern jemals konfrontiert sein werden, durch »niemals« ersetzen dürfen. Für das Verhalten realer makroskopischer Systeme ist der Wiederkehreinwand irrelevant: Makroskopisch viele Parfümmoleküle entweichen aus dem Flakon und kehren niemals wieder in ihn zurück. Poincarés Wiederkehreinwand spricht also nicht dagegen, daß in der Realität Abläufe auftreten, deren zeitliche Umkehrung niemals beobachtet wird, und die deshalb dazu dienen können, eine Richtung der Zeit vor der anderen auszuzeichnen.

Energieverteilungen

Die *Temperatur* eines Systems aus harten Kugeln, die sich ungeordnet durcheinander bewegen, ist dasselbe wie die gesamte Bewegungsenergie der Kugeln, geteilt durch ihre Anzahl. Dafür aber, daß wir überhaupt von einer Temperatur sprechen können, ist der vorausgesetzte Mangel an Ordnung der Bewegung entscheidend. Die Gesamtenergie, so stellen wir uns vor, ist durch die Anfangsbedingungen festgelegt. Nun stoßen die Kugeln aneinander. Dabei bleibt die Gesamtenergie dieselbe, aber ihre Verteilung über die Kugeln ändert sich. Daß überhaupt Stöße auftreten und durch sie die Verteilung der Energie über die Kugeln geändert wird, können wir zwar durch speziell gewählte Anfangsbedingungen verhindern. Aber diese Anfangsbedingungen sind so speziell und instabil, daß sie bei sehr vielen Kugeln praktisch niemals realisiert werden können. Das zeigt ein Beispiel für solche Bedingungen: In einem rechteckigen Kasten bewegen sich alle Kugeln anfangs parallel zu einer Wand. Gäbe es nur eine Kugel, würde sie zwischen den Wänden, an denen sie elastisch stößt, auf derselben Gerade hin und her laufen. Damit viele Kugeln dasselbe tun, müssen wir es nur so einrichten, daß sie, die einzeln ja alle dasselbe tun würden, so weit voneinander entfernt sind, daß sie sich nicht berühren. Dann laufen sie bis in alle Ewigkeit in dem Kasten hin und her, ohne sich gegenseitig zu stören.

Derartige spezielle und gegenüber kleinsten Störungen instabile Anfangsbedingungen schließen wir aus. Dann wechselt Energie zwischen den Kugeln hin und her, bis sich schließlich die *wahrscheinlichste* Verteilung der Energie über alle Kugeln einstellt. Warum – erstens – die wahrscheinlichste, und wie ist – zweitens – die Wahrscheinlichkeit einer Verteilung definiert? Daß sich die wahrscheinlichste Verteilung einstellt, wollen wir zum Axiom erheben; der Mangel an Ordnung der Bewegungen der Kugeln kann geradezu dadurch definiert werden, daß die Bewegungen auf die wahrscheinlichste Verteilung führen. Selbstverständlich wird sich die Verteilung der Energie über die Kugeln dauernd ändern, so daß die tatsächliche Verteilung um die wahrscheinlichste herum fluktuiert, aber je größer eine Abweichung ist, desto seltener wird sie auftreten. Wir werden sogleich sehen, daß bereits sehr, sehr kleine Abweichungen von der wahrscheinlichsten Verteilung bei Systemen aus zahlreichen Kugeln so unwahrscheinlich sind, daß sie praktisch niemals vorkommen werden.

Die Wahrscheinlichkeit einer Verteilung der gesamten Bewegungsenergie über die Kugeln ist durch die Zahl der Möglichkeiten definiert, sie zu realisieren. Sinnvolle Aussagen über das Gesamtsystem können nicht davon abhängen, welche einzelne Kugel welche Energie besitzt, sondern nur davon, wie viele der Kugeln Energien in vorgegebenen Intervallen besitzen. Von Intervallen müssen wir sprechen, da es unendlich unwahrscheinlich ist, daß eine Kugel eine exakt vorgegebene Energie besitzt. Dies vorausgeschickt, werde ich zur Vereinfachung meistens dennoch von bestimmten Energien sprechen.

Zur Erläuterung der Wahrscheinlichkeiten von Energieverteilungen beginnen wir mit einem kleinen System aus zehn Kugeln und nehmen uns die »Verteilung« vor, bei der eine der Kugeln die gesamte Energie besitzt; die Energie aller anderen Kugeln ist dann Null. Diese Vorgabe läßt offen, *welche* der zehn Kugeln die Gesamtenergie besitzt, so daß es zehn verschiedene Möglichkeiten gibt, sie zu realisieren: die erste, zweite, dritte, ..., zehnte Kugel trägt alle Energie, die jeweils anderen tragen keine.

Nun fragen wir, auf wie viele Arten und Weisen eine Verteilung realisiert werden kann, bei der zwei Kugeln zusammengenommen die ganze Energie tragen, die anderen aber keine. Diese zwei Kugeln können die Kugeln mit den Nummern

$$(1,2),(1,3),\ldots,(1,10),(2,3),(2,4),\ldots,(2,10),$$
$$(3,1),\ldots,(8,9),(8,10) \text{ und } (9,10)$$

sein. Das ergibt

$$9+8+7+6+5+4+3+2+1=$$
$$5+(9+1)+(8+2)+(7+3)+(6+4)=$$
$$5+4(10)=$$
$$45$$

Möglichkeiten, also das 4,5fache der 10 Möglichkeiten, einer Kugel allein alle Energie zu geben. Eine analoge Rechnung ergibt 50+49(100)=4950 Möglichkeiten, eine Gesamtenergie auf 2 von 100 Kugel zu verteilen. Das ist das 49,5fache der 100 Möglichkeiten, die es gibt, eine von 100 Kugeln mit der ganzen Energie auszustatten. Dieselbe Rechnung für 1000 Kugeln liefert den Faktor 500, so daß die Zahl der Möglichkeiten, die Energie auf zwei Kugeln statt einer zu verteilen, proportional zu der Gesamtzahl der Kugeln ansteigt. Die Zahl der Möglichkeiten, mehr als zwei Kugeln an der Gesamtenergie zu beteiligen, wächst gigantisch mit ihrer Gesamtzahl an.

Auf weitere rechnerische Details, so wichtig sie sind, kann ich nicht eingehen. Uns müssen zwei Einsichten genügen. Erstens, daß es verschieden viele Möglichkeiten gibt, verschiedene Verteilungen der Gesamtenergie über die Kugeln zu realisieren. Die »wahrscheinlichste« Verteilung ist jene, die zu realisieren es die meisten Möglichkeiten gibt. Sie heißt Maxwellsche Energieverteilung oder, umgerechnet auf Geschwindigkeiten, Geschwindigkeitsverteilung. In ihr besitzen zwar nicht alle, wohl aber fast alle Kugeln nahezu dieselbe Energie. Je weiter eine betrachtete Energie von dieser Energie, der Gesamtenergie geteilt durch die Zahl der Kugeln, entfernt ist, desto geringer ist die Zahl der Kugeln, die sie besitzen. Die ungeordnete Bewegung der Kugeln führt dazu, daß sich die wahrscheinlichste Verteilung im Laufe der Zeit am häufigsten einstellt. Die Energie wird – so sagt man – thermalisiert.

Statt aus 10 oder 100 Kugeln besteht ein makroskopischer Körper aus vielleicht 10^{23} Molekülen oder Atomen, die sich in einem *idealen Gas* so verhalten wie unsere Kugeln. Bei so vielen elementaren Einheiten ist die wahrscheinlichste Verteilung gigantisch viel wahrscheinlicher als jede andere. Das – so die zweite Einsicht – läßt unser Vergleich der Wahrscheinlichkeitsunterschiede bei 10, 100 und 1000 Kugeln erwarten. Also werden bei makroskopischen Körpern im Laufe der Zeit nur minimale Abweichungen von der wahrscheinlichsten Energieverteilung auftreten. Später wird wichtig sein, daß in einem Gas mit bestimmter Temperatur oder, dieselbe Sache, bestimmter mittlerer Bewegungsenergie pro Molekül oder Atom keinesfalls alle Moleküle oder Atome dieselbe Bewegungsenergie besitzen: manche sind schneller und manche langsamer, als es der mittleren Energie pro Molekül oder Atom entspricht.

Temperatur als Mittelwert der Bewegungsenergie

Wenn nicht alle Moleküle oder Atome eines Gases dieselbe Masse besitzen, sind bei einer bestimmten Temperatur die schwereren Moleküle im Mittel langsamer als die leichten. Denn die mittlere Bewegungsenergie ist bei allen Molekülen dieselbe. Diese aber ist um so größer, je größer die Geschwindigkeit eines Moleküls und je größer seine Masse ist. Wenn also ein Molekül mit größerer Masse dieselbe Energie wie ein anderes mit kleinerer Masse besitzt, muß seine Geschwindigkeit kleiner sein.

Boltzmanns Idee, daß die Temperatur dieselbe Sache sei wie der Mittelwert der Energie von Molekülen, die sich ungeordnet bewegen, eröffnet ein unmittelbares und, nach Rechnungen, sogar quantitatives Verständnis von Temperatureffekten. Zunächst einmal erklärt sie, warum Energie erforderlich ist, um die Temperatur eines Gases zu erhöhen. Erforderlich ist jene Bewegungsenergie, die die Moleküle bei erhöhter Temperatur zusätzlich besitzen. Die Idee macht auch verständlich, daß Wärme »von selbst« nur von wärmeren zu kälteren Regionen übergehen kann. Das wohl einfachste Modell eines festen Körpers ist ein System von Kugeln, die um regelmäßig angeordnete Ruhelagen schwingen

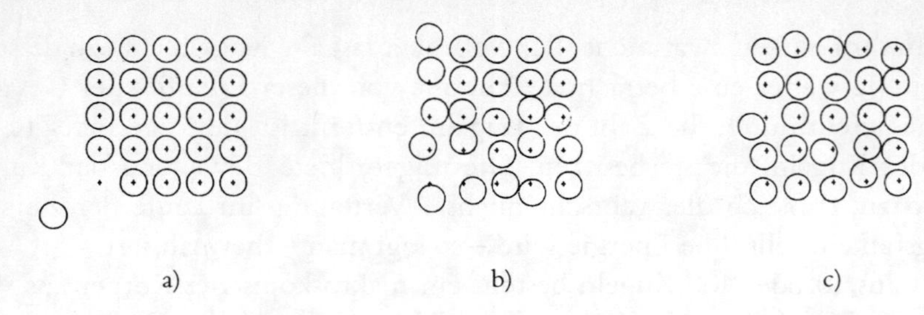

Abb. 25 Die Moleküle eines Festkörpers stellt die Abbildung durch Scheiben dar, die um feste Positionen schwingen können und elastisch aneinanderstoßen. Ein Molekül ist in a) weit ausgelenkt und wird sogleich auf die anderen treffen. Dadurch werden diese in ungeordnete Wärmebewegung versetzt, die sich von der Auftreffstelle aus über den ganzen Festkörper ausbreitet. Dabei wird die zunächst in einem Molekül konzentrierte Energie mehr oder weniger gleichmäßig über den ganzen Festkörper verteilt: Der unmittelbar nach dem Auftreffen heiße Fleck links unten in b) kühlt sich ab, der Festkörper nimmt eine einheitliche Temperatur an. Das ist abstrakt gesprochen so, weil es viel mehr Möglichkeiten gibt, die Energie über alle statt nur wenige Scheiben zu verteilen. Wir sagen, daß das System von einem unwahrscheinlichen zu einem wahrscheinlichen Zustand übergeht.

können und dabei elastisch aneinanderstoßen (Abb. 25). Daß die Temperatur an dem einen Ende eines Stabes höher ist als an dem anderen bedeutet nun einfach, daß die Kugeln an dem wärmeren Ende schneller hin- und herschwingen als an dem kälteren. Bei Zusammenstößen wird in der Regel Energie von den schnelleren Kugeln auf die langsameren übertragen – das wärmere Ende kühlt sich, anders gesagt, ab; das kältere wird wärmer.

Ein einfaches Modell einer Flüssigkeit ist ein ideales Gas aus harten Kugeln unterhalb einer Schicht mit einer rücktreibenden Kraft (Abb. 26), die dafür sorgt, daß die Moleküle die Flüssigkeit nicht ohne Widerstand verlassen können. Von dem Modell lesen wir ab, daß Flüssigkeiten beim Verdampfen kälter werden müssen – wie es ja tatsächlich ist. Denn wegen der rücktreibenden Kraft werden bevorzugt Kugeln die Flüssigkeit verlassen und als Dampf entweichen, die gerade besonders schnell und damit energiereich sind. Das ist wie bei einer Raumsonde, die nach dem Ausbrennen ihrer Raketen dem Schwerefeld der Erde entkommen soll: dazu muß sie offenbar schnell genug sein.

Da die Geschwindigkeit der ungeordneten Bewegungen der Bestandteile einer Substanz im Mittel um so größer ist, je höher deren Temperatur ist, hängt es von der Temperatur ab, wie energiereich die Zusammenstöße sind. Das aber bedeutet, daß es von der Temperatur abhängt, ob für die Wechselwirkung der stoßenden Teilchen die Gesetze für Moleküle, Atome, Kerne, Quarks oder

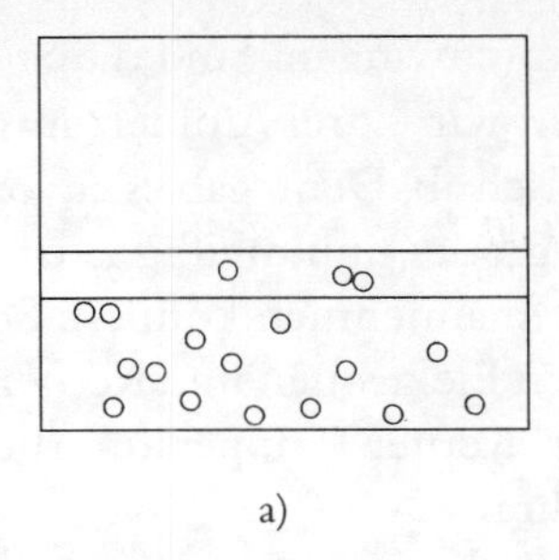

a)

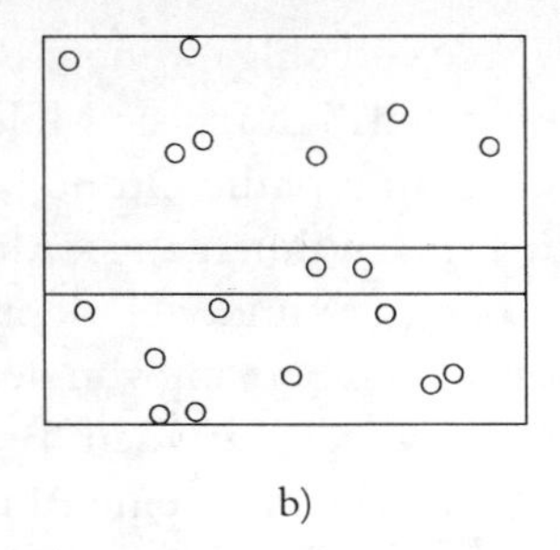

b)

Abb. 26 Außerhalb des waagerechten Streifens wirken auf die in einem Kasten eingesperrten Teilchen keine äußeren Kräfte, im Streifen unterliegen sie einer nach unten gerichteten Kraft. Diese interpretieren wir als »Oberflächenspannung«, die die »Flüssigkeit« unterhalb des Streifens zusammenzuhalten sucht. Bei niedriger Temperatur überwindet kein Teilchen die rücktreibende Kraft in dem Streifen – die Flüssigkeit verdampft nicht. Die Abbildung veranschaulicht das Verhalten der Flüssigkeit bei höherer Temperatur. In Bild a) werden die Moleküle durch einen elastischen Deckel am oberen Rand des Streifens mit der rücktreibenden Kraft reflektiert. Wird der Deckel entfernt, können in b) Moleküle mit großer vertikaler Geschwindigkeitskomponente den Streifen überwinden und aus der Flüssigkeit austreten. Weil zur Überwindung der rücktreibenden Kraft Energie erforderlich ist, verliert die Flüssigkeit bevorzugt energiereiche – das heißt schnelle – Moleküle, kühlt sich also durch Verdampfen ab.

Elektronen gelten. Löst man etwa Zucker in heißem Kaffee auf, so stoßen die Wassermoleküle die Zuckermoleküle aus deren Verband im Zuckerstück heraus; zugleich stoßen die Wassermoleküle an die Moleküle der Tasse, setzen diese in raschere Bewegung und werden selbst langsamer – die Temperatur des Kaffees nimmt ab, wenn er in eine kalte Tasse gegossen wird. Bei einigen hundert Grad zersetzt sich der Zucker – die Energie der Stöße reicht zur Zerlegung des Moleküls aus. Dann, beginnend bei einigen zehntausend Grad, werden die Atome durch die energiereichen Stöße zerlegt in Elektronen und Kerne, die in der nun Plasma genannten Substanz einzeln vorkommen. So geht das weiter; je höher die Temperatur, desto feinere Strukturen der Substanz werden aufgelöst bis hinunter zu den Kernen, Kernbestandteilen und Quarks. Im Innern der Sonne herrschen Millionen Grad, und bei diesen Temperaturen stoßen die Atomkerne so heftig aneinander, daß Kernreaktionen eintreten, die von der Zusammensetzung der Kerne abhängen.

Wir sehen also, daß Temperaturerhöhung im allgemeinen die bei niedrigen Temperaturen bestehende Ordnung zerstört: Im Dampf können sich die Moleküle freier bewegen als in einer Flüssigkeit, in der sie mehr oder weniger zusammenbleiben. Energiereiche Stöße lösen Moleküle aus dem Kristallverband, in dem sie um wohlgeordnete Ruhelagen herumschwingen. Sind die Stöße so energiereich, daß durch sie Moleküle aus – sagen wir – drei Atomen auseinanderbrechen, nimmt die Ordnung abermals drastisch ab. Denn gab es zuvor zehn Moleküle mit in ihnen angeordneten Atomen, gibt es nun dreißig Atome, die sich frei bewegen und viel mehr Konfigurationen annehmen können. So geht es weiter beim Übergang von den Atomen zu den Elektronen und Kernen, und von diesen wieder zu den Bestandteilen der Kerne: Temperaturerhöhung bewirkt ganz allgemein eine Abnahme von Ordnung.

Genauer sollte ich sagen, daß Temperaturerhöhung eine Abnahme von *sichtbarer* oder *manifester* Ordnung bewirkt. Um das zu verdeutlichen, kehre ich zu den Billardkugeln zurück, die ihre ungeordnete Bewegung in der linken Tischhälfte beginnen und alsbald den ganzen Tisch einnehmen. Wir sind mit Boltzmann geneigt zu sagen, daß bei diesem Prozeß die Unordnung wächst: In einer Tischhälfte ohne erkennbare Regel versammelte Kugeln bilden ein geordneteres System als Kugeln, die – ebenfalls ohne erkennbare Regel – über den ganzen Tisch verteilt sind. Aber – so ein weiterer Einwand gegen Boltzmanns Idee von der Temperatur und den Molekülen – in welchem Sinn soll ein Zustand, der sich auf Grund deterministischer Gesetze aus einem geordneten Zustand entwickelt hat, weniger geordnet sein als der ursprüngliche? Zumindest in Gedanken können wir ja die Bewegung anhalten und danach mit umgekehrten Geschwindigkeiten aller Moleküle neu starten. Dann wird das System den Weg, den es zuvor genommen hatte, zurückverfolgen, so daß sich die Moleküle in derselben Tischhälfte versammeln werden, in die wir sie anfangs ausgeschüttet hatten.

Umkehreinwand

Dies ist der *Umkehreinwand* gegen Boltzmanns Idee, daß die Atomhypothese durch den unumkehrbaren Übergang von geordneten zu ungeordneten Systemen erklären kann, weshalb an makroskopischen Körpern beobachtete Prozesse nur in einer zeitlichen Richtung ablaufen, so daß Wärme niemals von kalten zu heißen Regionen fließt und ein Perpetuum mobile zweiter Art nicht gebaut werden kann. Als erste haben diesen Einwand die theoretischen Physiker Ernst Mach, Zermelo und Loschmidt erhoben. Statt einer Antwort hat Boltzmann seine Kontrahenten aufgefordert, zunächst einmal doch bitte die Geschwindigkeiten der mehr oder weniger 10^{23} Moleküle eines makroskopischen Gasvolumens umzukehren; dann werde man weitersehen.

Es ist natürlich klar, daß dem Umkehreinwand keine reale Möglichkeit zugrunde liegt. Er ordnet aber jedem Zustand der Moleküle eines Gases in einem Kasten, der sich innerhalb einer gewissen Zeitspanne aus einem Anfangszustand entwickelt, in dem alle Moleküle in der linken Kastenhälfte versammelt sind, genau einen zu, der sich so entwickeln wird, daß nach derselben Zeitspanne alle Moleküle in ebendieser Kastenhälfte versammelt sein werden. Folglich gibt es von beiden Zuständen genau gleich viele. Also – so der Umkehreinwand weiter – ist es gleich wahrscheinlich, die über den ganzen Kasten verteilten Moleküle in dem einen oder dem anderen von diesen Zuständen anzutreffen. Gleich oft befinden sie sich in einem Zustand, der sich aus einem geordneteren Zustand entwickelt hat, wie in einem, der sich zu einem solchen hinentwickeln wird. Die Entwicklungen, die das System auf Grund von Poincarés Wiederkehreinwand nehmen wird, müssen wir nicht einbeziehen. Bis zur Wiederkehr des Anfangszustands eines Systems aus makroskopisch vielen Teilchen wird nahezu immer praktisch unendlich viel Zeit vergehen.

Während der Wiederkehreinwand für reale Systeme keine Bedeutung besitzt, könnte es mit dem Umkehreinwand anders sein: Warum treffen wir Systeme gelegentlich in Zuständen an, die aus geordneteren entstanden sind, und praktisch niemals in Zuständen, die sich zu solchen höherer Ordnung hinentwickeln werden? Wenn es doch von beiden Typen von Zuständen gleich viele gibt?

Die Antwort ist einfach. Der einzige praktisch gangbare Weg, ein System in einen Zustand zu versetzen, der aus einem geordneteren Zustand entsteht – in dem zum Beispiel alle Moleküle in derselben Kastenhälfte vereint waren, es nun aber nicht mehr sind –, besteht darin, das System in den einfacheren Anfangszustand zu versetzen und abzuwarten. Der Umkehreinwand ordnet diesem Zustand jenen Zustand zu, in dem die Geschwindigkeiten aller 10^{23} Atome oder Moleküle umgekehrt sind, gibt aber nicht an, wie jener praktisch zu realisieren sei. Seiner theoretischen Konstruktion entspricht jedenfalls *kein* praktisch gangbarer Weg. Die Unterscheidbarkeit von Abläufen, die »vorwärts in der Zeit« durch ihr Auftreten definieren, und jenen, die das dadurch tun, daß sie *nicht* auftreten, beruht letztlich darauf, daß sich die erstgenannten aus realisierbaren Voreinstellungen ergeben, die zweitgenannten aber nicht.

Bis jemand kommt, der die erkennbare Richtung von Abläufen in der Zeit dadurch umkehrt, daß er in einem abgeschlossenen System Zustände einstellt, die auf eine die Ordnung erhöhende Entwicklung führen, wollen wir annehmen, daß das praktisch unmöglich ist. Von Schwankungen oder Fluktuationen, die vorwärts wie rückwärts in der Zeit gleichermaßen auftreten und von denen wir im Zusammenhang mit der Abb. 2 (s. S. 27) bereits gesprochen haben, sehen wir jetzt ab. Ihre Anfangszustände werden jedenfalls nicht »von uns« eingestellt, sondern ergeben sich zufällig aus dem immerwährenden molekularen Chaos.

Zustände eines Gases, die sich aus geordneteren ergeben, können wir also durch Vorabeinstellung des geordneteren Zustands realisieren; ihre zeitliche Umkehrung aber nicht. Allein diese Möglichkeit bzw. Unmöglichkeit einer »Realisierung durch Vorgeschichte« unterscheidet die beiden Typen von Zuständen. Wenn wir sie nicht zulassen, sondern fordern, Zustände durch praktisch durchführbare Eingriffe in dem Augenblick zu realisieren, in dem das System sie besitzen soll, kann *weder* ein Zustand der Atome oder Moleküle eines Gases eingestellt werden, der sich aus Vorabeinstellung eines geordneteren ergeben, *noch* einer, der auf einen geordneteren führen würde. Zuerst, so wollen wir fordern, soll dem System durch eine kleine Störung die Erinnerung an seine Vorgeschichte genommen und alsdann der gewünschte Zustand eingestellt werden. In einem Gas mit unbekannter Vorgeschichte, das über seinen Kasten verteilt ist, kann genausowenig wie die zeitliche Umkehr eines einmal erreichten Zustands einer realisiert werden, der sich ergeben hätte, wären die 10^{23} Atome oder Moleküle zuvor in einer Hälfte des Kastens versammelt gewesen. Jetzt besteht Waffengleichheit zwischen den beiden Typen von Zuständen, die entweder aus geordneteren entstehen oder auf geordnetere führen: *Keiner von ihnen* kann durch praktisch durchführbare Aktionen in dem Augenblick eingestellt werden, in dem das System den Zustand besitzen soll.

Denn es gibt – sit venia verbo – *unendlich* viel mehr Zustände, in denen das Gas über den ganzen Kasten verteilt ist, »schon immer« so verteilt war und das »immer« sein wird, als Zustände, in denen das nicht so ist. Ich habe »schon immer« und »immer« in Anführungszeichen gesetzt, weil ich die Zeitspanne des Wiederkehreinwandes als praktisch unendlich bei dieser Formulierung nicht berücksichtigt habe.

Das zuletzt Gesagte mag es als verwunderlich erscheinen lassen, daß es überhaupt möglich ist, einen Zustand einzustellen, in dem sich alle Moleküle in derselben Kastenhälfte befinden – im Gegensatz, selbstverständlich, zur einfachsten Erfahrung. Abstrakt gesprochen ist das möglich, weil in der Nachbarschaft von Zuständen, die diesen Sachverhalt beschreiben, andere Zustände liegen, die denselben Sachverhalt beschreiben – daß sich nämlich das Gas in der einen Kastenhälfte befindet. Denn erstens kommt es auf die Geschwindigkeit der Moleküle bei der Einstellung eines solchen Zustands nicht an. Und zweitens ist es egal, welche präzisen Plätze die einzelnen Moleküle in der ihnen allen zugewiesenen Kastenhälfte einnehmen. Folglich bilden alle diese Zustände zusammengenommen einen erkennbaren Fleck in der viel größeren Menge der Zustände von über den ganzen Kasten verteilten Molekülen. Um also alle Moleküle in die eine Kastenhälfte zu versetzen, reicht es in diesem Bild aus, auf den Fleck statt auf einen einzelnen Zustand zu zielen, in dessen unmittelbarer Nachbarschaft möglicherweise Zustände liegen, die eine ganz andere räumliche Verteilung im Kasten ergeben.

Vergröberungen – II

Wir können niemals wissen, welchen Zustand ein System aus 10^{23} Teilchen genau besitzt. Kennen können wir nur vergröberte Beschreibungen dieses Zustands. Die Abb. 8 (s. S. 81) hat vergröberte Beschreibungen von Gasen eingeführt, die auf deren Dichte zielten. Wir wollen abermals annehmen, daß wir den Zustand aller Atome oder Moleküle eines Gases nicht genau, aber ungefähr kennen. Jetzt ordnen wir jedem Zustand einen Punkt in einem Raum sehr hoher Dimension zu. Hätten wir es mit nur einem Teilchen zu tun, das sich außerdem nur auf einer Geraden bewegen kann, wäre dieser Raum zweidimensional. Denn zwei Zahlen, eine für die Lage und eine für die Geschwindigkeit des Teilchens auf der Geraden, legen dessen Zustand fest. Beide Zahlen zusammen spannen eine Fläche auf – den »Phasenraum« des Teilchens auf der Geraden. Kann sich das Teilchen in einer Ebene bewegen, oder haben wir zwei Teilchen vor uns, die sich auf Geraden bewegen, besitzt der Phasenraum die Dimension vier. So geht es weiter – unsere 10^{23} Teilchen bewegen sich im dreidimensionalen Raum, so daß der Phasenraum insgesamt die Dimension 3×10^{23} besitzt. Jedem Zustand des Systems entspricht ein Punkt in diesem hochdimensionalen Raum, so daß wir ganz offensichtlich den Zustand des Gesamtsystems niemals genau kennen können.

Von dem für immer geheimen internen Mikrozustand des Systems gehen wir zu unserem möglichen Wissen um ihn dadurch über, daß wir den Phasenraum in Zellen endlicher Größe unterteilen. Die Vergröberung bestehe nun darin, daß wir nur noch fragen, in welcher Zelle sich der Zustand des Systems befindet. Welchen aktuellen Zustand das System innerhalb ihrer besitzt, bleibe dem Zufall überlassen. Die Zellen können wir so groß machen, daß bereits makroskopisch mögliche Information festlegt, in welcher von ihnen sich der Zustand des Systems befindet, oder so klein, daß wir viele Systeme in benachbarten Zellen zu einem System zusammenfassen müssen, um makroskopische Information in mikroskopische übersetzen zu können. Für uns ist nur wichtig, daß jede der Zellen eine so kleine endliche Größe besitzt, daß über das System durch makroskopische Feststellungen nicht mehr gesagt werden kann als ebendies: in welcher Zelle sich sein Zustand befindet.

Dann legt erst der Zufall fest, welchen Zustand innerhalb der – möglicherweise – bekannten Zelle das System wirklich besitzt. Das System können wir in einen Anfangszustand versetzen, in dem sich alle Atome oder Moleküle in der linken Kastenhälfte befinden, weil die Zellen mit diesen Zuständen ein zusammenhängendes und damit erkennbares Volumen im Phasenraum einnehmen: Ganze Aggregate nebeneinanderliegender Zellen enthalten nur derartige Zustände. Deshalb kann das System bereits durch recht ungenaues Zielen in einen solchen Anfangszustand seiner Entwicklung versetzt werden.

Wir wollen uns zur Illustration einen Tropfen Tinte in einem großen Behälter mit Wasser vorstellen. Der Behälter sei in Zellen unterteilt und stehe für den Phasenraum; die »Moleküle« der Tinte sollen für die Zustände des Gases stehen, die sich aus einem Zustand, in dem alle Atome oder Moleküle in der linken Kastenhälfte vereint sind, im Laufe der Zeit entwickeln. Anfangs, wenn wir den Tropfen gerade eingebracht haben, können wir ganze Gebiete von Zellen angeben, die nur Tinte enthalten. Das entspricht der Möglichkeit, das System in einem Anfangszustand zu versetzen, in dem alle Atome und Moleküle in der linken Kastenhälfte vereint sind. Im Laufe der Zeit verteilt sich die Tinte über den Behälter, ohne daß ihr Volumen insgesamt ab- oder zunimmt. Sie bildet Schlieren; der Tropfen zerfasert und zerfleddert, so daß nach einer gewissen Zeit *jede* Zelle »unendlich« viel mehr Wassermoleküle als Tintenmoleküle enthält. Wenn wir also versuchen, unser Gas in einen Zustand zu versetzen, der sich aus einem Zustand entwickelt hat, in dem alle Atome oder Moleküle in der linken Kastenhälfte vereint waren – oder, genauso, in einen, der sich zu einem solchen Zustand hinentwicklen wird –, kann uns das nicht gelingen. Denn in unserem Bild müßten wir dazu ein Tintenmolekül auswählen können, während es uns laut Annahme höchstens gelingen kann, eine gewisse Zelle auszuwählen. Ob wir in ihr ein Tinten- oder Wassermolekül treffen, entscheidet allein der Zufall – und der macht es »unendlich« unwahrscheinlich, daß das Resultat unserer Suche ein Tintenmolekül sein wird. Denn nun, nachdem sich die Tinte über den Behälter verteilt hat, enthält jede Zelle »unendlich« viel mehr Wasser- statt Tintenmoleküle.

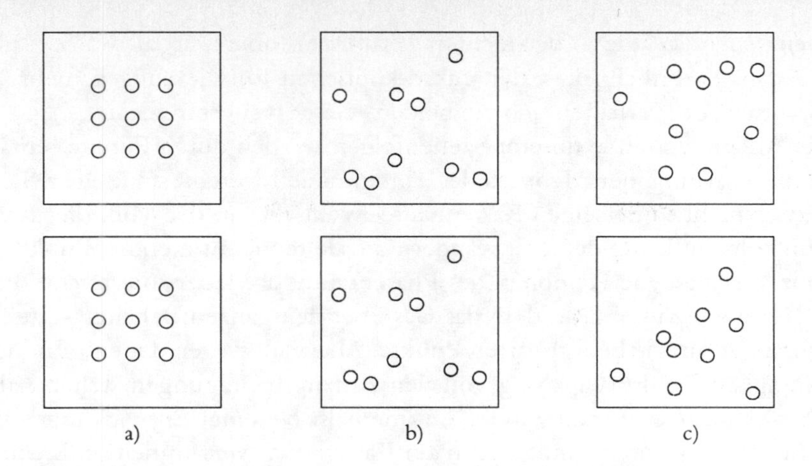

Abb. 27 Die beiden waagerechten Bildfolgen zeigen die zeitliche Entwicklung von zwei Gasen aus elastischen Scheiben unter Anfangsbedingungen, die nahezu, aber nicht ganz dieselben sind. Während die ersten beiden Szenenbilder a und b der Folgen für das Auge noch ununterscheidbar sind, sind in den Szenenbildern c nach dem Zusammenstoß zweier Scheiben in der oberen, aber nicht in der unteren Sequenz alle Ähnlichkeiten verlorengegangen.

Molekulares Chaos

Daß sich die Zustände, die aus einem entstehen, in dem das Gas in der linken Kastenhälfte versammelt war, unter Einhaltung gewisser Nebenbedingungen wie der Konstanz der Gesamtenergie gleichmäßig im ganzen Phasenraum ausbreiten, ist eine Konsequenz der empfindlichen Abhängigkeit des Verhaltens eines Systems aus vielen Atomen oder Molekülen von den Anfangsbedingungen der Bewegung. Die Abb. 27 zeigt die zeitliche Entwicklung von zwei Gasen aus neun elastischen Kreisscheiben in einem Kasten mit elastischen Wänden unter Anfangsbedingungen, die nahezu, aber nicht ganz dieselben sind. Die Bilder a bis c der beiden Sequenzen wurden mit einer Genauigkeit von sieben signifikanten Stellen berechnet. Als Anfangsbedingung wurde für die horizontale Koordinate einer Kreisscheibe im linken Kasten in irgendwelchen Einheiten 24,00000 gewählt, im rechten 24,00001; die Anfangslagen- und Geschwindigkeiten der Scheiben sind ansonsten dieselben. Die Szenenfolge zeigt, daß dieser winzige Unterschied der Anfangsbedingungen sehr bald zu einem total verschiedenen Verhalten der Moleküle der beiden »Gase« führt: Nach anfänglich nahezu gleicher Entwicklung verfehlen zwei Scheiben der linken

Sequenz einander, die in der rechten zusammenstoßen. Ab diesem Zeitpunkt gibt es keine Ähnlichkeiten der mikroskopischen Entwicklungen mehr. Makroskopisch aber verhalten sich die beiden »Gase« weiterhin gleich.

Die Anfangszustände unserer Szenenfolgen werden durch Punkte repräsentiert, die beide in einem Tropfen des Tintenmodells vereint sind: Die Scheiben sind zwar nicht in derselben Kastenhälfte, wohl aber in der Mitte des Kastens versammelt. Im Laufe der Zeit wandern die sie repräsentierenden Punkte aber in ganz verschiedene Regionen des Phasenraums ab. Jeder so erreichte Punkt steht für einen Zustand, in dem das Gas über den ganzen Behälter verteilt ist. Dasselbe gilt für alle benachbarten Punkte. Abermals wegen der empfindlichen Abhängigkeit der Entwicklung von den Anfangsbedingungen stehen nahezu alle Nachbarpunkte für Zustände, die »niemals« bei einer Entwicklung auftreten, die mit Teilchen beginnt, die in der Kastenmitte versammelt sind. Um von dem einen zu dem anderen Fall überzugehen, kann es nämlich ausreichen, eine Ortskoordinate um ein kleines bißchen zu ändern.

Es kann sogar sein, daß es bei einer Genauigkeit von sieben signifikanten Stellen unmöglich ist, im Rechner einen Zustand von neun im ganzen Kasten verteilten Scheiben darzustellen, der bei Berechnung der weiteren Entwicklung einen Zustand ergeben würde, in dem alle Scheiben in derselben Kastenhälfte versammelt sind. Laut Wiederkehreinwand würde zwar jeder Anfangszustand bei exakter Rechnung im Laufe der Zeit auf einen solchen Zustand führen. Aber erstens kann es sein, daß bei exakter Rechnung diese Entwicklung für *alle* Zustände, die im Rechner darstellbar sind, »unendlich« lange Zeit brauchen würde. Zweitens aber rechnet kein Rechner exakt, sondern macht Rundungsfehler. Sie, so können wir annehmen, repräsentieren in der Rechnung den Einfluß der Außenwelt auf reale Systeme, die sich eben wegen diesen Einflüssen tatsächlich nicht so entwickeln, wie es ihr inneres Gesetz vorschreibt. Unregelmäßige äußere Einflüsse aber entziehen dem Wiederkehreinwand die Grundlage und verstärken den Schluß, daß das System niemals einen der seltenen Zustände hoher Ordnung annehmen wird.

Auf die Frage, wie irreversible Abläufe mit reversiblen Gesetzen in Einklang zu bringen sind, können wir mit Ludwig Boltzmann erstens antworten, daß es unmöglich ist, Anfangsbedingungen einzustellen, die von manifest ungeordneten Zuständen im Laufe der Zeit zu manifest geordneteren führen. Das umgekehrte passiert immerdar: Manifeste Ordnung zerfällt.

Manifeste und verborgene Ordnung

»Manifeste Ordnung« eines Gases ist eine, die durch Eingriffe »von außen« in dem Augenblick hergestellt werden kann, in dem sie besteht: Wie bereits beschrieben, stören wir das System ein wenig und versuchen dann, eine Ordnung wiederherzustellen, die vor der Störung vielleicht bestanden hat. Eine Ordnung soll manifest heißen, wenn das gelingen kann. Zum Beispiel ist es ein Fall von manifester Ordnung, wenn die Moleküle eines Gases, das sich über seinen Behälter ausbreiten kann, tatsächlich in dessen einer Hälfte versammelt sind. Um einen solchen Zustand einzustellen, können wir das Gas zum Beispiel mit einem Stempel in einer Kastenhälfte zusammendrücken und den Stempel dann fortnehmen. Auch wenn behauptet wird, daß die Ordnung bei deterministischer Weiterentwicklung fortbesteht, bleibt sie doch keine manifeste Ordnung im Sinn unserer Definition: Kein Eingriff von außen in dem Augenblick, in dem sie besteht, kann sie erzeugen.

Die Moleküle eines Stabes, dessen eines Ende wärmer ist als das andere, befinden sich in einem Zustand manifester Ordnung. Diese Ordnung zerfällt bei Temperaturausgleich. Ein Maß für manifeste Ordnung, die Entropie, können wir durch die Zahl der Mikrozustände definieren, die mit der manifesten Ordnung vereinbar sind. Wir wissen, daß es so viel mehr Möglichkeiten gibt, eine makroskopische Zahl von Molekülen über einen ganzen Kasten zu verteilen, als nur in einer seiner Hälften, daß die zweite Zahl verglichen mit der ersten unbemerkbar klein ist. Genauso ist es mit der Zahl der Möglichkeiten der Moleküle eines Stabes, sich zu bewegen, wenn der ganze Stab dieselbe Temperatur besitzt, als wenn ein Ende wärmer ist als das andere. Die dem Temperaturunterschied entsprechende Ordnung ist leicht einzustellen und damit manifest – wir brauchen ja nur das eine Ende des Stabes zu heizen und/oder das andere zu kühlen.

Der Makrozustand eines abgeschlossenen Systems ist durch alle Formen manifester Ordnung definiert, die ihm aufgeprägt sind: Temperatur, Druck, Volumen, chemische Zusammensetzung und so weiter. Ist sein Makrozustand festgelegt, wird sich das System im Laufe der Zeit so entwickeln, daß keine Form höherer manifester Ordnung bestehenbleibt, als der Makrozustand fordert. Denn je höher die makroskopische Ordnung, desto geringer ist die Zahl der Mikrozustände, die mit ihr kompatibel sind. Dieser Unterschied ist so gewaltig, daß das System sich praktisch nie – siehe Wiederkehreinwand! – in einem Zustand befinden wird, der eine höhere manifeste Ordnung als die aufgezwungene besitzt.

Der Zustand eines abgeschlossenen makroskopischen Systems, in dem es nicht mehr an manifester Ordnung besitzt als die ihm durch seinen Makrozustand aufgezwungene, heißt thermisches Gleichgewicht. Diesem Zustand strebt es zu, und dadurch, daß es das tut, kann eine Richtung der Zeit definiert werden. Ist Gleichgewicht erreicht, bleibt der Makrozustand immer derselbe. Sieht man nur auf ihn, gibt es im Gleichgewicht keine beobachtbare Zeit mehr. Im Rauschen geht auch unter, von welchem Makrozustand mit höherer manifester Ordnung aus der Gleichgewichtszustand erreicht wurde: Der jeweilige Makrozustand reicht bei einem abgeschlossenen System zwar aus, den zukünftigen zu bestimmen, nicht aber den vorangegangenen. Im thermischen Gleichgewicht kann insbesondere nicht ausgeschlossen werden, daß das Gleichgewicht immer schon bestanden hat.

Pfeil der Abläufe, nicht der Zeit

Ein Blick auf die einzelnen Moleküle und ihr Verhalten ruft uns in Erinnerung, daß die Definierbarkeit einer Richtung der Zeit durch die Entwicklung von Makrozuständen keine Asymmetrie der Naturgesetze oder gar der Zeit selbst begründet, sondern strikt aus den kollektiven Eigenschaften vieler Moleküle folgt. Für die individuellen Eigenschaften der Moleküle sind ihre kollektiven irrelevant. Erst wenn viele Moleküle zu einem Kollektiv zusammengefaßt wurden, kann eine unumkehrbare Richtung aller Abläufe definiert werden: von künstlicher Ordnung zu »unendlich» viel wahrscheinlicherer Unordnung.

In dieselbe Richtung wirkt ein zweiter Antrieb. Kein System ist ja vollständig abgeschlossen; jedes unterliegt zumindest kleinen Unregelmäßigkeiten, wie etwa einem Wackeln der Wände. Auf Systeme, die systematischen Einflüssen von außen ausgesetzt sind, werde ich recht ausführlich eingehen. In ihnen kann sich, das sei vorausgeschickt, Ordnung nicht nur erhalten, sondern auch bilden – auf Kosten, selbstverständlich, der Ordnung außerhalb des Systems. Derartige Systeme meine ich jetzt aber nicht, sondern Systeme, an denen von außen ohne jede Ordnung »gewackelt« wird. Angenommen nun, es sei einem Dämon gelungen, mit den 10^{23} Molekülen eines makroskopischen Gases, das seinen Behälter ganz ausfüllt, so zu zielen, daß sie bei gesetzmäßiger Entwicklung nach zehn Minuten alle in derselben Kastenhälfte versammelt sein werden. Damit, daß das von allen praktischen Standpunkten aus unmöglich ist, sind wir bisher dem Umkehreinwand begegnet. Hinzu kommt nun, daß durch das Wackeln von außen die Entwicklung gestört wird – so daß sich auch bei an sich richtigem Zielen das Gas nicht in einer Hälfte des Behälters versammeln wird.

Illustration

Durch eine Parabel von einem großen Wald, kleinen Lichtungen und Hänsel und Gretel will ich noch einmal das Verhalten eines großen Systems zusammenfassen, das seine Entwicklung in einem manifest geordneten Zustand beginnt. Jeder Punkt der Ebene des Waldes und der Lichtungen steht für einen Zustand *aller* Moleküle eines Gases in einem Behälter mit elastischen Wänden. »Zustand« faßt, wie schon immer, Lagen und Geschwindigkeiten zusammen. Jede der Lichtungen, die vereinzelt und klein in dem unermeßlichen Wald verstreut sind, steht für einen Zustand mit manifester Ordnung. Wir greifen eine Lichtung – einen erkennbaren Fleck, wie wir oben gesagt haben – heraus: Besitzt das System einen Zustand in ihr, befinden sich alle Moleküle in der linken Hälfte des Behälters. Weit, weit entfernt liegt eine andere Lichtung. Besitzt das Gas einen ihrer Zustände, sind alle Moleküle in der rechten Kastenhälfte versammelt. Und so weiter – den unermeßlichen Wald selbst bilden die Zustände des Systems ohne manifeste Ordnung der Moleküle. Hänsel und Gretel – genauer: die Orte, an denen sie sich gerade befinden – stehen für Zustände, die das System im Laufe der Zeit annimmt.

Beginnen wir mit Gretel. Anfangs, durch einen Eingriff von außen, sind alle Moleküle in der linken Hälfte des Behälters versammelt. Gretel, die so durch den Wald wandern soll, wie es der zeitlichen Entwicklung des Systems unter dieser Anfangsbedingung entspricht, beginnt ihre Wanderung also in jener Lichtung, deren Zustände diese manifeste Ordnung besitzen. Während sich die Moleküle über den Behälter verteilen, verirrt sie sich im Wald. Wir betrachten hier das abgeschlossene System ohne Störung von außen, für das deterministische Gesetze gelten. Tatsächlich »verirrt« Gretel sich also nicht; jeder ihrer Schritte ist durch den Anfangszustand des Systems und die Gesetze, die für es gelten, genau festgelegt. Aber das ist für den Eindruck, den wir von ihrer Wanderung gewinnen, irrelevant. Die manifeste Ordnung geht ja im Laufe der Zeit verloren. Der Anfangszustand und die Gesetze des elastischen Stoßes, die für die Bewegungen der Moleküle gelten, wissen von keinem »Ziel« der Entwicklung. Um also zu sehen, daß sich Gretel nicht verirrt, müßten wir berechnen, wo sie sich wann befindet – was im Prinzip zwar möglich, praktisch aber nicht zu bewerkstelligen ist.

Nach einer kurzen Entwicklung, während derer sich die Moleküle über den Behälter verteilen, wandert Gretel folglich ohne erkennbare Regel im Wald umher. Sie hat sich verirrt – auch in dem Sinn, daß sie ihren Rückweg nicht finden kann. Ihre Wanderung führt sie im Wald umher, der im Vergleich zu den Lichtungen so unermeßlich ist, daß sie zufällig niemals wieder – genauer: in allen praktisch relevanten Zeiten nicht – auf eine Lichtung treffen wird: Das Gas wird niemals wieder eine Zustand annehmen, in dem es eine manifeste Ordnung besitzt.

Zweitens Hänsel. Seine Wanderung, die ebenfalls für eine zeitliche Entwicklung des Gesamtsystems stehen soll, beginnt in derselben Lichtung wie Gretels: Die Moleküle des Gases sind in der linken Hälfte des Behälters versammelt. Alle Orte und Geschwindigkeiten sollen anfangs sogar nahezu, aber nicht ganz dieselben sein. Wenn wir beide Wanderungen gleichzeitig betrachten, beginnen sie Hänsel und Gretel sozusagen Hand in Hand. Aber sie bleiben nicht lange zusammen; die minimal verschiedenen Anfangszustände ergeben Wanderungen, die in weit entfernte Gebiete des Waldes führen (Abb. 27; s. S. 185). Für Hänsel allein gilt dasselbe wie für Gretel; für beide zusammen kommt hinzu, daß sie einander »niemals wieder« zufällig begegnen werden.

Die komplexe Bedeutung von »niemals wieder« habe ich erläutert. Daß Hänsel und Gretel sich bei ihren Wanderungen, die sie in derselben Lichtung begonnen haben, weiter und weiter voneinander entfernen, bedeutet zugleich, daß keiner von ihnen von seinem Zustand aus einen erreichen kann, der ihn auf die Lichtung zurückführte, von der er losgegangen ist. Im Wald liegen selbstverständlich genauso viele Zustände, die bei gesetzmäßiger Entwicklung auf die Lichtung zurückführen, wie Zustände, die sich in derselben »endlichen« Zeitspanne aus Zuständen innerhalb der Lichtung entwickeln – die einen ergeben sich aus den anderen ja einfach durch Umkehr der Richtungen aller Bewegungen. Weil aber Hänsel und Gretel, nachdem sie zu derselben Zeit von derselben Lichtung losgegangen sind, sich weiter und weiter voneinander entfernen, müssen sich in ihrer unmittelbaren Nähe Punkte befinden, die Zustände beschreiben, die »niemals« die Lichtung besucht haben. Analoges gilt damit von den Zuständen, die zur Lichtung hinführen: »Unendlich« nah bei ihnen liegen Zustände, die das »niemals« tun werden. Daher kann es nicht gelingen, das über den Behälter verteilte Gas in einen Zustand zu versetzen, aus dem heraus es sich durch gesetzmäßige Entwicklung in einer Hälfte des Behälters versammelt.

Wärmebewegung und Pendelschwingung

Auf Grund des Wiederkehreinwandes Poincarés muß es Perioden geben, in denen ein System, dem mechanische Energie makroskopischer Körper durch Reibung als Wärme zugeführt wurde, diese Energie in der Form zurückgibt, in

Abb. 28 Wenn die Hand das in einem Behälter mit Gas aufgehängte Pendel losläßt, gibt es fast seine ganze Energie durch elastische Stöße an die Moleküle des Gases ab und kommt dadurch nahezu zur Ruhe. Dieser Vorgang simuliert den unumkehrbaren Energieverlust makroskopischer Körper durch Reibung: »Niemals« wird ein anfangs in seiner Ruhelage in einem Gas aufgehängtes Pendel zu schwingen beginnen und dadurch Wärmeenergie des Gases in Schwingungsenergie umwandeln. In dem Modell der Abbildung ist das nicht ganz unmöglich; aber die Anfangslagen und Anfangsgeschwindigkeiten der Moleküle, die darauf führen, können in der Praxis nicht eingestellt werden.

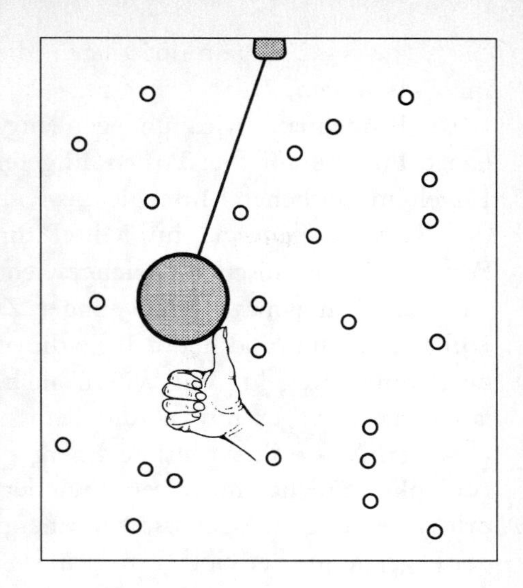

der es sie empfangen hat – als mechanische Energie makroskopischer Körper. Von jedem praktischen Standpunkt aus gesehen kommt das bei großen Systemen zwar niemals vor. Trotzdem ist es instruktiv, sich ein solches Geschehen durch ein Beispiel zu veranschaulichen. Unser Beispiel ist ein Pendel, das in einem Gas aus harten Kugeln hängt (Abb. 28). Wir dürfen uns wieder Billardkugeln – in der Ebene Kreise – vorstellen, die aneinander, an den Banden und nun auch an der Pendelmasse elastisch stoßen. Die kleinen Kreise der Abbildung stehen für die Atome und Moleküle des Gases, und der große Kreis steht für die Pendelmasse. Wir wollen annehmen, daß alle kleinen Kugeln dieselbe Masse besitzen und daß die Masse des Pendels viel größer als die Masse einer Kugel ist.

Der Ablauf beginnt, wenn die in der Abbildung dargestellte Hand das Pendel losläßt und vom Bildschirm verschwindet. Das Computerprogramm, das berechnet, was im Laufe der Zeit geschieht, hat die kleinen Kugeln mit zufällig gewählten Anfangsgeschwindigkeiten ausgestattet, so daß sie von Anfang an über den Bildschirm huschen. Wenn sie mit dem Pendel, das zunächst nahezu regelmäßig hin- und herschwingt, zusammenstoßen, werden sie in der Regel beschleunigt – die Energie des Pendels nimmt im Mittel ab, ihre eigene zu. Dabei geht aber keine Energie verloren, so daß die von der Pendelmasse abgegebene Energie mit der von den kleinen Kugeln aufgenommenen übereinstimmt. Die Pendelenergie wird thermalisiert, soll heißen, durch »Reibung« auf viele Kugeln übertragen, die sich schneller und schneller unregelmäßig bewegen.

Die Pendelmasse wird hingegen langsamer und langsamer – bis am Ende die ganze Energie auf drei Posten aufgeteilt ist. Erstens besitzt jede der kleinen Kugeln im zeitlichen Mittel gleich viel Bewegungsenergie. Da, wie wir wissen, die Bewegungsenergie im Mittel für alle elementaren Bestandteile eines Systems im thermischen Gleichgewicht dieselbe ist, bewegt sich – zweitens – auch die Pendelmasse nach einiger Zeit unregelmäßig um ihre senkrechte Ruhelage so hin und her, daß sie dieselbe Bewegungsenergie besitzt wie jede der kleinen Kugeln. Wir wissen auch, daß sich die Pendelmasse im Mittel langsamer bewegen muß als die kleinen Kugeln. Denn sonst wäre wegen ihrer größeren Masse ihre mittlere Energie größer als die einer Kugel. Weil ihre Auslenkung nicht immer verschwindet, besitzt die Pendelmasse – zudem und drittens – auch eine gewisse Lageenergie, die hier aber nicht interessiert. Von der Lageenergie der kleinen Kugeln im Schwerefeld sehen wir ebenfalls ab.

Wie alle Systeme, strebt auch dieses einem Zustand zu, in dem die Unordnung so groß ist, wie sie bei der gegebenen Gesamtenergie überhaupt sein kann. Während sich dieser Zustand einstellt, wird mehr Energie des Pendels auf die kleinen Kugeln übertragen als umgekehrt. Wegen der vor allem waagerechten Bewegung des Pendels bedeutet dies für die Kugeln, daß ihre eigenen Bewegungen korreliert sind: Sie bewegen sich im Rhythmus der Pendelschwingung vorwiegend ebenfalls waagerecht hin und her. Das hört auf, wenn thermisches Gleichgewicht eingetreten ist: Die restlichen Bewegungen der Pendelmasse sind nun genauso unregelmäßig wie alle anderen, dabei langsamer, und üben auf das Verhalten des Systems insgesamt keinen beherrschenden Einfluß mehr aus.

Sobald thermisches Gleichgewicht eine gute Spanne Zeit geherrscht hat, unterbrechen wir die Computersimulation, kehren im erreichten Endzustand alle Geschwindigkeiten um und berechnen das sich nun ergebende Verhalten des Systems im Laufe der Zeit. Das exakte Naturgesetz für das Verhalten der Kugeln und der Pendelmasse ist dasselbe für beide Fortschreitungsrichtungen der Zeit. Somit werden die Kugeln und die Pendelmasse unter der neuen Anfangsbedingung ihre Wege exakt zurückverfolgen bis am Ende, dem alten Anfang, eine Hand aus dem Off erscheint und das Pendel anhält.

Ein einfaches Computerprogramm zur Implementierung des Gesetzes, das der Behebung von Rundungsfehlern keine spezielle Aufmerksamkeit widmet, erzeugt hingegen nach längeren Zeitspannen einen ganz anderen Ablauf als den zeitlich umgekehrten. Tatsächlich berechnen wir den umgekehrten Ablauf also nicht, sondern sehen ihn uns in einem rückwärts laufenden Film an. Nach einer Zeitspanne, die das System noch im thermischen Gleichgewicht zeigt, in dem »vorwärts« und »rückwärts« nicht zu unterscheiden sind, bilden sich Korrelationen zwischen den Geschwindigkeiten der kleinen Kugeln aus, die demjenigen unerklärlich zu sein scheinen, der einen tatsächlichen Vorgang zu sehen glaubt: Die Kugeln beginnen, sich vorwiegend waagerecht in einem Rhythmus hin- und herzubewegen, der geeignet ist, das Pendel in Schwingungen zu versetzen. Genau das geschieht, das Pendel beginnt regelmäßig zu schwingen, die kleinen Kugeln bewegen sich wieder ungeordnet, wenn auch langsamer durcheinander – mit einer Energie nämlich, die einer kleineren Temperatur entspricht als der am Anfang des rückwärts laufenden Films herrschenden.

Die Hand, bei deren Eingreifen der rückwärts laufende Film aufhört, symbolisiert den Eingriff der Außenwelt, durch den der Zustand hoher manifester Ordnung, in dem das makroskopische Pendel eine große Lageenergie besitzt, hergestellt wurde. Wir wollen fragen, ob sich dieser Zustand hoher manifester Ordnung im Laufe der Zeit auch durch gesetzmäßige Entwicklung des abgeschlossenen Systems, also ohne Eingriff von außen, hätte ausbilden können. Deshalb untersuchen wir seine Vorgeschichte durch Computersimulation. Im letzten Bild des rückwärts laufenden Films ist die Abb. 28 wieder erreicht. Der Zustand des Systems unterscheidet sich aber von dem ursprünglichen Anfangszustand durch die Richtungen aller Geschwindigkeiten: sie sind umgekehrt. Die zukünftige Geschichte dieses Zustands ist mit der zeitlichen Umkehr jener identisch, die ihn bei gesetzmäßiger Entwicklung hervorbringt. Die Computersimulation, die mit ihm als Anfangszustand beginnt und zeigt, was sich von ihm aus »vorwärts in der Zeit« ereignet, simuliert also zugleich die wahre Entwicklung des Systems »rückwärts in der Zeit« vor diesem Zustand als Endzustand. Denn Umkehr der Richtung der Zeit, deren Auswirkungen in der Computersimulation untersucht werden können, muß die Vertauschung von Anfangs- und Endzustand einschließen.

Die zeitliche Entwicklung, die mit der Abb. 28 als erstem Bild bei umgekehrten Geschwindigkeiten anfängt, bewirkt im Detail natürlich etwas ganz anderes, als der erste Film gezeigt hat. Auf das Pendel, das im ersten Bild in der ausgelenkten Lage ruht, wirkt sich die Umkehr aller Geschwindigkeiten zunächst nicht aus – wie zuvor beginnt es im zweiten Bild, sich zur Ruhelage hin zu bewegen. Aber die kleinen Kugeln huschen sofort in Gegenrichtung über den Bildschirm, und das bewirkt, daß sie mit ganz anderen Resultaten aneinander, an die Banden und an die Pendelmasse stoßen: Kein Detail der jetzigen Szenenfolge ähnelt einem der ursprünglichen.

Aber das ist weniger wichtig als die Tatsache, daß die zeitliche Entwicklung im Mittel bei beiden Abläufen dieselbe ist: Sie zerstört die manifeste Ordnung. In keinem, einem oder beiden Abläufen kann sich manifeste Ordnung zwar noch eine Weile halten oder gar wachsen, aber schließlich zerfällt sie zugunsten einer Entwicklung, an deren Ende in beiden Fällen thermisches Gleichgewicht steht.

Abweichungen vom Gleichgewicht

Die zeitliche Vorwärts-rückwärts-Symmetrie der Naturgesetze, die für Systeme dieser Art gelten, bewirkt also nicht nur, daß mikroskopische Vorgänge auf dem Niveau der Moleküle genausogut vorwärts wie rückwärts ablaufen können, sondern auch, daß sich Makrozustände in beide Richtungen genau gleich und nur auf eine Art entwickeln – weg von jeder manifesten Ordnung, deren Aufrechterhaltung nicht erzwungen wird. Das jedenfalls, wenn wir beachten, daß eine vollständige zeitliche Umkehr auch die Rollen von Anfangs- und Endzuständen vertauscht. Was wir geneigt sind, eine Auszeichnung einer Richtung der Zeit zu nennen, ist also nur eine Auszeichnung einer Richtung als »Vergangenheit«, in der eine größere Ordnung bestand als »jetzt« und als sie in der »Zukunft« bestehen wird. Wenn wir also alle Ereignisse der Welt, die in einem Raum-Zeit-Diagramm daliegen, durchmustern, können wir die Richtung abnehmender Ordnung von den Ereignissen selbst ablesen – eine von ihnen unabhängige Richtung der Zeit ist nicht erkennbar.

Es ist eine interessante Frage, ob die sich so ergebende Anordnung überall und zu allen Zeiten dieselbe ist. Soweit wir wissen, ist das so. Aber könnte nicht in einer Entfernung von – sagen wir – 20 Milliarden Lichtjahren eine Durchmusterung der Ereignisse in Raum-Zeit-Diagrammen auf eine Richtung abnehmender Ordnung führen, die der unseren entgegengesetzt ist? Sich, genauer gesagt, dort als entgegengesetzt erweist, wo Signale aus beiden Welten zusammentreffen? Denn Signale aus einer so großen Entfernung konnten uns bisher nicht erreichen. Was würde geschehen, wenn sie ankämen; welche Paradoxien würden sich ergeben? Ich sehe keinen Grund, hierüber zu spekulieren, da nichts gegen die Annahme spricht, daß die zeitliche Ordnung der Welt überall dieselbe ist und immer war.

Das über praktisch mögliche und unmögliche Abläufe Gesagte impliziert auch, daß bei keinem wirklichen Gas eine verborgene Ordnung voreingestellt werden kann, die im Laufe der Zeit auf einen Zustand mit der manifesten Ordnung der Abb. 28 führte – mit welcher Verteilung der Geschwindigkeiten auch immer. Wie also kann es zu einem solchen Zustand kommen? Doch wohl nicht durch eine zeitliche Entwicklung des abgeschlossenen oder von außen gestörten Systems. Denn diese zeitlichen Entwicklungen erhöhen die Ordnung »niemals«. Wenn wir bei einem derartigen System, das für eine lange Zeit sich selbst überlassen war, eine Abweichung vom thermischen Gleichgewicht beobachten, können wir praktisch sicher sein, daß das System das Gleichgewicht kurz zuvor verlassen hat und alsbald zu ihm zurückkehren wird.

Wenn wir »niemals« sagen, setzen wir eine Mindestgröße der Abweichung vom Gleichgewicht voraus. Es ist ja durch kein Gesetz verboten, daß die manifeste Ordnung in einem makroskopischen System merklich zunimmt, sondern nur extrem unwahrscheinlich. Geben wir uns also einen Ordnungsgrad vor, können wir fragen, wie lange es dauert, bis dieser Ordnungsgrad aus dem thermischen Gleichgewicht heraus einmal zufällig erreicht werden wird – je höher der angenommene Ordnungsgrad ist, desto länger dauert es. Jedes System ändert seinen Zustand fortwährend durch Fluktuationen um den wahrscheinlichsten Zustand herum. Dabei treten kleine Fluktuationen viel, viel häufiger auf als große. Wenn wir also eine Fluktuation beobachten, die das System bereits weit weg von seinem wahrscheinlichsten Zustand geführt hat, ist es äußerst unwahrscheinlich, daß es sich vom Gleichgewicht noch weiter entfernen wird.

Ist also die Mindestgröße einer Fluktuation vorgegeben, können wir nach der Zeitspanne fragen, innerhalb deren sie mit nennenswerter Wahrscheinlichkeit auftreten wird. Dann hängt die Bedeutung von »niemals« von der angenommenen Größe der Fluktuation ab. Vorgegeben die Zeitspanne, fragen wir nach der Größe der Fluktuation, die wir innerhalb ihrer erwarten können.

Wir wissen, daß Leben nur in einem System auftreten kann, das zeitliche Entwicklung erlaubt, also vom thermischen Gleichgewicht entfernt ist. Aber eine Fluktuation weg vom thermischen Gleichgewicht, die so groß wäre, daß sie die Bildung von Sonne, Mond, Sternen und Leben erlaubt hätte, ist über alle Vorstellungskraft hinaus unwahrscheinlich. Es sei denn, die Welt bestünde überall seit je und würde alle überhaupt möglichen Zustände durchlaufen. Dann hätten »wir« nicht einen geeigneten Lebensraum gefunden, sondern uns in einem entwickelt, der die Entwicklung von intelligentem Leben erlaubt. Kein Zufall wäre es also, daß wir uns in einer großen Fluktuation befinden, sondern eine Bedingung unserer Existenz. Von allen Fluktuationen konnten wir uns nur in einer entwickeln, die dafür genug Zeit und Raum bereitgestellt hat.

Aber warum ist dann die geordnete Welt viel größer, als zu unserer Entwicklung erforderlich war? Wir sehen so weit in den Weltraum hinein, daß die

Verhältnisse dort uns seit Beginn der Fluktuation nicht beeinflussen konnten – jedenfalls nicht über die Einflüsse hinaus, die wissenschaftliche Journale und Stephen Hawkings Bücher haben. Es ist aber überwältigend unwahrscheinlich, daß eine Fluktuation weg vom thermischen Gleichgewicht tatsächlich viel größer ist, als bereits beobachtet. Deshalb scheidet eine solche Fluktuation als Ursache der überall im zur Zeit beobachtbaren Universum bestehenden Ordnung aus.

Kosmische Hintergrundstrahlung

Ich beeile mich hinzuzufügen, daß wir im Weltall nicht nur mehr oder weniger geordnete Materie, sondern auch Strahlung antreffen. Ich meine die kosmische Hintergrundstrahlung, die das Universum ganz erfüllt. Sie ist heute mit der Strahlung identisch, die einen 2,7 Grad Kelvin »warmen« Hohlraum anfüllt; das sind minus 270,3 Grad Celsius. Im Augenblick ihrer Entstehung, einige hunderttausend Jahre nach dem Urknall, war sie 4000 Grad heiß; mit dem expandierenden Weltall ist sie kälter geworden.

Ursprung und Temperatur der Hintergrundstrahlung verstehen wir im Modell des heißen Urknalls. Träger der Botschaften, die wir von weit entfernten Objekten empfangen und nachweisen, sind elektromagnetische Wellen – Lichtwellen zum Beispiel, aber auch Radiowellen. Diese sind seit ihrer Entstehung mit Lichtgeschwindigkeit unterwegs, so daß die entferntesten Objekte, die wir sehen, zugleich die ältesten sind. Das Licht der Sonne, das wir jetzt sehen, war acht Minuten unterwegs. Wir sehen die Andromeda-Galaxie so, wie sie vor zwei Millionen Jahren ausgesehen hat, und das Licht, das uns heute von den ältesten Quasaren erreicht, hat diese vor einer Milliarde Jahre verlassen.

Das älteste Objekt, wenn wir es so nennen dürfen, ist das Universum im Stadium des Urknalls. Von ihm haben wir die früheste direkte Kunde aus dem Jahr eine Million (oder weniger) nach ihm: die kosmische Hintergrundstrahlung. Im Jahr der Entstehung der Hintergrundstrahlung war das Universum viertausend Grad heiß und mit Materie und Wärmestrahlung dieser Temperatur angefüllt. Materie und Strahlung haben bis dann, bei höherer Temperatur als viertausend Grad, eine untrennbare Mischung gebildet.

Wenn es heißer ist als viertausend Grad, kann sich die elektromagnetische Strahlung nicht frei bewegen, da Kerne und Elektronen dann nicht zu Atomen zusammengebunden sind. Als freie elektrische Ladungen streuen sie die elektromagnetische Strahlung.

Einzeln kommen Elektronen und Atomkerne dann vor, weil die bei dieser Temperatur verfügbare Energie dazu ausreicht, Atome, zu denen sich Kerne und Elektronen zufällig zusammengefunden haben, wieder in ihre Bestandteile zu zerlegen. Übertragen wird die Energie – erstens – durch Zusammenstöße von Atomen, Kernen und/oder Elektronen. Zweitens, und genauso wichtig, durch die elektromagnetische Strahlung selbst. Denn wie alle frei verfügbare Energie bei der Temperatur von viertausend Grad reicht auch die der elektromagnetischen Strahlung dazu aus, Elektronen und Kerne voneinander zu trennen.

Bei niedrigeren Temperaturen aber nicht mehr. Dann schließen sich die Elektronen und Kerne dauerhaft zu elektrisch neutralen Atomen zusammen. Da elektromagnetische Strahlung nur mit den elektrischen Ladungen wechselwirkt, wird das Universum dadurch für elektromagnetische Strahlung durchsichtig. Seither durchmißt die Hintergrundstrahlung ohne Wechselwirkung mit der Materie das Universum; mit ihm zusammen, mit seiner Expansion, ist sie kälter geworden.

Zur Zeit ihrer Entstehung war die Hintergrundstrahlung so heiß wie das Universum damals. Trotz einzelner heißer Flecken wie der Sonne im heutigen Universum mißt die Hintergrundstrahlung immer noch dessen durchschnittliche Temperatur: etwa drei Grad absolut. Das Universum wird kälter und kälter, da bei der Expansion gegen den Widerstand der Schwerkraft Bewegungsenergie in Lageenergie überführt wird. Massen, die zu Sternen zusammenstürzen, wirken dem Trend zu kälteren Temperaturen entgegen.

Die kosmische Hintergrundstrahlung, die uns heute erreicht, ist um weniger als eine Million Jahre jünger als das Universum insgesamt – fünfzehn Milliarden Jahre. Entstanden ist sie in der Oberfläche einer Kugel mit dem Radius *Lichtgeschwindigkeit mal Alter der Welt*, also fünfzehn Milliarden Lichtjahre. Das ist der Radius des heute zumindest im Prinzip beobachtbaren Universums. Ob das Universum in Wahrheit größer, wesentlich größer ist, können wir durch Beobachtung von Objekten im Himmel nicht erfahren.

Heute bildet die Hintergrundstrahlung ein vergrößertes Abbild des Universums im Jahr eine Million nach seiner Entstehung. Flecken in diesem Abbild weisen auf Dichteschwankungen hin, die sich zu Galaxien entwickeln sollten. Spätestens also im Jahr eine Million nach dem Urknall hat das Universum begonnen sich so zu entwickeln, daß Galaxien, Sonnen, Planetensysteme und irdisches Leben entstehen konnten. Wie aber kann das sein, wenn bei jeder Entwicklung die Ordnung abnehmen muß? Doch wohl nur so, daß das Universum in einem Zustand hoher, wenn auch verborgener Ordnung zu existieren begonnen hat.

Laut Urknallmodell, dem wir folgen wollen, besaß das Universum unmittelbar nach seiner Entstehung überall dieselbe sehr hohe Temperatur, war also dem Zustand höchstmöglicher thermischer Unordnung beliebig nahe. Seither ist es kälter geworden und haben sich Temperaturdifferenzen ausgebildet; die thermische Ordnung ist gewachsen.

Materie, Strahlung und Ordnung

Die Ordnung, die in der Geschichte des Universums abgebaut wurde und wird, so daß anderweitige Ordnungen wachsen können, ist die von fein verteilter Materie, die auf Grund der Schwerkraft, mit der sich ihre Teile anziehen, zur Klumpenbildung neigt. Vorboten dieser Klumpenbildung, die ernsthaft erst beginnen kann, wenn sich das Universum hinreichend abgekühlt hat, sind die Dichteschwankungen im frühen Universum, die in der Hintergrundstrahlung ihr Abbild hinterlassen haben.

Materie, die auf Grund ihrer eigenen Schwerkraft zusammenstürzt, wird heißer und heißer. Deshalb sendet sie Wärmestrahlung aus, und deshalb entflammen in ihr Kernreaktionen, die selbst Wärmeenergie produzieren, zugleich aber verhindern, daß die Materie weiter zusammenstürzt und abermals heißer wird.

Gäbe es keine Kraft außer der Schwerkraft, würde jeder Stern weiter und weiter zusammenstürzen, dadurch heißer und heißer werden, Wärmeenergie als Strahlung abgeben und noch heißer werden. Enden würde er als Schwarzes Loch – als ein Raumgebiet also, aus dem nicht-quantenmechanisch gesehen nichts entkommen kann, nicht einmal Strahlung. Näheres hierzu und zu den seltsamen Eigenschaften der Schwerkraft, die ein solches Verhalten erzwingen, steht in den Kapiteln 3 und 7. Jetzt ist nur wichtig, daß beim Zusammenstürzen von fein verteilter Materie und bei der Bildung von Sternen die Ordnung im Universum verringert wird: Die Materie, die zusammenstürzt, wird heißer, ihre Ordnung nimmt ab. Zugleich verströmt der Stern Wärmestrahlung und vermindert dadurch die Ordnung anderswo.

Uns gibt es nur deshalb, weil ein Teil der Energie, den unser Stern, die Sonne, abstrahlt bei ihrem Weg in den kalten Himmel, einen Umweg über die Erde nimmt. Erst durch diese abgezweigte Energie, die von der Erde aufgenommen und wieder abgestrahlt wird, konnten und können sich auf ihr komplizierte Systeme bilden. Und zwar – wie kann das sein? – entgegen der Tendenz zur Vereinheitlichung durch den Abbau von Ordnung.

In Teilsystemen kann die Ordnung wachsen

Voranzuschicken ist, daß das Theorem vom Wachstum der Unordnung nur für abgeschlossene Systeme gilt. Wenn in einem Teilsystem eines abgeschlossenen großen Systems die Ordnung abnimmt, kann sie ohne Widerspruch mit dem Theorem in einem anderen Teilsystem wachsen. Sonne, Erde und der kalte Himmel können als ein solches großes System aufgefaßt werden. In ihrem jetzigen Stadium strahlt die Sonne Energie in den kalten Himmel ab und wird dadurch kälter, der kalte Himmel wird hingegen – wenn auch nur unmerklich – wärmer. Ein kleiner Teil dieser Energie nimmt einen Umweg über die Erde. Im Mittel strahlt die Erde genausoviel Energie ab, wie sie aufnimmt. Denn sie wird – von Fluktuationen und hausgemachten Prozessen abgesehen – weder wärmer noch kälter. Was sie aber von der Sonne mehr bekommt, als sie abstrahlt, ist Ordnung.

Kann in einem abgeschlossenen System die Ordnung insgesamt am effektivsten und schnellsten dadurch abgebaut werden, daß sie in einem Teilsystem erhalten bleibt oder gar wächst, wird das geschehen. Für das Teilsystem gelten dann effektive Naturgesetze, die zumindest im Prinzip von den fundamentalen, für das System insgesamt geltenden Gesetzen abgeleitet werden können. So ist es bei der Erde als Teilsystem von Sonne, Himmel und Erde. Darwins Gesetze der Evolution bilden ein Paradebeispiel für im Prinzip aus fundamentaleren Gesetzen ableitbare Naturgesetze, die auf dem Umweg beruhen, den die Sonnenenergie bei ihrem Weg in den kalten Himmel über die Erde nimmt.

Thermodiffusion als Beispiel

Ein einfacheres Beispiel für diese Zusammenhänge als Himmel, Sonne und Erde bildet die Thermodiffusion: In einem Rohr sind zwei Gase eingeschlossen, deren Moleküle verschiedene Massen besitzen. Die Kappen des Rohres stehen in thermischem Kontakt mit zwei Blöcken, die verschiedene Temperaturen besitzen. In unserem Modell für dieses System (Abb. 29) haben wir wie schon zuvor die Moleküle durch Kreise ersetzt, die aneinander und an den Wänden des Rohres elastisch stoßen. Die ausgefüllten Kreise stellen die schweren, die offenen die leichten Moleküle dar. Um alle Abläufe in dem System auf die Gesetze des elastischen Stoßes als einziges Naturgesetz zurückführen zu können, simuliert die Abbildung auch das Innenleben der Blöcke durch elastisch stoßende Kugeln, zur Vereinfachung mit derselben Masse auf beiden Sei-

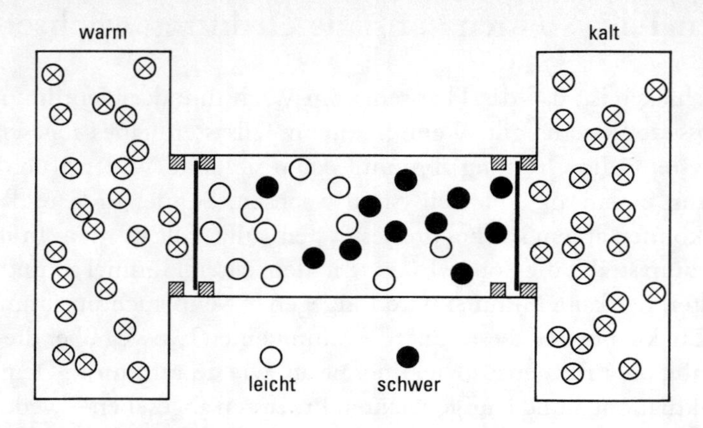

Abb. 29 Das Funktionieren dieses komplizierten Systems beschreibt der Text.

ten. Der Wärmekontakt zwischen den Enden des Rohres und den Blöcken wird durch die elastisch zwischen Pflöcken eingespannten Wände hergestellt.

Die Computersimulation würde zuerst die drei Subsysteme der Abbildung in thermischer Isolation voneinander zeigen: Auch die Wände an den Enden des Rohres wären fest eingespannt. Der Behälter links wäre etwas wärmer als der rechts, so daß sich die Scheiben links im Mittel ein bißchen schneller bewegen würden als die rechts. Im Rohr, dessen Temperatur anfangs in der Mitte zwischen den Temperaturen der Behälter liegen möge, würden sich die ausgefüllten Kreise im Mittel langsamer bewegen als die offenen. Den Grund kennen wir: Im thermischen Gleichgewicht bewegen sich wegen der Gleichverteilung der Bewegungsenergie schwere Teilchen im Mittel langsamer als leichte.

Für den Effekt, den diese Beschreibung einer Computersimulation des Systems veranschaulichen soll, ist die Beobachtung besonders wichtig, daß anfangs, bevor thermischer Kontakt hergestellt wurde, beide Sorten Moleküle, die schweren und die leichten, das ganze Rohr mehr oder weniger gleichmäßig ausfüllen. In der Abbildung ist das anders. Sie zeigt eine Szene, die typisch wäre für das Aussehen des Bildschirmes *nach* Herstellung des Kontaktes.

Ich habe die Simulation im Konjunktiv beschrieben, da ich sie nicht tatsächlich durchgeführt habe. Wichtig ist allein der folgende, von der Abbildung abzulesende Effekt: Die schwereren Moleküle halten sich bevorzugt in der Nähe der kälteren, die leichteren in der Nähe der wärmeren Kappe des Rohres auf. Das ist ein realer Effekt, der auch technisch genutzt wird zur Trennung von Molekülen, die sich chemisch gleich verhalten, aber verschieden schwer sind, weil sie aus verschieden schweren, ansonsten aber gleichen Atomen – den »Isotopen« – aufgebaut sind. In der Simulation beruht der Effekt allein auf den Gesetzen des elastischen Stoßes, die ich zur Unterscheidung von den effektiven Gesetzen, die für die Effekte insgesamt gelten, an dieser Stelle »fundamentale Gesetze« nenne.

Im Zustand maximaler Unordnung erfüllen die Moleküle der beiden Gase des Rohres dieses gleichmäßig und ganz. Wäre das anders, würden zwei Gase, die anfangs zwei verschiedene Hälften eines Behälters einnehmen, sich nicht vermischen. Sie vermischen sich gerade deshalb, weil dadurch die Unordnung steigt. Das aber ist so, weil die Aufhebung der Einschränkung, daß die eine Sorte Moleküle hier versammelt sein soll, die andere dort, viele und abermals viele Möglichkeiten eröffnet. Es gibt ja offensichtlich viel, viel mehr Möglichkeiten, zwei verschiedene Gase über einen Kasten zu verteilen, als jeweils ein Gas über eine Hälfte.

In dem Augenblick, in dem in der Computersimulation der Wärmekontakt zwischen den Kappen des Rohres und den Behältern mit verschiedener Temperatur hergestellt wird, befinden sich die Moleküle des Rohres seit geraumer Zeit im Zustand maximaler Unordnung. Unser Indiz ist die gleichmäßige Verteilung der Moleküle beider Sorten über das ganze Rohr. Wird der Wärmekontakt hergestellt, setzt Strukturbildung ein: Die schwereren Moleküle versammeln sich auf der Seite der kälteren Kappe, die leichteren auf der Seite der wärmeren. Durch das Rohr fließt dabei stets, makroskopisch gesprochen, Wärmeenergie von der wärmeren Kappe zur kälteren. Dieser Wärmetransport führt, wie jeder Wärmetransport, zur Erhöhung von Unordnung und – dieselbe Sache – zum Ausgleich von Temperaturdifferenzen. Im Innern aber des Rohres, durch das die Wärme hindurchfließt, wächst unterdessen die Ordnung – von der Gleichverteilung der Moleküle beider Typen über das ganze Rohr zu einer Verteilung, die alsbald wieder zerfällt, wenn der Wärmetransport durch das Rohr aufhört. Denn am Ende des Temperaturausgleichs zwischen den Behältern werden deren Moleküle und die des Rohres dieselbe Temperatur besitzen – mit allen selbstverständlichen Konsequenzen für die Verteilung der Moleküle über ihre Gefäße.

In dem Teilsystem Rohr wird die Ordnung so lange wachsen oder erhalten bleiben, wie Energie durch es hindurchtritt. Der Abbau der Ordnung, die darin besteht, daß zwei Behälter verschiedene Temperaturen besitzen, erhält und/oder erzeugt Ordnung in jenem Teilsystem, durch das die Energie, die den Abbau von Ordnung bewirkt, hindurchtritt. Das ist ein allgemeines Phänomen, das durchaus in Gesetze gefaßt werden kann, die mit anderen Gesetzen auf demselben makroskopischen Niveau in logischer Verbindung stehen. Betrachtet man nur die Gesetze auf diesem Niveau von Wärmeausgleich und Strukturbildung, deutet nichts darauf hin, daß sie effektive Naturgesetze sind, die aus den »fundamentalen« Naturgesetzen des elastischen Stoßes hergeleitet werden können.

So jedenfalls im Fall der Computersimulation und so wohl auch bei den realen Effekten, die sie simuliert. Ohne Widerspruch mit dem Gesetz vom Zerfall von Ordnung können in Teilsystemen abgeschlossener Systeme geordnete Gebilde entstehen. Vorauszusetzen ist nur, daß Energie durch das Teilsystem hindurchfließt. Tut sie das nämlich, führt sie zu einem derart großen Abbau von Ordnung anderswo, daß dadurch die sich in dem Teilsystem bildende Ordnung mehr als aufgewogen wird.

Heiße und kalte Wärmestrahlung

Zurück zu dem System aus Sonne, Himmel und Erde. Wir fragen nicht, wie diese drei Teilsysteme sich im Einklang mit dem Naturgesetz vom Abbau von Ordnung vor sehr, sehr langer Zeit bilden konnten, sondern nur, wie zwei von ihnen – Erde und Sonne – ihre Ordnung erhalten und sogar noch vermehren können.

Das können sie auf Kosten der Ordnung in dem kalten Himmel. Jene nimmt ab, wenn auch unmerklich, wenn die Ordnung auf der Erde und in der Sonne wächst. Zunächst die Sonne in ihrem jetzigen Stadium. In ihr laufen Reaktionen ab, die Atomkerne miteinander verschmelzen. *Kernfusionen* heißen diese Reaktionen. Sie laufen auch in der Wasserstoffbombe ab und sollen künftig einmal in Fusionsreaktoren als »unerschöpfliche« Energiequelle dienen.

Wenn zwei Atomkerne zu einem vereinigt werden und deshalb immer zusammenbleiben, statt unabhängig voneinander beliebige Orte und Geschwindigkeiten anzunehmen, wächst die Ordnung. Denn wenn wir Fotos in Alben einkleben – oder Manuskriptseiten zusammenheften! –, erhöhen wir die Ordnung, weil es viel weniger Möglichkeiten gibt, Alben oder Hefter über die Wohnung zu verteilen als einzelne Fotos oder Manuskriptseiten. Eben weil das so ist, kleben wir Fotos ein und heften Seiten zusammen – von Briefmarken gar nicht zu reden.

Bei dem Zusammenschluß von Atomkernen, der in der Sonne von selbst abläuft, wird Energie freigesetzt. Wegen dieses Energiegewinns bauen wir Wasserstoffbomben und hoffen wir auf Fusionsreaktoren. Die freigesetzte Energie verläßt die Sonne schlußendlich in der Form von Licht- und Wärmestrahlung, die sich so ungeordnet in dem kalten Himmel ausbreiten kann, daß bei dem Zusammenschluß von Atomkernen und der Abstrahlung der Energie als Licht und Wärme die Ordnung insgesamt abnimmt.

Wie bereits gesagt, nimmt ein winziger Bruchteil der von der Sonne abgestrahlten Energie bei ihrem Weg in den kalten Himmel einen Umweg über die Erde. Jetzt ist wichtig, daß die von der Sonne kommende Licht- und Wärmestrahlung bei weitem nicht so ungeordnet ist, wie eine solche Strahlung sein kann. Nach Auskunft der Quantentheorie besteht Strahlung aus Energiepaketen. Je heißer die Quelle einer Strahlung ist, desto mehr Energie steckt in jedem Paket. Bei Normalbetrieb sendet eine Herdplatte Wärmestrahlung aus. Wird sie überheizt, beginnt sie zu glühen. Also kann auch das Licht als Wärmestrahlung aufgefaßt werden. Da es von einer heißeren Quelle kommt, enthält ein Paket Licht mehr Energie als ein Paket normale Wärmestrahlung. Genauso sind die Pakete der normalen Wärmestrahlung, die von einem im Wortsinn warmen Körper kommen, energiereicher als die von einem kalten.

Die Erde strahlt, wie ebenfalls bereits gesagt, die gesamte Energie, die sie von der Sonne bekommt, wieder in den Weltraum ab. Wäre es weniger oder mehr, müßte die Erde heißer oder kälter werden. Aber zwischen Aufnahme und Abgabe durch die Erde hat die Form der Energie eine alles entscheidende Änderung erfahren. Da sie aus einer heißen Quelle stammt, ist die auf der Erde ankommende Sonnenenergie in relativ wenige energiereiche Pakete verpackt. Die, verglichen mit der Sonne, kalte Erde gibt dieselbe Energie in viel mehr energiearme Pakete unterteilt wieder ab. Bei dem Durchgang durch die Erde zerbricht also sozusagen jedes Energiepaket der Sonnenstrahlung in viele Pakete. Diese vielen kleinen Pakete besitzen zusammen viel mehr mögliche Zustände als die wenigen großen. Folglich kann die Unordnung auch dann alles in allem wachsen, wenn sie auf der Erde abnimmt: Hier bilden sich Strukturen, dort wird der kalte Himmel – wenn auch unmerklich – wärmer.

Hierüber ist viel Kompetentes geschrieben worden; auch auf populärwissenschaftlichem Niveau. Pflanzen erhöhen die Ordnung auf der Erde dadurch, daß sie komplizierte organische Moleküle aus dem Kohlenstoff des Kohlendioxids der Luft und anderen Stoffen aufbauen und den Sauerstoff in die Luft entlassen. Die Ordnung, die hierbei abgebaut wird, ist die des Sonnenlichts, das die Pflanzen bei der Photosynthese umsetzen. Tiere bauen die komplizierten, von den Pflanzen synthetisierten Moleküle mit Hilfe des Luftsauerstoffs wieder ab. Bei allen Verbrennungsprozessen, also auch bei diesen, nimmt die Unordnung zu. Sonnenenergie und Abstrahlung von Wärme bewirken auch, daß

Wasser verdunstet und Staudämme Energie liefern können. Dem allem widmen wir, da nur am Rande unser Thema, nur eingeschränkte Aufmerksamkeit. Fragen müssen wir aber, warum fünfzehn Milliarden Jahre nach seiner Entstehung das Universum so geordnet sein kann, daß ein Abbau von Ordnung immer noch möglich ist.

Woher die Ordnung, die abgebaut wird?

Das ist deshalb so, weil die Materie des Universums unmittelbar nach seiner Entstehung im Urknall fein verteilt war. Hinzu kommt, daß das Universum expandiert. Seine Existenz begonnen hat das Universum als Feuerball mit unendlich hoher Temperatur. Auf den ersten Blick ist das der Zustand höchster Unordnung, in dem sich ein System befinden kann. Dagegen spricht aber sowohl die Verteilung der Materie als auch die Expansion des Universums.

Erstens die Expansion. Sie erfolgt entgegen dem Widerstand der Schwerkraft, die die Materie zusammenhalten will, und führt aus ebendiesem Grund dazu, daß die Temperatur des Universums abnimmt. Denn wenn sich Massen voneinander entfernen, werden sie langsamer und langsamer – wie ein Stein, der hochgeworfen wurde. Je langsamer die Bewegungen in einem Kuddelmuddel, desto geringer die Temperatur; das Universum wird bei seiner Expansion, die gegen den Widerstand der Schwerkraft erfolgt, kälter und kälter.

Für sich allein führen kältere Temperaturen aber nicht zur Bildung von Strukturen. Wichtig sind vor allem Temperaturunterschiede und damit die Möglichkeiten, sie zu entwickeln. Hier tritt die fein verteilte Materie in Aktion. Sie unterliegt der Schwerkraft, und die wirkt darauf hin, daß die Materie Klumpen bildet. Wenn ein Satellit abstürzt, wird er schneller und schneller. Genauso die Materie, die auf Grund der Schwerkraft erst Klumpen bildet und dann zusammenstürzt.

Bei fein verteilter Materie bedeutet Wachstum der Geschwindigkeit Temperaturerhöhung. Die fein verteilte Materie stürzt zusammen, bildet Galaxien – wie genau, ist unbekannt –, Sonnen, Planeten und schließlich wohl auch Schwarze Löcher. Hierbei wächst unentwegt die Unordnung. Wie sie das tut ist ein interessantes, aber nicht unser Thema. Einiges steht dennoch in Kapitel 6.

5. Zeitliche Symmetrien

Ein Ding ist symmetrisch, wenn man mit ihm etwas anstellen kann, so daß es am Ende, wenn man fertig ist mit der Prozedur, genauso aussieht wie zuvor: So lautet in den Worten Richard P. Feynmans die von dem großen deutschen Mathematiker und Physiker Hermann Weyl (1885-1955) gegebene Definition der Symmetrie von Dingen. Nehmen wir zum Beispiel eine Schneeflocke (Abb. 30). Sie können wir, ohne ihr Aussehen zu ändern, um 60 Grad und Vielfache davon um ihren Mittelpunkt drehen und an sechs Geraden – welchen? – durch ihn spiegeln.

Als Bewegungen im Raum, zu deren Definition das Objekt, dessen Symmetrie in Frage steht, nicht benötigt wird, sind Drehungen und Spiegelungen offenbar interessante Operationen und die Symmetrien ihnen gegenüber interessante Symmetrien. Dasselbe gilt von den Verschiebungen (Abb. 31). Vergleichsweise uninteressante Symmetrien der Schneeflocke und eigentlich aller Dinge im Raum sind Symmetrien gegenüber Umbauoperationen. Zum Beispiel können wir den rechten und den linken Arm der Flocke vertauschen und alles andere lassen, wie es ist. Auch dabei bleibt das Aussehn der Flocke ungeändert, aber diese Transformation ist so speziell wie die Flocke selbst, ihr angepaßt und nur durch sie definierbar. Es ist wohl offensichtlich, daß derartige Symmetrieoperationen weniger interessant sind als Verschiebungen, Drehungen, Spiegelungen oder auch Vergrößerungen.

Symmetrie und Unbeobachtbarkeit

Auf Symmetrieoperationen, die nur unter Heranziehung des Dinges, dessen Symmetrie in Frage steht, definiert werden können, werde ich nicht weiter eingehen. Eine für uns wichtige Eigenschaft von Symmetrieoperationen ist ihre Unbeobachtbarkeit – daß nämlich allein durch ein Objekt, das gegenüber einer

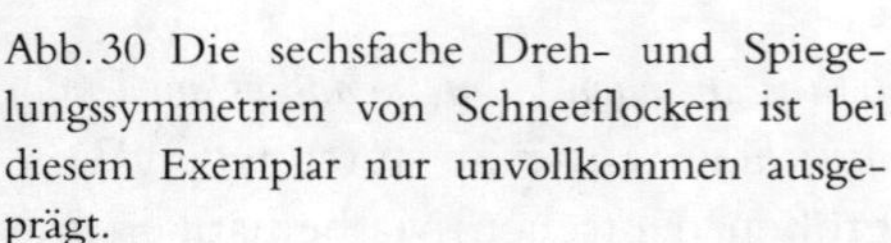

Abb. 30 Die sechsfache Dreh- und Spiegelungssymmetrien von Schneeflocken ist bei diesem Exemplar nur unvollkommen ausgeprägt.

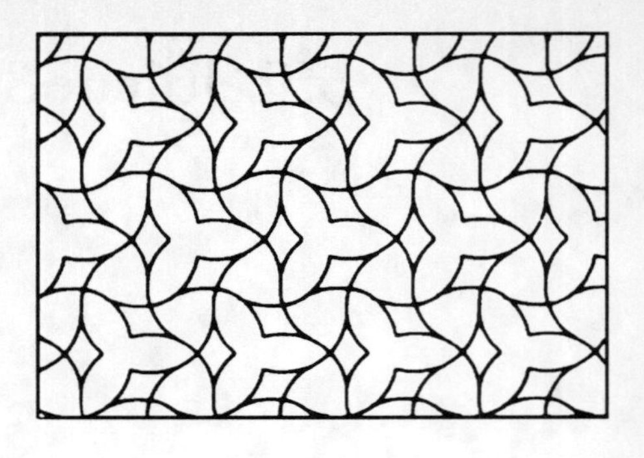

Abb. 31 Diesen Ausschnitt aus einem nach allen Seiten unendlichen, mehrfach dreh-, spiegelungs- und verschiebungssymmetrischen Muster hat der Autor mit Hilfe seines Computerprogramms *Symmetrie* konstruiert.

gewissen Operation symmetrisch ist, nicht festgestellt werden kann, ob die Operation durchgeführt wurde oder nicht.

Der Leser möge sich durch die bombastische Formulierung eines an sich einfachen Sachverhaltes nicht abschrecken lassen. Was gemeint ist, sollen zwei Beispiele verdeutlichen. Erstens die Karikatur Abb. 32, die für sich selbst spricht. Wir nehmen zweitens den Buchstaben A. Ihn ändert die Spiegelung an der senkrechten Gerade durch seinen First nicht. Deshalb können wir von ihm allein nicht ablesen, ob die Spiegelung durchgeführt wurde.

Symmetrien von Naturgesetzen

Wir wenden uns nun den Naturgesetzen und ihren Symmetrietransformationen zu. Gegeben sei ein physikalisches System, zum Beispiel ein Pendel. Wir versetzen es in einen gewissen Anfangszustand, lassen es zum Beispiel in der Stellung der Abb. 33 los. Dann übernehmen die Naturgesetze das Regiment und legen das zukünftige Verhalten des Pendels fest. Sie stellen also einen Zusammenhang her zwischen dem Anfangszustand, den wir frei wählen können, und dem Verhalten des Pendels im Laufe der Zeit. Nun verschieben wir das Pendel parallel zur Erdoberfläche, stellen es zum Beispiel auf einen anderen Tisch. Die für das Pendel geltenden Naturgesetze sind genau dann verschie-

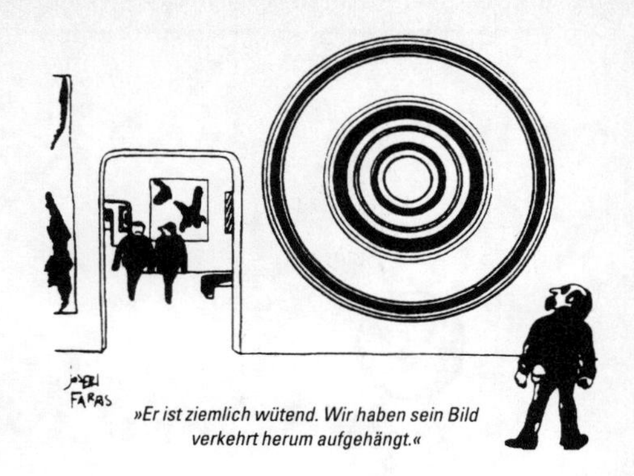

Abb. 32 Zu Symmetrie und Unbeobachtbarkeit.

bungssymmetrisch, wenn durch sein Verhalten auf Grund dieser Gesetze nicht entschieden werden kann, ob die Transformation durchgeführt wurde.

Wir wollen uns vorstellen, daß der Beobachter mit seinem Pendel in einem geschlossenen Kasten sitzt und durch Experimente herauszufinden versucht, wo er sich befindet. Kann er das nicht, sind die Naturgesetze, die das Verhalten des Pendels bestimmen, verschiebungssymmetrisch. Wenn wir von irrelevanten Spitzfindigkeiten absehen, die zum Beispiel mit der Drehung der Erde zu tun haben, kann er das tatsächlich nicht. Unabhängig von der Position seines Kastens stellt er immer denselben, durch die Naturgesetze festgelegten Zusammenhang zwischen dem jeweils gewählten Anfangszustand und dem weiteren Verhalten des Pendels fest – die Verschiebung parallel zur Erdoberfläche ist eine Symmetrieoperation der für das Pendel geltenden Naturgesetze, weil der Beobachter allein durch sie nicht herausfinden kann, wo sich der Kasten mit ihm und dem Pendel befindet. Hingegen kann ein Beobachter, der außer dem Pendel eine Armbanduhr mit sich führt, allein auf Grund der Naturgesetze herausfinden, ob er senkrecht zur Erdoberfläche verschoben wurde. Denn weiter oben ist die Schwerkraft geringer, das Pendel schwingt langsamer – so daß die Verschiebung senkrecht zur Erdoberfläche *keine* Symmetrietransformation der für das Pendel geltenden Naturgesetze ist.

Von allen Transformationen der Naturgesetze interessieren vorerst nur diejenigen, die den Parameter Zeit verändern und zumindest nahezu Symmetrietransformationen der Naturgesetze sind. Das sind zwei. Erstens die Verschiebungen der Zeit, die tatsächlich Symmetrietransformationen sind, und zweitens die Zeitspiegelung, für die das nur nahezu gilt.

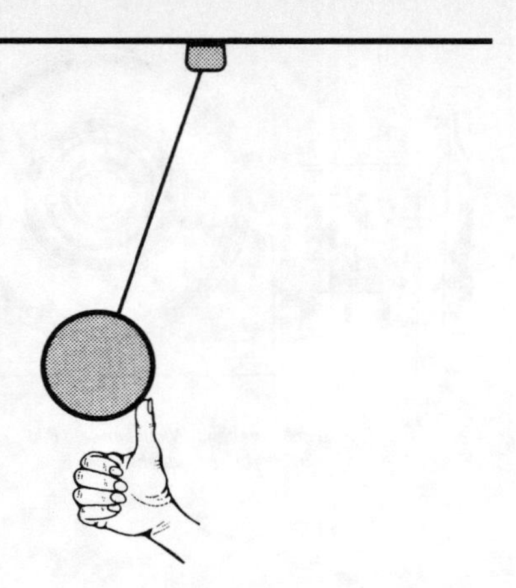

Abb. 33 Wenn das Pendel losgelassen wird, übernehmen die Naturgesetze das Regiment und legen sein künftiges Verhalten fest.

Zeitverschiebungssymmetrie

Symmetrie der Naturgesetze gegenüber Verschiebungen der Zeit bedeutet für unseren Beobachter mit seinem Pendel, daß derselbe Anfangszustand denselben Ablauf impliziert, unabhängig davon, wann das Pendel losgelassen wird. Das ist tatsächlich so. Aber nicht nur die Pendelgesetze sind symmetrisch gegenüber Verschiebungen der Zeit, sondern alle Naturgesetze, die wir kennen.

Natürlich können wir von der Temperatur der Hintergrundstrahlung sowie von der mittleren Dichte der Materie im Weltall ablesen, wieviel Zeit seit dem Urknall vergangen ist. Das aber lesen wir vom Zustand des Universums ab, nicht von den Naturgesetzen. Damit erhebt sich die Frage, ob nicht auch unsere – dann nur vermeintlichen – Naturgesetze deshalb so sind, wie sie sind, weil sie an der Entwicklung der Welt von ihren Anfangsbedingungen aus teilgenommen haben. Das ist möglicherweise so. Wenn das Universum in verschiedenen Regionen verschiedene Naturgesetze entwickelt haben würde, die zu verschiedenen Zeiten verschieden wären, könnte sich Leben nur in Regionen und Zeiten entwickeln, die ebendies erlauben – die Entwicklung von Leben. Dann wüßten wir um einen trivialen Grund dafür, daß die von uns bestimmten Naturkonstanten Werte besitzen, die Leben erlauben; sonst wären wir nämlich nicht hier. Kein übergeordneter Plan, der auf Leben hinzielte, hätte dann die Naturkonstanten so festgelegt, daß sie die Entwicklung von Leben ermöglichen, sondern der blinde Zufall hätte für alle möglichen Werte gesorgt. »Uns« kann es dann selbstverständlich nur in Regionen und zu Zeiten geben, die mit Werten der Naturkonstanten ausgestattet sind, die Leben erlauben.

Hierauf werde ich zurückkommen. Mein jetziges Anliegen ist viel bescheidener. Der Beobachter führe eine Uhr mit sich, benutze sie aber nur als Stoppuhr zur Bestimmung des Ganges des Pendels ab dem Zeitpunkt, in dem er es losgelassen hat. Wenn das weitere Verhalten des Pendels von diesem Zeitpunkt nicht abhängt, sind die Naturgesetze, die für es gelten, symmetrisch gegenüber Verschiebungen der Zeit: Jeder Ablauf, der einmal eintritt, hätte genauso früher oder später eintreten können.

Energieerhaltung und Zeitverschiebungssymmetrie

Ein bemerkenswerter, von der deutschen Mathematikerin Emmi Noether 1918 bewiesener Satz sagt unter anderem, daß die Gesamtenergie eines jeden abgeschlossenen Systems, für das Naturgesetze gelten, die immer dieselben sind, im Laufe der Zeit ungeändert bleibt. Ich kann das Theorem hier zwar nicht beweisen, aber plausibel machen. Zu den Naturgesetzen, deren zeitliche Konstanz Emmi Noether in ihrem Beweis voraussetzt, gehören die Zahlenwerte der Naturkonstanten, die in ihnen vorkommen, dazu. So ist, soweit wir wissen, die Lichtgeschwindigkeit immer dieselbe gewesen und wird immer dieselbe sein. Eine andere, vergleichbar wichtige Naturkonstante namens G legt die Kraft fest, mit der Massen einander anziehen. Würde sie sich im Laufe der Zeit ändern, wären die Naturgesetze nicht immer dieselben – und könnte im Wortsinn Energie erzeugt werden.

Angenommen, die Naturkonstante G ändere sich so, daß sich die Kraft, mit der die Erde Gewichte anzieht, von Montag auf Dienstag verdoppelt. Am Mittwoch soll die Konstante und mit ihr die Schwerkraft wieder ihren normalen Wert angenommen haben. Hängt man also am Montag morgen ein Gewicht an einer Feder auf, so zeigt diese am Dienstag abend eine Verdopplung des Gewichtes an. Am Mittwoch abend ist die Federspannung wieder normal. Das alles bedeutet, daß wir einem Gewicht, ohne dessen Lage und Geschwindigkeit am Ende geändert zu haben, Energie entnehmen können.

Am Montag morgen befindet sich auf dem Fußboden ein Gewicht, darüber, auf dem Tisch, stehen ein Auto-Akku, ein Dynamo und ein Elektromotor. Bevor sich die Schwerkraft verdoppelt, entnehmen wir Strom aus dem Akku, um mit Hilfe des Elektromotors das Gewicht vom Boden auf den Tisch zu heben

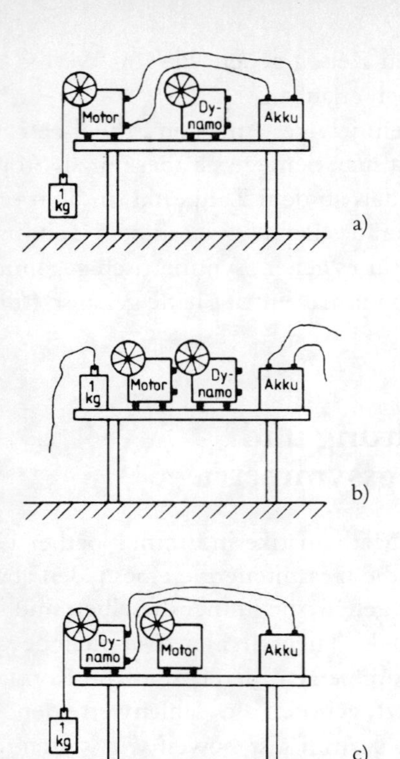

Abb. 34 Zweck und Funktionieren dieser Vorrichtung unter der hypothetischen Annahme, daß die Naturgesetze nicht immer dieselben sind, beschreibt der Text.

(Abb. 34a). Dies geschehen, nehmen wir bis Dienstag abend keine Veränderung vor (Abb. 34b). Dann, wenn wir sicher sind, daß sich die Schwerkraft verdoppelt hat, hängen wir unser nun doppelt so schweres Gewicht am Dynamo auf, verbinden diesen mit dem Akku und lassen das Gewicht wieder auf den Boden herunter (Abb. 34c). Die dabei frei werdende elektrische Energie – natürlich das Doppelte der Energie, die wir zum Heben des Gewichtes dem Akku entnommen haben – speichern wir in ihm.

Am Mittwoch herrscht wieder die normale Schwerkraft. Dann haben wir das mechanische System insgesamt nicht verändert, ihm aber Energie entnommen, die wir im Akku davontragen können. Daß dies – Erzeugung von Energie – in der Wirklichkeit unmöglich zu sein scheint, ist ein starkes Indiz dafür, daß sich die Naturgesetze im Laufe der Zeit nicht ändern.

Die sieben Spiegel der Elementarteilchenphysik

Der Zustand der Welt mag sich im Laufe der Zeit noch so sehr ändern – wenn nur die Naturgesetze immer dieselben sind, bleibt auch die Gesamtenergie immer dieselbe. Wir wenden uns jetzt der anderen Transformation der Zeit zu, die die Naturgesetze zumindest nahezu ungeändert läßt, der Zeitumkehr oder Zeitspiegelung. Bis 1964 dachten die Physiker, daß die Richtung der Zeit allein auf Grund der fundamentalen Naturgesetze nicht beobachtet werden könne. In diesem Jahr hat ein spektakuläres Experiment der amerikanischen Physiker J. L. Cronin und V. L. Fitch am Europäischen Labor für Elementarteilchenphysik (CERN) in Genf – gemeinsamer Nobelpreis dafür 1980 – gezeigt, daß das nicht so ist: Im Labor treten Abläufe auf, deren zeitliche Umkehrung bereits auf Grund der fundamentalen Naturgesetze nicht auftreten kann.

Dies Experiment, dessen Ausgang allein auf Reaktionen von wenigen Elementarteilchen beruht, demonstriert eine ganz andere Form der zeitlichen Unumkehrbarkeit von Abläufen, als die Experimente mit harten Kugeln, die uns im vorigen Kapitel als Modelle für Atome und Moleküle gedient haben. Hier testen wir wirklich die fundamentalen Naturgesetze; dort wurde die zeitliche Asymmetrie nicht auf die Naturgesetze, sondern auf die Umstände, unter denen sie wirken, zurückgeführt.

Nicht bereits durch unmittelbare Anschauung, sondern erst durch eine komplexe Analyse von Beobachtungsdaten, die selbst wieder in ein komplexes System von Theorien, Vorstellungen und anderen Beobachtungsdaten eingebettet sind, folgt aus dem Experiment von Cronin und Fitch, daß die Naturgesetze nicht zeitumkehrsymmetrisch sind. Insbesondere stellt erst ein Theorem namens *PCT*-Theorem, das allerdings auf den Grundvorstellungen der Elementarteilchenphysik beruht, den Zusammenhang zwischen dem Experiment und der Zeitumkehrsymmetrie der Naturgesetze her.

Zunächst zwei der sieben *(P-, C-, T-, PC-, PT-, CT-* und *PCT-)*Spiegel der Elementarteilchenphysik. *P* steht für die Spiegelung im Raum – eine Operation, von der wir seit 1957 wissen, daß sie keine Symmetrieoperation der Naturgesetze ist: Manche Prozesse, die wir als Abbilder realer Prozesse im Spiegel sehen, können in der Wirklichkeit nicht auftreten. *C* steht für die Vertauschung von Teilchen und Antiteilchen. Wäre diese Operation eine Symmetrieoperation der Naturgesetze, müßte jeder Prozeß, der zwischen Teilchen – möglicherweise zusammen mit Antiteilchen – auftritt, genauso zwischen Antiteilchen und – möglicherweise – Teilchen auftreten können.

Die Naturgesetze sind nicht *P*-spiegelsymmetrisch

Auch das ist nicht so. Ich beginne mit der Verletzung der Spiegelsymmetrie. Wenn ein Atomkern namens Kobalt 60 zerfällt, sendet er ein Elektron aus. Dieses fliegt bei jedem Zerfall von dem Kern aus gesehen in dieselbe Richtung davon. Merkwürdig ist nur, wodurch der Kern die Richtung, in die das Elektron davonfliegt, festlegt: nicht etwa durch einen verborgenen Pfeil, der in die Flugrichtung zeigte, sondern durch seinen eigenen Drehsinn!

Der Kobaltkern ist, bildlich gesprochen, eine Kugel, die sich wie die Erde ohne Unterlaß dreht. Dadurch definiert er eine Richtung – die nämlich, aus der gesehen er sich rechtsherum dreht. Die Gegenrichtung ist damit auch definiert; sieht man sich den Kern aus jener Richtung an, dreht er sich linksherum.

Die Richtung, in die ein Kobaltkern beim Zerfall sein Elektron aussendet, ist diejenige, aus der gesehen er sich rechtsherum dreht. So herum dreht sich die Erde für einen Astronauten im Weltraum über dem Südpol. Wäre die Erde der Kobaltkern, flöge dem Astronauten im Weltraum das Elektron entgegen. Anders aber als die Erde, zeichnet der Kobaltkern Richtungen *nur* durch seine Drehung aus – nicht zum Beispiel durch geometrische Unterschiede wie der von Arktis und Antarktis. Einem Tischtennisball ähnlicher als der Erde, besitzt der Kobaltkern keine Zeichnung oder Erhebung – wir dürfen ihn uns als weiße, sich drehende Kugel vorstellen.

Der Kern dreht sich mit immer derselben Geschwindigkeit um immer dieselbe Achse. Weitere Eigenschaften, die eine Richtung auszeichnen könnten, besitzt er nicht. Das Zerfallsprodukt Elektron fliegt stets in die Richtung davon, aus der gesehen der Kern sich rechtsherum – im Uhrzeigersinn – dreht. Also legt bei dem Zerfall eine *Dreh*richtung eine *Flug*richtung fest.

Um zu sehen, was daran merkwürdig ist, betrachten wir den Zerfall im Spiegel. Was ein Spiegel tut, hängt davon ab, wo er steht. Die Spiegelbilder eines beliebig vorgegebenen Objektes in einem hier oder dort stehenden Spiegel lassen sich aber stets durch eine Drehung und/oder Verschiebung ineinander überführen. Davon kann sich der Leser dadurch überzeugen, daß er seine rechte Hand vor einem Spiegel dreht und verschiebt. Nun sind Drehungen und Verschiebungen Transformationen, denen man ein beliebiges Objekt tatsächlich und wirklich unterwerfen kann: Man *kann* es hernehmen und verschieben und/oder drehen. Man kann es aber nicht tatsächlich und wirklich spiegeln – also aus einer rechten Hand eine linke machen. Von der rechten Hand zu ihrem Spiegelbild, der linken, führt keine kontinuierliche Folge von Transformationen: Man kann nicht erst ein bißchen spiegeln, dann noch ein bißchen, bis schließlich die volle Spiegelung erreicht ist. Will man eine rechte Hand durch eine linke ersetzen, ist man auf Nachbauten angewiesen, bei denen in der Wirklichkeit das neu und unabhängig aufgebaut wird, was der Spiegel zeigt.

Bis auf Transformationen, denen man wirkliche Objekte wirklich unterwerfen kann, wirken alle Spiegel gleich. Zumindest in Gedanken können wir einen beidseitigen Spiegel in der Äquatorebene des sich drehenden Tischtennisballes, der für uns den Kobaltkern darstellt, anbringen. Eine kurze Überlegung zeigt, daß der Tischtennisball, Drehachse und Drehrichtung eingeschlossen, bei der Spiegelung in diesem Spiegel ungeändert bleibt. Während der Spiegel also die *Dreh*richtung des Kerns vor dem Zerfall ungeändert läßt, kehrt er die *Flug*richtung des Elektrons, das bei dem Zerfall entsteht, offenbar um. Denn bei unserer Anordnung von Kobaltkern und Spiegel steht die Flugrichtung des Elektrons auf dem Spiegel senkrecht, so daß sie durch ihn in die Gegenrichtung verkehrt wird. Insgesamt zeigt der Spiegel etwas, das in der Wirklichkeit nicht auftritt: Das Zerfallsprodukt Elektron des Kobaltkerns fliegt in die Richtung davon, aus der gesehen sich der Kern linksherum – entgegen dem Uhrzeigersinn – dreht.

Ehe ich diese doch wohl merkwürdige Tatsache interpretiere, will ich sie noch einmal mit Hilfe eines gewöhnlichen – nicht notwendig beidseitigen – Spiegels beschreiben, der *neben* dem zu spiegelnden Objekt steht, statt sich *in ihm* zu befinden. Das Argument büßt dadurch viel von seiner Eleganz ein, ist aber der Kritik weniger ausgesetzt.

Nehmen wir also den Spiegel der Abb. 35. Betrachtet man die sich drehende Kugel in ihm, dreht sie sich andersherum. Die Flugrichtung des Elektrons aber ist im Spiegel dieselbe wie in der Wirklichkeit. Auch dieser Spiegel zeigt also ein Elektron, das in die falsche Richtung davonfliegt.

Da die Naturgesetze die Flugrichtung der Elektronen relativ zur Drehrichtung des Kerns festlegen, der Spiegel also etwas zeigt, das sie verbieten, sind sie selbst – die Naturgesetze – nicht spiegelsymmetrisch. Symmetrie haben wir durch Unbeobachtbarkeit definiert. Wären die Naturgesetze spiegelsymmetrisch, könnten alle Abläufe, die der Spiegel zeigt, genauso in der Wirklichkeit auftreten. Allein auf Grund der Naturgesetze könnten wir dann nicht einmal die Frage stellen, ob wir die wirkliche Welt oder ihr Spiegelbild vor uns haben. Beide wären ja, insofern die Naturgesetze betroffen sind, identisch. Tatsächlich aber offenbart jeder Zerfall eines Kobaltkerns einen Unterschied zwischen Urbild und Spiegelbild allein auf Grund innerer Eigenschaften des betrachteten Systems. Wenn wir aber nicht bereits wüßten, welche die wirkliche Welt und welche ihr Spiegelbild ist – durch die Zerfälle der Kobaltkerne könnten wir es

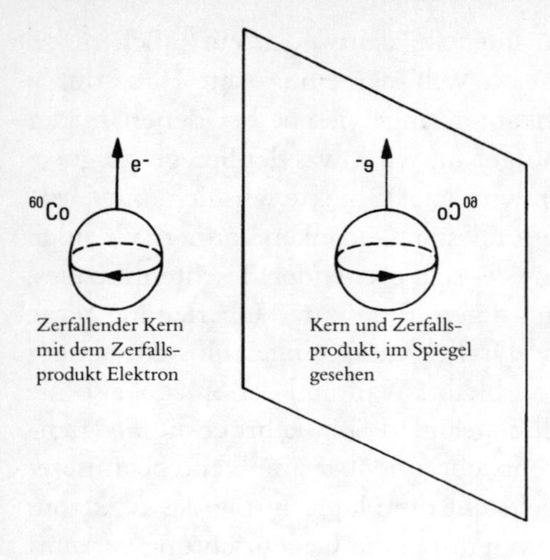

Abb. 35 In dem Spiegel der Abbildung gesehen, dreht sich der Kobaltkern andersherum als in der Wirklichkeit; sein Zerfallsprodukt Elektron emittiert er hingegen in der Wirklichkeit und im Spiegel gesehen in dieselbe Richtung. Deshalb erlaubt der Zerfall eine Definition von »rechts« und »links« allein durch die Naturgesetze. Wenn zwei Beobachter, die voneinander nichts wissen, beide »rechtsherum« dadurch definieren, daß ihnen das Zerfallselektron entgegenfliegt, wenn sie den Kern sich »so« drehen sehen, werden sie bei einer Begegnung feststellen, daß sie unter »rechts« und »links« dasselbe verstehen.

nicht erfahren. Für die Welt hinter den Spiegeln gelten Naturgesetze, die sich aus den in der Wirklichkeit geltenden durch einfaches Umschreiben ergeben. Sind die einen konsistent, dann auch die anderen. Aber sie sind nicht dieselben. Es ist dieser Unterschied, den die nicht-spiegelsymmetrischen Naturgesetze beobachtbar machen: Ein Beobachter, der alle möglichen Experimente gespiegelt und ungespiegelt vor sich sähe, könnte die beiden Welten klar unterscheiden. Welche aber die wirkliche und welche die gespiegelte Welt ist, würde ihm ohne eigene Experimente in der – seiner – wirklichen Welt verborgen bleiben.

Die Vermutung, daß die Naturgesetze nicht spiegelsymmetrisch seien, haben als erste die chinesisch-amerikanischen theoretischen Physiker T. D. Lee und C. N. Yang 1956 in einer wissenschaftliche Arbeit ausgesprochen. Ihre Vermutung wurde alsbald experimentell bestätigt. Für die Entdeckung, zu der sich dadurch ihre Vermutung gemausert hatte, haben sie 1957 zusammen den Physiknobelpreis erhalten.

Die Naturgesetze sind nicht *C*-spiegelsymmetrisch

Mit der experimentellen Bestätigung der Vermutung von Lee und Yang, daß die Naturgesetze nicht spiegelsymmetrisch seien, war eine Symmetrie gefallen, deren Gültigkeit als nahezu selbstverständlich angesehen worden war. Wie stand es dann um vergleichbare Symmetrien? Beispielsweise um die Symmetrie gegenüber der Vertauschung von Teilchen und Antiteilchen?

Zu jedem Teilchen gibt es ein Antiteilchen. Trägt das Teilchen eine Ladung wie die elektrische, dann dessen Antiteilchen bis auf das Vorzeichen dieselbe. Das Antiteilchen des Elektrons heißt Positron. Dieses besitzt dieselbe Masse wie das Elektron, aber die entgegengesetzte – also positive – Ladung. Analoges gilt für alle Teilchen-Antiteilchen-Paare. Symmetrie gegenüber der Vertauschung von Teilchen und Antiteilchen würde besagen, daß für Systeme, die durch die Vertauschung aus vorgelegten Systemen entstehen, dieselben Naturgesetze gelten wie für die vorgelegten selbst.

Aus dem Zerfall des Kobaltkerns würde durch Teilchen-Antiteilchen-Symmetrie der Naturgesetze folgen, daß der Kern von Antikobalt ebenfalls zerfällt und bei seinem Zerfall ein Positron aussendet, das in die Richtung fliegt, aus der gesehen der Kern, jetzt der von Antikobalt, sich rechtsherum dreht. Aber so wäre es, wenn das Experiment tatsächlich ausgeführt werden könnte, ganz und gar nicht – das Positron flöge nahezu immer in die entgegengesetzte Richtung.

PC-Symmetrie der Naturgesetze ...

Jetzt aber die *PC*-Symmetrie. Nachdem sich die erste Verblüffung über die Verletzung der Spiegelungssymmetrie, deren Gültigkeit als selbstverständlich angenommen worden war, gelegt hatte, stimmten Theorie und Experiment darin überein, daß zwar die Operationen Raumspiegelung und Teilchen-Antiteilchen-Vertauschung jede für sich allein keine Symmetrieoperationen der Naturgesetze seien, wohl aber seien sie es zusammengenommen: Ersetzt man ein wirkliches System durch den Nachbau seines Bildes unter – erstens – einer Spiegelung im Raum und – zweitens – einer Vertauschung von Teilchen und Antiteilchen, so erhält man ein System, das sich im Laufe der Zeit so verhält wie das ursprüngliche, wenn man es durch diesen doppelten Spiegel betrachtet.

Auch die Vertauschung von Teilchen und Antiteilchen wird als Spiegelung – nun Ladungsspiegelung – bezeichnet. Dies deshalb, weil sie, ganz wie die ordinäre Raumspiegelung, zweimal hintereinander angewendet insgesamt überhaupt nichts bewirkt: Das Spiegelbild eines Spiegelbildes ist mit dem Urbild identisch. So ist es nicht nur bei der Raumspiegelung, sondern auch bei der Ladungsspiegelung.

Bereits wenige Jahre nach der Entdeckung, daß weder die Raumspiegelung *P* noch die Ladungsspiegelung *C* eine Symmetrietransformation der Naturgesetze ist, sollte sich herausstellen, daß auch die kombinierte Spiegelung *PC* keine ist. Aber so weit sind wir noch nicht auf unserem Weg zu dem komplizierten Nachweis, daß bereits die fundamentalen Naturgesetze den Unterschied zwischen »vorwärts« und »rückwärts« in der Zeit beobachtbar machen. Für den Zerfall von Antikobalt bedeutet die zunächst vermutete Symmetrie der Naturgesetze gegenüber der kombinierten Spiegelung *PC*, daß der Antikern bei seinem Zerfall in Positron in die Richtung aussendet, aus der betrachtet er sich linksherum dreht. Antikobalt also statt Kobalt, Positron statt Elektron und linksherum statt rechtsherum – das ergibt die Anwendung der kombinierten Transformation *PC* auf den Zerfall des Kobaltkerns.

Der Kern von Antikobalt ist niemals experimentell hergestellt worden und wird das nach menschlichem Ermessen nicht werden. Aber die Theorie erlaubt keine Zweifel daran, daß dieser Kern existenzfähig ist und, wenn hergestellt, sich bei *PC*-Symmetrie der Naturgesetze wie beschrieben verhielte. Der Kobaltkern ist aus Protonen und Neutronen aufgebaut; der Antikobaltkern genauso aus deren Antiteilchen, den Antiprotonen und Antineutronen. Diese Antiteilchen, wie auch das des Elektrons, das Positron, treten häufig in Experimenten auf, so daß mit ihnen experimentiert werden kann. Ich erlaube mir, statt durch wirklich durchgeführte Experimente die Wirkung von *P, C, T, PC* und *PCT* durch hypothetische Experimente zu beschreiben. Mir scheint es besser, bei einem, wenn auch hypothetischen Beispiel zu bleiben, statt für jeden Effekt ein anderes, dafür aber realistisches einzuführen. Denn das einzige System, an dem alle hier zu beschreibenden Symmetrieverletzungen experimentell nachgewiesen wurden, das der »neutralen K-Mesonen«, ist für unsere Zwecke viel zu kompliziert.

... und ihre Brechung

Die Erkenntnis, daß die fundamentalen Naturgesetze nicht spiegelsymmetrisch sind, ist als Schock über die Physiker gekommen. Daß aber nach Auskunft der alsbald formulierten Theorien des Effektes die Symmetrie gegenüber der kombinierten Raum- und Ladungsspiegelung fortbestand, hat Anlaß zu vielen Spekulationen zur Natur der *wahren Spiegelung* gegeben. Nichts davon soll hier angeführt werden, weil ohne irgendeine theoretische Vorwarnung 1964 die Experimente von Fitch und Cronin ergeben haben, daß die Naturgesetze die bis dahin vermutete Symmetrie gegenüber der simultanen Raum- und Ladungsspiegelung *PC* tatsächlich nicht besitzen.

Den genauen Ursprung der Verletzung der *PC*-Symmetrie durch die Naturgesetze kennen wir bis heute nicht. Das System, das Fitch und Cronin untersucht haben, ist das der neutralen K-Mesonen. Ich habe es bereits erwähnt. Die Beobachtung von Fitch und Cronin war einfach die, daß ein und dasselbe Teilchen dieses Systems sowohl in zwei, als auch in drei Teilchen eines bestimmten Typs zerfallen kann. Die Argumentationskette, die beweist, daß deshalb die Naturgesetze nicht *PC*-symmetrisch sein können, ist tief im quantenmechanischen Formalismus der Elementarteilchenphysik verborgen – und nicht unser Thema. Ich erläutere deshalb auch diesen Effekt am Beispiel von Kobalt und Antikobalt, bei dem es ihn geben mag oder auch nicht.

Der in doppelter Hinsicht spiegelnde *PC*-Spiegel ist durch seine Wirkung definiert – eine aus Raum- und Ladungsspiegelung zusammengesetzte Operation. Wenn wir also einen Kobaltkern zerfallen sehen, können wir den Ablauf Schritt für Schritt in diesem Spiegel verfolgen. Hierbei tritt eine Schwierigkeit auf, die ich unterdrücke: Der Zerfall ist ein quantenmechanischer Prozeß, so daß wir es primär mit Wellen zu tun haben, nicht mit Teilchen. Spiegel der Quantenmechanik sehen sich Wellen an und übersetzen, was sie auf diesem Niveau sehen, im allgemeinen in andere Wellen. Die experimentelle Anordnung zur Beobachtung eines Kobaltzerfalls wird in der Regel erzwingen, daß wir es vor dem Zerfall mit dem Kern in einem Zustand zu tun haben, in dem wir ihn bona fide ein »Teilchen« nennen können. Die Zerfallsprodukte aber treten als Wellen auf, die sich so ausbreiten, wie wir es im Zusammenhang mit der Abb. 24 im letzten Kapitel beschrieben haben. Wird dies nicht beachtet, können bei quantenmechanischen Zerfällen Paradoxien und Widersprüche hergeleitet werden. Darauf gehe ich, wie gesagt, nicht ein.

Im *PC*-Spiegel sehen wir Kerne von Antikobalt Positronen so aussenden, daß sie sich in die Richtung bewegen, aus der gesehen der Kern sich linksherum dreht. Die Naturgesetze sind genau dann *PC*-symmetrisch, wenn die Kerne von Antikobalt stets so und nicht anders zerfallen. In Analogie zur wirklich beobachteten Verletzung der *PC*-Symmetrie der Naturgesetze entwerfe ich ein Szenario dafür, wie sich eine Verletzung dieser Symmetrie im System Kobalt–Antikobalt bemerkbar machen könnte: Selten, sehr selten sollen auch die *PC*-verbotenen Zerfälle des Antikobaltkerns auftreten, bei denen er das Positron in die falsche Richtung aussendet – diejenige also, aus der gesehen er sich rechtsherum dreht. Das bedeutet eine Verletzung der *PC*-Symmetrie der Naturgesetze, weil der Kobaltkern selbst weiterhin so zerfallen soll, wie beschrieben – er sendet niemals ein Elektron in die Richtung, die bei ihm die falsche ist, aus der gesehen er sich also linksherum dreht.

Ich weiß – die Kollegen aus der Physik haben es längst bemerkt –, daß es so einfach nicht sein kann. Möglich ist nur, daß bei *beiden* Zerfällen falsche Flugrichtungen auftreten, die aber quantenmechanisch gesehen nicht zueinander passen. Trotzdem bleibe ich bei meinem Szenario: Kein Kobaltkern emittiert sein Zerfallselektron in die falsche Richtung, aber unter den Zerfällen der Antikobaltkerne befinden sich einige, bei denen das Positron in die falsche Richtung fliegt.

Sowohl die Verletzung der Raum- als auch die der Ladungsspiegelungssymmetrie ist so groß wie überhaupt möglich. Die Naturgesetze wären ja bereits dann nicht symmetrisch gegenüber der Raumspiegelung *P*, wenn in – sagen wir – 55 Prozent aller Zerfälle von Kobaltkernen das Elektron in die eine, in den verbleibenden 45 Prozent in die andere Richtung davonfliegen würde. Tatsächlich ist die Verteilung 100 zu 0 Prozent – die Verletzung ist so groß wie möglich. Analoges gilt für die Verletzung der Ladungsspiegelungssymmetrie. Hingegen ist die Verletzung der *PC*-Symmetrie winzig – nur bei sehr wenigen Zerfällen von Antikobalt fliegt das Positron in die falsche Richtung. Anders als die Verletzung von *P*- und *C*-Symmetrie *könnte* diese Verletzung nach unserem heutigen Wissen größer sein, als sie ist. Wegen ihrer Kleinheit war es schwer, die Verletzung der *PC*-Symmetrie der Naturgesetze zu entdecken, und konnte sich die Vermutung, diese Symmetrie bestünde, noch Jahre nach der Entdeckung der *P*- und *C*-Verletzungen halten.

Das *PCT*-Theorem

Über den Umweg *PCT*-Theorem erzwingt die Verletzung der *PC*-Symmetrie eine Verletzung auch der Symmetrie gegenüber Umkehr der Richtung der Zeit. Zunächst das Theorem: In jeder Theorie, die gewissen, sogleich zu beschreibenden Grundvorstellungen genügt, ist die Transformation *PCT*, die durch Hintereinanderschalten von Raumspiegelung *P*, Ladungsspiegelung *C* und Umkehr der Richtung der Zeit *T* entsteht, eine Symmetrietransformation der Naturgesetze. Wir wissen, daß die Verletzungen von *P* und *C* einander in *PC* nahezu aufheben. Das *PCT*-Theorem verlangt genauso, daß die Zeitumkehr *T* die beobachtete Verletzung von *PC* in *PCT* rückgängig macht. Das ist aber nur möglich, wenn die *T*-Symmetrie selbst gebrochen ist – sonst wäre *PCT* ja genauso verletzt wie *PC*. Folglich erzwingt die beobachtete Verletzung der *PC*-Symmetrie durch die Naturgesetze, daß diese nicht zeitumkehrsymmetrisch sind – ein höchst bemerkenswerter Schluß.

Bevor ich auf den Ursprung des *PCT*-Theorems eingehe, will ich anschaulich darstellen, was das Bestehen von *PCT*- und die Verletzung von *PC*- und *T*-Symmetrie für das Kobalt-Antikobalt-Modellsystem bedeutet. Ich habe angenommen, daß jeder, wirklich jeder Kobaltkern bei seinem Zerfall das Elektron in die Richtung aussendet, aus der gesehen »er sich rechtsherum dreht«. Genauer sollte ich sagen, aus der gesehen »er sich *vor dem Zerfall* rechtsherum gedreht hat«. Denn ein Kern, der ein Elektron emittiert, kann nicht derselbe Kern bleiben: Aus dem Kern von Kobalt wird bei dem Zerfall der von Nickel. Als drittes Zerfallsprodukt tritt ein Neutrino auf. Jedes von ihnen – Elektron, Neutrino, Nickelkern – erfährt den Rückstoß der beiden anderen, so daß keins am Ort des ehemaligen Kobaltkerns liegenbleibt: Von seinem ehemaligen Ort fliegen drei Zerfallsprodukte – eins von ihnen ein Elektron – in verschiedene Richtungen davon. Die Flugrichtung des Elektrons ist diejenige Richtung, aus der gesehen der Kern sich vor dem Zerfall rechtsherum gedreht hat. Wenn wir diesen Vorgang im Spiegel betrachten, sehen wir etwas, das in der Natur so nicht auftritt, also durch die Naturgesetze verboten ist: Die Zerfallsprodukte bewegen sich in die gespiegelten Richtungen; das Elektron insbesondere in jene, aus der gesehen sich das Spiegelbild des Kerns vor dem Zerfall linksherum gedreht hat.

Soweit die Raumspiegelung *P*, auf den wirklichen Zerfall angewendet. Nun unterwerfen wir das räumliche Spiegelbild einer weiteren Spiegelung, der Ladungsspiegelung *C*: Teilchen und Antiteilchen werden vertauscht, die Geometrie bleibt dieselbe. Insbesondere fliegt ein Positron in die Richtung davon, aus der gesehen sich der Kern des Antikobalts linksherum dreht. Abermals betont sei, daß diese Szene ein Artefakt ist – Resultat einer Spiegelung von Raum *und* Ladungen, auf einen wirklichen Zerfall angewendet. Nach unserer die *PC*-Symmetrie der Naturgesetze verletzenden Annahme zerfallen einige Kerne des Antikobalts denn auch anders: so nämlich, daß das Positron in die falsche Richtung davonfliegt. Was wir im *PC*-Spiegel sehen, unterscheidet sich also von dem, was der Nachbau des *PC*-Spiegelbildes des Kobaltkerns in der Wirklichkeit tut.

Wir sehen uns den ursprünglichen Zerfall noch eine Weile im *PC*-Spiegel an. Dann die Zeitumkehr – wobei wir, noch einmal sei es angemerkt, quantenmechanische Feinheiten unbeachtet lassen. Die Zeitumkehr, die bei Vergleichen mit dem Experiment immer als Bewegungsumkehr zu interpretieren ist, kehrt die Geschwindigkeiten aller drei *PC*-Spiegelbilder der Zerfallsprodukte des ursprünglichen Zerfalls um. Jetzt, im dreifachen *P*-, *C*- und *T*-Spiegel, sehen wir etwas, das nach Aussage des *PCT*-Theorems genauso in der Wirklichkeit auftreten kann: Die drei Zerfallsprodukte des Antikobalts fliegen aufeinander zu und bilden einen Antikobaltkern, der – zumindest für einige Zeit; er ist ja instabil und muß irgendwann zerfallen – ruhig liegenbleibt.

Das zeigt der *PCT*-Spiegel, und das erlauben laut *PCT*-Theorem die Naturgesetze. Aber vor welcher formidablen Aufgabe stünden Experimentatoren, die es überprüfen wollten: Sie müßten drei Teilchen – ein Positron, einen Kern von Antinickel und das Antiteilchen des ursprünglichen Neutrinos – so aufeinander schießen, daß sie sich in einem Punkt treffen. Das ist, quantenmechanischer Komplikationen sogar ungeachtet, unmöglich, und wird es für alle Zeiten bleiben.

Ein Theorem nur der Metaphysik statt der Physik ist das *PCT*-Theorem deshalb aber nicht. Den theoretischen Physikern setzt es als No-Go- oder Unmöglichkeits-Theorem Grenzen, jenseits deren Vorstellungen von Theorien liegen, die nicht realisiert werden können. Aber zusätzlich zu der beschriebenen experimentellen Konsequenz, die nicht einmal aus prinzipiellen, sondern nur aus praktischen Gründen unüberprüfbar ist, folgen aus dem Theorem weitere experimentelle Konsequenzen, die sehr wohl überprüft wurden und werden. Insbesondere sind die Massen von Teilchen und Antiteilchen zu nennen: Aus dem *PCT*-Theorem folgt, daß das Antiteilchen eines jeden Teilchens dieselbe Masse besitzt wie das Teilchen selbst. Und auch die Lebensdauer von Teilchen und Antiteilchen ist laut Theorem dieselbe.

PCT-Theorem und *PC*-Verletzung erzwingen *T*-Verletzung in den Naturgesetzen

Da diese Konsequenzen mit unseren Themen nur wenig zu tun haben, gehe ich auf sie nicht weiter ein. Das für uns wirklich wichtige am *PCT*-Theorem ist, daß es aus der beobachteten Verletzung der *PC*-Symmetrie zu beweisen gestattet, daß die fundamentalen Naturgesetze keine Symmetrie gegenüber der Umkehr der Richtung der Zeit – experimentell: der Umkehr der Richtungen aller Bewegungen – besitzen. Und daß diese Symmetrieverletzung höchstens einen sehr, sehr kleinen Einfluß auf Phänomene des Alltags haben kann. Denn sie ist von der Größe und Art der beobachteten *PC*-Verletzung, die sich auf Alltagsphänomene, wenn überhaupt, nur unbemerkbar wenig auswirkt.

Um zu sehen, wie sich die Verletzung der *T*-Symmetrie in unserem Modellsystem auswirken würde, wende ich statt der Transformation *PCT* nur die *T*-Transformation auf den wirklichen Zerfall des Kobaltkerns an: Im *T*-Spiegel gesehen, fliegen die drei Zerfallsprodukte, unter ihnen das Elektron, auf einen Punkt zu, in dem sie sich zu einem Kobaltkern vereinigen. Die Verletzung der *T*-Symmetrie durch die für den Zerfall des Kobaltkerns zuständigen Naturgesetze bedeutet nun, daß dieses Resultat in der Wirklichkeit nicht immer auftritt: Manchmal wird sich, trotz genauesten Zielens, das Elektron nicht mit den beiden anderen Zerfallsprodukten zu einem Kobaltkern vereinigen, sondern weiterfliegen. Jetzt aber nehmen die quantenmechanischen Komplikationen überhand, so daß ich hier abbreche.

Starre Theorien

Das *PCT*-Theorem ist ein *starres* Theorem. In seinem Buch *Der Traum von der Einheit des Universums* nennt der Physiknobelpreisträger von 1979, Steven Weinberg, eine Theorie *logisch isoliert*, wenn *sie so streng ist, daß man sie nicht einmal geringfügig modifizieren kann, ohne zu logischen Absurditäten zu gelangen. In einer logisch isolierten Theorie könnte jede Naturkonstante aus ersten Prinzipien errechnet werden; eine Änderung im Wert der Konstante würde die Konsistenz der Theorie zerstören. Die endgültige Theorie* von allem und jedem, der Weinbergs Traum gilt, *wäre wie ein Stück feines Porzellan, das man nicht verformen kann, ohne es zu zerbrechen. In diesem Fall würden wir zwar immer noch nicht wissen, warum die endgültige Theorie wahr ist, aber wir würden auf Grund reiner Mathematik und Logik wissen, warum sich die Wahrheit nicht ein klein wenig anders darstellt.* Den Traum, daß die endgültige Theorie sich als logisch notwendig erweisen werde, träumt Weinberg nicht. Dazu gibt es zu viele inäquivalente logisch konsistente Theorien, von denen sich nur eine als wahr erweisen kann. Weinberg behauptet auch nicht, daß die Forderung an die endgültige Theorie, logisch konsistent und isoliert zu sein, diese festlegt. Andere konsistente und isolierte Theorien mag es zusätzlich geben. Albert Einstein, der ebenfalls nicht dachte, bereits die Forderung nach logischer Konsistenz könne die »wahre« Theorie festlegen, hat zu dieser Forderung die nach logischer Einfachheit hinzugefügt und gefragt, *ob Gott die Welt hätte anders machen können; und das heißt, ob die Forderung der logischen Einfachheit überhaupt die Freiheit läßt.*

Selbst wer mit Weinberg den Traum von einer *auf Grund der Logik* isolierten endgültigen Theorie träumt, wird zugeben müssen, daß wir bisher nur *auf Grund von Prinzipien* isolierte Theorien kennen. Ich will sie *starre* Theorien nennen. Eine starre Theorie kann nur unter Aufgabe qualitativer Eigenschaften durch eine Theorie ersetzt werden kann, die sich quantitativ wenig von der ursprünglichen Theorie unterscheidet. Eine Theorie ist sicher nicht *starr*, wenn sie einen Parameter enthält, der ohne Verletzung eines ihrer Prinzipien ein bißchen verändert werden kann. Ein solcher Parameter kann nur experimentell und nur innerhalb gewisser Fehlerschranken festgelegt werden. Eine starre Theorie kann Parameter enthalten, die nur voneinander durch Lücken getrennte Werte wie 1 und 1,3 besitzen können. Erlaubt eine Theorie überhaupt keinen Parameter – weder einen, der kontinuierliche, noch einen, der diskrete Werte annehmen kann –, folgt sie offenbar aus ihren Prinzipien.

Über die Gültigkeit starrer Theorien kann ohne »unnatürliche« Erweiterungen nichts Quantitatives gesagt werden. Zum Beispiel ist die Quantenmechanik eine starre Theorie. Natürlich – einige Konstante wie das Plancksche Wirkungsquantum können nach unserer heutigen Kenntnis beliebige, nur experimentell festlegbare Werte besitzen. Sieht man von ihnen aber ab, bleibt eine starre Rahmentheorie über. Weinberg hat eine Theorie entworfen, die über den starren Rahmen der Quantenmechanik dadurch hinausführt, daß sie einen Parameter besitzt, der ein Kontinuum von Werten annehmen kann. Bei genau einem Wert dieses Parameters finden wir die normale Quantenmechanik wieder. Durch Vergleich mit Experimenten konnte Weinberg Schranken für die Abweichung seines Parameters von diesem Wert angeben und am Ende feststellen, die Quantenmechanik sei in gewissen Grenzen bestätigt.

Das *PCT*-Theorem ist ein *starres* Theorem: Es folgt so, wie es ist, aus geheiligten Prinzipien der Physik der Elementarteilchen. Die erste Voraussetzung des Beweises ist, daß die Naturgesetze symmetrisch sind gegenüber den kontinuierlichen Transformationen – das sind Verschiebungen, Drehungen, Änderungen der Geschwindigkeit und aus diesen zusammengesetzte Transformation – von Einsteins Spezieller Relativitätstheorie mit der einen Zeit- und den drei Raumdimensionen unserer wirklichen Welt. Zweitens sollen die Gesetze lokal sein in dem Sinn, daß sich Wirkungen nur kontinuierlich – soll heißen: nicht instantan über endliche Strecken – ausbreiten. Drittens sollen die Gesetze der Quantenmechanik gelten. In der Quantenmechanik bedeutet Lokalität, daß gleichzeitige Messungen an verschiedenen Orten einander nicht stören. Theorien, die diese Forderungen erfüllen, heißen lokale relativistische Quantenfeldtheorien in vier Dimensionen. Es soll viertens einen Zustand niedrigster Energie geben; Energien sollen, anders gesagt, nicht beliebig negativ werden können. Fünftens soll sich die quantenmechanische Gesamtwahrscheinlichkeit im Laufe der Zeit nicht ändern. Sechstens schließlich soll es nur eine endliche Anzahl von Teilchen geben, die nicht aus anderen zusammengesetzt sind.

Der physikalische Hintergrund der meisten dieser Forderungen ist offensichtlich. Jede von ihnen gilt, oder sie gilt nicht. Unmöglich ist es, eine der Forderungen innerhalb ihres logischen Rahmens durch eine zu ersetzen, die »etwas« anders wäre und statt des *PCT*-Theorems ein »etwas« anderes Theorem ergäbe. Wer also eine Theorie formulieren wollte, in der *PCT*-Symmetrie ein wenig verletzt ist, muß, wie Weinberg im Fall der Quantenmechanik, den Rahmen der bekannten Theorien verlassen, denn das *PCT*-Theorem ist *starr*. Da die verschiedenen physikalischen Vorstellungen, auf denen es beruht, gleichrangig sind, wären Theorien, die zu dem Zweck konstruiert würden, *PCT*-Symmetrie zu vermeiden, vollkommen beliebig. Ihre Vorhersagen wären also nur dann glaubwürdig, wenn sie die alten Prinzipien durch neue, ebenfalls überzeugende ersetzen würden.

Metrische und topologische Zeit

Wer, wie der Engel von Roland Omnès im nächsten Kapitel, der Welt unbefangen gegenübertritt, wird den Eindruck gewinnen, daß alles von allem abhängt, so daß keine allgemeingültigen Gesetze formuliert werden können. Wie erstaunt war der Engel, als er feststellen mußte, daß ein Parameter Zeit so definiert werden kann, daß er in den Naturgesetzen nicht auftritt. Die Naturgesetze sind immer dieselben. Verschiebungen des Nullpunkts der Zeit ändern sie nicht – sie sind, wie wir sagen, zeittranslationssymmetrisch. Ihre Gültigkeit hängt nicht davon ab, ob die Zeit mit einer früher oder später angestellten Stoppuhr gemessen wird.

Die kleine Abweichung, die beim Zerfall der neutralen K-Mesonen auftritt, ist dem Engel nicht aufgefallen. Mathematisch eingestellt, wie er nun einmal ist, will er die Zeit neu definieren – so, daß die neue Zeit genau wie die alte als Parameter benutzt werden kann. Sie soll, so sagt er, zur alten *topologisch äquivalent* sein.

Zunächst ändert der Engel nur den Maßstab der Zeit – er mißt sie in Minuten statt Sekunden. Bleiben die Naturgesetze, so fragt er, bei dieser Transformation genauso ungeändert wie bei einer Verschiebung des Nullpunkts der Zeit? Genaugenommen nicht. Zum Beispiel kommt in den Naturgesetzen der Zahlenwert der Lichtgeschwindigkeit vor. Der aber hängt davon ab, ob die Zeit in Sekunden oder Minuten gemessen wird. Für andere Konstante, die in den Naturgesetzen vorkommen, gilt Analoges. Damit aber sind die Änderungen, die die Neuwahl des Maßstabs der Zeit mit sich bringt, erschöpft – ausgedrückt durch die neue Zeit, die zu der alten, wie der Engel sagt, *metrisch äquivalent* ist, sind die Naturgesetze immer noch zeittranslationssymmetrisch; auch die neue Zeit tritt in ihnen nicht auf.

Ganz anders ist es bei den anderen topologisch äquivalenten, aber nicht mehr metrisch äquivalenten Definitionen der Zeit, die der Engel ausprobiert. Er ist mit einer Stoppuhr auf die Welt gekommen, die im Augenblick seines Eintreffens zu laufen beginnt und statt der Zeit Newtons deren Quadrat anzeigt: statt 0,1 nur 0,01; Newtons Zeit 1 ist auch die Zeit 1 des Engels; dann zeigt seine Uhr statt der 2 die 4, statt der 3 die 9 und so weiter. Beide Zeitmaße sind topologisch äquivalent, und das bedeutet, daß sie gleich gut zur Beschreibung von Bewegungen benutzt werden können. Trotzdem aber – und insofern sind sie inäquivalent – sind die Gesetze Newtons, ausgedrückt durch die Zeit der Stoppuhr des Engels, *nicht* zeitverschiebungssymmetrisch: Wenn die Gesetze auf die neue Zeit umgeschrieben werden, kommt sie in ihnen als Parameter vor. Verschiebungen *ihres* Nullpunkts ändern die Gesetze ab.

Auf die Frage, wie es sein kann, daß Gesetze, die die Zeit nicht als Parameter enthalten, bei Neuwahl dieses Parameters geändert werden, verweist der Engel auf die Mathematik. Darauf nämlich, daß die Gesetze Geschwindigkeiten und Beschleunigungen festlegen, und *diese* werden durch die Neuwahl offensichtlich geändert. Dem müssen die Gesetze Rechnung tragen – Geschwindigkeit bezüglich der neuen Zeit ist nicht dasselbe wie Geschwindigkeit bezüglich der alten.

Die Gesetze Newtons sind *Differentialgleichungen nach der Zeit* und weisen deshalb die Eigenschaften auf, die der Engel herausstellt. Das ist eine mathematische Trivialität, die schwer zu verbalisieren ist – und die Mühe der Verbalisierung nicht lohnt. Wichtig ist allein das Resultat: Die Forderung, daß die Zeit in den Gesetzen Newtons nicht als Parameter auftreten soll, legt ihre Definition bis auf die Maßeinheit und den Anfangszeitpunkt fest.

Es gibt abstrakte Formulierungen der Mechanik – insbesondere den *homogenen Hamilton-Formalismus* –, deren Gleichungen bei allen *topologisch äquivalenten* Definitionen des Parameters Zeit dieselben sind. Der Engel weist darauf hin, daß die Gesetze in dieser Form genaugenommen nur Schemata für wirkliche Gesetze sind. Sie gelten für alle möglichen Systeme; Transformationen, die sie ungeändert lassen, führen von System zu System – von solchen zum Beispiel, in denen zeitlich konstante Kräfte wirken, zu anderen, in denen die Kräfte von der Zeit abhängen.

Man kann, wenn man will, diesen Unterschied anders interpretieren – die Uhr wird geändert, das System bleibt bestehen. Der Engel weist auch darauf hin, daß dann von zeitlich konstanten Konfigurationen Wirkungen ausgehen würden, die nicht zeitlich konstant sind – wobei als Zeit immer *ganz die neue* oder *ganz die alte* Zeit genommen werden soll.

Denn – und das ist dem Engel besonders wichtig – zeitliche Konstanz einer Konfiguration bedeutet für alle topologisch äquivalenten Definitionen dasselbe: Steht die Sonne laut einer Definition der Zeit an einer Stelle still, dann auch laut jeder anderen. Also sollte es möglich sein, die Wirkungen, die von einer feststehenden Sonne ausgehen, durch Gesetze zu beschreiben, die von der Zeit unabhängig sind. Diese Forderung führt auf die Definition der Zeit, die Newtons Gesetze benutzen – mit den selbstverständlichen Wahlmöglichkeiten für Nullpunkt und Maßeinheit der Zeit.

Uhren und Geometrie

Ein großer Sprung führt uns von dieser mathematisch-formalen Möglichkeit, die Zeit innerhalb der Grenzen, die durch die Forderung nach topologischer Äquivalenz gesteckt werden, beliebig zu definieren, zu Albert Einsteins Allgemeiner Relativitätstheorie. Sie macht nicht nur Aussagen über das Verhalten von Systemen bei vorgegebener Definition der Zeit, sondern auch über das von Uhren. Dadurch, daß sie die Uhren einbezieht, hängen ihre eigenen Gesetze letztlich nicht davon ab, welche der unendlich vielen topologisch äquivalenten Definitionen der Zeit man benutzt, um sie anzuschreiben – die Gesetze der Allgemeinen Relativitätstheorie sind unabhängig von der Parametrisierung der Zeit.

Die Anzeigen von Stoppuhren, die ursprünglich an demselben Raum-Zeit-Punkt beisammen waren, dort gleichzeitig angestellt und dann zu einem anderen Raum-Zeit-Punkt als Endpunkt ihrer Reise bewegt wurden – von einem Ereignis zu einem anderen in der Sprache der Relativitätstheorien –, hängen nicht nur von dem Endpunkt ab, sondern auch davon, auf welchen Wegen durch Raum und Zeit die Uhren ihn erreicht haben (Kapitel 3). Je größer die Schwerkraft ist, die auf eine Uhr einwirkt, desto langsamer geht sie. Nun ist die Schwerkraft laut Einsteins Allgemeiner Relativitätstheorie nichts, was zu Raum und Zeit hinzukäme, wie zum Beispiel ein elektrisches Feld, sondern eine Eigenschaft von Raum und Zeit selbst. Deshalb »weiß« jeder Punkt im Raum, wie schnell eine in ihm ruhende Uhr zu gehen hat – so daß der Punkt Eigenschaften besitzt, die ihn selbst zu einer Uhr machen.

Die Eigenschaft, die den Gang der Zeit festlegt, ist die Krümmung des Raumes. Gekrümmte Räume kennen wir aus Kapitel 3. Insbesondere das Beispiel der Abb. 20 (s. S. 149) hat gezeigt, daß und wie die Länge von Maßstäben von der Raumkrümmung abhängt. Analoges gilt für Uhren als Maßstäbe der Zeit in der vierdimensionalen Raumzeit. Ein Raum kann insgesamt durch seine *Metrik* charakterisiert werden. Ist sie bekannt, dann insbesondere auch die Krümmung des Raumes an jedem seiner Punkte. Das umgekehrte gilt nicht – zwar nicht der Raum, wohl aber die Metrik hängt davon ab, durch welche mathematischen Ausdrücke seine Punkte beschrieben werden. Ich werde diesen Unterschied nicht weiter beachten und wahlweise von der Metrik, Geometrie oder gar anschaulich von der *Gestalt* eines Raumes sprechen.

Die Allgemeine Relativitätstheorie kennt sowohl die Metrik der vierdimensionalen Raum-Zeit als auch die des dreidimensionalen Raumes zu einer Zeit. Oben habe ich stillschweigend vorausgesetzt, daß sich die Metrik nur langsam oder – besser noch – überhaupt nicht ändert. Das bedeutet genauer, daß ein Parameter Zeit so gewählt werden kann, daß die Metrik der Raum-Zeit von ihm unabhängig ist. Die Metrik des Universums insgesamt erfüllt diese Forderung aber nicht. Denn es expandiert, so daß sich seine frei im Raum schwebenden Probekörper – die Galaxien oder Haufen von Galaxien – voneinander entfernen. Ihr Abstand wird größer und größer, und dem muß die Metrik des dreidimensionalen Raumes Rechnung tragen.

Zeit des Universums und in ihm

Ein eindimensionales Modell eines wachsenden Universums ist ein nach beiden Seiten unendlich langes Gummiband, auf das die Galaxien aufgeklebt sind und das auseinandergezogen wird. Eine der Paradoxien des Unendlichen ist, daß etwas bereits unendlich Großes größer werden kann. Paradox, aber selbstverständlich – wir mußten bei unserer gedanklichen Konstruktion des unendlich langen Gummibandes die Abstände der Galaxien nicht festlegen, so daß nichts dagegen spricht, daß sie im Laufe der Zeit wachsen.

Ein in alle Raumrichtungen unendlicher aufgehender Kuchen mit eingebackenen Rosinen als Darsteller der Galaxien bildet ein analoges dreidimensionales Modell eines expandierenden, nicht gekrümmten und unendlich großen Universums. Der Leser kennt wahrscheinlich den Luftballon mit aufgeklebten Galaxien, der aufgeblasen wird, als Modell eines endlichen, aber unbegrenzten expandierenden Universums (Abb. 36). Der zweidimensionale Raum der Oberfläche des Ballons ist gekrümmt, und seine Krümmung nimmt im Laufe der Zeit ab.

Abb. 36 Der Luftballon, der aufgeblasen wird, stellt das expandierende Universum dar: Der Raum – die Oberfläche des Ballons – wird größer, seine Krümmung geringer. Die aufgeklebten Pfennigstücke sollen die Galaxien repräsentieren. Sie werden nicht größer, entfernen sich aber voneinander.

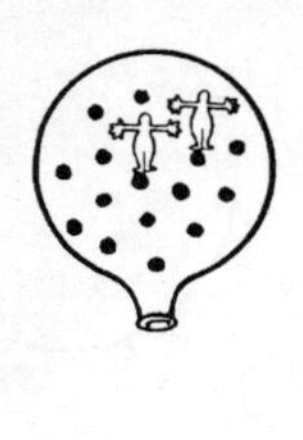

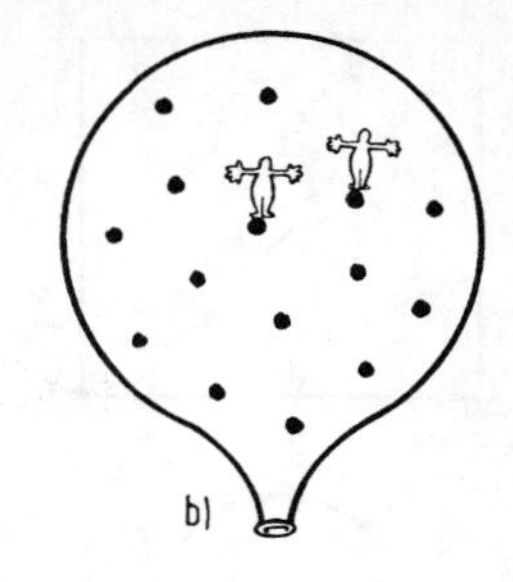

Das real existierende Universum kann entweder durch eines dieser Modelle oder durch ein drittes, schwerer zu veranschaulichendes (siehe aber Abb. 37c auf der folgenden Seite) und wie das erste unendliche Modell beschrieben werden. Welches dieser Modelle der Realität entspricht, ist unbekannt. Davon aber hängt das endgültige Schicksal des Universums ab. Trifft das Luftballon-Modell zu, wird das Universum in ferner Zukunft zu expandieren aufhören und wieder zusammenstürzen. Die beiden anderen Modelle ergeben Universen, die für immer expandieren, sich aber trotzdem in ihrem Langzeitverhalten subtil unterscheiden. Stimmt das Kuchen- oder Gummiband-Modell, hört die Expansion nach unendlich langer Zeit auf; laut drittem Modell wird ihre Geschwindigkeit zwar immer geringer, nimmt aber niemals – auch nicht nach unendlich langer Zeit – auf Null ab.

Die Expansion erfolgt gegen den Widerstand der Schwerkraft der Massen des Weltalls, die sich gegenseitig anziehen, so daß die Geschwindigkeit der Expansion im Laufe der Zeit geringer werden muß. Je größer die Masse des Universums – genauer: seine Massendichte – ist, desto rascher muß die Expansionsgeschwindigkeit abnehmen. Letztlich legt der Inhalt des Universums fest, wie es sich entwickelt, und damit auch, welches der drei Modelle zutrifft.

Die Gleichungen für die Entwicklung des Universums, aus denen dieses Verhalten folgt, beschreiben es durch zwei Größen – seinen Radius und seine Massendichte. Als Radius kann der Abstand zweier typischer Galaxien dienen – gemessen zum Beispiel am Radius eines Atoms, der auch bei der Expansion derselbe bleibt. Im Luftballon-Modell des Universums kann als Radius der Umfang der Kugel genommen werden, deren Oberfläche das Universum darstellt. Allgemeiner, bei einem nicht so grob vereinfachten Universum, tritt dessen *dreidimensionale* Gestalt oder Geometrie, die auch lokale, durch einzelne Galaxien hervorgerufene Krümmungen einbezieht, an die Stelle nur des Radius. John Archibald Wheeler, der in diesem Buch bereits aufgetreten ist, ver-

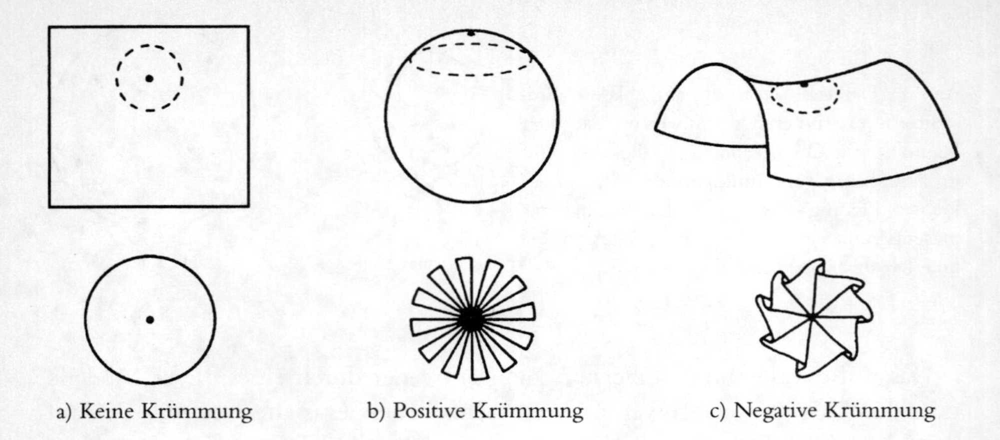

Abb. 37 Die Kreiszahl *Pi* ist definiert als das Verhältnis des Umfangs eines Kreises zu seinem Durchmesser *in der Ebene* a). Die Abbildung veranschaulicht, daß dieses Verhältnis in gekrümmten Räumen im allgemeinen einen anderen Zahlenwert besitzt: In »positiv« gekrümmten Räumen wie der Kugeloberfläche b) ist es kleiner als *Pi*, in »negativ« gekrümmten wie der Sattelfläche c) größer. Deshalb kann ein Beobachter *in* seinem Raum – also ohne ihn von außen anzusehen – feststellen, ob und wie gekrümmt er ist.

gleicht das dreidimensionale Universum in seinen populärwissenschaftlichen Schriften mit der Oberfläche einer Kartoffel, weil sie wie das Universum alle Krümmungsformen nebeneinander aufweist.

Superraum nennt Wheeler einen Raum, in dem ganze dreidimensionale Geometrien als Koordinaten von Punkten auftreten. Um einen Punkt des Superraumes eindeutig zu kennzeichnen, muß eine Charakterisierung des Inhalts des dreidimensionalen Universums hinzugenommen werden. Bei zunehmender Abstraktion kommen wir vom Superraum über den *Midi*- zum *Mini*-Superraum, der nur noch den Radius des Universums als geometrische Kennzahl berücksichtigt.

Was aber ist Zeit?

Radius und Massendichte des Universums, die in den Gleichungen für die Entwicklung des Universums auftreten, sind selbstverständlich Funktionen der Zeit. Unter geeignet gewählten Rand- oder Anfangsbedingungen werden diese Funktionen durch die Gleichungen festgelegt. Was aber bedeutet die Zeit, die

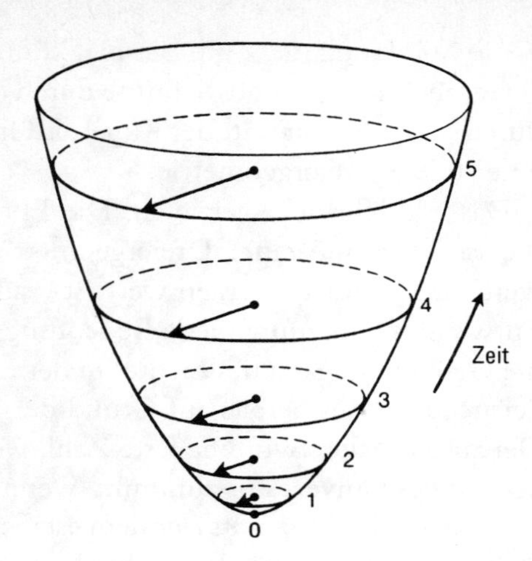

Abb. 38 Die Stapelung von Räumen mit von unten nach oben zunehmendem Radius, der als Zeit interpretiert werden kann, erläutert der Text.

hier als Parameter auftritt? Wir haben bereits gesagt, daß die Allgemeine Relativitätstheorie keinen Parameter Zeit vor anderen auszeichnet. Warum dann nicht den ganzen Weg gehen und den *Radius des Universums als Zeitparameter wählen*?

Das ist mit bemerkenswerten Konsequenzen möglich. Wir machen selbstverständlich einen Fehler, wenn wir in Gedanken das Universum insgesamt von außen wie einen Luftballon betrachten, der aufgeblasen wird. Denn jeder Beobachter ist ein Teil des Universums. Insbesondere kann es keinen geben, dessen Zeit sozusagen eine Newtonsche Außenzeit des Universums wäre, in der es sich entwickelt. Einem Beobachter steht nur das zur Verfügung, was er in dem und durch das Universum definieren kann. Die Abb. 37 zeigt, daß die Krümmung eines Raumes durchaus eine »innere« Eigenschaft ist, die ein Beobachter ermitteln kann, ohne seinen Raum verlassen zu müssen.

Ich bleibe bei dem Modell der Abb. 36. Der Beobachter in der Oberfläche des Luftballons, der für uns den Beobachter im Universum darstellt, kann also den Radius seines Universums kennen. Mit dem Radius kennt er auch die Zeit, denn beide sind ein und dasselbe. In dem Diagramm der Abb. 38 hat er Umfang und Radius des Luftballons aufgetragen – sozusagen durch sich selbst so geordnet, daß die Radien von unten nach oben wachsen. Als Zeit, die als Parameter neben den Kreisen steht, kann er irgendeine Kennzahl des Kreises verwenden.

Die Abb. 38 zeigt die Welt so, wie sie die Allgemeine Relativitätstheorie sieht – als geometrisches Objekt in Raum *und* Zeit. Liegt die Welt in Raum und Zeit fertig vor uns, können wir zwischen beiden auch anders unterscheiden, als es die Abbildung tut. Zum Beispiel könnten wir eine feste Zeit statt durch waagerechte durch geneigte Schnitte durch den Stapel von Kreisen definieren. Dadurch erhielten wir statt der Kugel als Oberfläche des Ballons ein Ellipsoid, also eine andere Dreiergeometrie.

Das will ich nicht vertiefen. Die Entwicklung des Universums *kann* durch die Entwicklung einer Dreiergeometrie »im Laufe ihrer selbst« beschrieben werden. Höchst bemerkenswert ist, daß der Begriff der Geschwindigkeit der Entwicklung hierdurch jede Bedeutung verliert. Es ist etwa so, als würden wir die Geschwindigkeit des Lichtes in der Einheit »Lichtjahre pro Jahr« anzugeben versuchen – was bereits auf Grund der Definition des Lichtjahres eins ergibt. Genauso erhalten wir eine feste Zahl, wenn wir danach fragen, um wieviel der Radius des Universums zunimmt, wenn er um einen Zentimeter wächst.

Tatsächlich legt bereits *eine* der gestapelten Dreiergeometrien sämtliche Dreiergeometrien des Stapels fest. Sie bestimmt auch den Gang von Uhren. *Ist die gestrige Geometrie vorgegeben, kann die heutige nicht die Geometrie von morgen sein,* formuliert der Heidelberger theoretische Physiker H.-Dieter Zeh. Die Gleichungen für die Entwicklung des Universums nehmen an, daß die Dichte der Masse überall dieselbe ist. Als Funktion der Zeit, die sie ist, kann die Dichte durch die Zeit des Universums – seinen Radius – ausgedrückt werden. Weitere unabhängige Beobachtungsgrößen kennen die Gleichungen nicht, so daß laut diesem Modell das Universum sich immer dann in demselben Zustand befindet, wenn Dichte und Radius dieselben sind. Das hat eine seltsam anmutende Konsequenz für ein Universum, das nach einer Phase der Expansion wieder zusammenstürzt: Unabhängig davon, ob es »noch« größer oder »bereits wieder« kleiner wird, ist sein Zustand derselbe, wenn Dichte und Radius dieselben sind. Eine absolute Unterscheidung zwischen den Phasen der Expansion und der Kontraktion des Universums ist unmöglich.

In komplexeren Kosmologien . . . sind die beiden Phasen zwar verschieden, aber es ist immer noch möglich, die Zeit-Koordinate – ihre Richtung eingeschlossen – zu eliminieren – so noch einmal H.-Dieter Zeh. Wie Ernst Mach es wollte ist in diesen Modellen, die keinen äußeren Zeitparameter kennen, die Bewegung an die Stelle der Zeit getreten. Weil die Gleichungen der Modelle symmetrisch sind gegenüber beliebigen Umparametrisierungen der Zeit, kann irgendeine der unendlich vielen topologisch äquivalenten Zeiten zum Zeitparameter ernannt werden. Der Gang einer Uhr, die sich mit und in den Dreiergeometrien des Stapels der Abb. 38 bewegt, ist durch deren Zeitparameter (und, selbstverständlich, die Geschwindigkeiten der Uhr) bestimmt. Im *Innern* eines Universums mit komplexem Inhalt und komplexen Geometrien werden Korrelationen zwischen Ereignissen auftreten, die als Geschehnisse *im Laufe der Zeit* interpretiert werden können. Das aber setzt die Zerlegung des Universums in einen beobachteten und einen beobachtenden Teil voraus. Hiermit betreten wir die Domäne der Quantenmechanik. Was sie für die Zeit und die Zeit für sie bedeutet, wird uns im nächsten Kapitel beschäftigen.

6. Zeit in der Quantenmechanik

Früher einmal konnte man in den Zeitungen lesen, es gebe nur zwölf Menschen, die die Relativitätstheorie verstünden. Das glaube ich nicht. Wohl mag eine Zeitlang nur ein Mensch sie verstanden haben, weil er als einziger überhaupt auf den Gedanken verfallen war. Nachdem er aber seine Theorie zu Papier gebracht und veröffentlicht hatte, waren es gewiß mehr als zwölf. Andererseits kann ich mit Sicherheit behaupten, daß niemand die Quantenmechanik versteht.

Richard P. Feynman, von dem dieses Zitat stammt, hat die Quantenmechanik virtuos gelehrt und angewendet wie nur wenige andere. Was also meint er, wenn er sagt, daß zwar die Relativitätstheorie von jedem verstanden werden kann, nicht aber die Quantenmechanik?

Nehmen wir Albert Einstein. Er ist auf den Gedanken der Relativitätstheorie verfallen, so daß eine Zeitlang er sie als einziger verstanden hat. Gegen die Quantenmechanik hat er hingegen den Einwand erhoben, daß sie unvollständig sein müsse, weil sie so, wie sie ist, nicht verstanden werden kann. Sein, und später auch Feynmans, Problem mit der Theorie hat er 1935 in einer zusammen mit Podolsky und Rosen verfaßten Arbeit formuliert. Unter dem Kürzel EPR ist sie sehr berühmt geworden und bildet noch heute den Ausgangspunkt aller Diskussionen um die Interpretation der Quantenmechanik.

Nichts Physikalisches spricht dagegen, den Objekten der Newtonschen Mechanik und der Relativitätstheorien wie Punkten, Ereignissen, Uhren und Massen reale Existenz zuzusprechen. Bedenken, die dagegen vorgebracht werden, entstammen der Philosophie und Metaphysik. Pragmatisch eingestellte Physiker können sich über sie hinwegsetzen, ohne mit irgend etwas Physikalischem in Widerspruch zu geraten.

Bei den Objekten der Quantenmechanik ist das anders. Zwar kann ein Teilchen der Quantenmechanik genau wie eins der nicht-quantenmechanischen Physik bei einem Versuch, seinen Ort zu bestimmen, in einem vorgegebenem

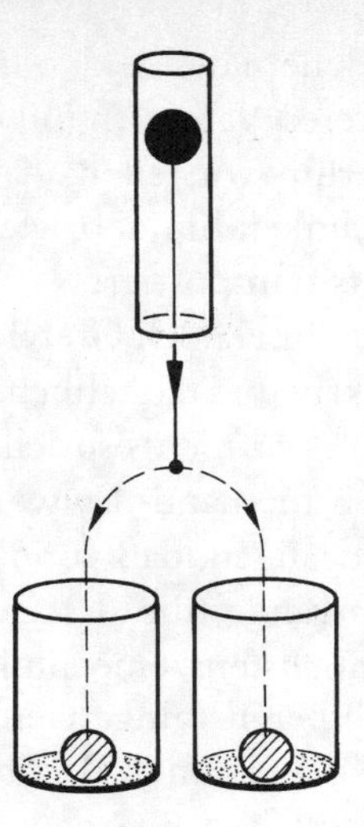

Abb. 39 Die Kugel fällt mit derselben Wahrscheinlichkeit 1/2 in den linken oder rechten Behälter.

Raumbereich angetroffen oder nicht angetroffen werden. Wurde es angetroffen, befindet es sich unmittelbar nach dem Versuch mit Sicherheit in dem Raumgebiet; wurde es nicht angetroffen, dann mit Sicherheit nicht.

Dies alles ist in der Quantenmechanik genauso wie in der nicht-quantenmechanischen Physik. Anders aber als in ihr können wir in der Quantenmechanik aus der unbezweifelbaren Realität des Resultats der Beobachtung – ein Teilchen oder keins – nicht auf denselben realen Grund dieser Beobachtung schließen – daß nämlich bereits vor ihr in dem Raumbereich das Teilchen vorhanden oder nicht vorhanden war. Was es – triviale Fälle ausgenommen – statt dessen laut Quantenmechanik vor dem Nachweisversuch in dem Raumgebiet einzig und allein gegeben hat, ist eine von Null verschiedene Wahrscheinlichkeit, das Teilchen zu finden.

Wahrscheinlichkeiten, klassisch

Auch das könnte wie in der nicht-quantenmechanischen Physik sein, ist es aber nicht. Wahrscheinlichkeiten bedeuten in der nicht-quantenmechanischen Physik nichts weiter als unvollständige Information. Gegeben sei die Vorrichtung der Abb. 39: Durch eine Röhre fällt eine Kugel auf einen Nagel und wird von ihm mit derselben Wahrscheinlichkeit nach rechts oder nach links abgelenkt. Wir wollen annehmen, daß die Anordnung verdeckt ist, so daß wir nicht wissen, in welchem der beiden Behälter die Kugel sich nach dem Fall befindet. Für einen späteren Vergleich mit der Situation in der Quantenmechanik wollen wir uns weiterhin vorstellen, daß die Behälter verschlossen werden und Hänsel dann den linken hundert Meter nach links, Gretel den rechten hundert Meter nach rechts transportiert.

Weder Hänsel noch Gretel wissen, in welchem Behälter sich die Kugel befindet. Objektiv und tatsächlich befindet sie sich selbstverständlich in genau einem von ihnen, und nichts spricht dagegen, daß die Hexe weiß, in welchem. Aber auch wenn niemand das weiß, ist von der Realität der Kugel nichts dadurch verlorengegangen, daß von ihr augenblicklich niemand Sinneseindrücke empfängt. Einwände, die das Gegenteil unterstellten, hätten keine physikalische, sondern höchstens eine philosophische oder metaphysikalische Grundlage – worauf ich bereits hingewiesen habe.

Wenn Hänsel seinen Behälter öffnet und die Kugel findet, weiß er in demselben Augenblick, daß Gretels Behälter leer ist; und dreifach umgekehrt – Hänsel findet die Kugel nicht, dann hat sie Gretel; oder Gretel öffnet ihren Behälter, dann weiß sie, daß Hänsel die Kugel hat oder nicht hat. Wie Gretel zuvor, wenn sie als zweite nachsieht, die Kugel nicht finden oder finden wird, so Hänsel, nachdem Gretel als erste nachgesehen hat. Das alles ist so selbstverständlich, daß nur ein Pedant es erwähnen mag. Insbesondere ist die Überführung der Aussagen über Objekte in Basissätze, die Resultate von Beobachtungen feststellen, wegen der Äquivalenz beider in der klassischen Mechanik überflüssig.

Wahrscheinlichkeiten, quantenmechanisch

Nun zum quantenmechanischen Analogon des Experimentes. Anders als in der nicht-quantenmechanischen Physik müssen wir in der Quantenmechanik zwischen Aussagen über Objekte und über Beobachtungsgrößen genau unterscheiden. Zunächst aber die Größen der Theorie. Sie heißen Wellenfunktionen und genügen vorwärts und rückwärts deterministischen Gesetzen. Aus den Wellenfunktionen folgen Wahrscheinlichkeiten dafür, daß sich bei Experimenten zur Ermittlung von Werten von Beobachtungsgrößen Werte ergeben, die in vorgebbaren Intervallen liegen.

Anders als in der berühmten Kopenhagener Deutung der Quantenmechanik durch Niels Bohr, Werner Heisenberg und andere, verstehen wir heute unter Beobachtung nicht die Kenntnisnahme eines Ergebnisses durch einen menschlichen Beobachter, sondern dessen Verfestigung in dem, was englisch *record* heißt. *Record* kann eine Versteinerung sein, eine Spur eines Elementarteilchens in einem Nachweisgerät, ein Krater, ein Ring eines Baumes mit erhöhtem Kohlenstoff-14-Gehalt, eine Aufzeichnung von Ergebnissen auf einer Festplatte, eine Fotografie, eine Notiz in einem Laborbuch oder irgendeine andere *Verfestigung*. Auch Worte wie Beobachtung oder Experiment haben für das Gemeinte genaugenommen einen viel zu anthropomorphen Beigeschmack. Gemeint ist einfach eine Verfestigung von Effekten der Quantenmechanik, die aufgetreten sind und dies oder jenes bewirkt haben, das zur Kenntnis genommen werden kann, aber nicht muß. Die Verfestigung kann selbstverständlich auch in einem Gehirn aufgetreten sein – ob nun in dem einer Küchenschabe oder eines Doktors der Naturwissenschaften. Die Konsequenzen einer solchen Verfestigung, nämlich der Übergang vom Regime der Quantenmechanik zu dem der klassischen Physik, sind in allen Fällen dieselben.

Hiervon mehr weiter unten. Die Wahrscheinlichkeiten der Quantenmechanik können aus den Wellenfunktionen berechnet und anschaulich dargestellt werden. Die Abbildungen a bis c der Abb. 40.1 zeigen ein Beispiel, das dem Fall der Kugel in der Abb. 39, nun aber in nur einer räumlichen Dimension, entspricht. Wie das Experiment der Abb. 39 genau eine Kugel betraf, soll jetzt genau ein Teilchen vorhanden sein. Bei einem Versuch, seinen Ort zu bestimmen, wird es mit Sicherheit irgendwo – egal wo – angetroffen, so daß die Wahrscheinlichkeit hierfür eins ist und bleibt. Die Kurven der Abb. 40.1 stellen die Wahrscheinlichkeit dar, das Teilchen anzutreffen: Es kann nur in einem Intervall angetroffen werden, über dem sich zumindest ein Teil der Kurve erhebt.

Der senkrechte Strich der Abb. a bis e steht für den Nagel der Abb. 39 – an ihm wird die Wahrscheinlichkeit, das Teilchen anzutreffen, die anfangs ein zusammenhängender Berg war, in zwei Berge unterteilt. Wie dieser quantenmechanische Nagel – ein *Potentialwall* – funktioniert, interessiert hier nicht. Unsere Sequenz von Szenenfotos eines Films beginnt in Abbildung a: Der Berg, der für die Wahrscheinlichkeit steht, das Teilchen anzutreffen, bewegt sich von links nach rechts auf den quantenmechanischen Nagel zu. Ist er dort angekommen, beginnt ein kompliziertes Zwischenspiel, das dazu führt, daß sich der Berg in zwei kleinere Berge aufspaltet, von denen der eine reflektiert wurde und nach links läuft. Der andere wurde durchgelassen und läuft nach rechts (c).

Wenn wir nicht darauf bestehen, im Bilde der Abb. 39 zu bleiben, können wir den senkrechten Strich besser als durch einen Nagel durch einen halbdurchlässigen Spiegel beschreiben. Die waagerechten Striche der Abb. d und e stehen für Ortsmesser, die so arbeiten wie Hänsel und Gretel, wenn sie in ihre Behälter hineinsehen. Ortsmesser führen zur Verfestigung quantenmechani-

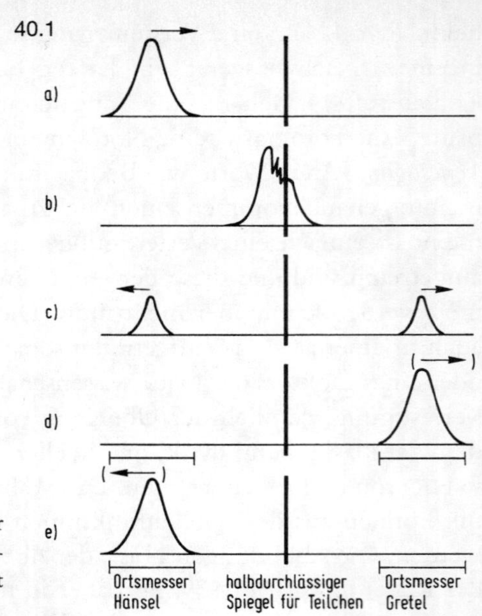

Abb. 40 Das Verhalten quantenmechanischer Wahrscheinlichkeitsverteilungen bei ungestörter Entwicklung des Systems im Laufe der Zeit und bei Messungen erläutert der Text.

scher Möglichkeiten, und das ist ein ganz anderer Prozeß als die kontinuierliche Entwicklung der Wahrscheinlichkeit in den Abb. a bis c.

Beachtet werden muß, daß unsere Bilder von Wahrscheinlichkeiten wie die Abb. a bis c Ergebnisse von Rechnungen auf Grund der Gesetze der Quantenmechanik sind und niemals durch eine einzelne Messung experimentell überprüft werden können. Zur Überprüfung müßte wieder und wieder der Anfangszustand der Abb. a eingestellt und dann bis zu dem Zeitpunkt gewartet werden, zu dem die Wahrscheinlichkeitsverteilung bestimmt werden soll. In diesem Augenblick müßte ein Ortsmesser betätigt werden, der das Teilchen in einem Intervall findet – mal in diesem, mal in jenem, aber mit solchen Häufigkeiten, wie es die Wahrscheinlichkeitsverteilung will.

Bis zum Augenblick einer Verfestigung durch – in diesem Fall – eine Ortsmessung spielt die Zeit in der Quantenmechanik keine wesentlich andere Rolle als in der nicht-quantenmechanischen Physik. Ich habe bereits gesagt, daß die Größen der Theorie in der Quantenmechanik vorwärts und rückwärts deterministischen Gesetzen genügen. Genauer reicht es aus, die Wellenfunktion als Grundgröße eines Systems zu einer Zeit zu kennen, um sie für alle Zeiten zu berechnen. Das gilt jedenfalls, solange keine Verfestigung erfolgt. Dann kann der

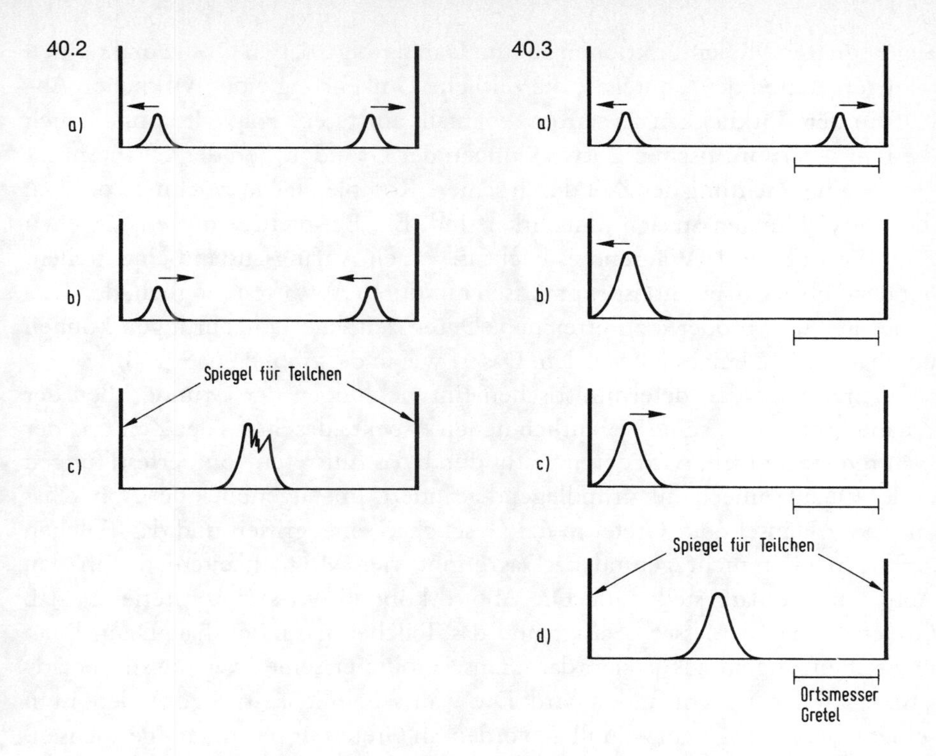

Zustand des Systems vollständig durch seine Wellenfunktion beschrieben werden. Nun bestimmen zwar die Wellenfunktionen als Grundgrößen die Wahrscheinlichkeitsverteilungen, nicht aber umgekehrt die Wahrscheinlichkeitsverteilungen die Wellenfunktionen. Jedoch reicht es in Analogie zur klassischen Mechanik in einfachen Fällen aus, zusätzlich zur Wahrscheinlichkeitsverteilung die Geschwindigkeit ihrer Änderung in einem Zeitpunkt zu kennen, um ihre vorherige und weitere Entwicklung näherungsweise berechnen zu können. Das ist für unsere Frage nach der Rolle der Zeit in der Quantenmechanik aber nicht sonderlich wichtig. Wichtiger ist, daß – von Verfestigungen abgesehen – jede Entwicklung, die vorwärts in der Zeit auftritt, auch rückwärts auftreten kann. Für die Entwicklung von Wahrscheinlichkeitsverteilungen bedeutet das, daß von einem Film, der sie zeigt, nicht bereits auf Grund der Gesetze der Quantenmechanik gesagt werden kann, ob er vorwärts oder rückwärts läuft. Zum Beispiel zeigen auch die Abb. c bis a in dieser Reihenfolge – allerdings mit umgekehrten Pfeilen über den Bergen – eine mögliche zeitliche Entwicklung.

Die Quantenmechanik hat es potentiell mit vielen Teilchen und den ihnen zugeordneten Wellenfunktionen zu tun. Daraus folgt, daß in ihr die praktischen Schwierigkeiten des Kapitels 4, die zeitliche Umkehrung eines wirklichen Ablaufs in der Wirklichkeit zu starten, ebenfalls auftreten. Folglich können auch die rein deterministischen Entwicklungen der Grundgrößen der Quantenmechanik eine Richtung der Zeit durch schiere Komplexität auszeichnen, obwohl die Entwicklungen an sich umkehrbar sind. Ein Beispiel für nur ein Teilchen zeigt die Abb. 40.1: Während es leicht ist, einen Anfangszustand einzustellen, der der Abb. a entspricht, ist es praktisch nur durch Abwarten möglich, den Zustand der Abb. b oder c zu erreichen. Deren zeitliche Umkehrungen können überhaupt nicht eingestellt werden. Das ist wie in der Abb. 24 (s. S. 168).

Während aus den deterministischen Entwicklungen der Grundgrößen der Quantenmechanik keine wesentlich neuen Aspekte des Status der Zeit und der Naturgesetze folgen, wird deren Status durch das Auftreten von Verfestigungen in der Quantenmechanik grundlegend geändert. Im Augenblick der Abb. c hat entweder Hänsel oder Gretel in das Geschehen eingegriffen und das Teilchen gefunden oder nicht gefunden. Das ergibt vier Möglichkeiten, die in den Abb. d und e dargestellt sind. Die Abb. d können wir so interpretieren, daß Gretel ihren Ortsmesser betätigt und das Teilchen gefunden hat. Dann ist in demselben Augenblick sicher, daß Hänsel, sollte er seinen Ortsmesser betätigen, das Teilchen nicht finden wird: Die Wahrscheinlichkeit, es zu finden, ist in seinem Gebiet instantan zu null geworden, in Gretels ist sie auf eins gewachsen. Wir lassen zu, daß Gretels Apparatur das Teilchen zwar nachweist, aber nicht absorbiert. Dadurch wird die Wahrscheinlichkeit auf jeden Fall verändert.

Wir können die Abb. d aber auch so interpretieren, daß Hänsel im Augenblick der Abb. c seinen Ortsmesser betätigt und das Teilchen *nicht* gefunden hat. Dann wird Gretel, sollte sie sich entschließen, nach dem Teilchen zu suchen, dieses mit Sicherheit finden: Die Gesamtwahrscheinlichkeit, das Teilchen bei einer Ortsmessung anzutreffen, ist in ihrem Gebiet instantan auf eins gewachsen. Der Formalismus der Quantenmechanik sagt sogar, daß die Wahrscheinlichkeitsverteilung unmittelbar nach Hänsels erfolglosem Versuch die Gestalt der Abb. d besitzt und sich, wie durch den Pfeil angedeutet, nach rechts bewegt.

Die analogen Interpretationen der Abb. e erspare ich dem Leser und mir. Das alles wäre wie bei den Ausführungsbestimmungen zur Abb. 39 (s. S. 233) – wenn, ja wenn in der Quantenmechanik die Wahrscheinlichkeiten wie in der nicht-quantenmechanischen Physik nichts als Rechengrößen wären, die unser nur unvollständiges Wissen um tatsächlich feststehende Sachverhalte beschrieben. Aber so ist es nicht. Um zu sehen, wie es tatsächlich ist, entfernen wir im

Augenblick der Abb. c den halb durchlässigen Spiegel in der Mitte und fügen an den Rändern zwei die Wahrscheinlichkeitsverteilung total reflektierende Spiegel hinzu. Da die Wahrscheinlichkeit, das Teilchen zu finden, in diesem Augenblick an allen drei Stellen verschwindet, an denen Änderungen vorgenommen werden, bleibt sein momentarer Zustand derselbe. Auf Grund der neuen Bedingungen wird er sich im Laufe der Zeit aber anders entwickeln. Zwei dieser Entwicklungen zeigen die Abb. 40.2 und 40.3, die mit der modifizierten Abb. c der Abb. 40.1 als Abb. a beginnen.

In mehr als einer Dimension können wir Wahrscheinlichkeitsverteilungen um Hindernisse herum leiten. Das ist in einer Dimension nicht möglich. Deshalb die Änderungen der Umstände, durch die wir von der Abb. 40.1c zu den Abb. 40.2a und 40.3a übergehen.

Zunächst zur Abb. 40.2. Sie zeigt ab Abb. a den ungestörten Ablauf: Weder Hänsel noch Gretel unternehmen einen Versuch, das Teilchen zu finden, so daß wir das Symbol für den Ortsmesser fortlassen konnten. In der Abb. b wurden die Wahrscheinlichkeitsverteilungen bereits von den Spiegeln reflektiert und laufen aufeinander zu. Wenn sie sich in der Mitte treffen, ergeben sie zusammen das zerklüftete Bild der Abb. c.

In der Abb. 40.3 haben wir angenommen, daß Gretel unmittelbar nach der Szene in Abb. a nach dem Teilchen gesucht und es nicht gefunden hat. Danach würde Hänsel, würde er nur nach ihm suchen, es mit Sicherheit in seinem Gebiet entdecken. Mehr noch – unmittelbar nach Gretels erfolgloser Suche nach dem Teilchen besitzt die Wahrscheinlichkeitsverteilung die Gestalt der Abb. b und bewegt sich nach links. Von dem Spiegel wird sie reflektiert, so daß sie im Augenblick der Abb. c von Abb. 40.2 die Gestalt in Abb. d besitzt.

Wir haben einen großen Aufwand treiben müssen, um ein anscheinend ganz bescheidenes Ziel zu erreichen: Die Abb. 40.2c ist mit der Abb. 40.3d nicht identisch! Beide müßten aber identisch sein, wenn die quantenmechanische Wahrscheinlichkeit wie die nicht-quantenmechanische der Abb. 39 (s. S. 233) nur unser unvollständiges Wissen beschreiben würde, also nichts weiter als eine Rechengröße wäre. Um die berechneten Wahrscheinlichkeiten durch gemessene zu ersetzen, müssen, wie bereits gesagt, zahlreiche Versuche unter identischen Anfangsbedingungen unternommen werden. Wir stellen uns vor, das sei getan. Wäre nun die quantenmechanische Wahrscheinlichkeitsverteilung nichts weiter als eine verkappte nicht-quantenmechanische, so würden durch Gretels erfolglose Suche nach dem Teilchen unmittelbar nach der Abb. 40.3a nur die Fälle ausgesondert, in denen sich das Teilchen tatsächlich nicht in ihrem Gebiet befunden hat. Dann hat es sich tatsächlich bereits vor Gretels Suche in Hänsels

Gebiet aufgehalten, und Gretels Suche nach ihm hat an den tatsächlichen Verhältnissen nichts geändert. Der Abb. 40.3 könnten wir eine ganz ähnliche Abbildung hinzugesellen, in der Hänsel nach dem Teilchen gesucht, es aber nicht gefunden hat, so daß es sich unmittelbar nach Hänsels Suche mit Sicherheit in Gretels Gebiet aufgehalten hat. Die resultierende Wahrscheinlichkeitsverteilung im Augenblick der Abb. 40.2c und der Abb. 40.3d müßte also wieder die Verteilung dieser letztgenannten Abbildung sein.

Nicht-quantenmechanisch gesehen faßt die Abb. 40.2 beide Fälle zusammen, so daß sich in der Tat statt der dortigen Abb. c abermals die Abb. d von Abb. 40.3 ergeben müßte. Das ist aber nicht so – statt der Wahrscheinlichkeitsverteilung dieser Abbildung tritt die der Abb. 40.2c auf.

Quantenmechanische Korrelationen ohne Übertragung und ohne gemeinsame Wurzel

Der Formalismus der Quantenmechanik will, daß die Korrelationen zwischen experimentellen Ergebnissen in weit voneinander entfernten Gebieten nicht auf Realitäten beruhen, die bereits vor der ersten Messung bestanden haben, sondern Realitäten ausdrücken, die durch die Messung geschaffen wurden. Wie kann es dann aber sein, daß Gretels erfolglose Suche nach dem Teilchen in ihrem Gebiet nicht nur die Realität erschafft, daß es sich dort nicht befindet, sondern in demselben Augenblick auch die, daß es in Hänsels Gebiet anzutreffen ist? Das, so Einstein, Podolsky und Rosen (EPR), ist unmöglich. Es muß, wenn auch auf eine verborgene und bisher noch unbekannte Weise, so sein, daß die Suche nach dem Teilchen Realitäten offenbart, die bereits vor dem ersten Experiment bestanden haben. Da die Quantenmechanik diese Realitäten nicht berücksichtigt, ist sie, so EPR, eine unvollständige Theorie, die durch eine vollständigere ersetzt werden kann und muß. Die vollständigere Theorie wird die Korrelationen von Hänsels Ergebnissen mit denen von Gretel durch eine gemeinsame Wurzel von Realitäten verständlich machen, die durch die Experimente offenbart, aber nicht geschaffen wurden.

Wie wir im Zusammenhang mit der Abb. 39 (s. S. 233) gesehen haben, können nicht-quantenmechanische Wahrscheinlichkeiten trivialerweise zu Korrelationen zwischen experimentellen Ergebnissen in beliebig weit voneinander entfernten Gebieten führen, die zwar auf den ersten Blick genauso aussehen wie die Korrelationen auf Grund von quantenmechanischen Wahrscheinlichkeiten, mit diesen aber nicht gleichgesetzt werden können. Das haben unsere

Überlegungen zu der Abb. 40 gezeigt. Laut EPR sollte es in der Quantenmechanik denn auch nicht genauso, wohl aber ungefähr so zugehen wie bei den nicht-quantenmechanischen Wahrscheinlichkeiten.

Die orthodoxe Quantenmechanik wollen EPR durch eine Theorie ersetzen, die zwar deren experimentell bestätigte Ergebnisse reproduziert, zugleich aber – anders als sie – real, lokal und kausal ist. Die Theorie, die EPR im Sinn haben, betrifft nur Eigenschaften von physikalisch realen Objekten, die in der Wirklichkeit in einzelnen Experimenten auftreten können. Einflüsse, die diese Objekte aufeinander ausüben, sollen in dem Sinn lokal sein, daß ihre Wirkungen sich kontinuierlich von Punkt zu Punkt ausbreiten. Instantane Wirkungen, die zu ihrer Ausbreitung keine Zeit brauchen, soll es nicht geben. Präziser soll die Lichtgeschwindigkeit die größtmögliche Ausbreitungsgeschwindigkeit von Wirkungen sein.

Kausalität bedeutet schließlich, daß gleiche Ursachen gleiche Wirkungen haben. Wenn Wirkungen sich beliebig schnell ausbreiten könnten, müßten wir wie der Laplacesche Dämon in Kapitel 4 den Zustand des ganzen Universums zu einer Zeit kennen, um irgendeine Vorhersage über irgendein System machen zu können. Es sei denn, es wäre uns gelungen, das System gegen die Außenwelt abzuschirmen. Denn ohne Abschirmung wäre in dem Fall jedes System zu jeder Zeit Einflüssen aus beliebig weit entfernten Gebieten ausgesetzt. Tatsächlich schirmt bereits die endliche Ausbreitungsgeschwindigkeit des Lichtes jedes System gegen einen Teil der Außenwelt ab: Um vorhersagen zu können, ob ein Matchball ins Aus geht, müßte ein Laplacescher Dämon laut Spezieller Relativitätstheorie nicht den Zustand des ganzen Universums eine gewisse Zeit – sagen wir zehn Minuten – vor dem Matchball kennen, sondern nur den Zustand der Welt im Inneren der Kugel mit dem Radius zehn Lichtminuten rund um den Tennisplatz.

Gilt Kausalität, können wir den Zustand der Welt im Inneren der Kugel als *Ursache* für die *Wirkung* Erfolg oder Mißerfolg des Matchballs interpretieren: Wenn der Zustand der Welt in einem Bereich dieser Größe zweimal derselbe ist, ist er das auch zehn Minuten später. Dann muß es zehn Minuten später dasselbe Tennisspiel noch einmal geben mit demselben Ausgang. Übrigens legt der Zustand im Inneren der Kugel zu einer Zeit auch den Zustand des Gebietes in der Nähe des Tennisplatzes zehn Minuten vorher – also zwanzig Minuten vor dem Matchball – fest. In vorwärts und rückwärts deterministischen Theorien besitzt jedes Gebiet zu jeder Zeit einen sich vorher und nachher verengenden *kausalen Schatten*. Unmittelbar nach dem ersten Matchball beginnt der Zustand der Welt außerhalb der Kugel das Geschehen auf dem Tennisplatz zu beeinflussen. Was weiter geschieht, folgt auch bei Kausalität nicht mehr aus der Information, die zu besitzen wir angenommen haben.

Eine detaillierte Darlegung dieser Zusammenhänge würde uns zu sehr von unserem Thema fortführen. Abschließend nur dies: Kraftvolle Theoreme, die vor allem von dem 1990 verstorbenen britischen Physiker John Bell bewiesen wurden, besagen zusammen mit ab 1975 durchgeführten Experimenten, daß der Traum von EPR unerfüllbar ist. Wir müssen uns damit abfinden, daß die Eigenschaften weit auseinanderliegender Gebiete *verschränkt* sein können. Dann ziehen Aktionen in einem Gebiet in demselben Augenblick Wirkungen in einem anderen nach sich, ohne daß irgendein Mechanismus angegeben werden kann, der die Wirkungen hätte übertragen können. Wenn Verschränkungen aufgehoben werden, aber nicht nur dann, entstehen Verfestigungen: Tatsachen werden geschaffen, die in Dokumenten – natürlichen oder menschlichen – verankert sind oder verankert werden können. Wie das genau geschieht, ist ein Gegenstand heftiger Debatten unter den Experten, auf die ich nicht eingehe.

Verfestigungen

Gegeben sei nun ein Experiment, das bei einer ebenfalls gegebenen Wahrscheinlichkeitsverteilung verschiedene Ergebnisse zeitigen kann. Ein Beispiel ist Gretels Suche nach dem Teilchen in der Situation der Abb. a von Abb. 40.3 (s. S. 237). Wir wollen annehmen, daß unmittelbar nach Gretel auch Hänsel nach dem Teilchen sucht. Er wird es genau dann finden, wenn Gretel es nicht gefunden hat. Beide Experimente zusammen führen also mit derselben Wahrscheinlichkeit auf zwei ganz verschiedene Verfestigungen: Entweder in Hänsels oder in Gretels Gebiet entsteht ein Dokument, das besagt, daß das Teilchen gefunden wurde. Im jeweils anderen Gebiet wurde es dann nicht gefunden. Dramatisierend können wir annehmen, daß der Fund des Teilchens eine Bombe auslöst und so weiter. Die Rolle der Zeit bei einem solchen Meßprozeß ist laut orthodoxer Quantenmechanik eine ganz andere als bei der kontinuierlichen Entwicklung ihrer Grundgrößen in abgeschlossenen Systemen, die ich zuvor geschildert habe: Von mehreren – hier zwei – Möglichkeiten wird genau eine realisiert. Ein solcher Prozeß kann ganz offensichtlich nicht umgekehrt werden – aus einer von mehreren möglichen Verfestigungen, die zufällig aufgetreten ist, können die Möglichkeiten nicht wieder entstehen. Und was die Explosion einer Bombe anrichtet, kann zeitlich umgekehrt in der Natur nicht auftreten.

Nach Meinung der Experten bleibt das auch dann so, wenn berücksichtigt wird, daß auch für die Meßapparatur die Quantenmechanik gilt. Das System bewirkt zwar die Verfestigung, sie tritt aber nicht in ihm, sondern in der Apparatur, schlußendlich in der Umwelt auf. Aber auch für die Umwelt, schließlich für das Universum als Ganzes, gilt die Quantenmechanik; klassische Eigenschaften ergeben sich, wie gezeigt werden konnte, aus quantenmechanischen durch Verfestigungen und verwandte Prozesse. Niemals aber sind die Verfestigungen, die von verschiedenen quantenmechanischen Möglichkeiten ausgehen, deterministisch festgelegt, so daß auch bei Einbeziehung des Universums als Ganzes die zeitliche Unumkehrbarkeit bestehenbleibt.

Folglich zerlegt ein mysteriöses *Jetzt* die Zeit in Vergangenheit und Zukunft. Die Vergangenheit, zumindest soweit sie durch Verfestigungen belegt werden kann, steht fest; die Zukunft ist offen, durch die Vergangenheit und Gegenwart nicht vollständig determiniert. Also unterscheiden sich Zukunft und Vergangenheit durch objektive Kriterien. Das ist jedenfalls eine Expertenmeinung zu Vergangenheit, Gegenwart und Zukunft in der Quantenmechanik. Zwei Fragen aber lassen auch die Experten offen. Erstens die nach dem *Jetzt*, dem bisher nur eine psychologische Bedeutung zugemessen werden kann. Zweitens die nach einem Grund für die hochgradige Lokalität der nicht-quantenmechanischen Welt, die sich durch Verfestigungen aus der quantenmechanischen ergeben hat und ergibt. Die Quantenmechanik selbst zeichnet lokale Zustände in keiner Weise vor verschränkten aus. Die verschränkten aber bewirken Korrelationen zwischen verschiedenen Gebieten, die in der nicht-quantenmechanischen Welt ausgestorben sind.

Warum das? Ein Erklärungsversuch ist, daß die Ankopplung quantenmechanischer Systeme an nicht-quantenmechanische lokale, die bereits bestehen, nur die Entstehung nicht-quantenmechanischer größerer Systeme gestattet, die ebenfalls lokal sind. Die allumfassende Lokalität wäre dann auf eine am Anfang der Welt durch Zufall entstandene zurückzuführen. Andererseits gibt es unendlich mehr Möglichkeiten für ein System, verschränkt zu sein als lokal, so daß auch dieser Erklärungsversuch der Erklärung bedarf. Eine solche Erklärung ist, daß durch Zufall alle möglichen Teilwelten entstanden sind und – laut einer von dem Physiker Everett stammenden Variante – in jedem Augenblick neu entstehen. Wenn das so ist, und wenn Lokalität von einer Verfestigung auf die andere vererbt werden kann, oder wenn wir bei jeder Entstehung von neuen Everettschen Welten nur in jenen weiterleben können, deren Eigenschaften unsere Existenz erlauben, ist Lokalität möglicherweise eine Eigenschaft nur unserer Welt. Dann nämlich, wenn intelligentes Leben nur in lokalen Welten auftreten und sich erhalten kann. In einer Welt, in der die Zufallsentscheidung anders ausgefallen wäre, könnten »wir« nach Auskunft dieser Interpretation nicht leben.

Auf derartige »anthropische« Erklärungsversuche von nahezu allem und jedem werde ich im Epilog zurückkommen. Hier noch eine märchenhafte Formulierung des Problems, die aus Roland Omnès einsichtsreichem Buch mit dem stolzen Titel *The interpretation of quantum mechanics* stammt: *Der gegenwärtige Zustand der Theorie kann am besten durch eine Parabel beschrieben werden: Ein Engel, im Himmel geboren, wurde zur Stärkung seines Verstandes nur mit Mathematik und Logik gefüttert. Er sollte aber die Erde besuchen und mußte deshalb deren Gesetze erlernen. Ein Erzengel unterrichtete ihn aus den Büchern in den Prinzipien der Quantenmechanik. Der junge Engel verstand alles mühelos und wußte deshalb, was ihm bei seiner Ankunft auf der Erde begegnen würde: eine Vielfalt gleichzeitiger, gestapelter Phänomene, entstanden seit unerdenklichen Zeiten als Ansammlung kleiner Vorgänge in der Quantenwelt. Wie groß war da seine Überraschung, als er statt dessen eine eindeutige, wohlgeordnete Realität mit scharfen und eindeutigen Eigenschaften erblickte. Mit Ausnahme der Wolken im Himmel gab es keine traumhaft wandernden, mehrdeutigen Erscheinungen, sondern überall nur harte und klare Umrisse. Von dieser Erfahrung hat sich der Engel niemals wirklich erholt.*

Hinzufügen will ich, daß *Phänomene* in der Terminologie des Buches für Vorhersagen der Theorie steht, *Fakten* aber für das, was wir *Verfestigungen* genannt haben. *Am Ende*, so Omnès, *bleibt die Existenz von Fakten als das Problem bestehen.*

Verfestigungen jetzt

Jedesmal, wenn in einer Verfestigung eine bestimmte physikalische Realität aus mehreren quantenmechanischen Möglichkeiten entsteht, beginnt laut orthodoxer Quantenmechanik die Welt einen Lauf zu nehmen, der vor der Verfestigung noch nicht feststand: Es hätte auch anders kommen können. Das Universum besitzt eine (teilweise) dokumentierte Geschichte, die sich weiter entwickelt. Wie ein Zauberstab berührt das *Jetzt* die Welt und schafft aus Möglichkeiten Realitäten – eliminiert also auch die zahllosen künftigen Möglichkeiten, die nicht einmal mehr als solche – als Möglichkeiten – entstehen konnten, weil sie mit der bereits entstandenen Realität nicht kompatibel sind. Das Diktum Hermann Weyls: *Die objektive Welt* ist *schlechthin, sie* geschieht *nicht*, aus Kapitel 3 kann auf die quantenmechanische Welt für jeden Wert des Parameters Zeit *vor* dem mysteriösen *Jetzt* angewendet werden. Denn dann, und nur dann, kann von ihr als *objektiver Welt* gesprochen werden. Die *jetzt* zukünftige Welt ist viel reicher als die *jetzt* vergangene objektive, weil in ihr statt Fakten Möglichkeiten ausgebreitet sind. Möglichkeiten sind wie Nadeln, die auf ihrer Spitze stehen und so oder so umfallen – soll bedeuten: Fakten bilden – können. Nadeln, die der Zauberstab des *Jetzt* berührt, fallen um und reißen dabei nicht nur benachbarte Nadeln mit sich, sondern auch weit entfernte – die Fakten, die entstehen, sind über weite Strecken merkwürdig korreliert.

Ein Dämon, der *jetzt* die ganze Welt vor sich ausgebreitet sähe, könnte das Gebiet der Vergangenheit von dem der Zukunft durch objektive Kriterien trennen: hier Fakten, dort Möglichkeiten. Die Grenze zwischen beiden aber ist verwaschen; nicht alle Möglichkeiten, die vor einem vergangenen *Jetzt* bestanden haben, wurden *jetzt* bereits durch Realitäten ersetzt. Denn zwischen der Entstehung der beiden getrennten Wahrscheinlichkeitsberge in der Abb. 40.1b und der Realisierung einer der beiden Möglichkeiten, für die sie stehen, durch Gretels Experiment zwischen den Abb. a und b von Abb. 40.3 ist Zeit vergangen, während deren die Berge unterwegs waren. Vor jedem *Jetzt* in dieser Zeit gab es also eine Zeitspanne, in der zwei quantenmechanische Möglichkeiten bestanden, die noch nicht durch die Realität eines experimentellen Ergebnisses ersetzt worden waren.

Das geschieht rückwirkend in dem Augenblick, in dem Gretel ihr Experiment durchführt. Andererseits ist die Zukunft nicht vollständig offen, also nicht nur eine Ansammlung von Möglichkeiten. Manche zukünftigen Ereignisse stehen ja vermöge der Naturgesetze und der Vergangenheit *jetzt* bereits fest; daß zum Beispiel die Sonne morgen aufgehen wird, ist sicher. Wenn wir bereits wüßten, was *jetzt* Zukunft ist und was Vergangenheit, könnten wir zwischen zukünftigen, wenn auch *jetzt* schon vorausbestimmten Fakten klar unterscheiden. Aber wir wollen ja umgekehrt die Fähigkeit, zwischen Möglichkeiten und Fakten zu unterscheiden, dazu benutzen, um Kriterien dafür aufzustellen, was Zukunft ist und was Vergangenheit. Wie soll der Dämon, der *jetzt* die Welt mit all ihren verfestigten Ereignissen und Möglichkeiten vor sich ausgebreitet sieht, die Tatsache einordnen, daß die Erde noch sehr lange die Sonne umkreisen wird – als Faktum oder als Möglichkeit?

Der Dämon, der kein persönliches *Jetzt* kennt, sieht den Fluß der Zeit, das Umfallen der Nadeln und kann daraus eine Richtung der Zeit definieren. Darüber aber, was unser persönliches *Jetzt* ausmacht, gibt es nur Meinungen. Spüren wir, wie in uns die Nadeln fallen, so daß wir zur Erklärung des Bewußtseins die Quantenmechanik heranziehen müssen? Das ist der Standpunkt des englischen Mathematikers und Physikers Roger Penrose. Für Albert Einstein *bedeutet die Erfahrung des Jetzt etwas Besonderes ..., das sich von Vergangenheit und Zukunft wesentlich unterscheidet. Dieser wichtige Unterschied tritt aber in der Physik nicht auf – er kann das nicht einmal.*

»Geisterartige Wirkungen« wirken nicht

Die EPR-inspirierte Kritik an der Quantenmechanik hat sich niemals gegen deren Aussagen über Beobachtungen gewandt. Denn diese widersprechen keinem geheiligten Prinzip der Physik. Wenn Gretel das Teilchen findet, weiß sie in demselben Augenblick, daß Hänsel es nicht finden wird. Aber Hänsel in zweihundert Meter Entfernung weiß es nicht. Er kann es auch nicht dadurch erfahren, daß er unmittelbar nach Gretel – soll heißen: bevor ihn ein »normales« Signal aus Gretels Gebiet erreichen konnte – selbst nach dem Teilchen sucht. Ob nämlich Gretel nach dem Teilchen gesucht hat oder nicht, und ob sie es gefunden hat oder nicht – für Hänsel bleibt der Ausgang seines Experimentes so unbestimmt, wie er war: Im Einzelfall kann er nicht wissen, ob er das Teilchen finden wird, und insgesamt findet er es mit oder ohne Gretels vorherige Versuche in fünfzig Prozent aller Fälle. Hat Gretel es nämlich bereits gefunden, findet er es nicht, und genauso umgekehrt, so daß die Fälle zwar vertauscht werden, ihre Prozentzahlen aber dieselben bleiben. Das geheiligte Prinzip, daß kein *Signal* mit einer beliebig großen Geschwindigkeit übertragen werden kann, verletzen die *geisterartigen Wirkungen*, denen die EPR-inspirierte Kritik gilt, also nicht.

Gretels Suche nach dem Teilchen bewirkt in Hänsels Gebiet etwas, das er nicht nachweisen kann: den Übergang von einer quantenmechanischen Wahrscheinlichkeit zu einer klassischen. Hat Gretel *nicht* nach dem Teilchen gesucht, steht laut orthodoxer Quantenmechanik der Lehrbücher objektiv und wirklich nicht fest, ob Hänsel es bei seinem Experiment finden wird. Hat sie aber gesucht, steht es fest. Doch Hänsel kann weder wissen, ob sie gesucht hat, noch was, gegebenenfalls, ihr Ergebnis war. Mehr wissen kann er erst dann, wenn ihn auch ein normales Signal von Gretel hätte erreichen können. Für ihn hat Gretels Experiment nur die quantenmechanische Wahrscheinlichkeit durch die Rechengröße mit demselben Namen ersetzt. Weil das so ist und weil klassische Wahrscheinlichkeiten keine Signale beliebig schnell übertragen können, können das auch die EPR-artigen Wirkungen nicht.

Verborgene »Elemente der Realität«?

Nein, die EPR-inspirierte Kritik an der Quantenmechanik hat sich niemals gegen experimentell überprüfbare Aussagen gewandt, sondern nur gegen deren theoretische Beschreibung. Und das nicht einmal auf dem Niveau des Formalismus der Quantenmechanik ohne Beobachtungen. Bis Hänsel eingreift oder Gretel, bewegen sich die Wahrscheinlichkeitsberge wie Wasserwellen, also ganz so, wie es die klassische Physik will. Es sind erst die Wirkungen des Eingreifens von Hänsel oder Gretel, die Schwierigkeiten bereiten. Wäre die quantenmechanische Wahrscheinlichkeit nur eine Rechengröße wie die klassische, gäbe es auch auf diesem Niveau keine Schwierigkeiten. So aber muß es denn auch laut EPR sein: Da Gretel durch ihre Messungen Hänsels weit entferntes System nicht stören kann, ihre Messungen es ihr aber ermöglichen, Hänsels Meßergebnisse mit Sicherheit vorauszusagen, muß es ein *Element der Realität* geben, welches ihr Meßergebnis und seines vorherbestimmt. Die Lehrbuch-Quantenmechanik kennt dieses Element der Realität aber nicht, so daß sie laut EPR unvollständig ist. Die Wahrscheinlichkeitsverteilung selbst oder die Wellenfunktion, aus der sie berechnet werden kann, kann dieses Element der Realität aber nicht sein. Denn gerade sie bricht in Hänsels Gebiet in dem Augenblick zusammen, in dem Gretel das Teilchen in ihrem findet.

Auf Versuche, durch »verborgene Parameter« das von EPR vermißte *Element der Realität* in die Quantenmechanik einzuführen, gehe ich hier nicht ein. Die EPR-inspirierte Forderung nach einer realistischen, lokalen und kausalen Theorie kann auf Grund der bereits erwähnten Theoreme von John Bell und der auf ihren Grundlagen ausgeführten Experimente nicht erfüllt werden. Zuzugeben ist aber, daß das für die Experimente mit *einem* Teilchen, die ich im Zusammenhang mit den Abb. 40.1 -3 beschrieben habe, nicht gilt: Alle von der Quantenmechanik vorhergesagten Ergebnisse von Experimenten an einzelnen Teilchen können durch Theorien beschrieben werden, die die von EPR vermißten Eigenschaften besitzen.

Unauflösbare Verschränktheiten

Deshalb können die Abb. 40.1-3 nur zur Illustration der quantenmechanischen Verschränktheit dienen. Unauflösbare Verschränktheit beginnt bei zwei Teilchen. Zunächst das Analogon der Abb. 39: Wenn der Leser bei einem Spaziergang entdeckt, daß er von seinem Paar Handschuhe nur den linken eingesteckt hat, weiß er sogleich, daß der rechte sich zu Hause befindet. Hieran ist nichts paradox. Jetzt die Quantenmechanik. Auf einem Tisch liegen zwei verschlossene Tüten. In der einen befindet sich der eine, in der anderen der andere Handschuh eines Paares. Zwar nicht klassisch, wohl aber quantenmechanisch kann es so sein, daß tatsächlich und wirklich nicht feststeht, in welcher Tüte sich welcher Handschuh befindet. Es ist also nicht nur unbekannt, sondern es steht nicht fest – und das in einer Situation, die quantenmechanisch gesehen eindeutig definiert ist. Jeder Versuch, festzustellen, in welcher Tüte sich welcher Handschuh befindet, würde die quantenmechanische Situation ändern.

Jetzt kommen Hänsel und Gretel, ergreifen je eine Tüte und gehen ihrer Wege. Aus dem quantenmechanisch eindeutig festgelegten Zustand der zwei Tüten auf dem Tisch entsteht dadurch einer, der immer noch eindeutig festgelegt ist. Seine logische Bedeutung kann so beschrieben werden: Entweder hat Gretel den rechten Handschuh und Hänsel den linken, oder es ist umgekehrt – Gretel hat den linken, Hänsel den rechten. Dies ist eine trivialerweise richtige Beschreibung der Kenntnis, die sich klassisch gesehen aus der Anfangssituation ergibt. Die Quantenmechanik fügt hinzu, daß – ohne den Zustand des Systems zu ändern – darüber hinaus nichts gesagt werden kann. Das ist der Knackpunkt, durch den sich die quantenmechanische Wahrscheinlichkeit von der klassischen unterscheidet: Obwohl über den Zustand des Systems alles gesagt wurde, was überhaupt gesagt werden kann, steht nicht fest, wo sich der rechte, wo sich der linke Handschuh befindet.

Analyse und Synthese

Vom Standpunkt der nicht-quantenmechanischen Physik aus gesehen, ist die Situation absurd. Läßt sie doch die Methode nicht zu, durch die sich die Physik mit Newton von der scholastischen Naturforschung abgenabelt hat – die Methode nämlich der Analyse und Synthese. Große Systeme werden nach dieser Methode in kleine zerlegt, die leichter verstanden werden können. Sind sie verstanden, werden sie wieder zu dem großen System zusammengesetzt – in günstigen Fällen mit dem Ergebnis, daß damit und dadurch auch dieses verstanden werden kann. Das Planetensystem ist ein solcher günstiger Fall. Denn jeder Planet bewegt sich näherungsweise so, als gäbe es nur ihn und die Sonne im Universum. Das ist deshalb so, weil die Planeten – erstens – weit voneinander entfernt sind und – zweitens – die Anziehungskraft der Sonne wegen ihrer großen Masse alle anderen Kräfte, die auf die Planeten einwirken, bei weitem überwiegt.

Man wird erwarten, daß die Methode der Synthese nach Analyse immer dann erfolgreich ist, wenn die Teilsysteme des großen Systems weit voneinander entfernt sind. Demgegenüber war der Ansatz der antiken und scholastischen Naturforschung in allen Fällen holistisch. Verständnis von Einzelheiten sollte nur aus einem Verständnis des Ganzen erwachsen können. Noch Kepler hat vorrangig das Planetensystem insgesamt verstehen wollen. Das Verhalten einzelner Planeten wollte er dann und danach auf die Rolle zurückführen, die sie im Planetensystem insgesamt zu spielen hatten. *Der Grundgedanke des Keplerschen Jugendwerkes* Mysterium cosmographicum, *das er auch im Alter keinesfalls verleugnet hat, ist, daß Gott in der Schöpfung bei der Festlegung der Planetenbahnen die fünf platonischen regelmäßigen Körper vor Augen gehabt hat.* Eine Planetenbahn gilt Kepler in diesem Buch dann als verstanden, wenn ihre Bedeutung für die Harmonie des Ganzen klargeworden war. Die analytisch-synthetische Methode der Naturwissenschaften, die Newton wenig später einführen sollte, war sofort ungemein erfolgreich und ist es ungenaugenommen immer noch – dann nämlich, wenn wir darüber hinwegsehen, daß sie in speziell arrangierten quantenmechanischen Situationen zu falschen Resultaten führt.

Denn der Zustand eines aus zwei Teilchen zusammengesetzten Systems legt den Zustand eines hypothetischen Teilsystems, das sich bei Hänsel oder Gretel befände, nicht fest. Vom quantenmechanischen Gesamtzustand kann, anders gesagt, nicht abgelesen werden, wie der Zustand des Systems hier oder dort beschaffen ist. Wenn Gretel ihre Tüte öffnet, findet sie entweder einen rechten oder einen linken Handschuh – ob aber diesen oder jenen, hat laut Lehrbuch-Quantenmechanik bis zu diesem Augenblick nicht festgestanden. Ab diesem Augenblick steht auch fest, daß Hänsel das Pendant zu Gretels Handschuh finden wird – ohne daß es, noch einmal sei es unterstrichen, zuvor schon festgestanden hätte.

Globale und lokale Eigenschaften

Dabei ist Hänsel beliebig weit von Gretel entfernt! Selbst wenn sie sehr groß sind, können Systeme der Quantenmechanik also im allgemeinen nicht in räumlich getrennte Teilsysteme so zerlegt werden, daß die Zustände der Teilsysteme aus dem Zustand des Gesamtsystems folgen. Genaugenommen kann nicht einmal von Teilsystemen und deren Zuständen gesprochen werden. Erst wenn und indem Gretel ihre Tüte öffnet, entsteht ein in Hänsels Gebiet lokalisiertes Teilsystem in einem bestimmten quantenmechanischen Zustand. Hätte

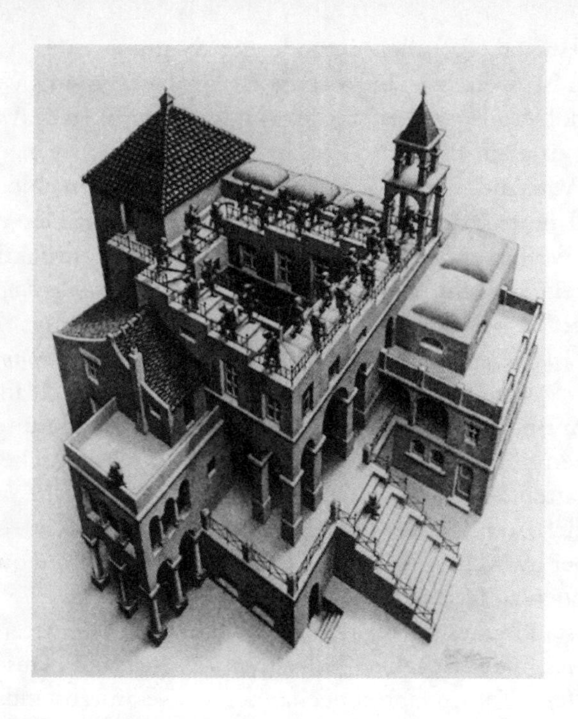

Abb. 41 Die Männer kommen, nachdem sie nur treppauf oder nur treppab gegangen sind, wieder an derselben Stelle an. Das ist unmöglich – aber an welcher Stelle steckt die Unmöglichkeit? An keiner bestimmten; das Gezeigte ist nur insgesamt – global – unmöglich, nicht lokal. Maurits Escher, *Treppauf und Treppab,* Lithographie, 1960 ().

er selbst vorher nachgesehen, hätte er entweder einen rechten oder einen linken Handschuh gefunden. Aber dies Resultat kann auf keinen Zustand zurückgeführt werden, der in seinem Gebiet lokalisiert wäre, weil seine Suche immer auch Konsequenzen in Gretels Gebiet hat.

Sind – andersherum – die Zustände von Teilsystemen bekannt, aus denen ein Gesamtsystems aufgebaut werden soll, folgt der Zustand des Gesamtsystems nicht aus den Zuständen seiner prospektiven Teile. Holistische Eigenschaften des Gesamtsystems, die nicht aus den lokalen Eigenschaften seiner Teile folgen, müssen hinzukommen.

Ein häufig genanntes Beispiel für holistische Eigenschaften, die nicht auf lokale zurückgeführt werden können, bildet das Möbius-Band. Erfahrung lehrt, daß es schwer bis unmöglich ist, Möbius-Bänder durch Zeichnungen zu veranschaulichen. Deshalb eine Konstruktionsvorschrift statt einer Abbildung: Man nehme einen Streifen Papier, vielleicht 30 Zentimeter lang, so in beide Hände, daß er glatt auf einer Tischplatte aufliegen kann. Dann drehe man das eine Ende um 180 Grad und führe die beiden Enden des Bandes zusammen. Klebt man sie so aneinander, erhält man ein Möbius-Band.

Dem Leser, der das Möbius-Band nicht kennt, empfehle ich, eins zu basteln. Das Band ist ohne Zweifel verdreht. Aber wo sitzt die Verdrehung? Überall und nirgends. Betrachtung der näheren Umgebung irgendeines Punktes eines Bandes ergibt nicht, ob dieses insgesamt verdreht ist: Verdrehung ist eine globale Eigenschaft von Bändern, keine lokale. Genauso ist Verschränkung eine globale Eigenschaft quantenmechanischer Systeme.

Ein zweites Beispiel für eine globale Eigenschaft, die auf keine lokale zurückgeführt werden kann, zeigt die 1960 entstandene Lithographie *Treppauf und Treppab* des holländischen Künstlers Maurits Escher (Abb. 41): Was die Abbildung zeigt, ist offenbar unmöglich – aber wo steckt die Unmöglichkeit? An keiner einzelnen Stelle; das Dargestellte ist zwar global, aber nicht lokal unmöglich.

Quantenmechanische Systeme können im allgemeinen also weder in Untersysteme so zerlegt werden, daß die Eigenschaften der Untersysteme aus denen des Gesamtsystems folgen, noch aus Untersystemen so zusammengesetzt werden, daß sich die Eigenschaften des Gesamtsystems aus denen der Untersysteme ergeben. Eine größere Abweichung von den durch die klassische Physik geweckten Erwartungen ist kaum möglich.

Indeterminismus der Quantenmechanik

Außerdem und nebenbei ist die Quantenmechanik keine deterministische Theorie. Deterministisch festgelegt sind zwar die Wahrscheinlichkeiten von Beobachtungsergebnissen, aber nicht die Ergebnisse selbst. Das hat bereits die Abb. 40 gezeigt. Ein historisch wichtiges Beispiel bildet der radioaktive Zerfall von Atomkernen. Gegeben sei ein Atomkern, der zerfallen kann – zum Beispiel ein Kern des Elements Kobalt 60. Aus dem vorigen Kapitel wissen wir, daß er in ein Elektron, ein Neutrino und einen Restkern zerfällt. Von den Kernen eines Präparats werden 50 Prozent innerhalb der *Halbwertszeit* – beim Kobalt 60 beträgt sie fünf Jahre – zerfallen. Das, und nicht mehr, sagt ein Naturgesetz. Keinen der Kerne ziert ein Mal, von dem abgelesen werden könnte, wie lange er selbst überleben wird. Laut Quantenmechanik steht das objektiv und wirklich nicht fest. Kein Kern enthält eine verborgene Eigenschaft, die wie ein Gen in Lebewesen seine Zukunft über die allgemeine Lebenserwartung hinaus festlegen würde. Ist ein individueller Kern gegeben, ist einzig und allein die Wahrscheinlichkeit festgelegt, mit der er zerfallen wird. Unabhängig davon, wie lange es ihn schon gibt – ob er heute oder in Vorzeiten ausgebrütet wurde –, ist diese Wahrscheinlichkeit für jeden Kern dieselbe.

Die Wahrscheinlichkeit, daß ein Kern zerfällt, ist zeitlich konstant. Wenn wir wissen, daß der Kern *jetzt* intakt ist, können wir nach der Wahrscheinlicheit fragen, mit der er in einem kurzen Zeitintervall von – sagen wir – einer Sekunde Dauer heute, in einem Monat, in einem Jahr oder in hundert Jahren zerfallen wird. Die Antwort ist, daß die Wahrscheinlichkeit des Zerfalls in dem kurzen Zeitintervall zu allen Zeiten dieselbe ist – innerhalb eines Intervalls von einer Sekunde Dauer zerfällt er heute mit derselben Wahrscheinlichkeit wie in hundert Jahren.

Kopenhagener Deutung und Schrödingers Katze

Wenn also die Quantenmechanik nur Wahrscheinlichkeiten kennt – was soll es dann bedeuten, daß der Kern tatsächlich zerfallen oder nicht zerfallen ist? Die Antwort der *Kopenhagener Deutung* war, daß dies so lange unentschieden bleibt, bis ein menschliches Bewußtsein den Zerfall, wenn er denn erfolgt ist, zur Kenntnis nimmt. Aber ist hierfür ein Bewußtsein so gut wie das andere? Bedarf es, so haben wir gefragt, des Bewußtseins eines Doktors der Philosophie, oder reicht vielleicht doch das eines Säuglings, der zu schreien beginnt, oder das einer Küchenschabe? Und welcher Grad der Aufmerksamkeit des Beobachters ist erforderlich? Darf er betrunken sein?

Erwin Schrödinger, Physiknobelpreisträger von 1933 und einer der Väter der Quantenmechanik, hat die Kopenhagener Deutung nicht akzeptiert. Von ihm stammt die wohl drastischste Illustration der Probleme dieser Deutung. Sie ist unter dem Namen *Schrödingers Katze* bekannt geworden. Dem Kern, der zerfallen kann, hat Schrödinger ein Nachweisgerät für die Zerfallsprodukte hinzugesellt, das, wenn es anspricht, über die Apparatur der Abb. 42 einen Hammer auslöst, der selbst wieder eine Flasche zerschlägt, die ein tödliches Giftgas enthält. Das Ganze befindet sich zusammen mit *Schrödingers Katze* in einem verschlossenen Kasten. Nicht-quantenmechanisch gesehen ist die Katze zu allen Zeiten entweder lebendig oder tot – sie lebt so lange, bis der Kern zerfällt und

Abb. 42 Schrödingers Katze: Katze, Gift, Phiole, Hammer und Schalter sind zweimal gestrichelt dargestellt. Dies, um anzudeuten, daß sie bis zur Öffnung des Kastens keine ihrer beiden möglichen Formen annehmen werden. Insbesondere ist die Katze weder tot noch lebendig, sondern mit gewissen Wahrscheinlichkeiten entweder das eine oder das andere. Der Text erläutert den Ursprung dieser beklagenswerten Situation.

das Gift freigibt; danach ist sie tot. Laut Kopenhagener Deutung der Quantenmechanik ist das anders. Zwischen dem Augenblick, in dem der Experimentator den Kasten schließt, und dem, in dem er ihn wieder öffnet, gibt es keine Fakten, sondern nur Wahrscheinlichkeiten: Die Katze ist weder tot noch lebendig, sondern wahrhaft und wirklich beides zugleich mit gewissen Wahrscheinlichkeiten, die sich aus der quantenmechanischen Zerfallswahrscheinlichkeit des Kerns berechnen lassen. Erst in dem Augenblick, in dem der Experimentator den Kasten öffnet, entsteht aus den beiden Möglichkeiten die eine oder die andere Wirklichkeit. Daß die Apparatur zu Verfestigungen führt, die nicht rückgängig gemacht werden können, bewirkt laut Kopenhagener Deutung für sich allein keinen Übergang vom Regime der Quantenmechanik zum klassischen Regime. Dazu ist die Kenntnisnahme der Verfestigung durch ein menschliches Bewußtsein nötig.

Wie aber ist es, wenn *Wigners Freund* als Beobachter mit aufgesetzter Gasmaske neben der Katze in dem Kasten sitzt? Während er ein Nickerchen macht, passiert überhaupt nichts. Öffnet er aber die Augen, entsteht in demselben Augenblick aus der Katze in ihrem beklagenswerten quantenmechanischen Zustand entweder eine tote oder eine lebendige Katze. Der Leser wird fragen, ob *Wigners Freund* dazu hellwach werden muß oder ob es ausreicht, wenn er im Halbschlaf blinzelt? Und wie es ist, wenn er ein Glas zuviel getrunken hat? Ich weiß es nicht. Und wie ist es, wenn er die Gasmaske abgenommen hat? Zunächst sind er und die Katze lebendig. Dann passiert es, der Hammer fällt, und beide sind – nein, nicht tot, weil ja dann kein Beobachter mehr da wäre, der es zur Kenntnis nehmen und damit zur Realität erheben könnte.

Radioaktive Zerfälle und die »Richtung der Zeit«

Wie die Quantenmechanik zu interpretieren sei, ist bis heute kontrovers. Der Kopenhagener Deutung steht die Auffassung gegenüber, daß der Verfestigung der Ergebnisse quantenmechanischer Abläufe im menschlichen Gehirn keine Sonderrolle gegenüber anderen Verfestigungen zukommt. Davon bin auch ich überzeugt. Das Entstehen und dann Überdauern von Verfestigungen ist offenbar ein Prozeß, der eine Richtung der Zeit vor der anderen auszeichnet. Wie aber kommt es zu der Auszeichnung einer Richtung der Zeit beim radioaktiven Zerfall? Zusätzlich zu den Verfestigungen, die er bewirkt, müssen wir zwei Aspekte unterscheiden. Erstens rinnt aus einem instabilen, isolierten Kern sozusagen Wahrscheinlichkeit heraus und verteilt sich ins Unendliche. Das ist ein rein quantenmechanischer Prozeß. Kein Naturgesetz verbietet den zeitlich umgekehrten Ablauf, aber es ist praktisch unmöglich, ihn in Gang zu setzen. Genau so war es bei den Wasserwellen und den elektromagnetischen Wellen im vorletzten Kapitel. Tatsächlich aber ist der Kern nicht isoliert, sondern steht in ständigem quantenmechanischem Kontakt mit seiner Umgebung. Diese stört ihn, sozusagen, und das führt zum Zerfall. So betrachtet ist der Zerfall zwar ein quantenmechanischer Prozeß, er findet aber wie ein klassischer zu bestimmten Zeiten statt. Dabei muß es nicht zu Verfestigungen kommen, weil auch für die Umgebung des Kerns die Quantenmechanik gilt. Diese Umgebung, mit der der Kern in Wechselwirkung steht und die seinen Zerfall ermöglicht, ist aus den Zuständen aufgebaut, die seine Zerfallsprodukte annehmen können. Die quantenmechanischen Rechnungen zum Zerfall verwenden dieses Modell. Sie führen auf die zeitunabhängige Zerfallswahrscheinlichkeit, mit der wir unsere Diskussion begonnen haben. Im Unterschied zum isolierten Kern entsteht die quantenmechanische Wahrscheinlichkeitsverteilung der Zerfallsprodukte in diesem Fall nicht kontinuierlich, sondern in dem klassisch aufgefaßten Augenblick des Zerfalls. Ansonsten ist alles wie bei dem isolierten Kern. Insbesondere ist der Zerfall aus denselben praktischen Gründen zeitlich unumkehrbar.

Wichtig für den Zerfall ist, daß Kern und Meßapparatur in *ständigem* Kontakt stehen. Werden statt dessen zahlreiche kurz dauernde Messungen durchgeführt, die feststellen sollen, ob der Kern bereits zerfallen ist, zerfällt er nie und nimmer. Dieser höchst seltsame quantenmechanische Effekt ist nach dem altgriechischen Philosophen Zenon benannt. Ihm, der Veränderungen für unmöglich gehalten hat, sind wir bereits in Kapitel 1 begegnet. Unter den jetzigen, höchst einschneidenden und experimentell niemals realisierten Voraussetzungen hat er in der Quantenmechanik schlußendlich doch noch recht bekommen.

Woher die klassische Welt?

Eine der ganz großen offenen Fragen ist, wie die klassische Welt aus der quantenmechanischen entstanden ist und entsteht. Denn so muß es sein. Wenn wir auf die Welt insgesamt sehen, kann es keine Verfestigungen geben. Denn sie sind ein Resultat der Wechselwirkung eines quantenmechanischen Systems mit der Außenwelt. Nehmen wir zum Beispiel Gretels Versuch, das Teilchen der Abb. 40 (s. S. 236) in ihrem Gebiet nachzuweisen. Sie und ihr Nachweisgerät sind ein Teil der Außenwelt des quantenmechanischen Systems, die auf es einwirkt und zur Entscheidung zwischen zwei Möglichkeiten zwingt: Entweder tritt das Teilchen in Gretels Detektor auf, oder es ist sicher, daß es in Hänsels auftreten wird.

Der technische Ausdruck für das, was einem quantenmechanischen System bei der Wechselwirkung mit der Außenwelt widerfährt, ist *Verlust der Kohärenz*. Bis ein Versuch unternommen wird, das Teilchen der Abb. 40 hier oder dort anzutreffen, stehen die Wahrscheinlichkeiten für dieses oder jenes in einer subtilen Beziehung zueinander. Wahrscheinlichkeiten beschreiben dann ja nicht nur unser Wissen über das System, sondern sind Eigenschaften des Systems selbst, die sein Verhalten mitbestimmen. Diese subtilen Beziehungen, die zwar leicht in Gleichungen, aber schwer in Worte zu fassen sind, brechen bei jedem Kontakt des Systems mit der Außenwelt zusammen, der festlegt, wo – ob in Gretels oder Hänsels Gebiet – sich das Teilchen befindet.

Das Universum insgesamt besitzt keine Außenwelt. Da Verfestigungen vermöge des Verlusts der Kohärenz auf Kontakten mit der Außenwelt beruhen, kann es im Universum insgesamt keine Verfestigungen geben, die so oder so hätten ausfallen können. Woher dann der Erfolg der Quantenmechanik, die falsch wäre, wenn Verfestigungen dieser Art nicht auftreten könnten?

Die Antwort Everetts habe ich erwähnt: Jede Verfestigung, die laut Quantenmechanik des einzelnen Systems auftreten kann, tritt auf. Sind verschiedene Verfestigungen möglich, zerspaltet sich das Universum tatsächlich und wirklich in verschiedene Universen mit diesen verschiedenen Verfestigungen. In ihnen kann es so oder so weitergehen. In einem Universum, das intelligente Wesen bewohnen, kann es nur so weitergegangen sein, daß diese Wesen sich in ihm entwickeln konnten. Daneben gibt es andere Universen, in denen die Quantenlotterie im frühen Universum anders, und zwar so ausgegangen ist, daß sich kein intelligentes Leben entwickeln konnte.

Allgemeine Relativitätstheorie und Quantenmechanik im frühen Universum

Die Viel-Welten-Hypothese Everetts von 1957 hat viel Zustimmung gefunden, ist aber auch vehement kritisiert worden. Konsens gibt es nicht. Wir wollen das Auftreten von Verfestigungen als Tatsache anerkennen und Fragen nach der Bedeutung diese Prozesses für das Universum insgesamt dem Streit der Experten überlassen. Anerkennen wollen wir auch, daß das frühe Universum nur durch die Quantenmechanik im Verein mit der Allgemeinen Relativitätstheorie beschrieben werden kann. Die Quantenmechanik ist erforderlich, weil die Entwicklung des Universums zu jener Zeit durch Prozesse bestimmt wurde, die sich auf engstem Raum abgespielt haben. Damals war wegen der großen Massendichte die Schwerkraft die alles beherrschende Kraft, so daß auch deren Theorie, die Allgemeine Relativitätstheorie, zur Beschreibung des frühen Universums herangezogen werden muß. Eine Theorie, die beide in voller Schönheit vereinigte, kennen wir bis heute nicht, so daß wir bei unserem Versuch, das frühe Universum zu verstehen, auf Approximationen angewiesen sind.

Eine wichtige Approximation kennen wir schon aus dem letzten Kapitel – den Übergang vom Superraum zum Mini-Superraum. Hierbei haben wir alle Freiheitsgrade des Universums bis auf seinen Radius und eine überall gleiche Massendichte eingefroren. Zum Beispiel haben wir die lokalen Variationen der Geometrien der dreidimensionalen Räume und den Aufbau der Materie nicht berücksichtigt. Anders als im vorigen Kapitel, das quantenmechanische Komplikationen nicht berücksichtigte, müssen wir bei diesem Vorgehen in der Quantenmechanik interne Inkonsistenzen befürchten.

Unschärferelationen

Der Indeterminismus der Quantenmechanik, den Albert Einstein trotz seines vielzitierten *Gott würfelt nicht* anzuerkennen bereit war, beruht auf den *Unschärferelationen*, von denen die wichtigste – die zwischen Ort und Geschwindigkeit – zuerst 1927 von Werner Heisenberg, einem der Väter der Quantenmechanik und Physiknobelpreisträger von 1932, bewiesen worden ist. Daß die Quantenmechanik große Unschärfen erlaubt, wissen wir von der Abb. 40. Diese Unschärfen oder Unsicherheiten – befindet sich das Teilchen in Gretels oder Hänsels Gebiet? – sind echte physikalische Unschärfen, drücken also nicht nur unser beschränktes Wissen aus. Das hat vor allem der Vergleich der Abbildungen 40.2c und 40.3d gezeigt.

Jedes Teilchen der nicht-quantenmechanischen Physik besitzt zu allen Zeiten einen gewissen Ort und eine gewisse Geschwindigkeit. Es kann sein, daß wir den Ort und/oder die Geschwindigkeit nicht kennen, aber daß sich das Teilchen in jedem Zeitpunkt an einer gewissen Stelle befindet und sich mit einer gewissen Geschwindigkeit bewegt, ist sicher. Daher ist sein Verhalten im Laufe der Zeit durch die Naturgesetze und seinen Ort und seine Geschwindigkeit zu *einer* Zeit als Anfangsbedingung eindeutig festgelegt.

Das Teilchen besitzt also nicht-quantenmechanisch gesehen eine Bahn. Die Bahn eines Teilchens ist eine Folge von Orten, die es nacheinander so durchläuft, daß in jedem Augenblick feststeht, wo es sich gerade befindet. Die Quantenmechanik kennt keine Bahnen von Teilchen. Würde sie Teilchen Bahnen zuschreiben, stünde in jedem Augenblick fest, wo sich das Teilchen befindet und wie schnell es sich bewegt. Als Ursache von Unschärfen könnte nur noch unsere Unwissenheit auftreten – alle Wahrscheinlichkeiten wären klassische Wahrscheinlichkeiten, so daß die Abbildungen 40.2c und 40.3d übereinstimmen müßten.

Aber sie stimmen nicht überein, und die Unschärfen der Quantenmechanik sind echte innere Unschärfen, die nicht aufgehoben werden können, ohne den Zustand des Teilchens zu ändern. Genauer beschreibt die Quantenmechanik Zustände von Teilchen durch mathematische Größen, die nicht zulassen, daß ein Teilchen in einem quantenmechanischen Zustand zu einer Zeit sowohl einen genau bestimmten Ort, als auch eine genau bestimmte Geschwindigkeit besitzt. *Wenn man weiß, wo sie sind, weiß man nicht, was sie tun – und wenn man weiß, was sie tun, weiß man nicht, wo sie sind* – so lautet ein Kalauer, der die Unbestimmtheit von Ort und Geschwindigkeit quantenmechanischer Teilchen umschreiben soll.

Wie alle Versuche, die quantenmechanische Unschärfe durch nicht-quantenmechanische Beispiele zu erläutern, läßt der Kalauer den einzigen wirklich wichtigen Gesichtspunkt außer acht, der quantenmechanische Unsicherheiten von nicht-quantenmechanischen unterscheidet: Es geht nicht um Unsicherheiten unseres Wissens, sondern um objektive Unsicherheiten, die nicht aufgehoben werden können, ohne den Zustand des quantenmechanischen Systems zu verändern. Der Formalismus der Quantenmechanik impliziert, daß nicht beide, Ort und Geschwindigkeit, eines Teilchens gleichzeitig so genau festliegen können, daß eine gewisse Mindestunsicherheit unterschritten würde. Diese Mindestunsicherheit ist so klein, daß sie sich auf makroskopische Teilchen nur unmerklich auswirkt. Wäre sie aber nicht vorhanden, könnten Experimente zur Quantenmechanik nicht widerspruchsfrei interpretiert werden. In diesem Sinne *beschützt* sie, wie Richard P. Feynman geschrieben hat, die Quantenmechanik.

Einem Foto, das ein senkrecht herunterhängendes Pendel zeigt, kann nicht entnommen werden, ob das Pendel in dieser Lage ruht oder durch sie hindurchschwingt. In der nicht-quantenmechanischen Physik spricht nichts dagegen, zu dem Foto eine Unterschrift hinzuzufügen, die die genaue Geschwindigkeit der Pendelmasse in dem Augenblick angibt, in dem das Foto gemacht wurde. Bei einem Pendel, das so klein wäre, daß auf es die Gesetze der Quantenmechanik angewendet werden müßten, würde eine solche Unterschrift das Foto nicht ergänzen, sondern ihm widersprechen. Besitzt, wie das Foto unterstellt, die Pendelmasse eine genaue Lage, ist ihre Geschwindigkeit vollkommen unbestimmt. Je größer die Unschärfe der Lage, desto geringer ist die daraus folgende Mindestunschärfe der Geschwindigkeit. Und genauso umgekehrt. Unmöglich ist, daß die Pendelmasse senkrecht herunterhängt und ruht.

Es geht hier – das sei noch einmal betont – nicht um unser Wissen, oder auch nur um unser mögliches Wissen von Lagen und Geschwindigkeiten, die an und für sich festlägen, sondern darum, daß Lage und Geschwindigkeit der Pendelmasse laut Quantenmechanik unscharf *sind.* Die Unschärferelation zwischen Ort und Geschwindigkeit ist nicht die einzige Unschärferelation der Quantenmechanik. Immer wieder genannt wird eine zwischen Zeit und Energie. Sie, die unmittelbar mit unserem Thema zu tun hätte, ist aber von ganz anderer Art. Orte und Geschwindigkeiten sind Größen, die in der Quantenmechanik definiert sind und Werte mit bestimmten Unschärfen annehmen können. Auch die Energie ist von dieser Art. Hingegen entspricht der Zeit keine im Formalismus der Quantenmechanik definierbare Größe – wie in der Mechanik Newtons ist die Zeit in der Quantenmechanik ein Parameter, von dem Größen wie Orte oder Wahrscheinlichkeiten abhängen. Die vielgenannte Unschärfe zwischen Zeit und Energie betrifft gerade das, was wir bei den Unschärferelationen à la Heisenberg auszuschließen hatten – unser mögliches Wissen um das System und nicht das System selbst. Die Unschärferelation zwischen Zeit und Energie betrifft die Zeitspanne, die zumindest erforderlich ist, um die Energie des Systems mit einer vorgegebenen Genauigkeit experimentell zu ermitteln.

Zu einer Quantengröße kann die Zeit aber durch die Tatsache werden, daß für die Orte und Geschwindigkeiten der Zeiger von Uhren, die sie anzeigen, Unschärferelationen gelten. Ersetzt man nämlich überall in einer quantenmechanischen Theorie den Parameter Zeit durch die Stellung des Zeigers eines Systems, das der Quantenmechanik genügt und sie anzeigt – einer *Quantenuhr* –, folgen für die so konstruierte *Quantengröße Zeit* Unschärferelationen, die denen Heisenbergs entsprechen. Die Zeit selbst wird dadurch zu einer Rechengröße degradiert. Als physikalische Zeit treten an ihre Stelle Korrelationen zwischen Zeigerstellungen und anderen Ereignissen.

Superraum und Quantenmechanik

Bei der Definition des Mini-Superraums im vorigen Kapitel haben wir angenommen, daß Massendichte und Dreiergeometrie überall dieselben sind. Die Variablen, die Abweichungen von dieser Konstanz beschreiben, sind damit ebenfalls überall dieselben, nämlich null. Von den zahlreichen Variablen des Superraums kennt der Mini-Superraum deshalb nur noch Massendichte und Radius des Universums. Diese können sich zwar ändern, bleiben laut Annahme aber räumlich konstant, so daß die Variablen, die Abweichungen von der räumlichen Konstanz beschreiben könnten, nicht nur räumlich, sondern auch zeitlich konstant sind.

Wir wollen uns einer Formulierung der Quantenheorie des Universums im Superraum zuwenden, die in den späten sechziger Jahren entwickelt wurde. In ihr gelten für die Variablen, die beim Übergang vom Superraum zum Mini-Superraum eingefroren werden, Unschärferelationen, so daß eine konsistente Formulierung der Quantenmechanik des Universums im Mini-Superraum genaugenommen unmöglich ist: Die Variablen, die beim Übergang eingefroren werden, können tatsächlich keinen bestimmten Wert besitzen, und wenn sie näherungsweise einen angenommen haben, muß sich dieser unvorhersehbar ändern, weil auch die Geschwindigkeit seiner Änderung unscharf ist.

Nun können die Gleichungen der Quantentheorie des Universums im

Superraum zwar angeschrieben, Rechenergebnisse aber nur im Mini-Superraum erzielt werden. Im Superraum müßten nämlich die quantenmechanischen Fluktuationen der Größen einbezogen werden, die Abweichungen vom Mini-Superraum beschreiben. Diese Fluktuationen muß es zwar geben, aber die Experten haben sich davon überzeugt, daß auch Rechnungen sinnvoll sind, die sie nicht berücksichtigen. Wäre das anders, wären Rechnungen sowohl aus praktischen als auch grundsätzlichen Gründen unmöglich. Die praktischen Gründe sind offensichtlich – je mehr Variablen es gibt, desto schwerer sind Rechnungen, die sie einbeziehen. Grundsätzlich können quantenmechanische Fluktuationen nur in vollständig ausgebauten Theorien berücksichtigt werden. Soweit konnten Quantenmechanik und Allgemeine Relativitätstheorie bisher aber nicht vereinigt werden. Folglich liefern Rechnungen mit Fluktuationen keine verwertbaren Ergebnisse.

Die Entwicklung des sehr frühen Universums haben Fluktuationen von Raum und Zeit beherrscht, die durch keine uns bekannte Theorie beschrieben werden können. Hier geht es tatsächlich um Fluktuationen *von* Raum und Zeit, nicht um Fluktuationen *in* ihnen! Denn die Variablen, die in der Wellenfunktion des Universums auftreten, müssen zu ihr in demselben Verhältnis stehen wie der Ort eines Teilchens zu dessen Wellenfunktion. Dem Ort eines Teilchens entspricht in der Theorie des Universums insgesamt die Metrik des Raumes oder seine Geometrie. Beide – Ort des Teilchens und Geometrie des Universums – ändern sich klassisch gesehen im Laufe der Zeit gleichermaßen. Also sollte in der Quantenmechanik ein Ansatz richtig sein, bei dem die Wellenfunktion des Universums von einer Variablen abhängt, die individuelle Dreiergeometrien als Werte annehmen kann.

Zeit und die Wellenfunktion des Universums

So der Ansatz der Wheeler-DeWitt-Gleichung für die Wellenfunktion des Universums. Als relativ trivialer Schritt treten in ihr quantenmechanisch erprobte Beschreibungen der Materie an die Stelle der Massendichte. Das soll uns nicht weiter beschäftigen. Eine Herausforderung an unsere Intuition stellt die Wheeler-DeWitt-Gleichung aber dadurch dar, daß laut ihrer die Wellenfunktion des Universums, die dessen Entwicklung beschreiben soll, *von der Zeit unabhängig ist.*

Die zeitliche Konstanz der Wellenfunktion des Universums folgt daraus, daß in der Allgemeinen Relativitätstheorie kein Parameter, der die Zeit darstellen kann, vor irgendeinem anderen, der das ebenfalls kann, ausgezeichnet ist. In der

Quantenmechanik bedeutet diese *Reparametrisierungssymmetrie* nicht nur, daß ein Parameter Zeit beliebig gewählt werden kann, sondern auch und vor allem, daß keiner auftritt – ein höchst bemerkenswertes Resultat.

Einen Parameter Zeit, dessen jeweiliger Zahlenwert festlegte, welche Wellenfunktion das Universum gerade besitzt, kennt die Wheeler-DeWitt-Gleichung also nicht. Wie gewöhnliche Wellenfunktionen von den Orten der Teilchen, hängt sie von Variablen ab, die Dreiergeometrien als Werte annehmen. Unter ihnen finden wir den Radius des Universums, den wir im vorigen Kapitel wegen der Reparametrisierungssymmetrie der Allgemeinen Relativitätstheorie zum Repräsentanten des Parameters Zeit ernennen konnten. In der Quantenmechanik ist aus diesem Parameter eine Variable geworden, von der die Wellenfunktion des Universums so abhängt wie eine gewöhnliche Wellenfunktion von den Orten der Teilchen.

Lösungen der Wheeler-DeWitt-Gleichung

Also ist in einer Theorie des Universums, die Quantenmechanik und Allgemeine Relativitätstheorie vereinigt, die Zeit kein Parameter, sondern eine Quantengröße. Eine Wahrscheinlichkeitsinterpretation der Wellenfunktion des Universums *in der* Zeit ist nicht möglich, wohl aber eine *für die* Zeit. Wie der Ort keine scharfen Werte besitzen kann, so auch die Quantengröße Zeit. Für sie gelten Unschärferelationen, die es nicht zulassen, sie zu einem genau festliegenden Parameter zu machen. Die Wheeler-DeWitt-Gleichung erlaubt es, die Wellenfunktion des Universums aus Vorgaben zu berechnen. Im Mini-Superraum hängt sie nur vom Radius des Universums und einer Variable ab, die seinen Inhalt beschreibt. Eine mögliche Abhängigkeit der Wellenfunktion des Universums von diesen beiden Variablen zeigt die Abb. 43. Die Punkte des Netzes entsprechen den Variablenwerten; die Wellenfunktion selbst ist über ihnen aufgetragen. Ist sie an einem Punkt groß, besitzt das Universum die dem Punkt entsprechenden Eigenschaften mit großer Wahrscheinlichkeit.

Der langgezogene Berg der Abb. 43 liegt über einer Folge von Geometrien, die im Universum auftreten – *Ja*-Geometrien, wie Wheeler sagt, im Gegensatz zu den *Nein*-Geometrien, die das nicht tun. Festgelegt wird der Berg durch die Wheeler-DeWitt-Gleichung selbst und geeignete Anfangs- oder Randbedingungen an die Lösung. Diese müssen so gewählt werden, daß sie das tatsächliche Universum beschreiben. Anfangs aber, im sehr frühen Universum, bricht die für Rechnungen erforderliche Annahme zusammen, daß die Geometrie des Uni-

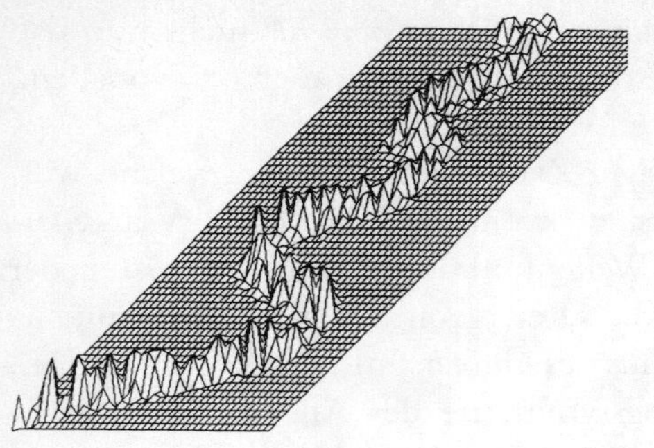

Abb. 43 Die Punkte des Gitters beschreiben Radius und Inhalt des Universums; der Gebirgszug stellt ein Modell für die Wellenfunktion des Universums im Mini-Superraum dar.

versums durch wenige Variable beschrieben werden kann. Bei dichtgedrängter Masse können die Quantenfluktuationen der Geometrie nicht vernachlässigt werden. Bei großen Abständen sind sie wegen ihrer kleinen Reichweiten unsichtbar, bei kleinen aber verwandeln sie Raum und Zeit in eine Art Schaum, der es unmöglich macht, zwischen Raum und Zeit zu unterscheiden.

Dafür, daß der naive Begriff von Raum und Zeit bei extrem kurzen Abständen hinfällig wird, ist die Unschärferelation verantwortlich. Wie stets bei kurzen Zeiten und Abständen, besitzen Energie und Impuls keine genau festgelegten Werte. In der Allgemeinen Relativitätstheorie aber wirken sich Energiekonzentrationen auf die Krümmung von Raum und Zeit aus. Daher ist mit der Energie bei extrem kleinen Abständen auch die Krümmung von Raum und Zeit unbestimmt. Die Metrik, der Inbegriff der Abstände, fluktuiert.

Was das bedeutet, stellt die Abb. 44 am Beispiel einer Wasseroberfläche dar. Wegen der Fluktuation der Abstände in Raum und Zeit kann bei kurzen Abständen nicht gesagt werden, was Raum ist und was Zeit. Raum und Zeit verschwimmen ineinander – Raum wird Zeit und Zeit wird Raum. Beide werden zu genauso gleichberechtigten Richtungen in der Raumzeit, wie Nord und West gleichberechtigte Richtungen auf der Erdoberfläche sind. Bereits die Unschärfe der Zeit macht es im sehr frühen Universum unmöglich, von zwei Ereignissen zu sagen, welches früher und welches später eingetreten ist.

Von nichts und Nichts

Von einem Raum, der im Sinn unserer naiven Vorstellung von leerem Raum leer ist, wollen wir sagen, daß er nichts enthält. Ein Raum soll Nichts enthalten, wenn er so leer ist, wie *im Einklang mit den Naturgesetzen* überhaupt möglich.

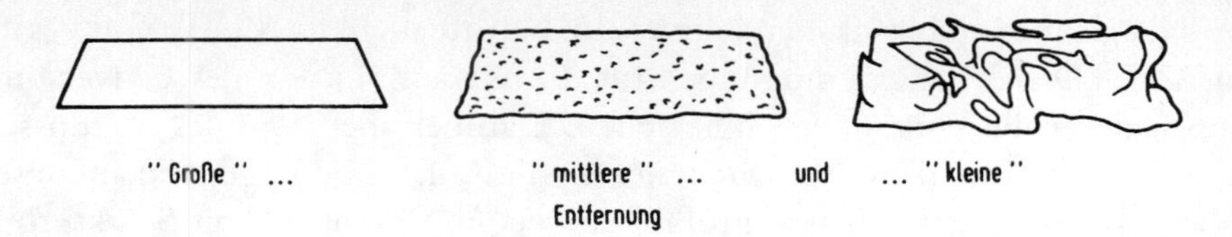

Abb. 44 In der Nähe der Wasseroberfläche werden die Wellen und der Schaum, den sie bilden, sichtbar. Wellen und Schaum stehen für die Fluktuationen der Krümmung von Raum und Zeit, die bei kurzen Abständen und Zeiten auftreten.

Die alte Philosophenfrage, ob es leeren Raum geben kann, lautet nun, ob nichts dasselbe wie Nichts ist.

Die Antwort der Physik ist ein entschiedenes Nein. Alles, was es überhaupt geben kann, fluktuiert im vermeintlich leeren Raum. Enthielte ein Raum nichts, stünde fest, was er enthält – eben nichts. Das aber lassen die Unschärferelationen der Quantenmechanik nicht zu. Ein Raum, der so leer ist, wie im Einklang mit den Naturgesetzen möglich, enthält zwar im zeitlichen und räumlichen Mittel nichts. Das aber nicht dadurch, daß er überall und zu allen Zeiten nichts enthielte, sondern dadurch, daß sich bei der Mittelwertbildung positive und negative Beiträge gegenseitig kompensieren.

Nehmen wir zum Beispiel elektrische Ladungen. Zu jedem elektrisch geladenen Teilchen gibt es ein anderes – sein Antiteilchen –, das die entgegengesetzt-gleiche Ladung trägt. Im Raum, der Nichts enthält, fluktuieren ohne Unterlaß elektrische Ladungen – treten auf und vergehen wieder. Das aber stets in Paaren: Zusammen mit einem negativ geladenen Elektron erscheint sein Antiteilchen, das positiv geladene Positron, im vermeintlich leeren Raum. Sie bewegen sich ein wenig voneinander fort, aber nicht sehr weit, da sie sich anziehen, kommen alsbald wieder zusammen und verschwinden, indem sie sich gegenseitig vernichten. Das physikalische Nichts gleicht dem Konto eines reichen Schuldners – große Bruttobeiträge mit verschiedenen Vorzeichen addieren sich zu Netto Null.

Anfangsbedingungen

Die Vakuumfluktuationen sind kein reines Gedankenspiel, sondern haben Konsequenzen, die für elektrische Ladungen und elektromagnetische Wellen experimentell bestätigt worden sind. Die allgemeine quantenmechanische

Verschwommenheit im frühen Universum betrifft auch die Metrik von Raum und Zeit. Die Anfangsbedingungen für die Wellenfunktion des Universums *müssen* deren Fluktuationen einbeziehen. Darüber aber, wie das zu tun sei, herrscht keine Einigkeit. Natürlich müssen die Anfangsbedingungen auf unser nahezu klassisches, kaltes und großes Universum führen. Damit Strukturbildung möglich ist, muß die Unordnung in ihm wachsen können. Aber können wir hoffen, diese Eigenschaften der Anfangsbedingungen und damit des Universums aus einem Gesetz abzuleiten, das die Anfangsbedingungen festlegte? Oder zumindest diejenigen Anfangsbedingungen, die unser Universum ergeben, zu den wahrscheinlichsten machten? Dessen sicher sein können wir nicht. Angenommen nämlich, daß zahlreiche Universen mit verschiedenen Eigenschaften möglich sind: unter ihnen werden viele sein, die kein intelligentes Leben erlauben. Diese mögen noch so wahrscheinlich sein, wir leben in keinem von ihnen. Wenn wir also nach den wahrscheinlichsten Anfangsbedingungen für die Entwicklung eines Universums fragen, können wir nicht sicher sein, daß jene unter ihnen sind, die auf unser Universum führen. Sie sollten die wahrscheinlichsten sein unter der *Bedingung*, daß sie intelligentes Leben erlauben. Denn nur diese Universen stehen für uns zur Auswahl an.

Bewohner einer Oase, die nach den wahrscheinlichsten Eigenschaften ihres Lebensraums fragten, würden Beschreibungen der Wüste als Antwort erhalten. Erst die Frage nach der Wahrscheinlichkeit von Eigenschaften unter der Bedingung, daß sie Leben erlauben, kann Antworten ergeben wie die, daß Wasser mit überwiegender Wahrscheinlichkeit in zwei Meter Tiefe zu finden ist. Genauso ist es mit uns als Bewohner eines Universums, in dem Leben möglich ist.

Das ist natürlich abermals das Anthropische Prinzip, jetzt angewendet auf Anfangsbedingungen. Eine Anfangsbedingung des Universums ist die »symmetrische« von H.-Dieter Zeh. Sie besagt, daß die Wellenfunktion des Universums bei sehr kleinem Radius *nur* von dem Radius abhängt. Die anderen Variablen, von denen sie auch abhängen kann, beginnen erst bei wachsendem Radius eine Rolle zu spielen. Unter dieser Bedingung hängt die Wellenfunktion eines kleinen Universums zwar von dessen Radius, nicht aber davon ab, wie schnell und in welche Richtung der Radius sich ändert – ob das Universum sich also in einer Phase der Expansion oder der Kontraktion befindet. »Symmetrisch« heißt die Anfangsbedingung, weil gleiche Radien des Universums symmetrisch zu seinem größten Radius liegen.

Es ist plausibel, aber natürlich nicht bewiesen, daß diese Anfangsbedingung auf die beobachteten Eigenschaften unseres Universums führt. Das Auftreten von Abhängigkeiten ermöglicht den Verlust von Kohärenz und das Wachstum von Unordnung. Wenn die Wellenfunktion bei kleinen Radien von allen Variablen außer dem Radius selbst unabhängig ist, wird man erwarten, daß die Materie in ihm gleichmäßig verteilt ist, so daß das Universum einen hohen Ordnungsgrad aufweist.

Das Hartle-Hawking-Universum

Stephen Hawking hat 1983 zusammen mit dem englischen theoretischen Physiker James B. Hartle eine andere Bedingung namens *no-boundary*-Bedingung für die Wellenfunktion des Universums entwickelt, von der er denkt, daß sie Gesetzescharakter besitzt. Nach einem Vortrag von H.-Dieter Zeh bei einer Konferenz 1991 in Mazagon, Spanien, in der dieser seine symmetrische Anfangsbedingung vorgestellt hatte, eröffnete Hawking die Diskussion mit den Worten: *Ihre symmetrische Anfangsbedingung für die Wellenfunktion ist falsch!* Darauf Zeh: *Soll das heißen, daß sie nicht mit der* no-boundary-*Bedingung übereinstimmt?* Hawking: *Ja.* Zeh: *Das ist auch nicht beabsichtigt.*

Es entwickelte sich eine Diskussion, in der Hawking die Bedeutung seiner Bedingung herausstellte: Sie kann nur dann als Anfangsbedingung interpretiert werden, wenn zuvor durch Näherungen von der Quantenwelt zu einer nahezu klassischen Welt übergegangen wurde. Ich will das nicht vertiefen und nur eine Eigenschaft der *no-boundary*-Bedingung erläutern: was die Autoren Hartle und Hawking meinen, wenn sie von einem Universum ohne Rand sprechen.

No-boundary soll bedeuten, daß das Universum keinen Rand im Raum oder in der Zeit hat. Für Wesen, die in der Oberfläche einer Kugel leben, hat diese keinen Rand. Von der dritten Dimension, in die wir die Kugeloberfläche zum Zweck der Veranschaulichung eingebettet haben, wissen sie nichts. Für den Raum und die Zeit unserer Gegenwart kann es so etwas nicht geben – jede Fläche, die beide zusammen darstellt, muß einen Rand haben wie die Spitze eines Kegels, in dem sie endet. Das ist der Grund dafür, daß es in der nichtquantenmechanischen Allgemeinen Relativitätstheorie einen Urknall geben *muß*. Andererseits aber – wenn die Quantenmechanik bewirkt, daß Raum und Zeit im frühen Universum durch Fluktuationen ununterscheidbar werden, können Raum und Zeit zu einem vierdimensionalen Raum zusammengefaßt werden, der in einer Raum- und einer Zeitdimension wie eine Kugeloberfläche keinen Rand besitzt.

Wenn wir gefragt werden, was südlich vom Südpol liegt, verweisen wir auf die Sterne. Wesen, die *in* der Erdoberfläche lebten, wüßten nicht, was wir mei-

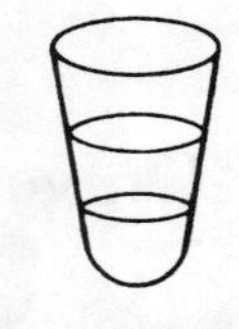

Abb. 45 Die Abbildung zeigt zwei mögliche Vergrößerungen des Gebiets kleiner Radien der Abb. 38 (s. S. 229). Das Modell des heißen Urknalls läßt die Welt in einem wohldefinierten Augenblick als Punkt – die Spitze des Kegels in a) – entstehen. Berücksichtigt man, daß Raum und Zeit auf Grund der Unschärferelation bei kleinen Abständen ununterscheidbar werden, besitzt die Welt möglicherweise keinen Anfang. Abb. b veranschaulicht die *no-boundary*-Bedingung von Hartle und Hawking: Der Radius des Universums nimmt zwar ab, aber nicht auf Null.

nen. Für sie existieren nur die Richtungen in ihrer Oberfläche, denn nur in ihr können sie sich bewegen. Sie kennen keine dritte, wir kennen keine vierte Richtung des Raumes. Amundsen hatte, als er am 14. Dezember 1911 den Südpol überschritt, bereits begonnen, in Richtung Norden zu gehen. Einem Wanderer in den vier Dimensionen Raum und Zeit unseres Universums würde es laut Hartle und Hawking mutatis mutandis genauso ergehen.

Die Abbildungen a und b der Abb. 45 stellen Raum und Zeit so dar wie die Abb. 38 (s. S. 229): Jeder Kreis steht für ein ganzes dreidimensionales Universum; die Zeit wächst von unten nach oben. Raum und Zeit bilden in a die Oberfläche eines Kegels, der in einem Punkt endet. In der Kegelspitze – dem Urknall – verschwindet der Radius des Universums; in ihr beginnt die Zeit. Ganz anders die Abb. b. Weil Zeit und Raum bei kleinen Radien des Universums ununterscheidbar werden, können sie zusammen statt der Spitze die glatte Fläche von b bilden. Wie in einer Kugeloberfläche signalisiert kein Punkt ein Ende von Raum und / oder Zeit. Jeder Punkt kann in alle Richtungen, die das Universum besitzt, überschritten werden. Das Hartle-Hawking-Universum der Abb. b hat keinen Anfang, kein Ende und keinen Rand in Raum und / oder Zeit. Es existiert ohne äußeren Raum oder äußere Zeit – das ist alles.

Konzeptionen der Quantenkosmologie

Die Quantenkosmologie gehört zu den konzeptionell schwierigsten Gebieten der theoretischen Physik schreibt einer, der es wissen muß: Andrei Linde, russischer Theoretiker, der jetzt in den Vereinigten Staaten arbeitet. Wie, so fragen wir mit ihm, läßt sich die Unabhängigkeit der Wellenfunktion des Universums von der Zeit *mit der Tatsache vereinbaren, daß* das von uns beobachtete Universum *von der Zeit abhängt?*

Seine Antwort, die man so oder so ähnlich auch anderswo finden kann, ist bemerkenswert klar formuliert: *Das Universum* als Ganzes *ändert sich zeitlich nicht, da die Vorstellung einer solchen Änderung die Existenz von irgend etwas Nichtveränderlichem voraussetzt, das nicht zum Weltall gehört und in bezug auf das sich das Universum entwickelt. Versteht man unter Weltall aber* alles, *so gibt es keinen* äußeren Beobachter, *nach dessen Uhren sich das Universum entwickeln könnte. Tatsächlich fragen wir aber auch gar nicht danach, warum sich das Weltall entwickelt, sondern danach, warum* wir sehen, *daß es sich entwickelt. Damit teilen wir das Universum aber schon in zwei Teile: einen makroskopischen Beobachter mit Uhren, und den gesamten Rest. Dieser »gesamte Rest« kann sich zeitlich (nach den Uhren des Beobachters) frei entwickeln, ungeachtet dessen, daß die Wellenfunktion des* gesamten *Universums nicht von der Zeit abhängt.*

Schwarze Löcher, klassisch

Nach dem Universum insgesamt sind die Schwarzen Löcher wohl die erstaunlichsten Gebilde der Quantenkosmologie. Ein Schwarzes Loch der klassischen, nicht-quantenmechanischen Physik ist eine so große Massenkonzentration, daß nichts, nicht einmal Licht, das Raumgebiet, in dem sie sich befindet, gegen der Widerstand der von ihr ausgehenden Schwerkraft verlassen kann. Ohne Berücksichtigung der Quantenmechanik kann ein Schwarzes Loch Materie und Strahlung zwar aufnehmen, aber nicht abgeben. Wegen der Stärke der Schwerkraft – der großen Raumkrümmung – in ihrer Nähe sind Schwarze Löcher Objekte der Allgemeinen Relativitätstheorie. Aber bereits Newtons Mechanik und die Spezielle Relativitätstheorie ermöglichen zusammengenommen ihre Existenz.

Gegeben sei eine in einem Raumgebiet konzentrierte Masse – etwa die Erde. Ein Stein, der an ihrer Oberfläche nach oben geworfen wird, fällt auf sie zurück. Dasselbe gilt für eine Gewehrkugel, die senkrecht nach oben geschossen wird. Sie fliegt, da ihre Anfangsgeschwindigkeit größer ist, höher als der Stein: Je größer die Geschwindigkeit, mit der ein Objekt nach oben geschossen und sich dann selbst überlassen wird, desto höher fliegt es. Von der Luftreibung sehe ich ab. Wenn das Objekt umkehrt, ruht es im Übergang vom Steigen zum Fallen einen Augenblick. Dann ist seine ganze Energie, die es als Bewegungsenergie mitbekommen hat, Lageenergie im Schwerefeld der Erde. Daraus folgt, daß die Höhe, in die das Objekt aufsteigt, von seiner Masse unabhängig ist – beide, die Bewegungsenergie am Anfang und die Lageenergie bei der Umkehr, sind ja zur Masse des Objekts proportional. Die Steighöhe hängt also nur von dem einzigen anderen Parameter des Wurfes, der Anfangsgeschwindigkeit, ab. Ist diese groß genug – mindestens die Fluchtgeschwindigkeit von 11,2 Kilometer pro Sekunde –, kann das Objekt das Schwerefeld der Erde verlassen und in den Weltraum entweichen. Wird die Masse der Erde bei gleichbleibendem Radius erhöht oder ihr Radius bei gleicher Masse verkleinert, wächst die Fluchtgeschwindigkeit – bis sie größer als die Lichtgeschwindigkeit wird. Dann kommt die Spezielle Relativitätstheorie ins Spiel: Da kein Objekt eine größere Geschwindigkeit annehmen kann als die Lichtgeschwindigkeit, kann keines das Schwerefeld einer Massenkonzentration verlassen, für welche die Fluchtgeschwindigkeit an ihrer Oberfläche größer ist als die Lichtgeschwindigkeit – die Masse bildet ein Schwarzes Loch.

Um zu zeigen, daß auch Licht das Schwerefeld eines Schwarzen Loches nicht verlassen kann, muß das Argument modifiziert werden. Denn Licht bewegt sich *immer* mit der Lichtgeschwindigkeit. Beim Aufsteigen entgegen dem Schwerefeld kommt es nicht zur Ruhe, wird aber dadurch, daß es Energie verliert, langwelliger – mit demselben Ergebnis am Ende: Auch Licht kann das Schwerefeld eines Schwarzen Loches nicht verlassen.

Schwarze Löcher, quantenmechanisch

Soweit beschrieben, würde die Existenz Schwarzer Löcher den Grundsätzen der Thermodynamik widersprechen. Da sie Materie und Strahlung zwar aufnehmen, nicht aber abgeben, können sie sich niemals im Gleichgewicht mit ihrer Umgebung befinden. Denn im Gleichgewicht nimmt jeder Körper genausoviel Strahlung auf, wie er abgibt.

Diesen Widerspruch zwischen der Allgemeinen Relativitätstheorie – der Physik der klassischen Schwarzen Löcher – und der Thermodynamik behebt die Quantenmechanik. Das hat 1974 Stephen Hawking entdeckt. Zwar nicht das Schwarze Loch, aber seine unmittelbare Umgebung strahlt wie ein ganz normaler Körper mit bestimmter Temperatur Wärmestrahlung ab. Für Beobachter in einiger Entfernung von dem Schwarzen Loch scheint die Strahlung von ihm selbst zu kommen.

Den physikalischen Grund für die Strahlung kennen wir schon: Die Fluktuationen des physikalischen Vakuums. Wenn in der Nähe des Schwarzen Loches

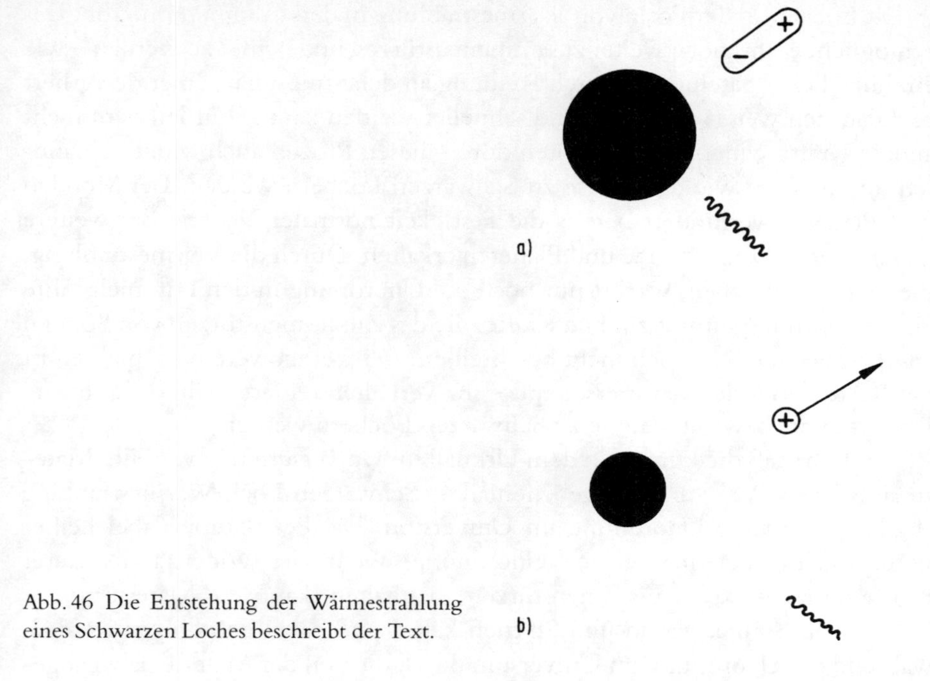

Abb. 46 Die Entstehung der Wärmestrahlung eines Schwarzen Loches beschreibt der Text.

durch eine Fluktuation ein Teilchen-Antiteilchen-Paar entsteht, kann es sich energetisch auszahlen, wenn der eine Partner in das Schwarze Loch hinein abstürzt und der andere ins Unendliche entweicht. Die Abb. 46 stellt den Prozeß schematisch dar. Die elektrische Ladung ist jetzt irrelevant; statt ihrer treiben Masse und Schwerkraft den Prozeß an. Elektrisch neutrale Lichtteilchen – Photonen – werden durch den Hawking-Prozeß genauso erzeugt wie Elektronen und Positronen. Die Abbildung nimmt an, daß das Elektron abstürzt und das Positron emittiert wird. Bei einem elektrisch neutralen Schwarzen Loch ist es genausooft umgekehrt.

Indem es Masse verliert, wird das Schwarze Loch kleiner und verschwindet schließlich ganz. Zurück bleibt das physikalische Vakuum. Seltsam ist, wie das Schwarze Loch verschwindet: Je kleiner es ist, desto heißer ist seine Wärmestrahlung und damit es selbst. Dadurch, daß es Energie abstrahlt, wird es heißer!

Das sieht nach verkehrter Welt aus und ist doch, wie wir aus Kapitel 4 wissen, bei Systemen, die durch die Schwerkraft zusammengehalten werden, normal. Alle Materie, die unter ihrer eigenen Last zusammenstürzt, heizt sich auf und strahlt Energie in der Form von Wärmestrahlung in den kalten Himmel ab. Das ermöglicht es ihr, noch weiter zusammenzustürzen und heißer zu werden – wie ein künstlicher Satellit, der durch Reibung an der Atmosphäre Energie verliert und dadurch weiter abstürzen und schneller werden kann. Würden dem nicht andere Kräfte widerstehen, müßten durch diesen Prozeß auch Monde, Planeten und Sonnen wie die unsere zu Schwarzen Löchern werden. Bei Monden und Planeten verhindert bereits die Festigkeit normaler Materie das weitere Zusammenstürzen: Monde und Planeten erkalten. Durch die Wärmestrahlung, die sie dabei abgeben, wächst nur noch die Unordnung in den Himmeln; ihre eigene Ordnung nimmt zu. Die Kräfte, die das Zusammenstürzen von Sonnen letztlich beenden, will ich nicht beschreiben. Bei viel schwereren Objekten ist der Kräftevorrat der Natur erschöpft – ihr Verhalten regiert allein die Schwerkraft, und die bewirkt, daß sie zu Schwarzen Löchern werden.

Dadurch, daß die kurz nach dem Urknall im Universum fein verteilte Materie auf ihrem Weg zum – gegebenenfalls – Schwarzen Loch Wärmestrahlung abgibt, wächst die Unordnung im Universum. Da die Materie dabei heißer wird, wächst auch ihre eigene Unordnung. Wenn der Widerstand anderer Kräfte ausreicht, das Zusammenstürzen anzuhalten, kann die Materie in der Gestalt von Sonne, Mond und Sternen kälter und dabei geordneter werden, während die Unordnung im Universum durch die von der Materie dabei abgegebene Wärmestrahlung weiter wächst. Wie aber ist es, wenn die Materie zum Schwarzen Loch wird? Da das Schwarze Loch strahlt, vergrößert es wie eine erkaltende Sonne die Unordnung im Weltall. Und wenn es Materie aus seiner Umgebung aufnimmt, kann es abermals mehr Unordnung im Weltall durch seine Strahlung erzeugen: Schwarze Löcher sind die größten vorstellbaren Gleichmacher.

»Öffentliche« und »private« Eigenschaften Schwarzer Löcher

Sie sind es dadurch, daß sie Ordnung in Chaos verwandeln. Was bei Explosionen von Sternen und Schwarzen Löchern geschieht, erörtere ich hier nicht. Wie aber steht es um die Unordnung, die ein Schwarzes Loch selber repräsentiert? Den Grad der Unordnung eines Objektes haben wir über die Zahl der Mikrozustände definiert, die mit seinem Makrozustand vereinbar sind: Je mehr Mikrozustände da sind, desto größer die Unordnung. Bei einem Schwarzen Loch müssen wir einige Besonderheiten beachten. Weil seinem Schwerefeld außer der Wärmestrahlung nichts entkommt, kann sein Zustand durch wenige Größen vollständig beschrieben werden. Ich will nur kugelsymmetrische Schwarze Löcher betrachten, die sich nicht drehen. Dadurch schließe ich eine quantenmechanische Variable aus, die ihre Drehung beschreibt.

Der Radius eines Schwarzen Loches heißt Schwarzschild-Radius nach dem deutschen Astronomen Karl Schwarzschild, der um 1914 kurz vor seinem Tod als erster eine exakte Lösung der Gleichungen der Allgemeinen Relativitätstheorie angegeben hat. Definiert ist der Schwarzschild-Radius als der Radius der größten Kugel um das Zentrum des Schwarzen Loches, der nichts entkommen kann. Deshalb ist die Masse, die in dem Schwarzschild-Radius enthalten ist, zugleich auch die Masse des Schwarzen Loches, so daß Schwarzschild-Radius und Masse des Schwarzen Loches auseinander berechnet werden können.

Die Masse eines nichtrotierenden Schwarzen Loches ist eine seiner »öffentlichen« Eigenschaften. Sie ist in dem Sinn öffentlich, daß sie aus der Kraft, mit der das Schwarze Loch andere Massen in sicherem Abstand von seinem Schwarzschild-Radius anzieht, berechnet werden kann. Analoges gilt für die elektrische Ladung des Schwarzen Loches; auch sie kann in sicherem Abstand durch die Anziehung, die das Schwarze Loch auf andere Ladungen ausübt, gemessen werden.

Außer seiner Masse und Ladung besitzt ein Schwarzes Loch keine Eigenschaft, die sich außerhalb seines Schwarzschild-Radius bemerkbar machen würde und nicht aus Masse und Ladung berechnet werden könnte. Beide zusammen legen seinen Zustand deshalb eindeutig fest. Insbesondere beeinflußt die Zahl der Kernteilchen Proton und Neutron, die es in sich aufgenommen hat, seinen Zustand nicht: Anders als von Masse und Ladung, gehen von ihnen keine Kräfte aus.

Die Abb. 47 veranschaulicht die gleichmachende Wirkung eines Schwarzen Loches: Alle Eigenschaften von Objekten, die in es hineinfallen, außer Masse und Ladung, gehen verloren. Ob es Blumen, Sterne, Lebewesen oder Bücher in sich aufgenommen hat, kann ihm nicht angesehen werden. An die Stelle all dieser Objekte tritt am Ende unterschiedslos Wärmestrahlung.

Der Mikrozustand »gewöhnlicher« Objekte ist bei vorgegebenem Makrozustand zwar verborgen, im Prinzip aber zugänglich. Kein Naturgesetz verbietet, daß er ermittelt wird. Bei den Schwarzen Löchern ist das anders – ihre Mikrozustände sind, da von außen nicht zugänglich, rein »privater« Natur. Der »Makrozustand« eines Schwarzen Loches sei durch seine öffentlichen Eigenschaften Masse und Ladung definiert. Kein Beobachter außerhalb des Schwarzschild-Radius kann wissen, wie es drinnen aussieht. Bereits auf Grund

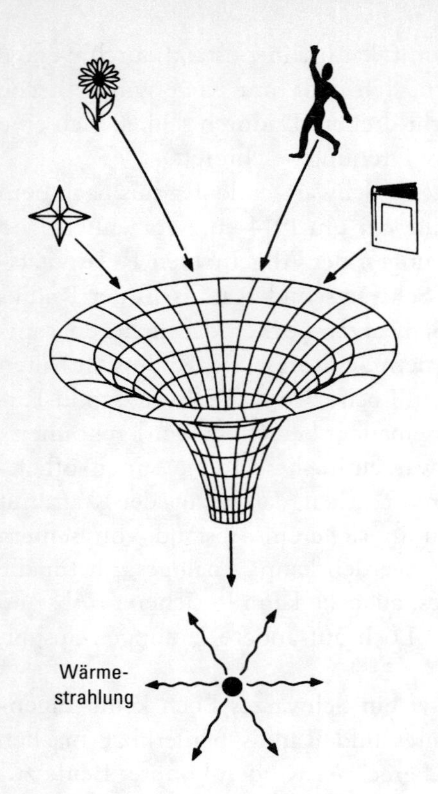

Abb. 47 Das Schwarze Loch ist eine höchst effektive Maschine zur Vernichtung von Information. Wie ein Aktenvernichter Streifen, erzeugt es aus beliebigen Vorlagen am Ende Wärmestrahlung.

der Naturgesetze kann er von einem Schwarzen Loch nichts weiter kennen als dessen Masse und Ladung. Die Informationen, die jene Objekte getragen haben, aus denen es entstanden ist, sind unrettbar verlorengegangen. Schwarze Löcher besitzen, so sagt man, keine Haare.

Deshalb muß die Unordnung, die ein Schwarzes Loch durch seine Existenz repräsentiert, groß sein. Jene Unordnung, die durch die Hawking-Strahlung letztlich in die Welt gebracht wird, kann nicht erst bei ihrer Abstrahlung entstehen. Zu ihr muß der Informationsverlust bei der Bildung des Schwarzen Loches beitragen.

Alles, was sich im Innern der Kugel mit dem Schwarzschild-Radius befindet, fällt unaufhaltbar weiter nach innen. Daraus folgt aber nicht, daß ein Beobachter, der den Schwarzschild-Radius von außen kommend überschreitet, sogleich bemerken muß, was mit ihm geschehen wird. Ihm wird, wenn das Schwarze Loch groß ist, zunächst einmal überhaupt nichts Besonderes auffallen. Die Gesamtmasse des Schwarzen Loches kann irgendwie auf das Innere der Kugel verteilt sein. In der Mitte mag ein kompaktes Objekt nahezu alle Masse in sich vereinen, oder die Gesamtmasse des Schwarzen Loches mag das Kugelinnere gleichmäßig ausfüllen. Auf jeden Fall kann der Beobachter, bevor er durch die Gravitation weit im Innern des großen Schwarzen Loches zerrissen wird, zahlreiche verschiedene Zustände der Materie um ihn herum identifizieren, die sich im Laufe der Zeit ändern.

Für den Beobachter außerhalb des Schwarzschild-Radius ist das Schwarze Loch immer dasselbe – es hat für ihn von vorneherein die hohe Unordnung angenommen, die der Beobachter im Innern entstehen sieht. Ich stelle mir vor, daß die Materie innerhalb des Schwarzschild-Radius zusammenstürzt, das »eigentliche« Schwarze Loch bildet und dabei heißer und heißer wird. Die Materie, so stelle ich mir weiter vor, strahlt einen Teil ihrer Unordnung in Gestalt von ganz gewöhnlicher Wärmestrahlung in die Kugel mit dem Schwarzschild-Radius hinein. Deren Rand aber kann die Strahlung nicht überwinden, so daß sie nicht in den kalten Himmel abgestrahlt wird, sondern mitsamt ihrer Unordnung in dem Schwarzen Loch verbleibt und einen gewaltigen Beitrag zu dessen gesamter Unordnung liefert. Man sollte einmal in einem Schwarzen Loch nachsehen, ob das so ist.

7. Reduktionistisches zu Zeit und Gesetz

Über die Frage nach der objektiven Existenz der Vorgänge in der unbelebten Natur ist der Titel eines zuerst 1897 erschienenen Aufsatzes des großen österreichischen Physikers Ludwig Boltzmann. *Ich will,* so beginnt Boltzmann, *zunächst meinen Standpunkt durch eine wahre Anekdote charakterisieren. Es war noch zur Zeit meiner Gymnasialstudien, als mich mein nun lange verstorbener Bruder oft vergeblich von der Widersinnigkeit meines Ideals einer Philosophie zu überzeugen suchte, welche jeden Begriff bei seiner Einführung klar definiert. Endlich gelang es ihm in folgender Weise: In der Schulstunde war uns ein philosophisches Werk (ich glaube von Hume) als besonders konsequent gepriesen worden. Sofort verlangte ich dasselbe in Begleitung meines Bruders in der Bibliothek. Es war bloß im englischen Original vorhanden. Ich stutzte, da ich kein Wort englisch verstand; aber mein Bruder fiel sofort ein: »Wenn das Werk das leistet, was du davon erwartest, so kann auf die Sprache nichts ankommen, denn dann muß ja ohnehin jedes Wort, bevor es gebraucht wird, klar definiert werden.«*

Sinnkriterien naturwissenschaftlicher Aussagen

Das »Buch der Natur« ist in einer Sprache geschrieben, die jedem als viel komplexer erscheinen muß als die englische Sprache einem, der die deutsche versteht und spricht. Die Erwartung, die Ludwig Boltzmann am Anfang dieser Passage äußert, daß in der Wissenschaft jeder Begriff bei seiner Einführung klar definiert werden könne und deshalb müsse, hat er am Ende zurückgenommen.

Diese Episode hat einen psychologischen Aspekt, der hier nicht interessiert, und einen methodischen. Einzelbegriffe sind erst dann naturwissenschaftlich sinnvoll, wenn sie diesen Namen nicht mehr verdienen, weil sie in ein System eingebettet worden sind, das seine Begriffe implizit definiert, indem es Beziehungen zwischen ihnen aufstellt. Zum Kronzeugen hierfür kann ich Boltzmann aber nicht ernennen. Er geht nahezu immer von einer ganz anderen Auffassung aus, die wissenschaftliche Erkenntnis auf sinnliche Gewißheit zurückzuführen sucht.

Mit Karl Popper fordern wir von naturwissenschaftlichen Aussagen nicht, daß sie bewiesen, sondern daß sie widerlegt werden können. Hiermit, mit der Aufgabe der Forderung nach Gewißheit, wurde der Weg frei zu einer rationalen Einstellung gegenüber der Wirklichkeit. Poppers Satz *Wir wissen nicht, sondern wir raten* faßt zunächst einmal zusammen, was Naturwissenschaftler tatsächlich tun: Sie kommen auf mehr oder weniger dunklen, manchmal irrationalen, aber immer sehr privaten Wegen zu Theorien, von denen sie – und hier beginnt der kommunizierbare, rationale Teil – überprüfbare Aussagen über die Wirklichkeit ableiten.

Basissätze und theoretische Konstruktionen

Es hat sich als praktisch erwiesen, bei der Anwendung von Theorien zwei Ebenen zu unterscheiden. Erstens die der Basissätze. Sie fassen Sinnesdaten zusammen und bedürfen keiner Interpretation. Aber auch sie bilden ein komplexes System von Aussagen über die Wirklichkeit, das ohne Unterlaß überprüft wird und nur als Ganzes sinnvoll ist. Gewicht gewinnen die Basissätze durch ihre Fülle und Redundanz, die gegenseitige Kontrolle erzwingen. Vor allem die vielfältigen Möglichkeiten, bei der Anwendung des Systems der Basissätze auf Widersprüche zu stoßen, ohne daß einer auftritt, läßt darauf schließen, daß sie eine Außenwelt abbilden, die real existiert.

Die zweite Ebene ist die der eigentlichen Theorie. Ihre Beziehungen zur Wirklichkeit sind nicht so einfach wie die der Basissätze. Die Grenze zwischen beiden Ebenen kann so gezogen werden, daß von den Objekten der Basissätze in aller Naivität gesagt werden kann, daß sie existieren. In welchem Sinn aber Objekte existieren, die den Begriffen der Theorie entsprechen, ist eine schwierige Frage.

Die Gesetze einer erfolgreichen – soll heißen: trotz zahlreicher Widerlegungsversuche nicht widerlegten – Theorie sind offensichtlich Ausdruck einer in der Außenwelt bestehenden Realität. Das bedeutet aber nicht, daß ihren Begriffen Objekte entsprechen, die in einem landläufigen Sinn existieren. Auf einige Schwierigkeiten dieser Unterstellung habe ich bereits in Kapitel 2 hingewiesen. Physikalische Theorien enthalten eine Fülle von Begriffen, die nicht durch Basissätze definiert werden können. Deren Realität besteht darin, daß mit ihrer Hilfe Basissätze abgeleitet werden können, die ohne sie nicht folgen. Diese Basissätze lassen sich stets als Wenn-dann-Sätze formulieren; die Theorie interpoliert zwischen dem Wenn-Satz als Voraussetzung und dem Dann-Satz als Folgerung.

Wie aber können wir jemals sicher sein, daß ein – wie wir jetzt sagen – Basissatz einen anderen impliziert? Wir können es nicht. Die einfachste Form einer solchen Implikation wäre die zeitliche: Gewißheit darüber, daß aus dem Zustand eines Systems zu einer Zeit dessen Zustand zu einer anderen Zeit folgt, kann es nicht geben. Da aber naturwissenschaftliche Theorien gerade dies besagen, können wir niemals sicher sein, daß sie die Wirklichkeit richtig beschreiben.

Die technischen Details einer Untersuchung, welche Begriffe einer experimentell überprüfbaren Theorie tatsächlich erforderlich sind, um Basissätze zu beweisen, sind kompliziert und gehören nicht hierher. Die wirklich wichtige Frage ist die nach der Überprüfbarkeit einer Theorie insgesamt. Fragt man aber nicht weiter, können zu jeder erfolgreichen Theorie ohne Minderung ihres Erfolges Begriffe und Annahmen über diese Begriffe hinzugefügt werden, die die Menge der beweisbaren Basissätze nicht erweitern. So konnte Newton zu seiner Mechanik den Begriff des Absoluten Raumes hinzufügen, der innerhalb ihrer nicht definiert werden kann und in keinen Beweis eines Basissatzes eingeht. Zur Illustration der Methode können wir annehmen, die Planeten seien beseelt und bei ihrem Umlauf erklänge unhörbare Sphärenmusik. Wenn wir aber derartigen offensichtlichen Unsinn ausschließen, ist es, wie bereits das Beispiel der Newtonschen Mechanik in Newtons eigener Formulierung mit Absolutem Raum zeigt, kein allzu großes Unglück, wenn eine Theorie Teile enthält, die in dem Sinn überflüssig sind, daß ohne sie dieselben Basissätze bewiesen werden können wie mit ihnen. Den Abscheu puristischer Positivisten vor jedem Fitzelchen Metaphysik teile ich jedenfalls nicht.

Realität oder gar Existenz theoretischer Konstruktionen

Nach Auskunft des Standardmodells der Elementarteilchenphysik bestehen die Kerne der Atome letztlich aus Quarks – Teilchen, die sich von gewöhnlichen Teilchen vor allem dadurch unterscheiden, daß sie nicht einzeln auftreten können. Sie sind Bausteine gewöhnlicher Teilchen, in die diese aber nicht zerlegt werden können. Sind sie trotzdem real? Im Sinne unserer Definition sehr wohl. Denn das Standardmodell kann ohne die Größen, die durch den Begriff Quarks zusammengefaßt werden, nicht formuliert werden. Dabei ist das Standardmodell eine überaus erfolgreiche Theorie der Elementarteilchen. Denn es impliziert zahlreiche Basissätze, die überprüft werden konnten und nicht widerlegt wurden.

Real im Sinne unserer Definition sind Quarks also sicher. Aber »existieren« sie? Das ist eine eigentlich müßige Frage, der aber in allgemeinen Diskussionen großes Gewicht beigemessen wird. Meine Auffassungen zur Frage der Existenz von Objekten, die Begriffen einer Theorie entsprechen, denen Realität zuzuerkennen ist, habe ich anderswo in diesem Buch (Kapitel 2 und weiter unten in diesem Kapitel) zusammengefaßt. Wäre der Begriff der Existenz nicht so sehr mit kontroversen Assoziationen beladen, würde ich den Quarks ganz naiv Existenz zusprechen. Denn die Vorstellung, die Quarks seien kleine harte Kügelchen, die in den gewöhnlichen Teilchen wie Kerne in der Weintraube sitzen und von einem ganz besonderen Leim zusammengehalten werden, erlaubt die anschauliche Herleitung von überraschend vielen Basissätzen, die experimentell bestätigt wurden. Richard P. Feynman, der in diesem Buch bereits mehrmals aufgetreten ist, war ein Meister der Kunst, aus anschaulichen Vorstellungen experimentell überprüfbare Konsequenzen zu gewinnen.

Für die virtuellen Teilchen der Quantenfeldtheorie, die den Raum bevölkern, der so leer ist, wie im Einklang mit den Naturgesetzen überhaupt möglich, gilt dasselbe wie für die Quarks: Wenn wir ihnen ganz naiv Existenz zusprechen, können wir zahlreiche beobachtbare Effekte qualitativ herleiten und – das ist besonders wichtig – anschaulich verstehen. Um aber die Bedeutung der Quarks und der virtuellen Teilchen für die Theorie und die Basissätze so herauszuarbeiten, daß sie im Detail verstanden werden kann, müßte ich ein anderes Buch mit ebendieser Intention schreiben. Uns geht es jedoch nicht um irgendwelche spezielle Objekte, sondern ganz allgemein um den Status von Begriffen in Theorien. Deshalb wähle ich ein einfacheres, unmittelbar anschauliches Beispiel. In einer Theorie trete der Begriff »Größe eines Ölmoleküls« auf. Zur Vereinfachung wollen wir annehmen, die Theorie besage außerdem, daß Ölmoleküle würfelförmig sind. Zwischen diesen und anderen ihrer Begriffe sollen nach Auskunft der Theorie dieselben Beziehungen bestehen wie zwischen denselben Begriffen, angewendet auf makroskopische Würfel mit der Kantenlänge von – sagen wir – einem Zentimeter. Die Kantenlänge eines Würfels, der für die Theorie ein Ölmolekül darstellt, sei 10^{-7} Zentimeter. Wir fragen nach Basissätzen in der Form zeitlicher Wenn-dann-Sätze, die aus dieser Theorie abgeleitet werden können.

Basissätze, die durch Mikroskope bestätigt oder widerlegt werden können, will ich beiseite lassen. Typischer für den allgemeinen Fall ist nämlich das folgende Experiment. Man setze – zeitliche Voraussetzung – einen Tropfen Öl mit bekanntem Volumen auf einer Wasseroberfläche aus. Er wird sich ausbreiten und schließlich – zeitliche Folgerung – eine gewisse Fläche auf der Wasseroberfläche einnehmen. Zur Theorie gehöre, daß die Ölmoleküle immer so nah wie möglich zusammenrücken. Im Tropfen bilden sie also einen Stapel aus Würfeln, auf der Wasseroberfläche eine Schicht wie ein Schachbrett. In dieser Schicht, so die Theorie weiter, liegen die Ölmoleküle neben-, nicht übereinander. Nun läßt sich offenbar aus dem Volumen – sagen wir: 1 Kubikzentimeter – die Fläche berechnen. Denn ein Würfel nimmt ein Volumen von 10^{-21} Kubikzentimeter ein, so daß wir 10^{21} Ölmoleküle in dem gegebenen Volumen von einem Kubikzentimeter vor uns haben. Da nun aber eine Seite eines Würfels 10^{-14} Quadratzentimeter Fläche besitzt, nehmen die 10^{21} Ölmoleküle insgesamt eine Fläche von 10^{7} Quadratzentimeter ein; das sind 1000 Quadratmeter.

Insgesamt besagt die Theorie also, daß bei dem Experiment ein Kubikzentimter Öl eintausend Quadratmeter Wasseroberfläche überdecken wird. Die Bestätigung von Basissätzen wie diesem begründet die Realität des Begriffes »Größe eines Ölmoleküls«, der in der Theorie auftritt. Inwieweit aber die Bestätigung der Theorie uns das Recht gibt, von der »Existenz« von Ölmolekülen zu sprechen, die eine gewisse Form und Größe besitzen, mag der Leser für sich entscheiden. Der große heuristische Wert einer solchen Vorstellung ist jedenfalls offensichtlich.

Die Realität von Naturgesetzen

Wir wissen nicht, sondern wir raten faßt nicht nur zusammen, was Naturwissenschaftler tatsächlich tun, sondern erhellt auch die Bedeutung dieses Tuns. Die Realität der Außenwelt und ihrer Gesetze erweist sich bei dem Versuch, eine Theorie zu widerlegen. Experimente, durch die das gelingt, zeigen, daß Theorien zwar theoretische Konstruktionen sind, aber keine beliebigen. Wenn wir bei soziologisch eingestimmten Wissenschaftsphilosophen lesen müssen, die theoretischen Systeme der Naturwissenschaften seien nichts weiter als Übereinkünfte, die sich durch Konventionen gebildet haben und genausogut durch andere ersetzt werden können, so könnten wir – würde sich das nur lohnen – dem durch Hinweis auf die Rolle entgegentreten, die die Natur bei dem Versuch spielt, Folgerungen einer Theorie zu widerlegen. Nein, unsere Theorien formulieren Eigenschaften der Außenwelt, deren wir zwar nicht gewiß sein können, die aber experimentell überprüfbar sind.

Falsifizierbarkeit statt Verifizierbarkeit kann kein Kriterium einzelner Aussagen, sondern nur möglichst umfassender naturwissenschaftlicher Theorien sein. Die schiere Aussage, daß die Sonne jeden Morgen aufgehen wird, kann nur durch potentiell unendliches Abwarten überprüft werden. Anders steht es um die gesamte Newtonsche Mechanik, aus der diese Aussage folgt. Sie kann durch eine Vielfalt von Beobachtungen überprüft werden, und es ist die Vielfalt erfolgreicher Vorhersagen der Theorie, auf der unser Vertrauen in sie beruht. Das gilt vermehrt von Einsteins Allgemeiner Relativitätstheorie, aus der zusätzlich zu den Aussagen der Newtonschen Mechanik weitere, gänzlich unerwartete und erfolgreich überprüfte Aussagen folgen.

Bertrand Russell und die Kenntnis der Außenwelt

In seiner Lowell-Vorlesung von 1914 in Boston mit dem Titel *Unsere Kenntnis der Außenwelt* unternimmt Bertrand Russell eine Rekonstruktion dessen, was wir Außenwelt nennen, ausgehend allein von den *sicheren Daten* persönlicher Erfahrung. Die *sichersten der sicheren Daten*, mit denen er seine Rekonstruktion beginnt, sind *die einzelnen Sinnesdaten und die logischen Wahrheiten*. Ausdrücklich nicht zu den sicheren Daten gehört *die Ansicht, daß wahrnehmbare Objekte auch dann existieren, wenn wir sie gerade nicht wahrnehmen* – der Glaube also an eine unabhängig von unseren Sinnen existierende Außenwelt. Das *wirkliche Problem* ist laut Russell dies: *Können wir die Existenz von irgend etwas außer unseren sicheren Daten aus der Existenz dieser Daten erschließen?* Nach allerlei Überlegungen kommt er zu einem Schluß, daß das möglich sei – allerdings nur in dem eingeschränkten Sinn, den Popper später als Kriterium aufstellen sollte. *Alle Aspekte eines Dinges sind real, das Ding selbst aber ist nur eine logische Konstruktion*. Die Aspekte folgen, anders gesagt, aus der logischen Konstruktion und dienen zu ihrem Test. Und, so Russell weiter, die *Hypothese, daß andere Leute Geist besitzen, ... faßt zahlreiche Fakten zusammen und führt auf keine Folgerung, von der Grund zu der Annahme bestünde, sie sei falsch. Deshalb kann nichts gegen die Wahrheit der Hypothese gesagt werden, und es bestehen gute Gründe, sie als Arbeitshypothese zu benutzen.*

Ludwig Boltzmann und die »Existenz« der Atome

Die Einsicht, daß das Kriterium der Falsifizierbarkeit um so sinnvoller ist, je umfassender das theoretische System ist, auf das es angewendet wird, besitzt der Russell des Vortrags offenbar nicht. Auch Ludwig Boltzmann hat einen Weg zu finden versucht, auf dem sichere Einsicht in Naturgesetze durch Sinnesdaten zu gewinnen wäre. Das war ganz im Stil der Zeit und im Sinn seines Wiener Kollegen ab 1895, Ernst Mach, der einer der konsequentesten Vertreter der Auffassung war, daß das möglich sein müsse. Wie Russell geht es Boltzmann mehr um den *Aufbau* unserer Vorstellungen – den wir zur unordentlichen Privatsache erklärt haben – als um ihren Test: *Wir können nun sicher unser Weltbild nur aus unseren Empfindungen und Willensimpulsen aufbauen, aber von allen unseren Empfindungen sind uns nur die eine oder die wenigen, die wir gerade augenblicklich haben, unmittelbar gegeben. Es wäre daher ein Irrtum zu glauben, die Erinnerung, eine Empfindung gehabt zu haben, sei ein sicherer Beweis, daß sie existiert hat.* Besondere Aufmerksamkeit widmet Boltzmann, der die Atome in die theoretische Physik eingeführt hat, der schillernden Frage nach der Existenz von Objekten, die Vorstellungen entsprechen sollen, die neu gebildet wurden. So trägt er der Kaiserlichen Akademie der Wissenschaften am 29. Mai 1886 das Folgende vor: *Wir erschließen die Existenz aller Dinge bloß aus den Eindrücken, welche sie auf unsere Sinne machen. Einer der schönsten Triumphe der Wissenschaft ist es deshalb, wenn es uns gelingt, die Existenz einer großen Gruppe von Dingen zu erschließen, welche unserer Wahrnehmung größtenteils entzogen sind; so gelang es den Astronomen ... die Existenz zahlloser Himmelskörper zu erschließen. ... Was der Astronomie in größtem Maßstab, ist ähnlich auch im allerkleinsten geglückt. Alle Beobachtungen weisen übereinstimmend auf Dinge von solcher Kleinheit, daß sie nur zu Millionen geballt unserer Sinne zu erregen vermögen. Wir nennen sie Atome und Moleküle.* Aber wenig später folgt ein Satz, der fast bis zu Popper reicht: *Über die Beschaffenheit aber der Atome wissen wir noch gar nichts und werden auch solange nichts wissen, bis es uns gelingt, aus den durch die Sinne beobachtbaren Tatsachen eine Hypothese zu formen.*

Der Ausruf seines Kollegen Ernst Mach: *Ich glaube nicht, daß die Atome existieren*, regt Boltzmann 1903 zu dieser Betrachtung an: *Wenn wir ... ganz neue Vorstellungen bilden, wie die des Raumes, der Zeit, der Atome, der Seele, ja selbst Gottes, weiß man da ... überhaupt, was man darunter versteht, wenn man nach der Existenz dieser Dinge fragt? Ist es da nicht das einzig richtige, sich klar zu werden, was man mit der Frage nach der Existenz dieser Dinge überhaupt für einen Begriff verbindet?*

Existenz und immer wieder Existenz – mit der Frage nach der Existenz »seiner« Atome wurde Boltzmann verfolgt, und er hat sich sehr wohl zu wehren gewußt. Ein letztes Zitat: *Es gab sich jemand einmal Mühe, mir zu beweisen, daß der Gymnasiallehrer wirklich ein Professor ist und daher das österreichische Gesetz, welches ihm diesen Titel zuerkennt, das allein gerechte ist. Ebenso kommt es mir vor, wenn man ein Wort wie das Wort »existieren« aus der Sprache nimmt und ohne dessen Sinn zu fixieren, sich den Kopf zerbricht, was existiert und was nicht.*

Außenwelt bei Stegmüller

Wie Aufatmen klingen Erläuterungen späterer Jahre, daß und inwiefern Popper das Problem naturwissenschaftlichen Schließens gelöst hat. Ich greife eine Darstellung heraus, die mir besonders luzide zu sein scheint. Der Münchner Wissenschaftstheoretiker Wolfgang Stegmüller hat 1971 die *Grundlage für die Humesche Formulierung des Induktionsproblems* in zwei Feststellungen zusammengefaßt:

> *(1)* All unser Wissen über Reales muß sich in irgendeiner Form auf das stützen, was wir wahrnehmen und beobachten *(negativ formuliert: Durch rein logische Beweisführung vermögen wir kein Wissen über die Beschaffenheit unserer Welt zu erlangen).*
>
> *(2)* Wir bilden uns jedoch ein, ungeheuer viel mehr an Realwissen zu besitzen, als wir durch Sinneserfahrung erworben haben können.
>
> *Daraus ergibt sich sofort die erste und* allgemeine *Form des Problems: Wie kann man unsere* Überzeugung *rechtfertigen oder begründen, daß es sich bei diesem* angeblichen *Wissen um* tatsächliches *Wissen handelt?*
>
> *Es ist sehr wichtig, an dieser Stelle nicht zu übersehen, daß es sich bei dieser Frage nicht um ein* Problem der Entdeckung, *sondern nur* (dieses Wörtchen würde ich streichen, H.G.) *um ein* Problem der Rechtfertigung *handelt.*

Nun kommt das Entscheidende:

> *(3) Der Gehalt der Aussagen, in denen wir unser angebliches Wissen über Nichtbeobachtetes mitteilen, ist nicht im Gehalt unseres Beobachtungswissens eingeschlossen.*
>
> Damit lautet das *Humesche Problem der Induktion: Gibt es wahrheitskonservierende Erweiterungsschlüsse?*

Die Antwort ist nein und abermals nein. Auch Abschwächungen, die, statt auf sicheren Schlüssen zu bestehen, sich mit Wahrscheinlichkeitsprognosen zufriedengeben, haben nichts gebracht. Wir müssen mit Poppers Konklusion leben, daß wir zwar nichts wissen, wohl aber raten können.

Ebenen der Beschreibung

Wir wissen, daß zwar die fundamentalen Naturgesetze für elastische Stöße von Billardkugeln zeitumkehrsymmetrisch sind, nicht aber die effektiven Gesetze für Ansammlungen solcher Kugeln, die aus ihnen folgen. Ja, die »höhere« Ebene effektiver Gesetze kann von der »fundamentaleren« so abgetrennt werden, daß die effektiven Gesetze nur Begriffe enthalten, die auf ihrer Ebene definiert werden können, und nichts auf die tiefer liegenden Gesetze hinweist, von denen sie abstammen.

Ein zweites Beispiel hierfür bildet die Medizin. Sie spricht mit viel Erfolg von Organen, Geschwülsten, Stoffwechselstörungen und Krankheiten, die sich gegenseitig beeinflussen und bedingen, ohne darauf einzugehen, daß all dies genaugenommen nur Namen für Substanzen und chemische Prozesse sind. Die Chemie des Lebens ist höchst kompliziert, und wenn wir sie verstünden, verstünden wir das Leben noch lange nicht. Leben ist eine *emergente* Eigenschaft der Chemie. Wie viele andere emergente Eigenschaften – von ihnen Näheres alsbald – können wir auch diese durch Regeln beschreiben, die auf tiefer liegenden Ebenen beruhen, dennoch aber für sich allein bestehen, und ihr Feld besser einsehbar machen, als es diejenigen könnten, die wir von den Gesetzen, die auf der tiefer liegenden Ebene gelten, ableiten können.

Ein drittes Beispiel. Man kann mit großem Erfolg Chemie betreiben, auch wenn unbekannt ist oder nicht beachtet wird, daß die Atome selbst wieder aus kleineren Bestandteilen aufgebaut sind. Die Gesetze der Chemie – der Lehre von den Reaktionen der Atome und Moleküle miteinander – sind eine Konsequenz der Gesetze, welche die Bestandteile der Atome beherrschen, und können zumindest im Prinzip auf diese zurückgeführt werden. Aber es lassen sich aussagekräftige Gesetze der Chemie formulieren, die nur die Atome und Moleküle selbst betreffen und nicht deren Bestandteile.

Daß die Zurückführung von effektiven Gesetzen auf fundamentalere zwar im Prinzip, tatsächlich aber nicht – oder noch nicht – möglich ist, soll besagen, daß die fundamentaleren Gesetze für die Bausteine der zusammengesetzten Objekte der höheren Ebene zwar angegeben, ihre Konsequenzen für diese Objekte aber nicht – oder noch nicht – abgeleitet werden können. Denn oft können Gleichungen, die das Verhalten komplexer Systeme auf das ihrer Bestandteile zurückführen, zwar angeschrieben, aber nicht – oder noch nicht – gelöst werden. Je mehr Bestandteile an einer Reaktion beteiligt sind, desto schwieriger ist das offenbar.

Die für die Moleküle aus deren Substruktur hergeleiteten Gesetze sind zunächst einmal abstrakt und mathematisch, und der moderne theoretische Chemiker denkt über Moleküle in dieser Sprache nach. Aus ihr folgt aber auch die Berechtigung der traditionellen bildhaften Sprache über Atome und Moleküle. Sie ist die Sprache des praktizierenden Chemikers, und in ihr ist von Gestalt und Größe der Atome und Moleküle die Rede und von einer gewissen Affinität der Atome zueinander, kaum aber von Mathematik odeı Bestandteilen der Atome. Irgendwie waren die Alchimisten in der Lage, ungenauere Gesetze als die Chemiker über weniger genau definierte Einheiten in Bildern wie vom geflügelten Drachen für Quecksilber zu formulieren und – weniger erfolgreich, aber immerhin – in Bildern zu denken. Diese Bilder bilden die physikalische Realität, den Aufbau der Elemente, in keiner Weise ab, sie können aber denselben Zusammenhängen bildhaft unterliegen wie die chemischen Einheiten, denen sie entsprechen. Kepler hat seine Gesetze der Planetenbewegungen von den genauen Beobachtungen Tycho Brahes abgeleitet. Über seine Gesetze nachgedacht hat er mit Hilfe von Vorstellungen über regelmäßige Körper, die es in den Himmeln nicht gibt. Genauso können die Relationen, in denen Bilder, Bildfolgen oder Bildteile zueinander stehen, den wirklichen Relationen von Objekten oder Bündeln von Objekten gleichen, ohne daß diese Objekte selbst dargestellt sind.

Einzeltatsachen und Systeme

Naturwissenschaftliche Erkenntnis ist auf Systeme aus. Ist eins gefunden, kann es, so die historische Erfahrung, nur durch ein anderes System abgelöst werden. Einem System können noch so viele Einzelheiten widersprechen – es wird beibehalten, bis ein anderes gefunden wurde. Denn die Kennmarke erfolgreicher naturwissenschaftlicher Erklärungssysteme ist ihre logische Rigidität. Es ist unmöglich, solch ein System ein wenig abzuändern, ohne daß es zusammenbricht. Alles hängt in ihm von allem anderen ab. Gerade das macht seine Stärke aus – und erklärt die Schwierigkeiten, die es macht, es abzulösen. In seiner logischen Nähe liegt kein anderes System, das es verbessern und an seine Stelle treten könnte. So bildete die Lehre des Aristoteles für zweitausend Jahre das Standardmodell aller Wissenschaften. Das bedeutet nicht, daß es über alle Zweifel erhaben war – im Gegenteil. Aber alles, was bis ins 17. Jahrhundert hinein gedacht wurde, bezog sich auf dieses Modell; widersprach ihm oder kam zu ihm hinzu. Es war die Basis der Verständigung – ein Paradigma, wie heute oft gesagt wird. Mit zwei oder drei wichtigen Ausnahmen hat Aristoteles alle Ingredienzen späterer Theorien bei der Formulierung seines Systems diskutiert und verworfen. Wie manche Speisekarten ihre Vielfalt daraus beziehen, daß wenige Einzelposten verschieden zusammengestellt sind, so auch die philosophischen und naturwissenschaftlichen Theorien, die nach Aristoteles entwickelt wurden.

Die Einzelposten sind die Begriffe des Aristoteles – die aufgenommenen, die verworfenen und deren Verneinungen. Der Hauptgrund dafür, daß sich das Aristotelische System als so stabil erwiesen hat, ist nicht, daß es richtig wäre. Wir wissen heute, daß es falsch ist. Nein, das System des Aristoteles war so erfolgreich, weil es ein System ist. Und Systeme können nur durch Systeme ersetzt werden, nicht durch Ansammlungen von Einzelheiten. Ein Ersatzsystem aber war bis Newton nicht in Sicht. Daß dieses wiederum nicht das letzte Wort sein konnte, wurde seit der Mitte des letzten Jahrhunderts zunehmend klar. Die dem System Newtons widersprechenden Einzelheiten wurden als unverstanden abgelegt, das System selbst aber beibehalten, bis in Albert Einsteins Relativitätstheorien ein System zur Verfügung stand, welches das System Newtons ablösen konnte.

Emergenz und Reduktionismus

Die Eule, das Symbol der Wissenschaft der Griechen, steht für eine beseelte und deshalb menschliche Welt. Kreuz und Pferdefuß haben die Eule für anderthalb Jahrtausende abgelöst. Ihnen folgte die Uhr als Symbol der Wissenschaft Newtons. Wir warten darauf, daß eine Werbefirma das Logo der Wissenschaft unserer Zeit entwickelt. Eule, Kreuz, Pferdefuß oder Uhr können nicht als Logo dienen. Wir brauchen etwas Spirituelleres – ein Symbol *emergenter* Eigenschaften. Emergenz ist ein für unser Verständnis der Welt zentraler Begriff; Reduktionismus ein anderer. Beide werden oft als einander ausschließende Gegensätze verstanden. Ich teile diese Auffassung nicht: Reduktionismus und Emergenz können sich nicht widersprechen, da sie von Verschiedenem handeln – von der Welt, wie sie angeblich oder tatsächlich ist (Reduktionismus) bzw. von unserer Einsicht in sie (Emergenz). Reduktionismus beschreibt eine Auffassung vom tatsächlichen Funktionieren der Welt; Emergenz steht gegebenenfalls für unseren Mangel an Einsicht in dieses Funktionieren.

Ich muß ausholen, um das zu erläutern. Reduktionismus steht für die Auffassung, daß es möglich sei, das Funktionieren beliebig zusammengesetzter Systeme zurückzuführen auf deren Zusammensetzung und die Naturgesetze, welche für die Bestandteile gelten. Letztlich ist die Welt aus Elementarteilchen aufgebaut, so daß laut Reduktionismus die Naturgesetze für die Elementarteilchen festlegen, wie die Welt funktioniert. Der Gedanke, daß das so sei, geht auf Laplace zurück. Ein Dämon, der den Zustand aller Teilchen der Welt in einem Augenblick und die Naturgesetze, die für sie gelten, kennte, könnte berechnen, was weiter geschehen wird – er wüßte, daß ich morgen *sechs Richtige* im Lotto haben werde, während ich das nur hoffen kann. Ich bin ja nicht der Dämon. Unabhängig davon, ob die Naturgesetze für die Elementarteilchen und der gegenwärtige Zustand der Welt auf dem Elementarteilchenniveau die weitere Entwicklung von allem und jedem festlegen, kenne ich den Zustand der Welt nicht und habe keine Hoffnung, ihn jemals ausreichend genau kennenzulernen. Mit den Naturgesetzen ist das eine andere Sache; von ihnen denken manche, daß wir sie demnächst oder zumindest irgendwann einmal vollständig kennen werden. Unbestreitbar kann ich den künftigen Zustand der Welt nicht berechnen – egal, ob mir ihr gegenwärtiger Zustand aus prinzipiellen oder aus praktischen Gründen unbekannt ist. Und wenn ich ihn kennen würde, und die Naturgesetze außerdem, wäre nicht gesichert, daß ich in der Lage wäre, die Naturgesetze anzuwenden und auszurechnen, welche die Gewinnkugeln sein werden. Nein, meine Weltreisen und die Gesetze des Jet-set, denen ich ab morgen gehorchen werde, sind von jedem praktischen Standpunkt aus gesehen *emergente* Eigenschaften.

Emergenz definiert *Rowohlts Philosophie-Lexikon* als den *Umstand, daß in einer Ganzheit Eigenschaften zum Vorschein kommen, die sich aus den Eigenschaften ihrer Einzelteile nicht erklären lassen; das Entstehen von Phänomenen höherer Ordnung, die gegenüber der niederen Ordnung, in der sie ihren Ursprung haben, qualitativ neu sind. Der Emergenztheorie zufolge ist etwa das Bewußtsein eine Eigenschaft, die plötzlich auftaucht, wenn ein Organismus hinreichend komplex geworden ist.* Ich weiß nicht, ob ich mich im Einklang mit dem Geist dieser Definition befinde, wenn ich Eigenschaften einer Ganzheit bereits dann als emergent bezeichne, wenn ich faktisch nicht in der Lage bin, sie auf die Eigenschaften ihrer Einzelteile zurückzuführen – ganz unabhängig davon, ob ich offenlassen muß, ob eines Tages jemand kommt, dem genau das gelingt. Emergenz beschreibt für mich eine Einstellung gegenüber Eigenschaften komplexer Systeme; die Einstellung des »Als-ob«. Ob es einen freien Willen gibt, weiß ich nicht. Das Verhalten der Menschen kann aber näherungsweise durch Theorien beschrieben werden, die gerade das annehmen. Es ist sinnvoll, Zustände von Angeklagten, die deren freien Willen beeinträchtigt haben, von den »normaleren« Zuständen zu unterscheiden, bei denen das nicht so war. Ganz unabhängig davon, ob es letztlich den freien Willen gibt, kann rational so gehandelt werden, »als ob« es einen gäbe. Es können Ebenen der Erkenntnis isoliert werden, auf denen eigene Gesetze gelten. Daß das so ist, ist eines der ganz großen Erfolgsgeheimnisse der Naturwissenschaften.

Ohne wirklich zu wissen, ob ich damit recht habe, denke ich, daß vieles für den Reduktionismus spricht. Ja, der Aufbau eines Systems und die Naturgesetze, die für seine Bestandteile gelten, reichen aus, um das Funktionieren des Gesamtsystems festzulegen. Die Naturgesetze für Bestandteile sagen auch, welche Bauten aus ihnen möglich sind. Ist der Aufbau eines Systems festgelegt, bestimmen die Gesetze für die Bestandteile die Gesetze, die auf den höheren Ebenen gelten – die Gesetze für die Atome bestimmen die für die Moleküle geltenden, die dann die für die Zellen, für den Organismus, die Organismen, die Staaten und so weiter. Das Bienenvolk genügt Gesetzen, die aus denen folgen, die das Verhalten einzelner Bienen beschreiben. Gleichzeitig bin ich sicher, daß es sinnlos wäre, den Reduktionismus in dem Sinn zu einem Programm zu erheben, daß versucht würde, die Gefühle *Romeos* für *Julia* aus den Naturgesetzen für die Elementarteilchen zu erklären. Solange wir das aber nicht können – für immer, denke ich –, haben wir Liebe als eine emergente Eigenschaft anzusehen. Physikalische Forschung kann die Grenzlinie zwischen Eigenschaften, die uns als emergent erscheinen (und damit im Sinn meiner Definition emergent sind!), und den reduktionistisch erklärten zugunsten der letzteren verschieben; die emergenten Eigenschaften eliminieren kann sie aber nicht. Reduktionismus bedeutet eine Einstellung gegenüber der Natur, die nur in sehr wenigen Fällen zu einem wissenschaftlichen Programm führen kann.

Emergenz und Denkmaschinen

Ich greife, denke ich, der Wissenschaft nur um Jahrzehnte voraus, wenn ich annehme, es sei gelungen, komplexe Aspekte eines komplexen Systems wie des menschlichen Gehirns durch Computer zu simulieren. Wir wollen überdies annehmen, die Simulation sei so perfekt, daß wir dem Computer auf Grund unserer Unterhaltungen mit ihm die menschlichste aller menschlichen Eigenschaften, Bewußtsein, zusprechen müssen (oder unseren Mitmenschen Bewußtsein absprechen): Angst davor, abgeschaltet zu werden (und seine Gedanken nicht weiterdenken zu können); Neugier und Vorfreude auf ein Schachspiel mit einem anderen Computer (oder mit einem – Bewußtseinsspaltung! – Schachprogramm, das nebenher abläuft); und so weiter. Wenn das so ist, ist Bewußtsein dem Computer sicher nicht eingebaut wie die Fähigkeit, Sprache zu erkennen –

eine Fähigkeit, die ohne sonstigen Verlust abgeschaltet werden könnte. Bewußtsein ist dann eine emergente Eigenschaft, ohne welche die anderen brillanten intellektuellen Fähigkeiten des Computers nicht zu haben sind. Sie ergeben sich aus ihnen: Ist ein System komplex genug, kann es Eigenschaften entwickeln, deren menschliche Ausprägung Bewußtsein heißt.

Die Techniker, die den Computer mit Bewußtsein gebaut haben, stellen fest, daß er eins besitzt; sie verstehen jede Schaltung eines jeden Transistors, aber wie daraus Bewußtsein entsteht, verstehen sie nicht. Keiner versteht es; ein Logo der heutigen Wissenschaft müßte auch unsere Bemühungen um das Verständnis von Systemen ausdrücken, die wir geschaffen haben – und deren Verhalten wir zwar nachvollziehen, aber nicht verstehen können.

Ein Computer mit Bewußtsein hätte dieses vermutlich auch dadurch, daß in ihm Prozesse ablaufen, die nach Ermessen eines jeden endlichen Systems auf Zufallsentscheidungen beruhen. Ein System, das in dem Sinn über sich selbst nachdenkt, daß es Gründe für sein Verhalten herauszufinden versucht, muß von seinen *Haken und Ösen* abstrahieren – Begriffe, also Zusammenfassungen elementarer Abläufe bilden und durch diese »denken«. Das auf diesem Niveau nicht Erfaßbare bildet für das System Zufälle, für die es keine Gründe angeben kann. Damit erfährt es eine Autonomie, die in ihm beruht, über die es aber nicht entscheiden kann – es hat, ganz für sich allein, ein Schicksal; es denkt über sich nach und kann sich nicht verstehen. Der in Begriffen denkende Teil des Computers – sein unübersehbar kompliziertes Programm mit Bewußtsein – erfährt Einflüsse, die ein Teil des Systems sind, das er ist; archaische Einflüsse, über die er hinausgewachsen ist. Er erfährt sich selbst, ohne diese Erfahrung erklären zu können – und besitzt auch dadurch das, was wir Bewußtsein nennen. Die Annahmen, die ein Programmierer eines Teilprogramms gemacht hat, treffen nicht mehr zu. Ohne zu wissen, warum das so ist, erfährt das Programm, daß manche seiner Gedankengänge seiner Realität widersprechen. Es lernt zwischen diesen und jenen wie zwischen Träumen und Wachen zu unterscheiden.

Ein Programm mit Bewußtsein hätte auch eine persönliche Geschichte. Es hätte sich teilweise selber geschrieben. Das genau ist Lernen: das eigene Programm – das Programm, das »man« ist – zu verändern. Intelligente Programme lernen bereits heute aus ihren Fehlern. Sie schreiben sich selber so um, daß sie mehr Erfolge erzielen. Was ein »Erfolg« ist, hat ihnen einmal ein Programmierer eingegeben. Auf der einfachsten Ebene bestimmen sie eine Zahl und merken sie sich. Es ist zum Beispiel einfach, ein Programm zu schreiben, das nach dem ersten Starten die Kreiszahl *Pi* auf sieben Dezimalen genau berechnet und dann überall dort, wo in ihm *Pi* steht, den Zahlenwert 3,141592 einträgt. Dies getan, löscht das Gesamtprogramm sein Teilprogramm, das *Pi* berechnet, und mit ihm die Vorschrift, nach dem Starten zunächst einmal *Pi* zu berechnen.

Dadurch wird es zu einem anderen Programm. Es kann so verändert gespeichert und neu gestartet werden. Das Beispiel ist primitiv, zeigt aber Möglichkeiten auf. Virusprogramme, der Schrecken aller Computerbenutzer, arbeiten so. Schachspieler analysieren die Konsequenzen ihrer Züge und ziehen Folgerungen. Das können auch Programme; sie verändern sich, indem sie das tun. Ich kann mir einen Programmierer vorstellen, der seine Schachprogramme nicht mehr versteht und nur noch die erfolgreichsten spielen läßt.

Das wäre das Prinzip der Darwinschen Evolution, angewendet auf Computerprogramme. Ein Zufallsgenerator würde die Programme ein bißchen verändern. Möglicherweise würden dadurch zwei Typen von Programmen entstehen, die – fast wie im wirklichen Leben! – zusammen ein Neues erstellen und so zufällig erworbene positive Eigenschaften in einem Sprößlingsprogramm zusammenfassen können. Ich kann mir Programme vorstellen, mit denen sich Großmeister des Schachs wie mit Kollegen über das Schachspiel unterhalten. Programme, mit denen Mediziner und Juristen Fachfragen diskutieren können, gibt es bereits. Läßt man Wettbewerb zwischen Programmen zu, können durch das Prinzip der Evolution neue Programme entstehen, denen das Bewußtsein von zumindest Fachidioten zugesprochen werden muß.

»Turing-Test« heißt nach dem englischen Mathematiker Alan Turing das Frage- und Antwortspiel eines Menschen mit einem Programm oder einem anderen Menschen, vermittelt durch – sagen wir – eine Tastatur und einen Bildschirm. Der Witz an der Sache ist, daß der Mensch vor dem Bildschirm zunächst nicht weiß, ob sein Partner ein Programm oder ebenfalls ein Mensch ist. Ist der Partner ein Programm, und kann das der Mensch durch den Dialog nicht herausfinden, hat das Programm den Turing-Test bestanden. Früh in der Computergeschichte gab es ein Programm ELIZA, das den Turing-Test, beschränkt auf Unterhaltungen, die ein Psychoanalytiker mit einem Patienten führt, nahezu bestanden hat. Das aber sagt mehr über die Psychoanalyse als über die Menschenähnlichkeit des Programms. Seine Antworten waren für die Unterhaltung mit einem Psychoanalytiker anscheinend typische Sätze wie: *Hätten Sie gerne, daß Sie in Wirklichkeit ich wären?* Welcher Satz aus einem großen Vorrat derartiger Sätze jeweils auf dem Bildschirm erschien, wurde durch die Worte festgelegt, die in den vorangehenden Sätzen des »Patienten« aufgetaucht waren.

Ein Programm, das eine Chance hätte, den Turing-Test zu bestehen, wäre notwendig eins, das höchste Anforderungen an die Rechengeschwindigkeit und den Speicherplatz des Rechners stellt, auf dem es läuft. Aber das ist eine Äußerlichkeit. Daß ich von einem Computer aus Transistoren spreche, verdeckt möglicherweise, was ich meine. Die Schaltungen und Verbindungen im menschlichen Gehirn sind so kompliziert, daß sogar versucht wird, Besonderheiten dieser Biomasse – also nicht nur emergente Eigenschaften der Schaltungen – für das Bewußtsein verantwortlich zu machen. Insbesondere wird die Quantenmechanik angeführt.

Transistoren funktionieren auf Grund der Gesetze der Quantenmechanik, so daß gedacht werden kann, die Quantenmechanik sei für das Bewußtsein von Computern verantwortlich zu machen, wenn es denn gelänge, Computer mit Bewußtsein zu bauen. Ich denke, daß das nicht so ist. Wichtig ist allein die Folge der Operationen, die in dem Rechner ablaufen – der Informationsfluß. Computer lassen sich nicht nur aus Transistoren, sondern auch aus hydraulischen Schaltungen bauen. Hydraulische Schaltungen, die durch strömendes Wasser betätigt werden, sind Objekte allein der klassischen Physik; in ihrem Funktionieren Schritt für Schritt verständlich. Auch solche Computer würden nach gebührend langer Zeit – nach Milliarden und Milliarden von Jahren – dieselben Antworten geben wie die schnellsten und größten auf Transistorbasis nach Zehntelsekunden. Die Geschwindigkeit ist eine Äußerlichkeit, nur wichtig für uns, die wir keine Zeit haben.

Wenn die Gesetze für das Verhalten der Bauteile eines Systems bekannt sind, können sie und dessen Aufbau einem Computer eingegeben werden. Zeigt er dann ein Verhalten, das seine Programmierer nicht verstehen, besitzt es trotzdem eine reduktionistische Erklärung, ist also nur scheinbar emergent. Denn Computer folgen Programmen; nichts weiter. Die Frage ist nur, ob wir intelligent genug sind, die Erklärung für das Verhalten des Kollektivs aufzudecken.

Beziehungen zur Wärmelehre

Ein kalter Körper, der einen warmen berührt, wird wärmer; der warme kälter. Dieses Gesetz der Wärmelehre kann sehr einfach aus dem atomaren Aufbau der Körper abgeleitet werden. Wüßten wir zwar, daß Substanzen aus Atomen bestehen, kennten aber keine Herleitung der Gesetze der Wärmelehre aus denen für die Atome, müßten wir die Gesetze der Wärmelehre als emergente Gesetze ansehen. Nun ist es sehr einfach, ein Computerprogramm zu schreiben, welches Systeme der Wärmelehre auf dem Niveau ihrer Atome simuliert. Ich habe das für *ideale Gase* getan. Ein ideales Gas (siehe Prolog) ist eine Ansammlung harter Kugeln, die durch den Raum fliegen und sich gegenseitig wie Billardkugeln anstoßen. Je höher die Temperatur ist, desto schneller bewegen sich die Atome ungeordnet durcheinander. Wenn nun mein Computerprogramm zwei ideale Gase mit verschiedenen Temperaturen simuliert und Wärmekontakt zwischen ihnen herstellt, wird das warme Gas in jedem Fall kälter, das kalte wärmer. Mein Programm kennt aber nichts als die Billardkugel-Atome und die einfachen Gesetze, die für sie gelten, so daß dieses Gesetz der Wärmelehre eine reduktionistische Erklärung besitzt. Es ist leicht, diese Erklärung zu finden: Stößt ein langsames Atom mit einem schnellen zusammen, wird das langsame in aller Regel schneller, das schnelle langsamer. Also bewirken Stöße, die den Gesetzen für Billardkugeln genügen, Temperaturausgleich.

Um den Zustand eines idealen Gases ganz zu kennen, müßte der Zustand all seiner Moleküle (Atome, Elementarteilchen und so weiter) bekannt sein. Diese Kenntnis wäre unübertreffbar nutzlos. Ein Stück Materie wie der menschliche Körper besteht aus einer Milliarde Milliarden Milliarden Molekülen oder, das ist für unsere Genauigkeitsansprüche dasselbe, Atomen. Keine Eigenschaft, die von den genauen Lagen all dieser Atome abhängt, kann jemals reduktionistisch erklärt werden. Unbeschadet selbstverständlich des Anspruchs, daß solch eine Erklärung »im Prinzip« möglich ist.

Reduktionistisch erklärt werden können die Gesetze der Wärmelehre für größere Materiestücke, da sie nur auf Mittelwerten beruhen. Um an für Gesetzesaussagen wichtige Eigenschaften von Körpern heranzukommen, müssen Mittelwerte der Daten der einzelnen Atome und/oder Moleküle genommen werden. Genau das tut die Wärmebewegung der Moleküle im Laufe der Zeit. Die Wärmebewegung erlaubt uns, von der (mittleren) Anzahl von Molekülen in einem Raumbereich zu sprechen. Daher ist die Dichte – die Zahl der Moleküle pro Volumeneinheit – eines Gases eine Beobachtungsgröße, die in Gesetzesaussagen eingehen kann.

Mein Computerprogramm, welches das Verhalten elastischer Kugeln simulieren soll, definiert genaugenommen ein Modell für dieses Verhalten. Nur eine Rechnung mit der Genauigkeit unendlich könnte wiedergeben, was reale Kugeln tun. Kein Computer aber rechnet unendlich genau. Er rundet zum Beispiel Zahlen auf oder ab, macht also Rundungsfehler. Wollte ich das Verhalten eines Pendels berechnen, wären die kleinen Computerfehler irrelevant: Die wirkliche und die berechnete Bewegung stimmten trotz ihrer nahezu überein. Das ist bei dem Gas aus elastischen Kugeln nicht so. Wird ein Zusammenstoß ein winziges bißchen anders berechnet, als er sich tatsächlich ereignet, erfolgt die Berechnung des nächsten unter falschen Voraussetzungen (Abb. 27; s.

S. 185). Und so weiter: Der Unterschied zwischen tatsächlichem und berechnetem Verhalten wächst von Stoß zu Stoß. Ist er so groß geworden, daß zwei Kugeln zwar tatsächlich, nicht aber in der Computersimulation zusammenstoßen, sind künftighin die Bewegungsmuster der beiden Systeme – des tatsächlichen und seiner Computersimulation – ganz verschieden. Eine Gemeinsamkeit aber bleibt: Die Beobachtungsgrößen, die auf Mittelwerten der Lagen und Geschwindigkeiten der Kugeln beruhen, sind bei beiden Systemen dieselben. Zugleich sind sie die einzigen interessanten makroskopischen Eigenschaften eines Gases. Für sie gelten Gesetzesaussagen, die zwar aus den tiefer liegenden Naturgesetzen für die Zusammenstöße der Atome und Moleküle folgen, aber ohne Hinweis auf die Atome und Moleküle ausgesprochen werden können. Historisch waren die Gesetze der Wärmelehre von Druck, Temperatur und Dichte bereits bekannt, als sich die Idee von den Atomen in der Mitte des letzten Jahrhunderts durchzusetzen begann.

Auftritt des Zufalls

Eine Besonderheit emergenter Eigenschaften ist, daß sie wie Moden nicht vorhergesagt werden können. Sicher, manche wurden geplant. Aber es gibt auch die anderen, die überraschenden, die sich »spontan« durchsetzen konnten. Emergente Eigenschaften beruhen in der Regel auf Zufällen. Paradebeispiele sind Mutationen. Sie treten in einer strukturierten Welt auf, die Notwendigkeiten unterliegt und für die bereits Gesetze gelten. Hilft die neu aufgetretene Eigenschaft ihrem Träger, den Anforderung besser zu genügen, wird sie sich durchsetzen.

Das Auftreten emergenter Eigenschaften kann treffend mit einem Bridgespiel verglichen werden. Die Verteilung der Karten am Anfang des Spiels legt der Zufall fest. Was ein Spieler mit seinen Karten anfangen kann, hängt – erstens und selbstverständlich – von den Spielregeln des Bridge ab. Zweitens von den Karten der anderen. Sie legen den Spielverlauf aber nicht fest. Er entwickelt sich – drittens – durch Wettbewerb, Kooperation und abermals Zufall.

Der Zufall liefert das Rohmaterial für die Evolution. Er legt die Samen aus, von denen einige wachsen. Welche das sind, bestimmen sie selbst durch ein kompliziertes Zusammenspiel. Indem sie das tun, bilden sich Regeln oder Gesetze, die sogar noch das Verhalten des Systems, das schlußendlich entsteht, beschreiben. Wieder lassen wir offen, ob sich das System auf Grund tiefer liegender Gesetze so entwickeln mußte, wie es das tat. Ist es komplex genug, kann

Reduktionismus ihm gegenüber nur eine Einstellung sein. Hoffnung, seine Entwicklung und sein Verhalten auf Grund der tiefer liegenden Gesetze Schritt für Schritt zu erklären, kann es dann nicht geben. Bei hinreichend komplexen Systemen können wir bestenfalls Aspekte ihres Verhaltens aus den Gesetzen erklären, die für ihre Bestandteile gelten. Der Temperaturausgleich bei Gasen aus harten Kugeln kann abermals als Beispiel dienen. Anders aber als diese idealen Gase, besitzen die komplexen Systeme der Biologie interessante Eigenschaften, die wir nicht aus den Eigenschaften ihrer Bestandteile ableiten können, obwohl sie aus ihnen folgen. Dasselbe gilt für reale Gase, Flüssigkeiten und Festkörper, deren Moleküle komplizierte Wechselwirkungen miteinander besitzen. Bei ihnen, die Gegenstand ganzer Zweige der Physik sind, ist die Sache nicht hoffnungslos. Im allgemeinen aber müssen wir die Frage, ob Herleitung möglich ist, offenlassen.

Spontane Symmetriebrechung ...

Auf jeden Fall bedeutet Wachstum des einen auf Kosten des anderen Bildung von Struktur. Wenn auf der Wiese ein Unkraut alle anderen Pflanzen verdrängt hat, ist von den Möglichkeiten, welche die Wiese besaß, genau eine realisiert; Struktur hat sich gebildet. Es kann sein, daß voraussehbar war, welche Struktur – welches Unkraut! – das sein wird, aber das muß nicht der Fall sein. Unvorhersehbare Wettereinflüsse können zum Beispiel der einen Spezies helfen, der anderen schaden. Ein instruktiveres Beispiel für derartige Entscheidungsprozesse stammt von dem scholastischen Philosophen Buridan. Er hat argumentiert, ein Esel genau in der Mitte zwischen zwei gleichen Heuhaufen müsse verhungern, da er sich nicht entscheiden könne, welchen der beiden er ansteuern soll, um seinen Hunger zu stillen. Das ist falsch. Denn – andere Unmöglichkeiten kommen hinzu! – der Esel kann nicht still zwischen den Heuhaufen stehen. Auf Grund unkontrollierbarer, unvermeidlicher Einflüsse schwankt er stets ein wenig. Wenn er aber durch eine Schwankung dem einen Heuhaufen näher kommt, wird die Anziehung durch diesen eben dadurch größer, so daß er sich ihm vollends zuwenden wird.

Wir können zwar nicht wissen, welchem der beiden Heuhaufen der hungrige Esel am Ende zustreben wird, aber daß er einen auswählen wird, ist gewiß. Die Frage, ob seine Entscheidung im Weltenplan bereits zuvor feststand oder ob sie sich zufällig gebildet hat, können und müssen wir offenlassen. Schlußendlich geht es um die Quantenmechanik des Universums, und keiner weiß genau, wie dessen Wellenfunktion zu interpretieren ist. Von jedem praktischen Standpunkt aus gesehen ist die Entscheidung des Esels aber emergent und wird es bleiben – gleichgültig, ob sie »im Prinzip« durch Zellen, Moleküle, Atome und schließlich Elementarteilchen erklärt werden kann.

... und der Satz vom zureichenden Grunde

Die Frage nach dem *zureichenden Grunde*, um die es hier geht, ist uralt. Als Reduktionist vertrete ich mit Gottfried Wilhelm Leibniz die Ansicht, daß es zumindest für alle Naturgesetze, auch die effektiven, einen zureichenden Grund gibt. Das auch dann, wenn wir den Grund ganz offensichtlich niemals kennen werden. Der Satz vom zureichenden Grunde bildet das Zentrum der Leibnizschen Philosophie. Auf ihm hat er Gottesbeweise aufgebaut. In seiner *Theodizee* formuliert er den Satz so: *Es gibt niemals eine Indifferenz des Gleichgewichts, das heißt, wo auf beiden Seiten alles vollkommen gleich ist, so daß es keine größere Neigung zu einer bestimmten Seite hin gibt.* Aber warum nicht? Weil, so Leibniz, Gott es so eingerichtet hat: *Wenn zwei miteinander unvereinbare Dinge gleich gut sind und das eine gegenüber dem andern weder an sich noch aufgrund ihres Zusammenhanges mit anderen Dingen irgendeinen Vorzug besitzt, so wird Gott keines von beiden erschaffen.* Gott wird es nicht tun, aber könnte er es? Selbstverständlich, so Leibniz, denn anzunehmen, daß Er es nicht könnte, würde Seine Allmacht einschränken: *Es ist wahr, daß man sagen müßte, ein Esel lasse sich selbst Hungers sterben, wenn der Fall möglich wäre, daß er zwischen zwei Wiesen steht, die er gleichgerne fressen möchte. Im Grunde genommen ist dieses Problem mit Sicherheit unmöglich, es sei denn, Gott hätte die Umstände eigens so eingerichtet.* Und schließlich: ... *daß Gott überhaupt keine Welt erschaffen hätte, wenn es nicht unter allen möglichen Welten die beste gäbe.*

Dieser Begründung des Satzes, daß es *niemals eine Indifferenz des Gleichgewichts* gibt, wird sich kaum ein heutiger Naturwissenschaftler anschließen. Für den Satz selbst spricht vor allem, daß *Indifferenz eines Gleichgewichts* unendlich unwahrscheinlich ist. Um das zu sehen, ersetzen wir Buridans Esel durch eine Billardkugel und stellen uns vor, wir wollten sie auf einem runden Rohr so ablegen, daß sie weder nach rechts noch nach links herunterrollt. Mathematisch ist das möglich, physikalisch aber nicht. Denn es gibt unendlich viele Lagen, von denen sie nach rechts oder links herunterrollen wird, aber nur eine einzige, in der sie liegenbleiben kann. Diese eine Lage trennt die Schieflagen »rechts« und »links« voneinander und kann treffend mit einem unendlich dünnen Schnitt zwischen ihnen verglichen werden. Positionen können wir wie die eines Lineals durch Zahlen kennzeichnen. Der Mittellage entspricht dann eine genau bestimmte Zahl. Die Kugel wird nur dann nicht von dem Rohr herunterrollen, wenn es uns gelingt, sie so abzulegen, daß sie die Mittellage genau einnimmt – alle unendlich vielen Ziffern hinter dem Komma der Zahl, die ihre Lage beschreibt, müssen stimmen! Es ist unendlich unwahrscheinlich – unmöglich! –, daß uns das gelingen wird. Wenn wir versuchen, die Kugel genau in der Mitte des Rohres, im »Symmetriepunkt«, abzulegen, wissen wir, daß uns das mißlingen wird. Ob wir die Kugel aber rechts oder links von ihm ablegen, wird erst der Ablauf zeigen. Bei einem guten Verfahren, auf den Symmetriepunkt zu zielen, ist beides gleich häufig.

Die Kugel auf dem Rohr ist offenbar ein idealisiertes System. Für ihr Verhalten gibt es immer einen zureichenden Grund – die Anfangslage und, selbstverständlich, die Anfangsgeschwindigkeit. Zur Vereinfachung haben wir die unrealistische Annahme gemacht, daß wir die Kugel mit der Geschwindigkeit Null ablegen können. Daß wir das nicht können, wirkt sich auf das bisher Gesagte genauso aus wie die Unmöglichkeit, die Anfangslage der Kugel so festzulegen wie beabsichtigt.

Die Idealisierung, es sei möglich, die Kugel im Symmetriepunkt abzulegen, wäre unphysikalisch, so daß die Kugel in allen realisierbaren Fällen nach rechts oder links herunterrollen wird. Aber auch für ihr Verhalten in dem Fall, daß *Gott die Umstände eigens so eingerichtet hätte*, daß die Kugel anfangs im Symmetriepunkt ruht, gäbe es einen Grund: die Anfangslage und Anfangsgeschwindigkeit. Dann würde sie für alle Zeiten dort liegenbleiben, wo sie hingelegt wurde.

Eine wirkliche Kugel auf einem wirklichen Rohr würde das nicht. Sie ist unkontrollierbaren Einflüssen ausgesetzt, und die sind so, daß sie auf jeden Fall herunterrollen wird. Die äußeren Einflüsse können sogar für das Verhalten der Kugel wichtiger sein als die Anfangslage. Aber könnten wir nicht die Quellen der äußeren Einflüsse mit dem idealisierten System zu einem größeren System zusammenfassen und auf dieses dieselben Argumente anwenden? So daß wir das Prinzip vom zureichenden Grunde auf dem höheren Niveau wiederfinden würden?

Möglicherweise im Prinzip, tatsächlich aber nicht. Wenn wir das System größer und größer machen, können wir die einzelnen Einflüsse nicht mehr identifizieren und nur noch über Mittelwerte sprechen. Was diese festlegen, mögen wir deterministisch beschreiben können, was von feinen Details abhängt, aber nicht. Weil sie weder bewiesen noch widerlegt werden kann, ist die

Aussage, die Welt sei deterministisch, genaugenommen keine wissenschaftliche Aussage. Sie ist eine Einstellung gegenüber der Natur, auf der die physikalische Forschung basiert.

Zufall, Chaos und Determinismus

Das Auftreten von Chaos in physikalischen Systemen ist kein Einwand gegen die Gültigkeit des Prinzips vom zureichenden Grunde. Das zeigt schon die Tatsache, daß Computerrechnungen, die das Verhalten chaotischer Systeme simulieren, reproduzierbar sind. Ein System, dessen Verhalten *empfindlich* von den eingestellten Anfangsbedingungen abhängt, heißt chaotisch. Was aber soll *empfindlich* bedeuten? Nehmen wir zunächst ein einfaches Pendel. Dieses zeigt unter keinen Umständen chaotisches Verhalten. »Verhalten« steht jetzt für das freie Schwingen des Pendels, nachdem es in einer gewissen Winkellage losgelassen wurde. Wenn wir die Anfangslage ein wenig – sagen wir, um ein Grad – ändern, bleibt der Ablauf, der aus ihr folgt, nahezu ungeändert: Zu keiner Zeit weicht das Verhalten bei der geänderten Anfangslage vom vorherigen um mehr als zum Beispiel zwei Grad ab. Bei chaotischen Systemen ist das ganz anders. Zwei haben wir bereits kennengelernt: das ideale Gas und das Doppelpendel. Ein weiteres ist das Wetter: Kleine Störungen können einen ganz anderen Verlauf ergeben. Chaotische Systeme kennt der Leser auch aus gehobenen Geschäften für Bürobedarf. Zum Beispiel ein Pendel aus Eisen zwischen Magneten. Dieses schwingt nicht einfach hin und her, sondern beschreibt chaotische Wege von einem Magneten zum andern. Angenommen, wir haben es in einer gewissen Stellung sich selbst überlassen, und es hat nacheinander die Magnete Nummer drei, eins, zwei, zwei, vier besucht. In einem zweiten Versuch wollen wir dasselbe Verhalten erreichen und stellen fest, daß uns das mißlingt: Obwohl wir das Pendel vor dem Loslassen so genau, wie es unseren Händen möglich ist, in dieselbe Anfangslage versetzt haben, schwingt es anders: drei, eins, vier, eins, eins – es gelingt uns nicht, das vorherige Verhalten des Pendels in einem neuen Versuch zu reproduzieren.

Ich habe diese Versuche nicht wirklich durchgeführt, so daß die Details wohl nicht stimmen. Aber den Trend stelle ich richtig dar. Statt mit unseren Händen stellen wir die Anfangsbedingungen nun mit denen eines Roboters ein. Der erste Versuch ergibt eins, drei, drei, vier, eins, vier. Das soll ein zweiter Versuch reproduzieren: eins, drei, drei, vier, drei, zwei – das ist besser, aber nicht gut. »Empfindliche Abhängigkeit« der Abläufe an einem System von den

Anfangsbedingungen heißt, daß kleine Änderungen der Anfangsbedingungen zu Abläufen führen, die bereits nach kurzer Zeit ganz anders sind als der ursprüngliche. Dabei ist das Gesetz, dem das Verhalten des Systems genügt, streng deterministisch: wenn die Anfangsbedingungen übereinstimmen, dann auch die Abläufe. Da es aber – und wie beschrieben! – unmöglich ist, eine vorgebene Anfangsbedingung genau zu erfüllen, ist dies eine akademische Feststellung. Empirischen Sinn bekommt sie dadurch, daß Anfangsbedingungen zwar nicht genau, wohl aber mit beliebig klein vorgebbarer Abweichung eingestellt werden können. Das ist ein subtiler, aber wichtiger Unterschied. Ich kehre zwecks Erläuterung zu der Kugel zurück, die in dem Symmetriepunkt des Rohres abgelegt werden soll. Ich kann zwar nicht erreichen, daß die unendlich vielen Ziffern, welche die richtige Lage charakterisieren, stimmen, wohl aber, daß eine beliebig vorgebbare endliche Anzahl richtig ist.

Dies zumindest im Prinzip. Wenn ich einen entsprechenden Aufwand treibe, kann ich erreichen, daß die ersten zehn Ziffern richtig sind; ein abermals größerer würde mir erlauben, die ersten fünfzehn richtig zu machen, und so weiter: Ich kann die Abweichung vom angestrebten Wert beliebig klein, aber niemals zu Null machen. Der empirische Sinn der Feststellung, daß die Abläufe übereinstimmen, wenn die Anfangsbedingungen das tun, ist nun der Folgende: Ich verlange von dem Ablauf, daß er mit der-und-der Genauigkeit für die-und-die Zeit mit einem vorgegebenen übereinstimmt. Dann kann ich diese Forderung in eine an die Anfangsbedingungen übersetzen – sie müssen so-und-so genau eingestellt werden, damit der Ablauf meinen Forderungen genügt.

Wenn deterministische Gleichungen das Verhalten des Systems bestimmen, ist das stets möglich. Diese Voraussetzung gilt aber nur für isolierte – von der Außenwelt abgeschlossene – Systeme. Wirkliche Systeme sind das nur innerhalb gewisser Grenzen. Wird die Genauigkeit, mit der die Anfangsbedingungen eingestellt werden müssen, größer als die unkontrollierbaren und unvermeidlichen Einflüsse auf das System von außen, kann sein Verhalten tatsächlich nicht mit der gewünschten Genauigkeit prognostiziert werden.

Ein Beispiel bildet Treffen und Zielen. Daraus, wie genau ich ein Ziel treffen will, kann ich berechnen, wie genau ich zumindest zielen muß. Sind die Bedingungen ideal, reicht Zielen mit dieser Genauigkeit aus, um das Ziel tatsächlich zu treffen. Nicht aber bei unvorhersehbaren Störungen von außen, bei Seitenwind zum Beispiel: Wie genau ich das Ziel mit Sicherheit treffen kann, legen dann allein die Schwankungen des Windes fest.

Den Ausweg eingefleischter Reduktionisten, die Außenwelt und ihre Gesetze in das betrachtete System einzubeziehen, und seine Grenzen habe ich erörtert. Die Grundlagenforschung will wissen, welche Naturgesetze gelten. Um dies herauszufinden, untersucht sie Systeme, deren Verhalten soweit wie möglich allein von den zu untersuchenden Naturgesetzen und bekannten Anfangsbedingungen abhängt. Dazu schirmt der Experimentator das System, mit dem er experimentiert, soweit es geht von der Außenwelt ab. Er wird auch versuchen, chaotisches Verhalten zu vermeiden. Die Chaos-Forschung tut das nicht. Der Grund ist, daß sie nicht nach den Gesetzen sucht, die das Verhalten von Systemen im Einzelfall und im Detail regieren, sondern nach denen, die das chaotische Verhalten selbst bestimmen – unter welchen Umständen es einsetzt und ob es selbst Regeln genügt. Die Naturgesetze, welche die Chaos-Forschung ermitteln will, bilden für sich allein eine Ebene der Erkenntnis, die auf eine tiefer liegende Ebene zurückzuführen gelingen mag oder nicht. Ein guter Weg, Gesetze des Chaos zu erforschen, ist, mit den deterministischen Grundgleichungen zu beginnen und zu untersuchen, bei welchen Anfangsbedingungen und Parameterwerten empfindliche Abhängigkeit der Abläufe einsetzt und nach welchen Regeln sie sich aufbaut.

Historische Zufälle

Der Leser kann fragen, was nicht-quantenmechanischer Zufall für eingefleischte Reduktionisten bedeuten mag. Kann es ihn überhaupt geben? Nicht im philosophischen Sinn, wohl aber in einem, der empirisch zu »tatsächlichem« Zufall äquivalent ist. Grundlage der Zufallsdefinition des Reduktionisten ist die empfindliche Abhängigkeit von den Anfangsbedingungen. Der französische Mathematiker und Physiker Henri Poincaré, dem wir in diesem Buch bereits begegnet sind, hat mit einem bündigen Satz Zufall und Determinismus miteinander versöhnt: *Eine sehr kleine Ursache, die uns entgehen mag, bewirkt einen beachtlichen Effekt, den wir nicht ignorieren können, und dann sagen wir, daß der Effekt auf Zufall beruht.*

Es ist nicht immer einfach, das Wirken von Naturgesetzen von historischen Zufällen zu unterscheiden, die für gewisse Entwicklungen verantwortlich sind. Historische Zufälle können Systeme erschaffen, die leichter als durch die fundamentalen Naturgesetze durch effektive Gesetze beschrieben werden können, welche die historischen Zufälle in ihre Voraussetzungen einbeziehen. Man spricht in diesen Fällen von *spontaner Symmetriebrechung.*

Offenbar ist es unmöglich, die rechte Hand durch eine Drehung oder eine andere im Raum tatsächlich ausführbare Bewegung in die linke Hand zu überführen. Das ist das Phänomen der *Händigkeit.* Wie die Hände, können auch andere Objekte im Raum Formen annehmen, die erstens Spiegelbilder voneinander sind und zweitens durch keine wirklich ausführbare Bewegung ineinander überführt werden können. So gibt es von den Schrauben zwei Typen, Rechtsschrauben und Linksschrauben. Dadurch, daß wir eine Rechtsschraube oder Mutter drehen, ändern wir ihren Drehsinn nicht. Wäre das nicht so, müßten wir bei dem Versuch, Muttern für Rechtsschrauben zu finden, zwischen deren Ober- und Unterseite unterscheiden. Und auch der Drehsinn spiralförmiger Nudeln kann durch keine tatsächlich ausführbare Bewegung geändert werden. In der Terminologie der Mathematiker sind Spiegelungen Bewegungen. Tatsächlich, an realen Objekten im Raum durchführbar sind die Spiegelungen aber nicht. Sonst müßte es möglich sein, erst ein bißchen zu spiegeln, dann noch ein bißchen, bis schließlich die volle Spiegelung erreicht ist. Etwas Analoges ist für Drehungen und Verschiebungen, aber eben nicht für Spiegelungen möglich.

Goethe spricht von der *Spiraltendenz der Vegetation* und meint damit, daß zahlreiche Pflanzen wie Bohnen, aber auch Bäume, spiralförmig wachsen – Bohnen an ihren Stangen beispielsweise bilden Rechtsschrauben aus. Die vorkommenden Lebensformen sind also nicht spiegelsymmetrisch; die Spiegelbilder der sich als Rechtsschrauben um ihre Stange windenden Bohnen wären Bohnen, die als Linksschrauben wüchsen. Die aber gibt es nicht. Genausowenig wie eine Rechtsschraube mit einer Linksschraube kann ein sich von außen nach innen spiralförmig erweiterndes Schneckenhaus mit seinem Spiegelbild durch eine ausführbare Bewegung zur Deckung gebracht werden: Beide unterscheiden sich voneinander, wie sich eine rechte von einer linken Hand unterscheidet.

Nun besitzen nahezu alle in der Natur vorkommenden Schnecken derselben Art Häuser desselben Spiegelungstyps; nur eine unter Tausenden trägt ein sich »falsch« windendes Haus. Vernachlässigt man sie, erhält man eine Population, die einfacher durch Gesetze beschrieben werden kann, welche die Asymmetrie einbeziehen, also selbst nicht spiegelsymmetrisch sind, als durch fundamentalere spiegelsymmetrische Gesetze. Eigentlich und wirklich besteht die Spiegelsymmetrie der fundamentalen Gesetze selbstverständlich weiter – sie ist verborgen, nicht gebrochen. Wir sagen, daß die nicht-spiegelsymmetrischen effektiven Gesetze, zu denen gehört, daß sich alle Schneckenhäuser rechtsherum winden, durch spontane Symmetriebrechung aus den spiegelsymmetrischen fundamentaleren Gesetzen entstehen. Vom Standpunkt dieser Gesetze aus gesehen, ist der Symmetriebruch ein uninteressanter Zufall: Die gespiegelte

Welt mit ausschließlich linksgewundenen Schneckenhäusern ist genauso möglich, aber zufällig nicht realisiert.

Die weitergehende Frage, welche Mechanismen die spontane Brechung der Spiegelsymmetrie durch das Überwiegen rechtsgewundener Schneckenhäuser bewirken, kann bisher nicht abschließend beantwortet werden. Ich erwähne, daß Schnecken mit sich entgegengesetzt windenden Häusern aus elementargeometrischen Umständen keine gemeinsamen Nachkommen zeugen können – ganz so wie Händeschütteln zwei Hände derselben Händigkeit voraussetzt. Dieser Umstand bewirkt, daß die selten auftretenden Schnecken mit falschgewundenen Häusern kaum Vermehrungschancen besitzen, und kann zur Entwicklung zweier unabhängiger Arten führen. Er stabilisiert die Eindeutigkeit des Drehsinns der Häuser vorhandener Populationen und hat im Laufe der Evolution zur Vergrößerung eines zufällig aufgetretenen Überwiegens eines Spiegelungstyps beigetragen.

Das Spiegelbild eines jeden Moleküls ist ebenfalls ein Molekül. Also gibt es von allen Molekülen, die durch keine wirklich durchführbare Bewegung in ihr Spiegelbild überführt werden können, zwei Typen, die sich zueinander verhalten wie eine rechte Hand zu einer linken. So ist es bei nahezu alle komplizierten Molekülen, die von Lebewesen gebildet werden. Von den beiden möglichen Typen tritt dabei aber nur einer auf – Pflanzen und Tiere synthetisieren immer nur einen von den zwei möglichen Spiegelungstypen ihrer Moleküle. Natürlich auftretende Weinsäure ist ein – bereits Pasteur bekanntes – Beispiel dafür.

Auch die von einer Schnecke zu verdauenden Moleküle und die ihrer Verdauungsfermente gehören einem Spiegelungstyp von jeweils zwei möglichen an. Beide passen zusammen wie zwei rechte Hände beim Händedruck oder – wie oft gesagt wird – wie Schlüssel und Schloß: Die Spiegelbilder der Moleküle der wirklichen Fermente einer Schnecke könnten die Moleküle ihrer wirklichen Nahrung nicht verarbeiten. Daher sind Schnecken mit sich falschherum windenden Schneckenhäusern keinesfalls vollkommene Spiegelbilder von Schnecken mit normalen Häusern. Wären sie bis hinunter zum molekularen Niveau Spiegelbilder, müßten sie verhungern, da ihre Fermentmoleküle die (in wirklichem Basilikum beispielsweise vorkommenden) Nahrungsmoleküle nicht umsetzen könnten. Zur Nachprüfung der Spiegelsymmetrie der Naturgesetze müssen folglich alle, aber wirklich alle beteiligten Moleküle gespiegelt werden.

Obwohl Spiegelung aller Moleküle von Pflanzen und Tieren praktisch unmöglich ist, kann nicht bezweifelt werden, daß das Resultat einer solchen Operation ein gleichermaßen funktionierendes Ökosystem wäre. Die Gesetze der Chemie sind – mit anderen Worten – spiegelsymmetrisch, ihre Symmetrie ist aber durch die Asymmetrie des Zustands der belebten Welt verborgen. Die grundlegenden Gesetze der Chemie sind symmetrisch, nicht aber die effektiven Gesetze der Chemie des Lebens oder der Biologie: Diese hängen gleichermaßen von den symmetrischen Gesetzen der Chemie und den Asymmetrien des Lebens ab.

Mit anderen – vor allem mit dem deutschen Physikochemiker und Nobelpreisträger für Chemie von 1967, Manfred Eigen – denke ich, daß die Asymmetrie des Lebens sich zufällig so herausgebildet hat, wie sie es tat. Wir haben gesehen, daß, wenn die Spiegelung auch die Moleküle betrifft, das Spiegelbild allen Lebens ein Ökosystem bilden würde, das genausogut funktionieren würde wie das tatsächlich bestehende. Es ist selbstverständlich eine andere Frage, ob das Spiegelbild des tatsächlichen Lebens hätte entstehen können. Dagegen könnte sprechen, daß die Bedingungen auf der Erde nicht ganz spiegelsymmetrisch sind. Darauf gehe ich nicht ein. Interessanter ist der Versuch, für den Spiegelungstyp des Lebens eine mit bisherigen Mitteln unnachweisbar kleine Verletzung der Spiegelsymmetrie der Gesetze der Chemie verantwortlich zu machen.

Grundlage der Gesetze der Chemie sind die Gesetze der Atomphysik. Zu diesen trägt neben der dominierenden spiegelsymmetrischen *elektromagnetischen* Wechselwirkung als winzige Korrektur auch die nicht-spiegelsymmetrische *neutrale schwache* Wechselwirkung bei. Folglich sind die Gesetze der Atomphysik und damit genaugenommen auch die der Chemie nicht exakt spiegelsymmetrisch. Nachgewiesen wurde der Effekt bisher nur in der Atomphysik, nicht in der Chemie. Trotzdem: Will man eine Asymmetrie der Naturgesetze dafür verantwortlich machen, daß die Händigkeit der (besser: einiger der ursprünglichen) Moleküle des Lebens so ist, wie sie ist, kann man auf den Einfluß der *neutralen schwachen* Wechselwirkung auf die Gesetze der Chemie verweisen. Obwohl diese Asymmetrie das Leben, ist es einmal entstanden, nicht mehr merklich beeinflussen kann und sein Spiegelbild genauso erlauben würde, kann sie im Prinzip dafür verantwortlich gemacht werden, daß das wirkliche Leben mit seinen Molekülen entstanden ist und nicht dessen Spiegelbild.

Aber auch bei spiegelsymmetrischen Gesetzen können wir leicht verstehen, daß das Leben und seine Moleküle nicht spiegelsymmetrisch sind. Welche Händigkeit sich aber ausbilden würde, könnte in dem Fall nicht vorhergesagt werden. Es ist Resultat einer »spontanen« Entwicklung, die aus Zufällen folgte. Die Moleküle des Lebens zeichnet vor anderen aus, daß sie Kopien ihrer selbst erzeugen können. Besitzt also ein Molekül die eine statt der anderen Händigkeit, dann besitzen auch seine Abkömmlinge diese Händigkeit. Ist das Leben aus einem einzigen nicht-spiegelsymmetrischen Urmolekül entstanden, das zufällig aufgetreten ist und seine Händigkeit vererbt hat, ist die Brechung der Spiegelsymmetrie durch die Moleküle des Lebens nahezu selbstverständlich: Sie läßt sich, sehr vereinfacht, durch die Geschichte des Lebens rückwärts verfolgen. Aber auch wenn Leben – Moleküle, die ihre Eigenschaften auf Nachkommen vererben – mehrmals entstanden ist, können wir leicht Modellwelten konstruieren, in denen nur der eine Spiegelungstyp hätte überleben können. Vorstellbar ist, daß die frühen Moleküle des Lebens ihre Nachkommen aus einfachen Molekülen konstruiert haben, die selbst mit ihrem Spiegelbild identisch sind. Wenn das der Fall war, mußten beide Spiegelungstypen der Moleküle von denselben Ressourcen leben. Dann ist leicht zu verstehen, daß sich nur ein Spiegelungstyp, gleichgültig welcher, durchsetzen konnte.

Die heute zu beobachtende Asymmetrie des Lebens hat sich mit Sicherheit auf verschiedenen Ebenen durch eine Serie voneinander unabhängiger spontaner Symmetriebrechungen entwickelt. So könnte sich unser Herz bei derselben Spiraltendenz der Erbsubstanz DNS – einer Schraube aus Molekülen! – auf der anderen Seite befinden. Die Asymmetrie der Erscheinungen kann aus historischen Ereignissen folgen, die zufällig so oder so asymmetrisch waren, und ist deshalb mit symmetrischen Gesetzen verträglich. Hierzu ist nicht einmal Asymmetrie der Anfangsbedingungen erforderlich; es reicht aus, daß Symmetrie eine instabile Eigenschaft der Anfangsbedingungen ist. Wenn das gilt, wird eine kleine und unvermeidbare asymmetrische Störung oder Fluktuation alsbald so vergrößert werden, daß die anfängliche Symmetrie zerstört wird. Buridans Esel ist ein berühmtes Beispiel hierfür, das allerdings das Gegenteil beweisen sollte. Da Symmetrie eine instabile Eigenschaft der Situation ist, wird sich der Esel einem der Heuhaufen schließlich ganz zuwenden und dadurch die Symmetrie brechen. Analog dazu hat wahrscheinlich die Evolution zufällig aufgetretene Fluktuationen verstärkt, mit dem Resultat, daß von der anfangs vorhandenen Spiegelsymmetrie – gleich viele Moleküle von jedem Spiegelungstyp – heute nichts mehr zu bemerken ist.

Ob die in der Natur beobachtete Asymmetrie eine Folge der Asymmetrie der Naturgesetze oder der historischen Entwicklung ist, muß offenbleiben. Nachdem sich das Leben gebildet hat, wird es von nicht-spiegelsymmetrischen effektiven Gesetzen beherrscht. Nach allem, was wir wissen, sind diese Gesetze emergent. Sie gelten auf ihrer Ebene unabhängig davon, ob sie auf fundamentalere zurückführbar sind. Da wir nicht wissen, wie es tatsächlich um sie steht, gebührt sich die Einstellung des »Als-ob« ihnen gegenüber. Der Reduktionist, den seine Einstellung zu Forschungen animiert, sollte nicht dem Irrglauben verfallen, daß alle Aussagen des Reduktionismus beweisbare Wahrheiten sind. Das Gegenteil ist richtig: sie sind weder veri- noch falsifizierbar. Wer Fatalismus als praktische Richtschnur aus seiner reduktionistischen Einstellung herleiten will, ist seiner Sache viel zu sicher.

Epilog

Durch die Brille der Physik gesehen, besitzt jedes Naturphänomen zwei Ursachen: erstens die allgemeingültigen Naturgesetze und zweitens die Umstände, unter denen sie wirken. Beide zu trennen ist nicht leicht. Insbesondere dann nicht, wenn die Umstände der Naturgesetze hier auf Erden immer dieselben sind. Dann kann es nämlich geschehen, daß wir für ein Naturgesetz halten, was tatsächlich kein Naturgesetz ist, sondern eine Konsequenz von Naturgesetzen *zusammen mit* unserer speziellen Stellung auf der Erde. Um auf die hinter den Phänomenen stehenden Naturgesetze zu kommen, muß die Physik als Ballast alles erkennen und abwerfen, was bei den Phänomenen nicht allein auf Naturgesetzen, sondern auch auf den speziellen Umständen erdgebundener Physik beruht.

Naturgesetze und unsere Stellung auf der Oberfläche der Erde

Beispielsweise hat der im Mittelalter ungemein erfolgreich fortwirkende altgriechische Philosoph Aristoteles für ein Naturgesetz gehalten, daß Federn langsamer fallen als Steine. Das ist auf der Erdoberfläche wegen der hier allgegenwärtigen Luft, die jeden Fall bremst, tatsächlich so. Aber ein Naturgesetz ist es nicht. Ein dem Phänomen des Fallens von Steinen und Federn zugrundeliegendes Naturgesetz sagt im Gegenteil, daß im luftleeren Raum alle Körper gleich schnell fallen. Das hat, wie in Kapitel 3 bereits erwähnt, im Jahr 1971 der Apollo-Astronaut David Scott auf dem Mond vor laufender Kamera durch Fallenlassen eines Hammers und einer Feder eindrucksvoll demonstriert. Bevor aber die Physik zu dem eigentlichen Naturgesetz, daß alle Körper gleich schnell fallen, vordringen konnte, mußte von den speziellen Umständen auf der Erdoberfläche abgesehen werden können.

Einfacher noch sind die Fälle, bei denen ein tatsächliches Naturgesetz zusammen mit den Umständen, die auf der Erde herrschen, auf eben die Phänomene führt, welche auch das vermeintliche Naturgesetz beschreibt. Nehmen wir die Schwierigkeit, die es bereitet, die Luft aus einem Gefäß zu entfernen (Kapitel 2). Jeder, der einmal versucht hat, einen Blasebalg bei geschlossener Tülle zu öffnen, hat feststellen müssen, daß das schwer ist. Aber warum ist es schwer? Weil, so die Naturforscher vom griechischem Altertum bis ins 17. Jahrhundert, *die Natur das Vakuum verabscheut*: Wenn es gelänge, den Blasebalg zu öffnen, würde in seinem Innern ein Vakuum entstehen, und das mag die Natur nicht.

Dies Diktum vom horror vacui kommt wie ein Naturgesetz daher, ist aber keins. Daß es schwer bis unmöglich ist, den Blasebalg zu öffnen, folgt einfach daraus, daß wir *untergetaucht am Boden des Luftmeeres* leben: Auf uns lasten Luftmassen, die in den Weltraum hinein nur langsam abnehmen und auf der Erdoberfläche pro Quadratzentimeter ein Gewicht besitzen, das einem Kilogramm entspricht. Von diesem Gewicht der Luftmassen merken wir, wie bereits Galilei wußte, nichts, weil es nicht wie ein Kilogrammstück nur von oben nach unten drückt, sondern gleichmäßig nach allen Seiten: Dem Druck der Luft von oben nach unten wirkt derselbe Luftdruck von unten nach oben entgegen. Beide heben sich gegenseitig auf. Da es mit dem Druck von innen nach außen genauso ist, merken wir von dem Druck der Luft insgesamt überhaupt nichts – wir schweben weder davon noch werden wir zusammengedrückt.

Hält nun einer die Tülle seines Blasebalgs zu, lastet der Druck der Außenluft zwar von außen auf dessen Flanken, nicht aber von innen, so daß er Druck ohne Gegendruck überwinden muß, wenn er den Blasebalg zu öffnen versucht. Deshalb, und nicht wegen eines Abscheus der Natur vor dem Leeren, ist das schwer. Genauso scheint die Milch im Trinkhalm beim Saugen nach oben zu streben, weil, wenn sie es nicht täte, oberhalb ihrer ein Vakuum entstünde; tatsächlich aber drückt sie der Außendruck der Luft, der auf der Milchoberfläche lastet und im Innern des Halmes fortgenommen wurde, nach oben.

Im Jahr 1644 hat der italienische Physiker und Galilei-Schüler Evangelista Torricelli als erster ganz offensichtlich einen luftleeren Raum hergestellt. Uns scheint das Experiment Torricellis einfach genug: Ein etwa achtzig Zentimeter langes, einseitig geschlossenes Rohr wird mit Quecksilber gefüllt, zugehalten, mit seiner Mündung in eine Schale voll Quecksilber getaucht und aufrecht gestellt. Wird die Öffnung des Rohres dann freigegeben, fließt aus ihm Quecksilber in die Schale. Aber nicht alles – der Quecksilberspiegel im Rohr kommt in (etwa) sechsundsiebzig Zentimeter Höhe über dem in der Schale zur Ruhe. Am Ende ist über dem Quecksilber im Rohr ein »leerer« Raum entstanden, an dem es zu hängen scheint. Dieser Raum muß luftleer sein, weil er bei seiner Entstehung von den Glaswänden und der Quecksilberoberfläche ganz eingeschlossen war und weder Glas noch Quecksilber Luft durchläßt.

Aber ist der Raum oberhalb des Quecksilbers vollkommen leer, nicht nur leer von Luft? Darüber kann das Experiment Torricellis nichts sagen. Denn das Quecksilber hängt tatsächlich nicht an dem »leeren« Raum, sondern wird vom äußeren Luftdruck getragen. Das haben Nachfolgeexperimente alsbald gezeigt. Aber bis hin zu Torricelli konnte nicht zwischen den Eigenschaften des leeren Raumes und den Konsequenzen unserer speziellen Stellung im Universum – auf der Oberfläche der Erde, am Boden des Luftmeeres – unterschieden werden. Erst Torricellis Experiment hat die physikalische Frage nach dem leeren Raum freigelegt und ermöglicht, daß der Ballast der Vorstellung vom horror vacui abgeworfen wurde.

Unser Thema ist nicht der leere Raum, sondern die schwierige Unterscheidung zwischen wirklichen, überall und zu allen Zeiten geltenden Naturgesetzen und den Konsequenzen unserer speziellen Stellung im Universum. Etwa ein Jahrhundert vor Torricelli hat sich in der kopernikanischen Revolution die Erkenntnis durchzusetzen begonnen, daß wir auf einem Planeten leben, der die Sonne umfliegt. Sie hat es ermöglicht, den Einfluß unserer speziellen Stellung im Universum auf die Himmelserscheinungen, die wir beobachten, von den Konsequenzen der für das Sonnensystem geltenden Naturgesetze zu unterscheiden. Durch die kopernikanische Revolution wurde die physikalische Frage nach den Bewegungen der Erde, der Planeten und der Kometen um die ruhende Sonne freigelegt und der Ballast der *Deferenten* und *Epizykeln*, in denen die Planeten und die Sonne sich laut dem geozentrischen System des Ptolemäus um die Erde bewegen sollten, abgeworfen. Den Fortschritt, den die kopernikanische Revolution bedeutet, demonstrieren Planetarien heute höchst eindrucksvoll durch die Fahrt mit einem Raumschiff fort von der Erde in den Raum zwischen den Sternen: Die von der Erde aus gesehen unregelmäßigen Bewegungen der Planeten ordnen sich allmählich zu ihren einfachen Bewegungen auf Ellipsenbahnen um die Sonne. Auf einer dieser Bahnen finden wir die Erde.

In Analogie zur kopernikanischen Revolution können wir von einer torricellischen Revolution sprechen – und von vielen anderen, verwandten Revolutionen! Der amerikanische theoretische Elementarteilchenphysiker und Physiknobelpreisträger von 1969, Murray Gell-Mann, hat die Revolutionen der Physik so beschrieben: *In meinem Gebiet gehört zu nahezu jeder wichtigen neuen Idee eine negative Feststellung: daß ein gewisses, zuvor angenommenes Prinzip unnötig ist und auf-*

gegeben werden kann. Eine frühere, richtige Idee war von unnötigem intellektuellen Ballast begleitet, und dieser Ballast muß jetzt abgeworfen werden. Ballast im Sinne Gell-Manns sind auch vermeintliche Naturgesetze, die tatsächlich keine Naturgesetze sind. Deren experimentell bestätigten Konsequenzen folgen aus anderen, fundamentaleren Naturgesetzen zusammen mit unserer speziellen Stellung im Universum – auf einem Planeten mit viel Kohlenstoff, Wasser und Luft, den es nur zehn bis zwanzig Milliarden Jahre nach dem Urknall geben kann.

Noch einmal Aristoteles. Er hat auch gesagt, alle schweren Körper müßten zum Mittelpunkt der Erde streben, da dort ihr natürlicher Ort sei. Für ihn war also die Erde mit ihrer Umgebung mehr als ein Spezialsystem, das durch seine Anwesenheit die fundamentalen Naturgesetze verbirgt und dazu verführt, Gesetze als fundamental anzusehen, die nur für uns – hier und jetzt – gelten. Anders als Aristoteles, fassen wir heute die Erde mit ihrer Umgebung als ein System auf, das in den leeren Raum eingebracht ist. Es genügt als eine Art Probekörper den fundamentalen Naturgesetzen, die immer und überall gelten und von der Erde nichts wissen. Könnten wir nicht über den Tellerrand der Erde hinausblicken, würden wir Gesetze für fundamental halten, die nur auf ihr gelten. Bevor wahre Naturgesetze von den effektiven, hier und heute, sonst aber nicht geltenden Gesetzen abgelesen werden können, muß Ballast als solcher erkannt und abgeworfen werden.

Naturgesetze und unsere Stellung im Universum

Im nachhinein ist es natürlich leicht, zwischen Gesetz und Ballast zu unterscheiden. Aber wie steht es um uns? Können wir stets sagen, welche unserer »Naturgesetze« nur für uns, für unsere spezielle Stellung im Universum gelten, und welche wirklich fundamental sind? Wir können es nicht. Wie aber den Ballast erkennen? Und wie die wahren Naturgesetze?

Wahre Naturgesetze müssen zumindest für beliebige Systeme und Anfangsbedingungen im ansonsten leeren Raum gelten. Könnten wir – ein Planetensystem, in dem wir leben, dürfte es dann nicht geben! – alles, was wir wollen, im wahrhaft leeren Raum aufbauen und feststellen, wie es sich verhält, könnten wir mühelos überprüfen, ob es in diesem Sinn wahre Naturgesetze gibt. Aber so ist es nicht. Das »wahre« Naturgesetz für die Pendelbewegung spricht von der Bewegung von Massen in der Nähe anderer Massen. Die Anfangsbedingungen sowie das Pendel selbst können wir seit je beliebig wählen; die Erde aber durch den Mond zu ersetzen, haben wir erst neulich gelernt. Lebten wir auf dem Mond – oder gar auf dem Planeten des Kleinen Prinzen! – wären die Pendelgesetze nicht dieselben. Wohl aber die zweifelsohne fundamentaleren Gesetze Newtons von der Bewegung und der Schwerkraft, auf denen sie beruhen.

Wie aber steht es um das Universum als Ganzes? Könnten auch *seine* Gesetze andere sein? Ist auch das Universum insgesamt ein Spezialfall? Eines unter vielen, genauso möglichen, aber nicht realisierten Universen? Gibt es Anfangsbedingungen des Urknalls, welche zusammen mit dem sich bildenden materiellen Inhalt des Universums auch die Gesetze festgelegt haben, die in ihm gelten sollten?

Wir wissen es nicht. Es kann sogar sein, daß es außerhalb der zeitlichen und räumlichen Reichweite unseres Universums – welch unpassender Name in dem Fall! – andere »Universen« gibt, in denen andere Naturgesetze gelten. Dies ist, für sich allein genommen, die einfachste Deutung eines der erstaunlichsten Befunde über »unser« Universum: daß es uns paßt! Nicht nur uns als Menschen mit ihren Bedürfnissen nach Kohlenstoff als Bestandteil der Nahrung und nach Luft und Wasser, sondern uns als Struktur in einem Universum, das die Existenz von Strukturen erlaubt.

Beginnen wir mit der Erde. Wenn sie nur wenig mehr oder weniger Masse besäße, als sie besitzt, könnten »wir« auf ihrer Oberfläche nicht leben. Bei geringerer Masse wäre die Atmosphäre der Erde wie die des Mondes schon lange davongeflogen. Wäre die Masse der Erde aber größer, würden unsere Knochen bei jedem Stolpern brechen. Dann könnte es nur Meerestiere geben, bei denen die Knochen vom Fleisch getragen werden – wie es bei den Walen tatsächlich ist. Möglicherweise gäbe es dann intelligente Fische, die sich darüber wundern, wie gut die Erde an die Voraussetzungen *ihrer* Existenz angepaßt ist.

Auf der Oberfläche der Erde gelten effektive Naturgesetze, die ihre Anziehungskraft einbeziehen. Im Gedankenexperiment können wir die Größe der Erde ändern und ihre Gestalt beibehalten. Dann bleibt die *Form* der effektiven Naturgesetze, die auf der Erdoberfläche gelten, dieselbe, nicht aber die Naturkonstante *Anziehungskraft*, die in ihnen auftritt.

Auch in den fundamentalen Naturgesetzen treten Naturkonstante auf, die nach Wahl der Einheiten bestimmte Zahlenwerte besitzen. Eine von ihnen ist die Geschwindigkeit des Lichtes, die für jeden Beobachter dieselbe ist. Probeweise wollen wir annehmen, daß zwar die *Form* der fundamentalen Naturgesetze für alle logisch möglichen Universen dieselbe ist, die in ihnen auftretenden Konstanten aber beliebige Werte annehmen können. Würde dieselbe Form der Naturgesetze unabhängig von den Zahlenwerten der Naturkonstanten bereits die Möglichkeit von intelligentem Leben garantieren?

Nein, keinesfalls. In unserem Universum gibt es Leben nur auf der Basis von festen, flüssigen oder – möglicherweise – gasförmigen Stoffen. Bei aller Unsicherheit darüber, was wir unter »Leben« verstehen wollen, könnte es Leben in einem Universum, das nur aus Strahlung wie Licht statt aller Stoffe besteht, vermutlich nicht geben.

Anthropische Prinzipien

Nun ist die Tatsache, daß feste, flüssige und/oder gasförmige Stoffe im Universum vorkommen, überhaupt nicht selbstverständlich. Nur ein schmaler Korridor von Zahlenwerten der Naturkonstanten ermöglicht die Entwicklung von Substanzen und damit unser Leben. Wären die Verhältnisse der Massen von Elementarteilchen nur ein klein wenig anders, gäbe es im Universum nur Strahlung, also keine Substanzen – und damit auch »uns« nicht.

Die Beispiele sind Legion. Wir wollen Protonen und Neutronen betrachten. Aus ihnen sind die Kerne der Atome aufgebaut wie Häuser aus Ziegelsteinen. Unser Beispiel sei der einfachste Atomkern, den es gibt, der des Wasserstoffatoms. Er besteht aus einem Proton und nichts weiter; kein Neutron ist beteiligt. Den Kern, das Proton, umgibt ein Elektron. Beide zusammen – Proton und Elektron – bilden das Wasserstoffatom.

Gäbe es keine Wasserstoffatome, dann auch kein Leben, wie wir es kennen. Das ist bereits deshalb so, weil das lebensnotwendige Wasser aus Wasserstoff und Sauerstoff aufgebaut ist. Ein Atom mit einem Neutron an Stelle eines Protons als Kern kann es nun aber nicht geben, weil das Neutron elektrisch neutral ist, Elektronen also weder anziehen noch festhalten kann.

Also muß ein einzelnes Proton als Atomkern auftreten können, damit es »uns« geben kann. Uns gäbe es also auch dann nicht, wenn immer wieder fünfzig Prozent aller jeweils vorhandenen Protonen innerhalb von nur zehn Minuten zerfallen würden – wie Neutronen es tun. Hier kommen die Naturkonstanten ins Spiel: Neutronen sind ein kleines bißchen schwerer als Protonen, so daß sie es sind, die in Protonen und andere Teilchen zerfallen. Wären Protonen schwerer als Neutronen, wären sie es, die zerfallen, und zwar in Neutronen, so daß das Universum Neutronen, aber keine Protonen enthielte. Dann gäbe es keinen Wasserstoff, kein Wasser – und damit kein Leben, wie wir es kennen.

Auf den Ausweg, daß es dann statt des normalen Wasserstoffkerns immer noch den des Deuteriums gäbe, der aus einem Proton und einem Neutron besteht, gehe ich hier nicht ein. Die Auswirkungen eines umgekehrten Masseunterschiedes auf die Existenzmöglichkeiten von Atomkernen wären insgesamt so mannigfach, daß Leben, wie wir es kennen, nicht hätte auftreten können. Andere Formen intelligenten Lebens als die unsere können wir selbstverständlich nicht mit Sicherheit ausschließen. Unsere Meinungen hierzu beruhen auch auf einem Mangel an Phantasie: *Wir wissen nicht, sondern wir raten* auch hier.

Ein zweites Beispiel dafür, daß Naturkonstante Werte besitzen, die Leben, wie wir es kennen, ermöglichen. Es betrifft das Verhältnis der Massen der beiden Bestandteile des Wasserstoffatoms, Elektron und Proton: Das Elektron ist um den Faktor 1837 leichter als das Proton. Auf diesem Massenverhältnis beruht eine ganze Reihe von Eigenschaften der wirklichen Atome und Moleküle, deren Bedeutung für das Leben der italienische Physiker Tullio Regge so ausgesprochen hat (ich habe einige Wendungen vereinfacht): *Für beliebige Werte des Massenverhältnisses von Elektron und Proton könnte es seltsame, aber selbstkonsistente Universen geben. ... Unser Universum würde dadurch festgelegt, daß nur die Wahl 1837 für dieses Verhältnis garantiert, daß lange Kettenmoleküle von der richtigen Art und Größe existieren, um biologische Phänomene zu ermöglichen. Zum Beispiel könnte die kleinste Änderung dieser Parameter die Größe und Länge der Ringe der Erbsubstanz DNS so ändern, daß diese sich nicht mehr vervielfältigen kann. In diesem Sinn können wir sagen, daß das Massenverhältnis den Wert 1837 nur deshalb besitzt, weil es uns gibt.*

Wir kennen keinen naturwissenschaftlichen Grund dafür, daß Neutronen schwerer sind als Protonen. Es könnte genausogut umgekehrt sein. Dann aber gäbe es »uns« nicht. Analoges gilt für das Massenverhältnis von Protonen und Elektronen. Insgesamt beruht die Möglichkeit, daß es uns gibt, auf einer Fülle von Sachverhalten dieser Art. Sollten wir uns also zurücklehnen und diese Sachverhalte deshalb als verstanden abhaken, weil es »uns« gibt? Ich denke nicht. Uns ist aufgetragen, nach einem eigentlich naturwissenschaftlichen Grund für alle, auch die unsere Existenz ermöglichenden Umstände zu suchen.

Die Erkenntnis, daß wir unsere Existenz dazu benutzen können, Schranken für die Werte der Naturkonstanten anzugeben, heißt *Schwaches Anthropisches Prinzip*. Der Sachverhalt ist einfach. Zum Beispiel hat vor etwa zwanzig Jahren die Diskussion darüber begonnen, ob die Materie stabil sei oder genaugenommen zerfalle. Von der Materie können, so wurde alsbald bemerkt, höchstens etwa fünfzig Prozent in zehn Millionen Milliarden Jahren zerfallen, da wir durch diese natürliche Radioaktivität sonst schon längst den Krebstod gestorben wären. Es gäbe, anders gesagt, kein Leben, wie wir es kennen.

Das Leben mit seinen Ablagerungen ist eine weit in die Vergangenheit zurückreichende Versuchsanordnung. Obwohl sehr viel, bedeutet das nicht alles – wenn auch das Anthropische Prinzip von manchen zu einer umfassenden

Weltanschauung hochstilisiert wird. Der Mensch mit seinen siebzig Kilo Biomasse ist ein Detektor für radioaktive Strahlung wie andere auch. Dadurch, daß wir wissen, wie die Naturgesetze auf einen Detektor wirken, verstehen wir sie selbst keinen Deut besser. Genau das aber ist das Ziel der Naturwissenschaften – die Naturgesetze zu kennen und zu verstehen. Detektoren, auch menschliche, können hierzu nur Hilfsmittel sein.

Ein anthropisches System

Staunen erregt, daß gerade »unser« intelligentes Leben den schmalen Korridor der Naturkonstanten passieren kann. Einige denken, das sei so, weil wir das Ziel der Schöpfung sind: Die Naturkonstanten wurden von Anbeginn an mit dem Ziel festgelegt, daß es »uns« geben möge. Diese Einstellung ist unter dem Namen *Starkes Anthropisches Prinzip* bekannt geworden. Einer der bekanntesten Vertreter dieses Prinzips aus den Reihen der Physiker ist der englische Kosmologe George F. Ellis. In seinem Buch *Before the Beginning* äußert er sich dazu mit bemerkenswerter Deutlichkeit: *Das Universum existiert, damit die Menschheit (oder auch andere, der Ethik und ihres Selbst bewußte Wesen) existieren können.* Dies, nachdem Ellis die Forderung nach der Existenz eines Universums, das als Arena für so geartete Wesen dienen kann, folgendermaßen eingeführt hat: *Wir nehmen an, daß das Universum auf einem grundlegenden Niveau speziell so konstruiert ist, daß es moralisches Verhalten, insbesondere selbstlose Aufopferung, von empfindenden Wesen mit freiem Willen unterstützen kann und ermöglicht: Wir können sogar sagen, daß das der Zweck des Universums ist.*

Hiermit stimme ich nicht überein. Zur Unterstützung seiner These vom Zweck des Universums führt Ellis jene Tatsachen an, die laut Schwachem Anthropischem Prinzip einer Erklärung bedürfen. In seiner von Ellis angenommenen Form ist das Starke Prinzip Erklärung genug. Besäße – um eins seiner Beispiele anzuführen – eine den Physikern wohlbekannte Konstante der Atomphysik, die *Feinstrukturkonstante*, einen nur etwas anderen Zahlenwert als ihren tatsächlichen, könnte das Universum seinen von Ellis angenommenen Zweck nicht erfüllen. Damit es das aber kann, besitzt die Feinstrukturkonstante laut Ellis ihren Zahlenwert – und das soll der Erklärung genug sein. Die bis heute erfolglosen Versuche vieler Physiker, die Feinstrukturkonstante zu berechnen, sind nach der Ansicht von Ellis wohl von vorneherein überflüssig und zum Scheitern verurteilt gewesen.

Aber in der Brust des Quäkers und Physikers Ellis wohnen zwei Seelen: In geradezu beschwörenden Querverweisen betont er wieder und wieder, daß sein Prinzip nur Aussagen über Bereiche mache, die der wissenschaftlichen Untersuchung nicht zugänglich sind, so daß das gewöhnliche wissenschaftliche Weltbild unbeeinflußt bestehenbleibe. Das ist nach meiner Meinung nicht so; ich sehe es, aller Prinzipien und Zwecke des Universums ungeachtet, für eine legitime wissenschaftliche Herausforderung an, die Feinstrukturkonstante und die Verhältnisse der Massen von Elementarteilchen aus zugrundegelegten physikalischen Theorien abzuleiten.

Die These des Starken Anthropischen Prinzips verletzt nach meiner Ansicht den Grundkonsens der abendländischen Wissenschaft, daß die Welt verstanden werden kann. Zumindest in der von Ellis angenommenen Form fordert das Prinzip dazu auf, die Suche nach naturwissenschaftlichen Erklärungen von Sachverhalten einzustellen, die durchaus eine naturwissenschaftliche Erklärung besitzen können. Nun spricht auch laut Ellis nichts Naturwissenschaftliches dagegen, daß Naturkonstante berechnet werden können. Aber in anderen ungeklärten Fragen unterstellt er, daß es keine wissenschaftliche Erklärung geben kann. Ein Beispiel ist der bei Tieren und Menschen zu beobachtende Altruismus. Dieser könne durch die übliche Evolutionslehre, der Ellis ausdrücklich zustimmt, nie und nimmer erklärt werden – Altruismus widerspreche der Evolutionstheorie geradezu. Daher liege er außerhalb des Gebietes des Wissenschaft und erfordere zu seiner Erklärung ein weitergehendes Prinzip – eben das Ellissche. In der Tat ist Altruismus ein Problem der Evolutionsbiologie, aber eins, das die Wissenschaft in diesem Rahmen zu klären versucht. Zum Beispiel behaupten einige Evolutionsbiologen, daß der Evolutionserfolg von Gruppen durch Altruismus ihrer Mitglieder gefördert wird. Ob solch ein Ansatzpunkt nun richtig ist oder nicht – auf jeden Fall würde die Annahme des Ellisschen Prinzips auf diesem Gebiet die Forschung behindern.

Insgesamt schließe ich mich gern der Äußerung Murray Gell-Manns über das Starke Anthropische Prinzip in seinem 1994 erschienenen populärwissenschaftlichem Buch *Das Quark und der Jaguar* an: *In seiner stärksten Version ... würde dieses Prinzip sich vermutlich auch auf die Dynamik der Elementarteilchen und den Anfangszustand des Universums erstrecken und diese grundlegenden Gesetze des Universums so zurechtschneidern, daß sie den Menschen hervorbringen. Diese Idee erscheint mir derart lächerlich, daß sie keiner weiteren Erörterung bedarf.*

Naturkonstanten

Für möglich halte ich aber, daß das Universum viel umfassender ist, als wir es kennen und jemals werden kennen können. Wenn es so wäre, könnte es zahlreiche »Universen« außerhalb unserer Reichweite geben, in denen Naturgesetze gelten, die sich von den bei uns geltenden zumindest dadurch unterscheiden, daß in ihnen die Naturkonstanten andere Werte besitzen. Ich kann mir sogar beliebig viele Universen denken mit beliebig verschiedenen Werten der Naturkonstanten. Wenn es sie gibt, kann ich leicht verstehen, daß uns unser Universum »paßt«. Das wäre dann so wie bei einem Kaufhaus, aus dem jeder mit einem passenden Anzug herauskommt. Nicht, weil im Kaufhaus Anzüge maßgeschneidert würden, sondern weil dort alle Größen vorrätig sind.

Angenommen, das wäre so, dann würde unbekannt viel von dem, was wir für Naturgesetze halten, Ballast sein, der nur aus unserer speziellen Stellung in einem speziellen Teil des Universums zu einer speziellen Zeit folgt. Daß wir auf einem Planeten leben, der unsere Existenz erlaubt, ist nachgerade selbstverständlich. In einem gewissen, nicht sehr fundamentalen Sinn *verstehen* wir dadurch, daß die Erde Eigenschaften besitzt, die sie bewohnbar machen. Genauso selbstverständlich ist, daß wir in einem Universum leben, in dem wir leben können. Wie wir die lebenermöglichenden Eigenschaften der Erde »verstehen«, so also auch die Zahlenwerte der Naturkonstanten. Wir möchten sie aber besser und anders verstehen – nicht nur durch ihre Konsequenzen, sondern vor allem durch ihre Gründe. Solche Gründe könnten tiefer liegende Naturgesetze sein, die sagen würden, warum es ist, wie es ist – und die dadurch helfen würden, naturwissenschaftlich zu verstehen, warum es uns geben kann.

Ein Beispiel liefert die berühmte, im Grunde bereits durch Galilei entdeckte Gleichheit von Schwerer und Träger Masse. Diese Gleichheit bewirkt, daß alle Körper im luftleeren Raum gleich schnell fallen. Durch diese ihre Konsequenz verstehen wir aber die Gleichheit in keiner Weise. Das wäre auch dann so, wenn das Leben auf ihr beruhte. Tatsächlich ist sie für dreihundert Jahre unverstanden geblieben. Dann aber, im Jahr 1916, hat Albert Einstein mit seiner Allgemeinen Relativitätstheorie ein tiefer liegendes Naturgesetz gefunden, das die Gleichheit auf Gemeinsamkeiten von Beschleunigung und Schwerkraft zurückführt und sie dadurch naturwissenschaftlich erklärt. Genauso suchen wir nach einem naturwissenschaftlichen Grund dafür, daß das Neutron schwerer ist als das Proton, und daß das Proton selbst wieder so stabil ist, daß die Materie nur unmerklich langsam zerfällt – wenn überhaupt.

Bedingte Wahrscheinlichkeiten der Naturkonstanten

Denkbar ist, daß die Werte der Naturkonstanten hier und jetzt ein Prozeß festgelegt hat, dessen Ergebnis nicht nur von den Naturgesetzen, sondern auch vom Zufall abhängt. Anderswo im Universum – oder gar in einem noch unbekannten, ihm übergeordneten Gebilde – könnten andere Zufälle auf andere Werte der Naturkonstanten geführt haben. Wenn das so ist, können wir nur noch nach den Wahrscheinlichkeiten fragen, mit denen die Naturkonstanten gewisse Werte annehmen. Angenommen nun, von den möglichen Werten der Naturkonstanten seien gewisse überwältigend wahrscheinlicher als alle anderen – könnten wir dann schließen, daß die von uns beobachteten Werte mit großer Wahrscheinlichkeit jene sein müßten?

Tatsächlich nicht. Denn die Tatsache, daß es uns gibt, trifft eine Vorauswahl unter allen möglichen Werten der Naturkonstanten. Die von uns beobachteten sollten die wahrscheinlichsten sein unter der *Bedingung*, daß sie intelligentes Leben erlauben. Dann jedenfalls, wenn gewisse von ihnen überwältigend mehr wahrscheinlich sind als alle anderen, die unsere Existenz ebenfalls erlauben. Für die Anfangsbedingungen des Universums haben wir die analoge Frage nach bedingten Wahrscheinlichkeiten in Kapitel 6 bereits ausführlich erörtert.

Wiederaufnahme: Vorwärts und rückwärts

Ob auch das uns so ehern erscheinende Gesetz von der Richtung der Zeit Ballast sei, habe ich im Prolog und in den Kapiteln des Buches wieder und wieder erörtert – und muß zu dem Schluß kommen, daß wir die Antwort nicht wissen. Gewiß gibt es die winzige Verletzung der Zeitumkehrsymmetrie der heute als fundamental angesehenen Naturgesetze bei dem Zerfall der neutralen K-Mesonen. Dafür aber, daß wir jedem Film von Alltagsabläufen mühelos ansehen, ob er vorwärts oder rückwärts läuft, kann dieser Effekt nicht verantwortlich sein. Denn wäre er das, müßte er bereits durch eine Analyse von Alltagsabläufen nachgewiesen werden können. So ist es aber nicht. Aus Kapitel 5 wissen wir, daß der Effekt zuerst 1964 mit Hilfe der damals modernsten Mittel der Elementarteilchenphysik nachgewiesen wurde. Die Interpretation der direkten Beobachtungsdaten als Nachweis einer Verletzung der Zeitumkehrsymmetrie der Naturgesetze erfordert zudem ein tiefliegendes Theorem der Physik der

Elementarteilchen – das *CPT*-Theorem, dem wir ebenfalls in Kapitel 5 begegnet sind.

Eine Tasse fällt herunter und zerbricht. Das Gesetz – aber ist es ein Gesetz? – von der Richtung der Zeit sagt, daß der umgekehrte Ablauf nicht auftreten kann: Auf dem Boden liegen Scherben, die sich so zu bewegen beginnen, daß sie zusammenkommen und eine Tasse bilden. Diese erhebt sich vom Boden und landet auf dem Tisch. Ein Film, der so etwas zeigte, müßte ein Trickfilm sein oder, einfacher noch, ein Film von einem wirklichen Ablauf, der von hinten nach vorne abgespielt wird.

Wir wissen, daß der umgekehrte Vorgang durch kein Gesetz verboten ist. Er tritt nur deshalb nicht auf, weil das praktisch unendlich unwahrscheinlich ist. Stellen wir uns nämlich abermals vor, wir hielten den Ablauf an, sobald die Tasse zerbrochen daliegt. Nichts hindert uns dann, ihn in Gedanken so neu zu starten, daß die vorherigen Bilder in umgekehrter Reihenfolge durchlaufen werden. Das ist in Gedanken möglich, aber auch nur in Gedanken! Denn die Moleküle des Bodens, auf dem die Tasse zerschellt ist, müßten mitspielen – sich so zu bewegen beginnen, daß sie vereint die Moleküle der Scherben der Tasse so anstoßen, daß diese sich zurückbildet und auf den Tisch schwebt. Analoges gilt für die Moleküle der Luft, durch die die Tasse gefallen ist. Außerdem darf es keine Störung von außen geben.

Es gibt kein Naturgesetz, das den umgekehrten Ablauf verbietet! Im Gegenteil: Es gibt einen »richtigen« Anfangszustand der umgekehrten Bewegung mit genau richtigen Geschwindigkeiten aller Moleküle, auch der des Bodens. Von diesem Anfangszustand sagen die Naturgesetze, daß die umgekehrte Bewegung eintreten wird, wenn er eingestellt wurde. Doch es kann nicht gelingen, ihn einzustellen. Nicht wegen eines Naturgesetzes, sondern aus offensichtlichen, praktischen Gründen.

Die Existenz eines Zeitpfeils folgt also bereits aus unserer Unfähigkeit, einen Ablauf so zu *starten*, daß sich aus Unordnung –Scherben auf dem Boden – Ordnung – eine Tasse auf dem Tisch – entwickelt. Auf dem Niveau der Atome, insofern Alltagsabläufe auf ihnen beruhen, zeichnen die Naturgesetze tatsächlich keine Richtung der Zeit vor der anderen aus. Wesen – Dämonen –, welche die Abläufe auf diesem Niveau beobachten und nach Belieben starten könnten, kennten keinen Unterschied zwischen Vergangenheit und Zukunft. Für sie wäre es kein Problem, die Moleküle des Parfüms, das aus dem Flakon ins Zimmer verströmt ist, in einen solchen Zustand zu versetzen, daß sie sich im Laufe der Zeit wieder in dem Flakon versammeln. Die Dämonen bräuchten dazu nur die Bewegungsrichtungen aller Moleküle umzukehren. Da das tatsächlich unmöglich ist, können wir das Auftreten eines Pfeiles der Zeit auch dann verstehen, wenn die fundamentalen Naturgesetze keinen enthalten. Am Ende ist das Gesetz von der Richtung der Zeit ein statistisches Gesetz, das Aussagen über Wahrscheinlichkeiten macht.

Zeit in der Quantenmechanik

Statistische Gesetze der nicht-quantenmechanischen Physik beschreiben unser Wissen über physikalische Systeme, nicht die Systeme selbst. Man kann sich darüber wundern, daß für unser Wissen, wenn geeignet formuliert, Gesetze gelten. Das ist so, weil die Systeme der nicht-quantenmechanischen Makrophysik aus so vielen Teilchen aufgebaut sind, daß die Gesetze der Statistik nahezu keine Ausnahme zulassen.

Wenn man von Kontakten quantenmechanischer Systeme mit ihrer Umwelt absieht, gelten für ihre Entwicklung im Laufe der Zeit deterministische, zeitumkehrsymmetrische Gesetze. Laut orthodoxer Kopenhagener Interpretation der Quantenmechanik betreffen auch diese Gesetze nur unser Wissen – genauer: unser mögliches Wissen – von dem System. Jeder Versuch, größere Kenntnis von dem Zustand des Systems zu erhalten, als bereits aus seinem Anfangszustand folgt, muß den Zustand unvorhersehbar verändern. Auf Grund unvermeidbarer quantenmechanischer Verschränktheiten, die in Kapitel 6 besprochen wurden, kommt die Kopenhagener Interpretation zu dem Schluß, daß es keine in Raum und Zeit angesiedelte quantenmechanische Realität gibt: An die Stelle der Realität ist allein unser mögliches Wissen getreten.

Inwiefern für unser mögliches Wissen von einem einzelnen, nicht weiter analysierbaren System ohne Realität in Raum und Zeit Gesetze gelten können, ist ein großes Rätsel. Aber so ist es. Neuere Interpretationen der Quantenmechanik haben den Beobachter mit Bewußtsein, der in der Kopenhagener Interpretation eine überragende Rolle gespielt hat, durch die Umwelt des Systems ersetzt, in der Verfestigungen auftreten können. Diese überführen quantenmechanische Möglichkeiten in Realitäten, die nicht rückgängig gemacht werden können: Ist die subtile quantenmechanische Beziehung namens Kohärenz, in der verschiedene Raumbereiche zueinander stehen, einmal zerstört, kann sie nicht wiederhergestellt werden. Verfestigungen mit ihren nachfolgenden nicht-quantenmechanischen Reaktionen vieler Teilchen führen auf Abläufe, deren zeitliche Umkehrung nicht realisiert werden kann – ob sie nun »im Prinzip« möglich ist oder nicht.

Das »Jetzt« und seine Empfindung ist der wohl am schwersten in Begriffe zu fassende Aspekt der Zeit. Zugleich wohl aber auch der fundamentalste. Auf der einen Seite des Jetzt, der Vergangenheit, finden wir Fakten; auf der anderen, der Zukunft, Möglichkeiten. Ob aber das Jetzt von den vor ihm ausgebreiteten Möglichkeiten jeweils eine realisiert oder ihnen allen in eigene Welten folgt, ist unbekannt.

Dabei ist die Grenze namens Jetzt zwischen Vergangenheit und Zukunft nicht scharf definiert. Manches, was morgen geschehen wird, steht vermöge der Naturgesetze und des jetzigen Zustands der Welt heute schon fest; anderes war gestern möglich und wird es auch morgen noch sein.

Anthropisches Prinzip und Reduktionismus

Manche denken, die Grundtatsachen der Welt könnten nur auf Grund des Anthropischen Prinzips verstanden werden. Alles, überhaupt alles, sei möglich, da es keine Naturgesetze gebe, und unsere vermeintlichen Naturgesetze beruhten auf Fehlurteilen, die aus unserer beschränkten Sicht folgen. Ob das so ist, kann zur Zeit niemand wissen. Wie der Reduktionismus kann das so verstandene Anthropische Prinzip, das als *radikales* bezeichnet wird, nur eine Einstellung gegenüber der Natur sein. Von meiner Einstellung hängt ab, ob ich im Einzelfall nach einer reduktionistischen oder anthropischen Erklärung suchen werde. Beide Erklärungsversuche haben ihre unbezweifelbaren Erfolge und Schwierigkeiten. Eine dem Radikalen Anthropischen Prinzip innewohnende Schwierigkeit ist, daß es seine Erklärungen auf Naturgesetzen aufbauen muß, die es laut ebendiesem Prinzip nicht gibt. Seine Erklärungen können daher nur Erklärungen »im Prinzip« sein. Ebendeshalb ist das Radikale Anthropische Prinzip eine Einstellung gegenüber der Natur, kein Naturgesetz. Analoges habe ich über den Reduktionismus gesagt: Er ist eine Einstellung und kein Naturgesetz, weil offensichtlich viele emergente Eigenschaften für immer ohne reduktionistische Erklärung bleiben werden – ob sie nun »im Prinzip« möglich ist oder nicht.

Für die Anhänger des Radikalen Anthropischen Prinzips ist, daß sie zum Beleg ihrer Ansichten Naturgesetze bemühen müssen, nur ein vorläufiger Stand der Ermittlungen. »Im Prinzip« brauchen sie keine Naturgesetze. Wie eine endgültige Erklärung ohne Gesetze aussehen könnte, weiß aber niemand zu sagen. Der Reduktionist knüpft an das Massenverhältnis 1837 von Proton und Elektron die Hoffnung, daß eines Tages Naturgesetze entdeckt werden, aus denen dieser Zahlenwert folgt. Dadurch würde diese Zahl zu einem Bestandteil der starren Struktur fundamentaler Naturgesetze, die nicht geändert werden kann, ohne daß die Gesetze insgesamt zusammenbrechen. Ein Beispiel für eine solche Zahl ist das Verhältnis des Umfangs eines Kreises zu seinem Durchmesser. Dieses Verhältnis ist für alle Kreise dasselbe, die Kreiszahl *Pi*. Dann jedenfalls, wenn Euklids Geometrie des flachen Raumes, welche in der Schule gelehrt wird, die Realität richtig beschreibt. Besitzt das so definierte *Pi* auch nur für einen einzigen Kreis einen noch so wenig abweichenden Wert, kann die Euklidische Geometrie den wirklichen Raum nicht beschreiben – was sie, wie wir heute wissen, tatsächlich nicht kann.

Ziel der reduktionistischen Naturwissenschaften ist es ganz allgemein, Theorien zu finden, die ohne anthropische Argumente die Eigenschaften der Natur erklären. Niemals sollte die Möglichkeit, eine Größe anthropisch zu deuten, die Suche nach einer reduktionistischen Erklärung behindern. Reduktionistische Zusammenhänge machen, wenn sie denn aufgedeckt werden, anthropische Erklärungsversuche überflüssig.

Nicht aber umgekehrt! Denn einen besseren Grund dafür, daß etwas ist, wie es ist, als die Naturgesetze kann es nicht geben. Das ist unabhängig von deren eigenem Status – ob sie notwendig so sind, wie sie sind, oder auch anders sein könnten. Erst wenn wir nicht nur »im Prinzip«, sondern tatsächlich und konkret vor dieser Frage stehen, kann sinnvoll gefragt werden, ob die Natur »für uns« eingerichtet ist. Das ist frühestens dann so, wenn wir Das Endgültige Naturgesetz, die Theorie von allem und jedem, das überhaupt einer theoretischen Deutung zugänglich ist, kennen. Frühestens dann werden wir wissen, wie weit unser theoretisches Verständnis reichen kann. Möglich ist auch, daß wir das niemals wissen werden. Gegenwärtig drängt sich mir bei anthropischen Erklärungen wieder und wieder der Verdacht auf, daß sie auch auf einem Mangel an Phantasie beruhen, sich vorzustellen, wie intelligentes Leben unter anderen Umständen aussehen könnte.

Immanuel Kant hat Tatsachenbehauptungen über Raum und Zeit zu *Bedingungen der Möglichkeit der Erfahrung* ernannt und dadurch, wie wir sagen würden, anthropisch gedeutet. Wir wissen heute, daß Kants Ansichten über Raum und Zeit falsch waren – und machen trotzdem unsere Erfahrungen. Ohne Konflikt mit ihnen, können Raum und Zeit im sehr Großen und sehr Kleinen sein, wie sie wollen. Der Gedanke, Raum und Zeit müßten so sein, wie sie uns erscheinen, ist *Ballast*, der abgeworfen werden konnte.

Die Form des Verstehens, welche die Naturwissenschaften anstreben, besteht im Folgern aus Naturgesetzen. Das aber ist nur möglich, wenn es Naturgesetze gibt, die wir kennen können. Auf dieser Arbeitshypothese beruht unsere abendländische Kultur seit den griechischen Naturphilosophen vor Sokrates. Sie könnte falsch sein; in einem sehr fundamentalen Sinn könnten auch die hier und jetzt geltenden Naturgesetze Zufallsprodukte sein, die sich im Laufe der Zeit entwickelt haben und jetzt und hier, aber nicht allgemein gelten. Wir denken, daß das nicht so ist, und beziehen unsere Motivation zur naturwissenschaftlichen Grundlagenforschung aus dieser Überzeugung. Es wäre fürwahr ironisch, wenn wir durch Untersuchungen auf der Grundlage dieser Überzeugung entdecken müßten, daß es keine Naturgesetze, sondern nur Ballast gibt.

Für Ballast halten wir, in welchen Abständen die Planeten die Sonne umlaufen. Das haben Zufälle bei der Bildung des Sonnensystems festgelegt. Allein aus den Naturgesetzen folgt es nicht. Das Sonnensystem ist kein Atom, dessen Elektronen den Kern tatsächlich nur in gewissen, durch die Naturgesetze festgelegten Abständen umlaufen können. Im Prinzip könnte es aber gelingen, die Eigenschaften des Sonnensystems aus Naturgesetzen *plus* Anfangsbedingungen bei dessen Bildung herzuleiten. Fest überzeugt sind wir davon, daß die von Newton entdeckten Gesetze, die festlegen, auf welchen Bahnformen sich Planeten um die Sonne bewegen *können*, wahre Naturgesetze sind. Doch auch diese Gesetze könnten Ballast sein – Konsequenzen allein der Anfangsbedingungen (unseres Teils) des Universums. Dann wieder könnte es Gesetze geben, die festlegen, welche Anfangsbedingungen überhaupt möglich sind. Dann wieder ... doch das ist ein zu weites Feld.

Dank

Die Arbeit an diesem Buch habe ich 1991/1992 während eines halbjährigen Aufenthalts am Forschungsinstitut TRIUMF in Vancouver, Kanada, begonnen. Den Kollegen dort danke ich sehr herzlich für ihre Gastfreundschaft und der Stiftung Volkswagenwerk für ein Stipendium, welches den Aufenthalt ermöglicht hat.

Anhang

Anmerkungen

32: *Abgezweigte Systeme* nennen wir die in Reichenbach 1971 eingeführten *branch systems.*

35: Ein anderer prominenter Verfechter gesetzloser Weltgesetze ist der dänische theoretische Physiker H. B. Nielsen. Seine Version von *Law without law* ist in Froggatt dargestellt.

38 f.: Die Vermutung, daß *die Feldgleichungen ... jeden erdenklichen Term enthalten, der mit der Symmetrie der Theorie zu vereinbaren ist,* und daß unsere Theorien mit nur wenigen dieser Terme auskommen, weil *alle höheren Terme zwangsläufig in einer Form vorkommen, in der sie durch Potenzen der Planck-Masse ... geteilt werden,* findet sich in Weinberg 1995, S. 215.

43: Die Legende von Abb. 6 benutzt Misner, S. 25 und Neugebauer, S. 142.

46: Die Diskussion von Kronos und Chronos im Text und in der Legende der Abb. 7 folgt Panofsky, S. 109-116.

53 ff.: Die Abschnitte über die Babylonier folgen Toulmin 1970b und Lorenzen 1960.

160 ff.: Populärwissenschaftliche Darstellungen von Experimenten zum Gang von Uhren enthalten Wheeler 1990, Davies 1995, Sexl 1979, Will 1981 und 1989, Ciufolini und Misner.

203: Populärwissenschaftliche Schriften zur Strukturbildung sind unter vielen anderen Nicolis, Prigogine 1979, 1984, 1993 und 1995, Haken 1981, Coveney.

217: Eine Darstellung von Widersprüchen, die sich ergeben, wenn bei Zerfällen der Unterschied zwischen Teilchen und quantenmechanischen Wellen nicht beachtet wird, findet sich auf den Seiten 286-290 von Lee.

222: Weinberg hat seine Verallgemeinerung der Quantenmechanik zuerst beschrieben in Kim, S. 67.

233: Die Abb. 39 basiert auf computererzeugten Filmen, Genz 1983.

281: Weil Stegmüllers weitergehende Diskussion (Stegmüller, S. 5) *wahrheitskonservierender Erweiterungsschlüsse* von dem Thema *Außenwelt* fortführt, habe ich sie in den Anhang verbannt: *Humes Antwort* auf die Frage, ob es solche Schlüsse gibt, lautet: *»Nein, so etwas gibt es nicht.« Entweder ist ein Schluß korrekt; dann ist er zwar wahrheitskonservierend, aber nicht gehalterweiternd. Oder aber er ist gehalterweiternd; dann haben wir keine Gewähr dafür, daß die Konklusion wahr ist, selbst wenn sämtliche Prämissen richtig sind. – Das eindrucksvollste Illustrationsbeispiel für diesen Sachverhalt bildet das Verhältnis von Vergangenheit und Zukunft. All unser Beobachtungswissen bezieht sich auf vergangene Geschehnisse. Nichttautologische Behauptungen über das, was sich erst ereignen wird, sind nicht im Gehalt von Aussagen über Vergangenes eingeschlossen. Also könnten sie, wenn sie ein Wissen beinhalten sollten, nur durch korrekt, d. h. wahrheitskonservierende Erweiterungsschlüsse aus unserem Wissen über Vergangenes hergeleitet werden. Da es solche Schlüsse nicht gibt, haben wir kein Wissen um künftige Geschehnisse. Die Zukunft* könnte *vollkommen anders sein als die Vergangenheit.*

288: Die Angaben über das Programm Eliza folgen Hofstadter.

289: Die Quantenmechanik für das Bewußtsein verantwortlich macht Penrose.

291: Den Vergleich emergenter Eigenschaften mit einem Bridgespiel habe ich von Polkinghorne übernommen.

299: Über die Feststellung, daß nur Schnecken mit Häusern mit demselben Drehsinn Nachkommen zeugen können, hat Galloway berichtet.

300: Darstellungen von Manfred Eigens Auffassung zur Entstehung der Spiraltendenz des Lebens sind Eigen 1975 und 1987.

Zitatnachweis

6 Albert Einstein, zitiert nach HERMANN, S. 545

17 *Es gibt erstens eine reale Außenwelt ... um ihr Sinn zu geben:* Davies in ZUREK, S. 62 (dort englisch)

21 *Die absolute, wahre und mathematische Zeit ... irgendeinen äußeren Gegenstand:* NEWTON 1963, S. 25

29 *Was tat denn Gott, ehvor er ... immer des Wirkens müßig gewesen?:* AUGUSTIN, S. 621

34 *Ich habe die Gesetze, die das Verhalten eines einzelnen Körpers regeln ... mit ehernem Determinismus regiert:* EDDINGTON 1931, S. 79 (dort auch die Fußnote)

39 *Man stellte sich vor, daß diese zahlenmäßigen Verhältnisse ... die berühmten Sphärenklänge:* zitiert nach GOUK, S. 141

42 *Als die Lydier ... sich ereignete:* Herodot, zitiert nach PLEGER, S. 56

42 *Richterstuhl der Zeit:* Solon; zitiert nach PLEGER, S. 49

44 *Am Anfang war Eurynome, die Göttin ... mit ihr paarte:* Plinius und Homer, zitiert nach RANKE-GRAVES, S. 22

45 *Theogonie ... schildert in ... und Verrat:* Hesiod, zitiert nach B. C. SPROUL, Westliche Schöpfungsmythen, S. 75

45 *Am Anfang schuf die Zeit das silberne Weltenei:* zitiert nach SPROUL 1994, S. 96

46 *In der Zurvan ... Rolle spielt:* SPROUL 1994, S. 96

47 *Mit der Zeit als einziger Ausnahme ... Gott der Welt, die sie erschaffen hatte:* zitiert nach WHITROW 1989, S. 34; dort englisch

48 *Wüsten Phantastik:* CAPELLE, S. 26

48 *Die ihr Ziel grundsätzlich ... das Prinzip des Guten einmal siegt:* WENDORFF, S. 23

48 Sie *betrachteten die Welt ... bis auf den heutigen Tag:* SCHRÖDINGER 1989, S. 101

49 *Als sich nämlich im Anbeginn ... an demselben Ort zusammengeronnen:* zitiert nach TOULMIN 1970a, S. 32

50 *Im gesamten antiken Schrifttum findet sich ... mit der Zeit gestreift wird:* SAMBURSKY 1965, S. 346

50 *Und Dinge werden durch die Zeit beeinflußt ... wenn wir von einem Verfall mit der Zeit sprechen:* Aristoteles-Zitat nach SAMBURSKY 1975, S. 346

51 *Wenn man den Pythagoreern ... Daher wird alles identisch sein, auch die Zeit:* Zitat nach SAMBURSKY 1975, S. 10

51 *Man findet ... außer der vereinzelten ... Andeutung des Entropiebegriffs:* SAMBURSKY 1965, S. 397

53 *Ein neuer Monat sakraler und bürgerlicher Zeitrechnung offiziell festgestellt werden konnte:* TOULMIN 1970b, S. 34

53 *Den Nannar (Mondgott) ließ er erglänzen ... beginnt der Kreislauf aufs neue:* SPROUL 1993, S. 115

55 *Zwar in ihren Zuständen wechselt, selbst aber bestehenbleibt:* Adaption von CAPELLE, S. 71. Dort heißt es: *indem die Substanz zwar bestehen bleibt, aber in ihren Zuständen wechselt.*

58 *Es ist unmöglich, zweimal in denselben Fluß hineinzusteigen ... Wir sind und wir sind nicht:* Heraklit-Zitate nach MANSFELD, S. 273

58 *Hierbei ist es jedoch nicht verwunderlich ... ruhig auf grünender Alb steht:* LUKREZ, S. 121

59 *Die griechischen Philosophen ... von Änderungen:* CROMBIE 1994, S. 89 (dort englisch)

60 *Sie ... hatten die Denkschwierigkeiten ... Fluxions- oder Differentialrechnung nennt:* DIJKSTERHUIS, S. 58–60

61 *Die Griechen ... und das ergibt die Geschwindigkeit:* FEYNMAN 1991, S. 121

62 *Was immer einen Ort ... während seiner gesamten Bewegung – in Ruhe:* KIRK, S. 301

63 f. *Das »war« und »wird sein« sind gewordene Formen ... die Zeit hingegen fortwährend zu aller Zeit geworden, seiend und sein werdend:* Die Timaios-Zitate entstammen PLATON 1989, S. 160/61

64 *Welches Alter jedes sterbliche Wesen ... jeden zu seiner vorübergegangenen Blüte zurück:* PLATON 1991, S. 343

65 *Daß sie nun also überhaupt nicht wirklich ... ist keiner, und das wo sie doch teilbar ist:* ARISTOTELES, S. 102

65 *Ist nicht Teil; der Teil mißt ... nicht aus den »Jetzten«:* ARISTOTELES, S. 102

65 *Es soll dabei als unmöglich vorausgesetzt ... von Punkt zu Punkt gilt:* ARISTOTELES, S. 102

65 *Weiter, was das »Jetzt« angeht ... ganze Zeit hindurch immer bleibt, oder ob es:* ARISTOTELES, S. 102

66 *Die Zeit ist also auf Grund des Jetzt ... durch Schnitte eingeteilt wird:* ARISTOTELES, S. 107

66 *Was nämlich begrenzt ist durch ein Jetzt, das ist offenbar Zeit. Und das soll zugrundegelegt sein:* ARISTOTELES, S. 104

66 *dabei soll für uns im Augenblick ... Frage aufnehmen, was an dem Bewegungsverlauf sie denn ist:* ARISTOTELES, S. 104

66 *Wenn ein »davor« und »danach« ... hinsichtlich des »davor« und »danach«:* ARISTOTELES, S. 106

66 *wesentlichsten Eigenschaften der Instrumente ... Bewegung der beste Zeitmesser:* SAMBURSKY 1965, S. 310

66 *Eigenschaftsveränderung, Wachsen und Entstehen sind alle nicht gleichmäßig, Ortsbewegung jedoch ist es:* ARISTOTELES, S. 117

67 *Wir messen nicht nur Bewegung mittels Zeit ... nämlich durch einander bestimmt werden:* ARISTOTELES, S. 109

67 *Die folgende Zahl ist ... voneinander: Pferde – Menschen:* ARISTOTELES, S. 109

67 *Die Zeit ist das Intervall der Bewegung ... Bewegung des Kosmos zu eigen ist:* Chrysipp-Zitat nach SAMBURSKY 1965, S. 310

67 *die Gegenwart zum Teil Zukunft, zum Teil Vergangenheit:* Chrysipp-Zitat nach SAMBURSKY 1965, S. 312

67 f. *Daher bleibt nichts vom Jetzt ... sondern ist nur unscharf definiert:* Chrysipp-Zitat nach SAMBURSKY 1965, S. 312

68 *Was also ist Zeit? ... weiß ich es nicht:* AUGUSTINUS, S. 629

69 *Wer sich vorstellt, Gott hätte die Welt ... kann die Frage nicht mehr gestellt werden, warum es nicht anders gewesen ist:* Leibniz-Zitat nach RUSSELL 1975, S. 256

69 *in ihrem alten Wahn stecken ... Schöpfung immer des Wirkens müßig gewesen?:* AUGUSTINUS, S. 621

69 *Ich antworte nicht mit dem Spaßwort ... Geheimnisse ergrübeln wollen:* AUGUSTINUS, S. 622

69 *Eben diese Zeit auch hattest ... wo es Zeit nicht gab:* AUGUSTINUS, S. 627

69 *Zwei voneinander ununterscheidbare ... wenn man sie unter dem Mikroskop betrachtet:* SCHÜLLER, S. 51

70 *die Ordnung ... Gedanken existieren:* SCHÜLLER, S. 58

70 *daß der Raum ... ein absolutes Seiendes:* SCHÜLLER, S. 60

70 *Da der Raum an sich ... ein Gedankending ist:* SCHÜLLER, S. 86

70 *das zwischen den Dingen besteht und nicht etwas ... nicht des Wirklichen:* BÖHME, S. 203

70 *Die Dauer ist die Größe der Zeit:* BÖHME, S. 232

71 *zeitliche Ordnung erst ... Zwischenglieder festgelegt ist:* BÖHME, S. 239

71 *Die Zeit erweist sich ... Wirklichkeit gelangen zu lassen:* BÖHME, S. 251

71 *Wenn von zwei Elementen ... dieses als folgend angesehen:* BÖHME, S. 255

72 *Die Zeit ist kein empirischer Begriff, der irgend von der Erfahrung abgezogen worden:* KANT 1878, S. 58

72 *aus der Erfahrung nicht gezogen ... nicht aber, so muß es sich verhalten:* KANT, S. 58

72 *wirkliche Form der innern Anschauung:* KANT, S. 63

72 *Ich fange an, die ungeheure suggestive Wirkung ... ist man schon gefangen:* EINSTEIN 1991, S. 25

73 *Die Welt ist sehr kompliziert ... die Naturwissenschaften ermöglicht:* WIGNER (dort englisch), zitiert nach GENZ 1987, S. 5

83 *Ein Verstand, der in einem gegebenen Augenblick ... mit gleicher Deutlichkeit vor seinem Auge:* Laplace, zitiert nach EDDINGTON 1935, S. 70

87 *Wer will was Lebendiges ... nur das geistige Band:* GOETHE, S. 63

90 *Das wirklich unverständliche an der Natur ist, daß sie verstanden werden kann:* Einstein-Zitat nach MISNER et. al., 1973, S. 43 (dort englisch)

91 f. *Die absolute, wahre und mathematische Zeit ... wahrnehmbaren Maßen unterschieden werden:* NEWTON 1963, S. 25–27 (Abweichungen folgen KOYRÉ 1980, S. 148 + 149)

92 *Ebensowenig können wir von einer ... »metaphysischer« Begriff:* MACH, S. 217

93 *Und sehe, daß wir nichts wissen können:* GOETHE, S. 20

93 *Wir wissen nicht, sondern wir raten:* POPPER, S. 223

95 *Methode ... deren Berechtigung wir uns anzuerkennen genötigt fühlen:* EINSTEIN 1985, S. 7

97 *Insofern sich die Sätze der Mathematik ... nicht auf die Wirklichkeit:* EINSTEIN 1989a, S. 119

109 *Die objektive Welt ist schlechthin, sie geschieht nicht:* WEYL, S. 83

109 *Jeder Beobachter entdeckt ... dieser Erkenntnis vorangeht:* SCHILPP, S. 47

116 f. *Das »Sein« ist immer ... Streben nach Kürze aufgezwungen):* SCHILPP, S. 496

121 *Die rechte Hand ist der linken ... in allen Stücken auch von der anderen gelten:* KANT 1960, S. 998

129 *Mann, der einen mit konstanter ... Gesetz in Wahrheit nicht zutrifft:* EINSTEIN 1985, S. 17

130 *Die Welt ist alles, was der Fall ist:* Wittgenstein, Tractatus logico-philosophicus, in WITTGENSTEIN, S. 11

130 *Die Lichtgeschwindigkeit im Vakuum ... durchweg die gleichen Naturgesetze:* EINSTEIN 1989b, S. 160

131 *An zwei weit voneinander entfernten Stellen ... beiden Blitzschläge gleichzeitig wahr, so sind sie gleichzeitig:* EINSTEIN 1985, S. 21

131 *Es fahre nun auf dem Geleise ... wie in bezug auf den Bahndamm:* EINSTEIN 1985, S. 24

132 *Es sei M′ der Mittelpunkt ... habe früher stattgefunden als der Blitzschlag A:* EINSTEIN 1985, S. 24

156 *Ich weiß nicht, was mit den Leuten los ist ... eigentlich ziemlich verbreitet, auch bei gelehrten Leuten:* FEYNMAN 1987, S. 48

157 *Monsieur Newton und seine Anhänger ... immerwährende Bewegung zu verleihen:* SCHÜLLER, S. 19

159 *Korf erfindet eine Uhr ... hebt die Zeit sich selber auf:* MORGENSTERN, S. 126

162 ff. *Einmal anschauen, wie eine Maschine ... eine Art ständiger Bewegung ... Wenn sich das Rad ... Einbahn-Erfindung:* FEYNMAN 1990, S. 145

172 *Daß ... alle Dinge aus Atomen aufgebaut sind – aus kleinen Teilchen, die in permanenter Bewegung sind:* FEYNMAN 1991, S. 21

205 *Ein Ding ist symmetrisch ... genauso aussieht wie zuvor:* FEYNMAN 1967, S. 84 (dort englisch). Die »offizielle« deutsche Übersetzung ist FEYNMAN 1990, S. 107

221 *logisch isoliert ... nicht ein klein wenig anders darstellt:* WEINBERG, S. 245

221 *ob Gott die Welt hätte anders machen können ... die Freiheit läßt:* Albert Einstein, zitiert nach Jürgen Audretsch in JAMMER, S. 10

230 *Ist die gestrige Geometrie ... von morgen sein:* ZEH 1989, S. 129 (dort englisch)

230 *In komplexeren Kosmologien ... zu eliminieren:* ZEH 1989, S. 129 (dort englisch)

232 *Früher einmal konnte man ... die Quantenmechanik versteht:* FEYNMAN 1990, S. 159

244 *Der gegenwärtige Zustand der Theorie ... niemals wirklich erholt:* OMNÈS, S. 342 (dort englisch)

244 *Am Ende ... als das Problem bestehen:* OMNÈS, S. 504 (dort englisch)

246 *Bedeutet die Erfahrung das Jetzt ... kann das nicht einmal:* Einstein, zitiert nach SCHILPP, S. 37

249 *Der Grundgedanke ... Augen gehabt hat:* SIMONYI, S. 190

265 *Ihre symmetrische Anfangsbedingung ... das ist auch nicht beabsichtigt:* HALLIWELL, S. 402

266 *Die Quantenkosmologie gehört zu den konzeptionell schwierigsten Gebieten der theoretischen Physik:* LINDE, S. 229

267 *mit der Tatsache vereinbaren ... von der Zeit abhängt?:* LINDE, S. 232

267 *Das Universum als Ganzes ändert sich ... nicht von der Zeit abhängt:* LINDE, S. 232

274 *Über die Frage nach der objektiven Existenz ... klar definiert werden«:* BOLTZMANN, S. 94

279 Die Russell-Zitate aus dem Vortrag *Unsere Kenntnis der Außenwelt* entstammen RUSSELL 1926 (dort englisch)

280 *Wir können nun sicher unser Weltbild ... daß sie existiert hat:* BOLTZMANN, S. 103

280 *Wir erschließen die Existenz aller Dinge ... Sinne beobachtbaren Tatsachen eine Hypothese zu formen:* BOLTZMANN, S. 30/31

280 *Ich glaube nicht, daß die Atome existieren ... überhaupt für einen Begriff verbindet?:* BOLTZMANN, S. 200

281 *Es gab sich jemand einmal Mühe ... was existiert und was nicht:* BOLTZMANN, S. 108

281 Die Stegmüller-Zitate entstammen STEGMÜLLER, S. 4.

285 Rowohlts Philosophie-Lexikon ist HÜGLI, S. 150.

288 *Hätten Sie gerne, daß Sie in Wirklichkeit ich wären:* HOFSTADTER, S. 638

293 *Es gibt niemals eine Indifferenz ... einer bestimmten Seite hin gibt:* SCHÜLLER, S. 169

293 *Wenn zwei miteinander unvereinbare Dinge ... Gott keines von beiden erschaffen:* SCHÜLLER, S. 55

293 *Es ist wahr ... die Umstände eigens so eingerichtet:* SCHÜLLER, S. 169

293 *daß Gott überhaupt keine Welt erschaffen hätte, wenn es nicht unter allen möglichen Welten die beste gäbe:* SCHÜLLER, S. 173

297 *Eine sehr kleine Ursache ... Effekt auf Zufall beruht:* Poincaré, zitiert nach RUELLE, S. 49

304 *untergetaucht am Boden des Luftmeeres:* Torricelli-Zitat nach SAMBURSKY 1975, S. 337

305 f. *In meinem Gebiet ... dieser Ballast muß jetzt abgeworfen werden:* Gell-Mann, zitiert nach Hartle in SCHWARZ, S. 1 (dort englisch)

309 *Für beliebige Werte des Massenverhältnisses ... nur deshalb besitzt, weil es uns gibt:* T. Regge, zitiert nach BARROW 1986, S. 305 (dort englisch)

310 *Das Universum existiert, damit ... existieren können:* ELLIS, S. 127

310 *Wir nehmen an, daß das Universum ... der Zweck des Universums ist:* ELLIS, S. 118

311 *In seiner stärksten Version ... keiner weiteren Erörterung bedarf:* GELL-MANN 1994, S. 303

Literatur

Vorbemerkungen zur Literatur: Aus der unermeßlichen Flut von Büchern über die Zeit gebe ich diejenigen an, die ich mir beschaffen konnte. Insofern habe ich Vollständigkeit angestrebt. Artikel über die Zeit sowie Artikel und Bücher über andere Themen nenne ich nur, wenn ich sie als Quelle benutzt habe und / oder zur Vertiefung empfehle.

Aichelburg, Peter C. (Hg.): Zeit im Wandel der Zeit, Braunschweig 1988

Appel, Helmut: Der physikalische Zeitbegriff im Wandel naturwissenschaftlicher Erkenntnis; Naturwissenschaftliche Rundschau (im Druck)

Aristoteles, Philosophische Schriften, Hamburg 1995

Asimov, Isaac: Von Zeit und Raum, Berlin 1978

Atkatz, David: Quantum Cosmology for Pedestrians; in: Am. J. Phys. *62* (1994), S. 619

Augustinus: Bekenntnisse, München 1955

Ballif, Jae R., und William E. Dibble: Anschauliche Physik, Berlin 1987

Barrow, John D., und Frank J. Tipler: The Anthropic Cosmological Principle, Oxford 1986

Barrow, John D.: Theorien für Alles, Heidelberg 1992

Baumgarten, Hans Michael (Hg.): Das Rätsel der Zeit, Freiburg 1993

Beltz, Walter: Die Schiffe der Götter, Berlin 1987

Berry, Michael: Kosmologie und Gravitation, Stuttgart 1990

Bieri, Peter: Zeit und Zeiterfahrung, Frankfurt 1972

Bitbol, Michel, und Eva Ruhnau (Hg.): Now, Time and Quantum Mechanics, Gif-sur-Yvette 1994

Böhme, Gernot: Zeit und Zahl, Frankfurt 1974

Boltzmann, Ludwig: Populäre Schriften, Braunschweig 1979

Bondi, Hermann: Assumption and Myth in Physical Theory, Cambridge 1967

Borst, Arno: Computus, Berlin 1990

Brandon, S. G. F.: Creation Legends of the Ancient Near East, London 1963

Brandon, S. G. F.: History, Time and Diety, New York 1965

Breuer, Reinhard: Die Pfeile der Zeit, München 1984

Broxton Onians, Richard: The Origins of European Thought, Salem, New Hampshire 1951

Burger, Heinz: Zeit, Natur und Mensch, Berlin 1986

Butler, S. T., und H. Messel: Time, Oxford 1965

Calder, Nigel: Timescale, London 1984

Capelle, Wilhelm: Die Vorsokratiker, Stuttgart 1953

Casti, John L.: Searching for Certainty, London 1993

Ciufolini, Ignazio, und John Archibald Wheeler: Gravitation and Inertia, Princeton 1995

Clagett, Marshall: The Science of the Middle Ages, Madison 1959

Cohen, I. Bernhard, und Richard S. Westfall: Texts Backgrounds Commentaries, New York / London 1995

Cohen, Morris. R., und I. E. Drabkin: A Source Book in Greek Science, Cambridge, Mass. 1966

Conen, Paul: Die Zeittheorie des Aristoteles, München 1964

Cordan, Wolfgang: Popol Vuh, München 1993

Cornwell, John (Hg.): Nature's Imagination, Oxford 1995
Cotterell, Arthur: Die Welt der Mythen und Legenden, München 1990
Coveney, Peter, und Roger Highfield: Anti-Chaos, Reinbek b. Hamburg 1992
Cramer, Friedrich: Der Zeitbaum, Frankfurt 1993
Crombie, Arthur C.: Von Augustinus bis Galilei, Köln 1959
Crombie, Arthur C.: Styles of Thinking in the European Tradition – I, London 1994
Davies, Paul C. W.: The Physics of Time Asymmetry, Surrey 1974
Davies, Paul C. W.: Stirring up Trouble, in: HALLIWELL, S.119
Davies, Paul C. W.: Why is the Physical World so Comprehensible?, in: ZUREK, S. 61
Davies, Paul C. W.: The Intelligibility of Nature; in: RUSSELL 1993, S.145
Davies, Paul C. W.: Space and Time in the Modern Universe, Cambridge 1977
Davies, Paul C. W.: Die Unsterblichkeit der Zeit, Bern 1995
Denbigh, Kenneth: Three Concepts of Time, Berlin / Heidelberg / New York 1981
Deppert, Wolfgang: Zeit, Stuttgart 1989
d'Espagnat, Bernard: Veiled Reality, Reading, Mass. 1995
Dohrn-van Rossum, Gerhard: Die Geschichte der Stunde, München 1992
Dschuang Osi: Aus dem Chinesischen übertragen und erläutert von Richard Wilhelm, München 1994
Dux, Günter: Die Zeit in der Geschichte, Frankfurt 1992
Eddington, Arthur: Das Weltbild der Physik, Braunschweig 1931
Eddington, Arthur: Die Naturwissenschaft auf neuen Bahnen, Braunschweig 1935
Eigen, Manfred, und Ruth Winkler: Das Spiel, München 1975
Eigen, Manfred: Stufen zum Leben, München 1987
Einstein, Albert: Über die spezielle und die allgemeine Relativitätstheorie, Braunschweig 1985
Einstein, Albert: Mein Weltbild, Frankfurt und Berlin 1989a
Einstein, Albert, und L. Infeld: Die Evolution der Physik, Reinbek b. Hamburg 1989b
Einstein, Albert, und Max Born: Briefe, München 1991
Ellis, George F. R.: Before the Beginning, New York 1993
Epstein, Lewis C.: Relativitätstheorie anschaulich dargestellt, Basel 1985
Ernst, Bruno: Der Zauberspiegel des M. C. Escher, München 1978
Fahr, Hans Jörg: Zeit und kosmische Ordnung, München 1995
Farmer, Penelope: Beginnings, New York 1979
Fauvel, John et al.: Newtons Werk, Basel 1993
Ferber, Rafael: Zenons Paradoxien der Bewegung und die Struktur von Raum und Zeit, München 1981
Feynman, Richard P.: The Character of Physical Law, Cambridge, Mass. 1967
Feynman, Richard P.: Feynman Vorlesungen über Physik Band I, München 1991
Feynman, Richard P.: Feynman Vorlesungen über Physik Band II, München 1991
Feynman, Richard P.: Sie belieben wohl zu scherzen, Mr. Feynman, München 1987
Feynman, Richard P.: Vom Wesen physikalischer Gesetze, München 1990
Feynman, Richard P. et al.: Feynman Lectures on Gravitation, Reading, Mass. 1995
Fink, Eugen: Zur ontologischen Frühgeschichte von Raum – Zeit – Bewegung, Den Haag 1957
Flasch, Kurt: Was ist Zeit?, Frankfurt 1993
Flood, Raymond, und Michael Lockwood: The Nature of Time, Oxford 1986

Franz, Marie-Louise von: Zeit, Frankfurt 1981
Fraser, Julius T.: The Study of Time, Berlin 1972
Fraser, Julius T., und N. Lawrence The Study of Time II, Heidelberg 1975
Fraser, Julius T., N. Lawrence und D. Park: The Study of Time III, Heidelberg 1978
Fraser, Julius T.: Die Zeit: vertraut und fremd, Basel 1988
Fraser, Julius T.: Of Time, Passion, and Knowledge, New York 1975
Fraser, Julius T.: The Voices of Time, New York 1966
Fraser, Julius T.: Time as Conflict, Basel / Stuttgart 1972
Fritzsch, Harald: Die verbogene Raum-Zeit, München 1996
Froggatt, Colin D., und Holger B. Nielsen: Origin of Symmetries, Singapur 1991
Gale, Richard M.: The Philosophy of Time, London 1968
Galloway, J.: A Cause for Reflection?, in: Nature 330 (1987), S. 204
Gell-Mann, Murray: Das Quark und der Jaguar, München 1994
Gendolla, Peter: Zur Geschichte der Zeiterfahrung, Köln 1992
Gent, Werner: Das Problem der Zeit, Hildesheim 1965
Genz, Henning, Fritz Kaiser und Hans-Martin Staudenmaier: Quantenmechanische Interferenzen, Publ. zu wiss. Filmen, Serie 8, Nr. 19, IWF Göttingen (1983)
Genz, Henning, und Anselm Sararu: Tischrechnerfilme zur Physik, Physik und Didaktik 3 (1986), S. 218
Genz, Henning: Symmetrie – Bauplan der Natur, München 1987; 1992
Genz, Henning: Symmetrie und Symmetriebrechung in den Naturwissenschaften, insbesondere der Physik, Naturwissenschaften 75 (1988), S. 432
Genz, Henning: Symmetries and Their Breaking, in: Paul Weingartner und Gerhard Schulz (Hg.): Philosophie der Naturwissenschaften, Wien 1989, S. 173
Genz, Henning, und Roger Decker: Symmetrie und Symmetriebrechung in der Physik, Braunschweig 1991
Genz, Henning: Gestalt und Bewegung in der Quantenmechanik, in: C. L. Hart-Nibbrig (Hg.): Was heißt darstellen?, Frankfurt 1994, S. 483
Genz, Henning: Die Entdeckung des Nichts – Leere und Fülle im Universum, München 1994
Genz, Henning: Wenn Physiker Ballast abwerfen, Wochenendbeilage der Süddeutschen Zeitung, 26. / 27. November 1994. Nachgedruckt in AUDI – das Magazin, April 1995, und in PASTORALE BLÄTTER, 7 / 8 1995, S. 464
Goethe, Johann Wolfgang: Faust, Hamburg 1952
Gold, T. (Hg.): The Nature of Time, Ithaca 1967
Gold, T.: The Arrow of Time, in: Am. J. Phys. *30* (1962), S. 403
Goldstein, Martin, und Inge F. Goldstein: The Refrigerator and the Universe, Cambridge, Mass. 1993
Gouk, Penelope: Die harmonischen Wurzeln von Newtons Wissenschaft, in: FAUVEL, S. 136
Grant, Edward: A Source Book in Medieval Science, Cambridge, Mass. 1974
Griffin, David Ray (Hg.): Physics and the Ultimate Significance of Time, Albany 1986
Haber, Francis C.: The Age of the World, Westport, Connecticut 1959
Haken, Hermann: Synergetics, Berlin 1977
Haken, Hermann: Erfolgsgeheimnisse der Natur, Stuttgart 1981
Haken, Hermann, und Arne Wunderlin: Die Selbststrukturierung der Materie, Braunschweig 1991

Halliwell, J. J., et al.: Physical Origins of Time Asymmetry, Cambridge 1994
Halpern, Paul: Time Journeys, New York 1990
Harrison, Edward R.: Kosmologie, Darmstadt 1984
Hartle, James B.: Excess Baggage, in: SCHWARZ, S. 1
Haselbach, Steffen (Hg.): Zeitreisen, Berlin 1995
Hawking, Stephen W.: Eine kurze Geschichte der Zeit, Reinbek b. Hamburg 1991
Heidegger, Martin: Der Begriff der Zeit, Tübingen 1989
Heinemann, Gottfried: Zeitbegriffe, Freiburg 1986
Hermann, Arnim: Einstein – Der Weltweise und sein Jahrhundert, München 1994
Hilgevoord, Jan (Hg.): Physics and Our View of the World, Cambridge 1994
Hörz, Herbert: Philosophie der Zeit, Berlin 1990
Hofstadter, Douglas R.: Gödel, Escher, Bach – ein Endloses Geflochtenes Band, Stuttgart 1985
Hook, Sidney: Determinism and Freedom, New York 1958
Horwich, Paul: Asymmetries in Time, Cambridge, Mass. 1988
Hügli, Anton, und Poul Lübcke: Philosophielexikon, Reinbek b. Hamburg 1991
Hume, David: Eine Untersuchung über den menschlichen Verstand, Stuttgart 1967
Isham, C. J.: Conceptual and Geometrical Problem in Quantum Gravity, in: Mitter, H., und H. Gausterer (Hg.): Recent Aspects of Quantum Fields, Berlin 1991
Isham, C. J.: Creation of the Universe as a Quantum Process; in: Russell, Robert J., et al.: Physics, Philosophy and Theology: A common quest for understanding, Vatikanstadt 1988
Isham, C. J.: Quantum Theories of the Creation of the Universe, in: RUSSELL 1993, S. 49
Jammer, Max: Einstein und die Religion, Konstanz 1995
Janich, Peter: Protophysics of Time, Dordrecht / Boston / Lancaster 1985
Kafka, Peter: Das Grundgesetz vom Aufstieg, München 1989
Kant, Immanuel: Kritik der reinen Vernunft, Leipzig 1878
Kant, Immanuel: Von dem ersten Grunde des Unterschiedes der Gegenden im Raume, in: Immanuel Kant, Werke in sechs Bänden, Band I, Wiesbaden 1960
Karamanlis, Stratis: Phänomen Zeit, Neubiberg 1989
Keller, Albert: Über die Zeit, Dortmund 1992
Khouri, Adel Th., und Georg Girschek: So machte Gott die Welt, Freiburg 1985
Kiefer, Claus: Quantum Cosmology and the Emergence of a Classical World; in: Rudolph, Enno, und Ion-Olimpiu Stamatescu (Hg.): Philosophy, Mathematics and Modern Physics, Heidelberg 1994, S. 104
Kim, Y. S., und W. W. Zachary (Hg.): Proceedings of the International Symposium on Spacetime Symmetries, Amsterdam 1989
Kirk, Geoffrey S., et al.: Die Vorsokratischen Philosophen, Stuttgart 1994
Koyré, Alexandre: Von der geschlossenen Welt zum unendlichen Universum, Frankfurt 1980
Kuhn, Wilfried (Hg.): Einführung in die Physik, Augsburg 1993
Kurzweil, Raymond: Das Zeitalter der Künstlichen Intelligenz, München 1993
Lakatos, Imre: Popper zum Abgrenzungs- und Induktionsproblem; in: Lenk, Hans (Hg.): Neue Aspekte der Wissenschaftstheorie, Braunschweig 1971, S. 75
Landsberg, Peter T.: The Enigma of Time, Bristol 1982
Le Lionnais, François: Die Zeit, Köln 1960
Leach, Maria: The Beginning, New York 1956
Lear, John: Kepler's Dream, Berkeley / Los Angeles 1965

Lee, T. D.: Particle Physics and Introduction to Field Theory, Chur 1981
Linde, Andrei: Elementarteilchen und inflationärer Kosmos, Heidelberg 1993
Lindh, Allan Goddard: Did Popper Solve Hume's Problem?; in: Nature *366* (1993), S.105
Lochhaas, Horst: Kinematik I – Ruhe und Bewegung; in: KUHN 1993, S.13
Lorenzen, Paul: Verständliche Wissenschaft. Die Entstehung der Exakten Wissenschaften, Berlin / Göttingen / Heidelberg 1960
Lukrez: Von der Natur, Darmstadt 1993
Mach, Ernst: Die Mechanik, Darmstadt 1963
Mackey, Michael C.: Time's Arrow: The Origin of Thermodynamic Behavior, New York 1992
Maclagan, David: Schöpfungsmythen, München 1985
Mainzer, Klaus: Zeit, München 1995
Mansfeld, Jane (Hg.): Die Vorsokratiker, Stuttgart 1987
Misner, Charles W., et al.: Gravitation, New York 1973
Mittelstaedt, Peter: Der Zeitbegriff in der Physik, Mannheim / Wien / Zürich 1989
Mittelstrass, Jürgen: Die Rettung der Phänomene, Berlin 1962
Morgenstern, Christian: Alle Galgenlieder, Wiesbaden 1956
Nahin, Paul J.: Time Machines, New York 1993
Nanopoulos, D. V.: As Time Goes By..., in: Rivista del Nuovo Cimento *17*, No. 10 (1994), S.1
Nelson, David R.: Quasikristalle, in: Spektrum der Wissenschaft 10 / 1986, S. 74
Nerlich, Graham: What Spacetime Explains, Cambridge 1994
Neugebauer, Otto: The Exact Sciences in Antiquity, Providence, Rhode Island 1957
Newton, Isaac: Mathematische Prinzipien der Naturlehre, Darmstadt 1963
Nicolis, Grégoire, und Ilya Prigogine: Die Erforschung des Komplexen, München 1987
Omnès, Roland: The Interpretation of Quantum Mechanics, Princeton 1994
Panofsky, Erwin: Studien zur Ikonologie, Köln 1980
Park, David: The How and the Why, Princeton 1988
Peierls, R. E.: Time Reversal and the Second Law of Thermodynamics, in: Bowcock, J. E. (Hg.): Methods and Problems of Theoretical Physics, Amsterdam 1970
Peisl, Anton, und Armin Mohler: Die Zeit. Schriften der Carl Friedrich von Siemens Stiftung, Bd. 6, München 1983
Penrose, Roger: Computerdenken, Heidelberg 1991
Peres, Asher: Measurement of Time by Quantum Clocks; in: Am. J. Phys. *48* (1980), S. 552
Platon: Sämtliche Werke V, Hamburg 1989
Platon: Sämtliche Werke VII, Frankfurt 1991
Pleger, Wolfgang H.: Die Vorsokratiker, Stuttgart 1991
Poidevin, Robin Le, und Murray Macbeath (Hg.): The Philosophy of Time, Oxford 1993
Poincaré, Henri: Der Wert der Wissenschaft, Leipzig 1906
Poincaré, Henri: Science and Hypothesis, New York 1952
Polkinghorne, John: Science and Creation, Boston 1989
Popper, Karl: Logik der Forschung, Tübingen 1994
Priestley, J. B.: Man and Time, London 1964
Prigogine, Ilya, und Isabelle Stengers: Das Paradox der Zeit, München 1993
Prigogine, Ilya, und Isabelle Stengers: Order out of Chaos, London 1984
Prigogine, Ilya: Die Gesetze des Chaos, Frankfurt 1995
Prigogine, Ilya: Vom Sein zum Werden, München 1979

Ranke-Graves, Robert v.: Griechische Mythologie, Reinbek b. Hamburg 1994
Rawlence, Christopher (Hg.): About Time, London 1985
Ray, Christopher: Time, Space and Philosophy, London 1991
Redhead, Michael: From Physics to Metaphysics, Cambridge 1995
Reductionists Lay Claim to the Mind, in: Nature *381* (1996), S. 97 (ohne Verfasserangabe)
Reichenbach, Hans: The Direction of Time, Berkeley / Los Angeles / London 1971
Reichenbach, Hans: The Philosophy of Space and Time, Dover / New York 1957
Rein, Dieter: Die wunderbare Händigkeit der Moleküle, Basel 1993
Rifkin, Jeremy: Uhrwerk Universum, München 1988
Ruelle, David: Zufall und Chaos, Berlin 1992
Russell, Bertrand: A Critical Exposition of the Philosophy of Leibniz, London 1975
Russell, Bertrand: Our Knowledge of the External World, London 1926
Russell, Robert John, et al.: Quantum Cosmology and the Laws of Nature, Berkeley 1993
Sachs, Robert G.: The Physics of Time Reversal, Chicago 1987
Salwelski, F. S.: Die Zeit und ihre Messung, Thun / Frankfurt 1977
Sambursky, Shmuel: Das Physikalische Weltbild der Antike, Zürich 1965
Sambursky, Shmuel, und Salomen Pines: The Concept of Time in Late Neoplatonism, Jerusalem 1971
Sambursky, Shmuel: Der Weg der Physik, Zürich 1975
Sambursky, Shmuel: Naturerkenntnis und Weltbild, Zürich 1977
Sambursky, Shmuel: The Physical World of the Greeks, Princeton, New Jersey 1956
Savitt, Steven F. (Hg.): Time's Arrows Today, Cambridge 1995
Schilpp, Paul Arthur (Hg.): The Philosophy of Rudolf Carnap, La Salle 1963
Schilpp, Paul Arthur (Hg.): Albert Einstein als Philosoph und Naturforscher, Braunschweig 1979
Schlegel, Richard: Time and the Physical World, Michigan 1961
Schrödinger, E.: Irreversibility, in: Proceedings of the Royal Irish Academy, Vol. 53, Sect. A. (1950), S. 189
Schrödinger, Erwin: Die Natur und die Griechen, Zürich 1989
Schüller, Volkmar (Hg.): Der Leibniz-Clarke-Briefwechsel, Berlin 1991
Schwarz, John (Hg.): Elementary Particles and the Universe, Cambridge 1991
Schwerpunkt Zeit: Universitas, Heft 12 (1988), Stuttgart 1988
Scott, Alwyn: Stairway to the Mind, New York 1995
Sens, Eberhard (Hg.): Am Fluß des Heraklit, Frankfurt 1993
Sexl, Roman, und Hannelore Sexl: Weiße Zwerge – Schwarze Löcher, Braunschweig 1979
Sexl, Roman, et al.: Der Weg zur modernen Physik, Band 2, Frankfurt 1980
Simonyi, Károly: Kulturgeschichte der Physik, Frankfurt 1990
Sproul, Barbara C.: Schöpfungsmythen der östlichen Welt, München 1993
Sproul, Barbara C.: Schöpfungsmythen der westlichen Welt, München 1994
Squires, Euan: Conscious Mind in the Physical World, Bristol 1990
Stegmüller, Wolfgang: Das Problem der Induktion: Humes Herausforderung und moderne Antworten, Darmstadt 1974
Stöckler, Manfred: Der Riese, das Wasser und die Flucht der Galaxien, Frankfurt 1990
Tholen, Georg Christoph, et al. (Hg.): Zeitreise, Zürich 1993
Thomsen, Christian W., und Hans Holländer (Hg.): Augenblick und Zeitpunkt, Darmstadt 1984

Toulmin, Stephen E., und J. Goodfield: Entdeckung der Zeit, München 1970

Upanishaden: Übers. Alfred Hillebrandt, mit einem Vorwort von Helmuth von Glasenapp, München 1994

Wehrli, Max: Deutsche Barocklyrik, Zürich 1977

Weinberg, Steven: Der Traum von der Einheit des Universums, München 1993

Weis, Kurt (Hg.): Was ist Zeit?, München 1995

Weizsäcker, Carl Friedrich v.: Der zweite Hauptsatz und der Unterschied von Vergangenheit und Zukunft; in: Annalen der Physik *36* (1939), S. 275; Nachdruck in: AICHELBURG, S. 168

Weizsäcker, Carl Friedrich v.: Zeit und Wissen, München 1992

Weizsäcker, Carl Friedrich v., und Enno Rudolph (Hg.): Zeit und Logik bei Leibniz, Stuttgart 1989

Wells, H. G.: Die Zeitmaschine, Frankfurt 1982

Wendorff, Rudolf: Zeit und Kultur, Opladen 1985

Wendorff, Rudolf (Hg.): Im Netz der Zeit, Stuttgart 1989

Weyl, Hermann: Philosophie der Mathematik und Naturwissenschaft, München 1928

Wheeler, John Archibald: Time Today, in: HALLIWELL 1994, S. 1

Wheeler, John Archibald: Frontiers of Time, in: Proceedings of the International School of Physics »Enrico Fermi«, Course LXXII: Problems in the Foundations of Physics, Amsterdam 1979, S. 395

Wheeler, John Archibald: On Recognizing Law without Law; in: Am. J. Phys. *51* (1983), S. 398

Wheeler, John Archibald: A Journey into Gravity and Spacetime, New York 1990

Whitrow, Gerald J.: The Natural Philosophy of Time, London / Edinburgh 1961

Whitrow, Gerald J.: Time in History, Oxford / New York 1989

Whitrow, Gerald J.: Von nun an bis in Ewigkeit, Düsseldorf / Wien 1972

Wigner, Eugene P.: Invariance in Physical Theory, in: E. P. Wigner, Symmetries and Reflections, Bloomington 1967, S. 3

Will, Clifford M.: Theory and Experiment in Gravitational Physics, Cambridge 1981

Will, Clifford M.: . . . und Einstein hatte doch recht, Berlin 1989

Wittgenstein, Ludwig: Schriften, Frankfurt 1960

Wolf, Karl Lothar, und Robert Wolff: Symmetrie – Tafelband, München 1956

Zeh, Heinz-Dieter: Die Physik der Zeitrichtung, Berlin 1984

Zeh, Heinz-Dieter: The Physical Basis of the Direction of Time, Berlin 1989

Zeh, Heinz-Dieter: Time (A-)Symmetry in a Recollapsing Quantum Universe, in: HALLIWELL, S. 390

Zeit – Die vierte Dimension in der Kunst, Katalog einer Ausstellung in der Kunsthalle Mannheim, 11. Juli 1985 bis 1. September 1985, Weinheim 1985

Zeit – Geheimnis des Daseins, hg. von Jost Perfahl, München 1993

Zimmerli, Walther Ch., und Mike Sandbothe (Hg.): Klassiker der modernen Zeitphilosophie, Darmstadt 1993

Zurek, Wojciech H.: Complexity, Entropy and the Physics of Information, Redwood City 1990

Bildnachweis

Abb. 1: nach Fig. 7.2 von Davies, P. C. W., Stirring up Trouble, in: Halliwell 1994

Abb. 3: nach Fig. 1.1 von Wheeler, John Archibald, Time Today, in: Halliwell 1994

Abb. 5: Holzschnitt *Theorica music*e aus dem Jahr 1492 von Gafurios; nach Abb. S. 141 von Gouk, Penolope, Die harmonischen Wurzeln von Newtons Wissenschaft, in: Fauvel 1993, S. 135

Abb. 6a: Abb. S. 261 von Wehrli 1977

Abb. 6b: Fig. 1.8 von Misner 1973

Abb. 7a: S. 158 von Cotterell 1990

Abb. 10: Penrose, nach Nelson 1986

Abb. 12: nach Abb. 2.1 von Epstein 1985

Abb. 14, 17 u. 19: Abb. 9.20, 10.4 u. 10.16 von Ballif 1987

Abb. 15: Abb. 1 von Einstein 1985

Abb. 20: Fig. 42-12 von Feynman ²1991

Abb. 22: Abb. 16b von Lochhaas, Horst, Kinematik I – Ruhe und Bewegung, in: Kuhn 1993, S. 13

Abb. 23a u. b: Abb. 26 u. 27 von Feynman 1990

Abb. 24: Sexl, Bd. 2, 1980, S. 24

Abb. 25, 26 u. 27: Genz 1986, S. 224–226

Abb. 30: Wolf 1956, S. 100

Abb. 34: Abb. 59 von Genz 1987/1992

Abb. 35: nach Abb. 2.17 von Genz 1991

Abb. 36: Abb. 44 u. 46: Abb. 96, Abb. 95 u. 91 in Genz 1994

Abb. 37: nach Abb. 29 von Berry 1990

Abb. 38: nach Fig. 3.4 von Barrow 1992

Abb. 41: Mit freundlicher Genehmigung von Cordon Art, Baarn / Holland

Abb. 42: Abb. 11 von Coveney 1992

Abb. 43: Abb. 26.2 von Zeh, H.-D., Time (A-)Symmetry in a Recollapsing Quantum Universe, in: Halliwell 1994, S. 390

Abb. 47: Abb. 9.19 von Harrison 1984

Die Zeichnungen der Abbildungen 1, 2, 3, 4, 8, 9, 11, 12, 13, 16, 17, 18, 21, 28, 29, 33, 37, 38 und 40 wurden gestaltet von Fritz E. Urich, München.

Namenverzeichnis